"十四五"职业教育国家规划教材

"十二五"职业教育国家规划教材
经全国职业教育教材审定委员会审定
高等职业院校精品教材系列

省级精品课
配套教材

集成电路制造工艺

孙 萍 主 编

张海磊 袁琦睦 副主编

秦 明 主 审

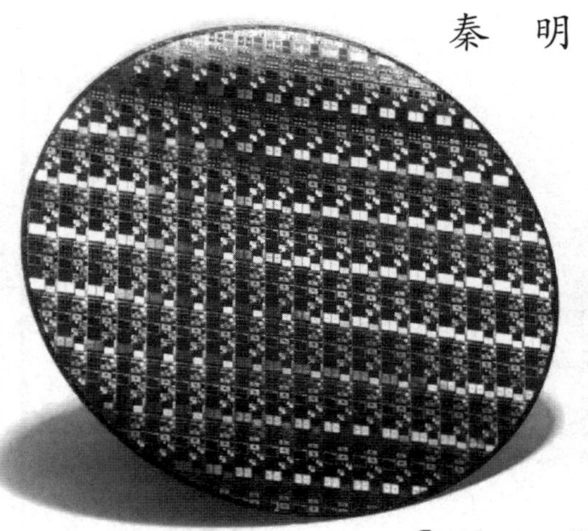

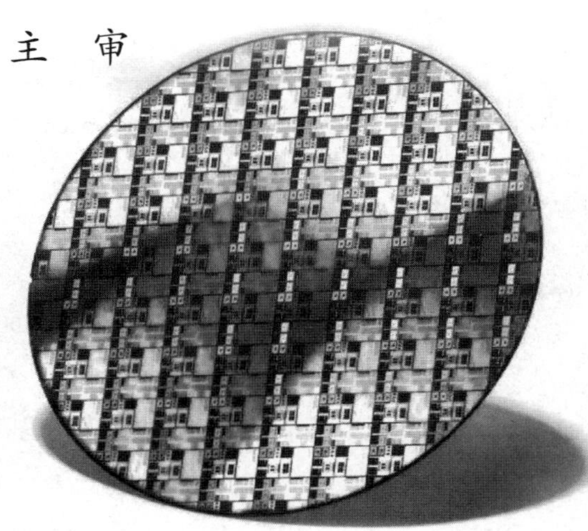

電子工業出版社

Publishing House of Electronics Industry

北京 · BEIJING

内 容 简 介

本书按照教育部新的职业教育教学改革精神，根据电子行业岗位技能需求，结合示范专业建设与课程改革成果进行编写。全书从集成电路的制造工艺流程出发，系统介绍集成电路制造工艺的原理、工艺技术和操作方法等。全书共分 4 个模块 11 章，第 1 个模块为基础模块，介绍集成电路工艺发展的状况及典型电路的工艺流程；第 2 个模块为核心模块，重点介绍薄膜制备、光刻、刻蚀、掺杂及平坦化 5 个单项工艺的原理、技术、设备、操作及参数测试；第 3 个模块为拓展模块，根据产业链状况介绍材料制备、封装测试、洁净技术；第 4 个模块为提升模块，通过 CMOS 反相器的制造流程对单项工艺进行集成应用。

全书根据产业链结构和企业岗位设置构建课程内容，注重与新工艺、新技术的结合，与生产实践的结合，以及与职业技能标准的结合。

本书可作为高职高专院校微电子技术专业学生的专业课教材，也可作为集成电路制造及封装测试企业工程技术人员的参考资料。

本书配有免费的电子教学课件、习题参考答案、教学视频、考试卷和**精品课网站**，详见前言。

图书在版编目（CIP）数据

集成电路制造工艺/孙萍主编. —北京：电子工业出版社，2014.9（2024 年 8 月重印）
高等职业院校精品教材系列
ISBN 978-7-121-22899-5

Ⅰ. ①集… Ⅱ. ①孙… Ⅲ. ①集成电路工艺－高等职业教育－教材 Ⅳ. ①TN405

中国版本图书馆 CIP 数据核字（2014）第 066357 号

策划编辑：陈健德（E-mail：chenjd@phei.com.cn）
责任编辑：李　蕊
印　　刷：涿州市京南印刷厂
装　　订：涿州市京南印刷厂
出版发行：电子工业出版社
　　　　　北京市海淀区万寿路 173 信箱　邮编 100036
开　　本：787×1 092　1/16　印张：18.25　字数：467.2 千字
版　　次：2014 年 9 月第 1 版
印　　次：2024 年 8 月第 18 次印刷
定　　价：46.00 元

凡所购买电子工业出版社图书有缺损问题，请向购买书店调换。若书店售缺，请与本社发行部联系，联系及邮购电话：（010）88254888，88258888。

质量投诉请发邮件至 zlts@phei.com.cn，盗版侵权举报请发邮件至 dbqq@phei.com.cn。

本书咨询联系方式：chenjd@phei.com.cn。

集成电路自 20 世纪 50 年代末期发明以来，短短半个多世纪，其制造技术得到了飞速的发展。以集成电路为核心的微电子产业已经成为国民经济和社会发展的战略性、基础性和先导性产业，是推动国家信息化发展的重要动力源泉，微电子产业的发展水平也成为衡量国家综合实力的重要标志。目前集成电路正向着集成度高、特征尺寸小、硅片直径大等方向发展，新工艺、新技术层出不穷。

随着集成电路技术的飞速发展，产业得到迅猛发展，迫切要求培养一批适应产业及技术发展要求的高素质、高技能型人才，也迫切需要编写与人才培养相适应的微电子技术专业教材。作者紧跟产业的发展，结合企业新工艺、新技术来构建课程内容体系，同时加强与企业的技术人员合作，将企业的培训内容有机地融入教材，使教材更好地贴近生产实践的需求。

全书共分 4 个模块 11 章。第 1 章是第 1 个模块，从集成电路工艺发展出发，通过介绍硅外延平面晶体管、MOS 器件、双极型集成电路制造 3 个项目的基本工艺流程，使学生对集成电路制造工艺流程有一个总体的了解。第 2～6 章为第 2 个模块，也是教材的核心部分，根据芯片制造的工艺流程，按照企业岗位设置进行内容整合，形成 5 个单项工艺，围绕每一个单项工艺的原理、方法、设备、操作及参数测试等内容进行介绍，使学生对将来可能从事的集成电路制造企业岗位的性质、作用、操作有一个较好的了解。第 7～9 章为第 3 个模块，涉及与集成电路产业链相关的封测、材料及环境支撑业，使学生对整个集成电路产业链上下游及生产环境有一个全面的认识。第 10、11 章为第 4 个模块，第 10 章通过 CMOS 反相器的制造流程项目，对单项工艺加以综合应用，提升学生对所学知识的综合应用能力，第 11 章对工艺测试及可靠性进行初步介绍。

本书为高职高专院校微电子技术专业学生的专业课教材，也可作为集成电路制造及封装测试企业工程技术人员的参考资料。本课程参考学时为 64 学时，各院校可根据实际教学环境和要求进行适当调整。

本书由江苏信息职业技术学院孙萍副教授担任主编，张海磊、袁琦睦老师担任副主编，由东南大学秦明教授主审。在本书编写过程中也得到了很多微电子企业工程师的大力支持和帮助，在此向他们表示衷心感谢。

由于编者水平和时间有限，书中难免存在不足和错误，恳请广大读者批评指正。

为了方便教师教学，本书还配有免费的电子教学课件、习题参考答案、部分工艺视频资料等教学辅助材料，请有此需要的教师登录华信教育资源网（http://www.hxedu.com.cn）免费注册后进行下载，有问题请在网站留言或与电子工业出版社联系。读者也可以扫一扫二维码下载本课程考试卷与答案，或者登录精品课网站（http://jpkc.jsit.edu.cn/ec2006/C90/Index.asp）浏览和参考更多的教学资源。

编　者

本课程考试卷

试卷1	答案1	试卷2	答案2
试卷3	答案3	试卷4	答案4
试卷5	答案5	试卷6	答案6
试卷7	答案7	试卷8	答案8
试卷9	答案9		

目　录

基础模块

核心模块

提升模块

第1章 集成电路制造工艺的发展与工艺流程

本章要点

（1）分立器件和集成电路的发展;
（2）硅外延平面晶体管的工艺流程;
（3）双极集成电路的工艺流程;
（4）NMOS 晶体管的工艺流程;
（5）本课程的内容框架。

微电子技术是以集成电路为核心，通过设计、制造和使用微小型元器件和电路实现电子功能的一种新技术。集成电路是指通过一系列特定的加工工艺，将晶体管、二极管等有源器件和电阻、电容等无源器件，按照一定的电路互连，“集成”在一块半导体单晶片（如硅或砷化镓）上，封装在一个外壳内，执行特定电路或系统功能的微型结构。

现在以集成电路设计、制造为核心的半导体产业已成为国家战略性新兴产业，它的技术水平和产业规模已成为衡量一个国家经济发展、科技进步和国防实力的重要标志。而集成电路的发展与其制造工艺的关系非常密切。

1.1 集成电路制造工艺的发展历史

1947 年 12 月 16 日，威廉·肖克莱（William Shockley），约翰·巴丁（John Bardeen）和沃尔特·布拉顿（Walter Brattain）在贝尔电话实验室发明了世界上第一只晶体管（如图 1-1 所示），从此开启了微电子技术的时代序幕，这一发明也被称为 20 世纪最伟大的发明，为此他们三人共同分享了 1956 年的诺贝尔物理奖。20 世纪 50 年代末期，氧化、光刻、扩散工艺相继诞生，出现了平面工艺，它为集成电路的产生奠定了基础。1959 年，仙童半导体公司的罗伯特·诺伊思（Robert Noyce）和德州仪器公司的杰克·基尔比（Jack Kilby）分别独立地发明了世界上第一个集成电路（如图 1-2 所示），开辟了微电子技术的新时代。集成电路的飞速发展，推动了以集成电路为核心的计算机产业的发展，也极大地推动了以计算机为代表的信息产业的发展，从而使信息产业成为世界上最大的产业。微电子产业经过短短半个多世纪的发展，已成为标志国家综合实力的工业，还没有哪一个科技工业可以代替集成电路的作用。在未来二三十年内，微电子技术仍然是信息技术的基础和知识经济的燃料。

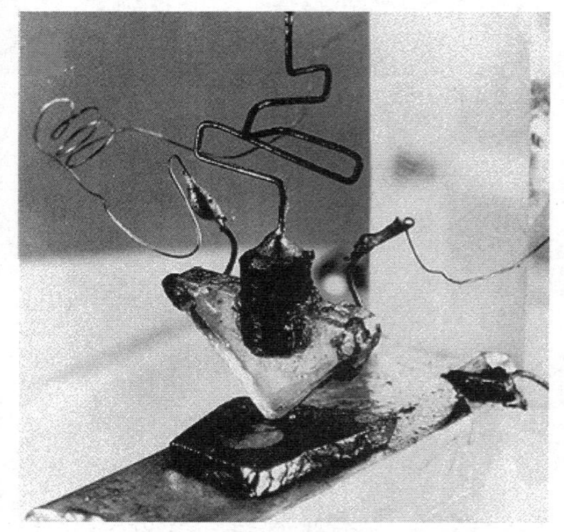

图 1-1　贝尔实验室的第一个晶体管

图 1-2　Jack Kilby 发明的第一个集成电路

以平面工艺的产生为分界线，微电子技术的发展可以粗略地分成两大阶段，第一个阶段以分立器件的发展为主线，第二个阶段则以集成电路规模的发展为主线。

1.1.1 分立器件的发展

在分立器件的发展过程中，核心标志是 PN 结的制造技术，因为 PN 结是分立器件的心脏。根据 PN 结制造方法的不同，分立器件的发展又可以分为以下几个阶段。

1. 生长法

生长法是指在制备硅单晶时，通过改变掺入杂质的种类而改变所制备的单晶材料的导电类型，从而在交界面处形成 PN 结。这种方法由于结面较难控制，所以早已淘汰。

2．合金法

20 世纪 50 年代，人们用合金工艺制备了 PN 结，并用这种方法制成了硅稳压管。它将一根直径约为 450 μm 的铝丝与（111）面的 N 型硅片相接触，在 N 型硅片与镍支架之间垫一层作为欧姆接触电极的合金材料——金锑合金。将整个系统在真空中加热到 700 ℃，当温度升到 577 ℃时，即发生铝硅共熔。晶片冷却后，在靠近 N 型硅的一个小区域形成 P 型硅再结晶层，于是形成了一个 PN 结。合金法制备 PN 结如图 1-3 所示。

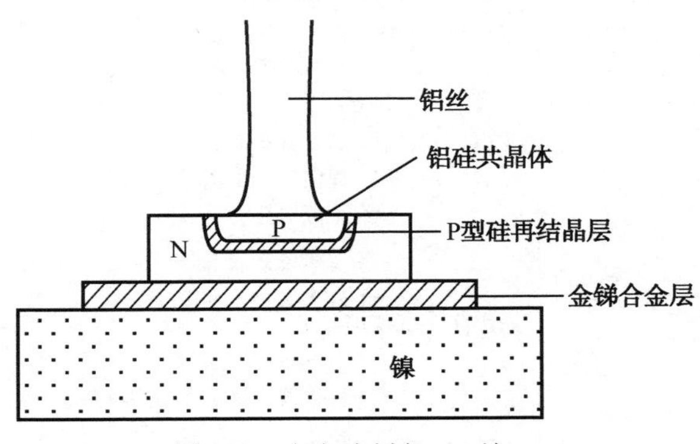

图 1-3　合金法制备 PN 结

3．扩散法

扩散法是指在高温条件下，杂质在浓度梯度的驱使下，由高浓度区向低浓度区运动，从而改变原半导体材料的电阻率或导电类型的一种工艺。例如，高温下将一块 P 型硅片放在含磷杂质的中，磷原子从硅片表面扩散进半导体体内，当扩散进入的磷原子的浓度超过原半导体材料中 P 型杂质浓度时，半导体材料将从 P 型转变成 N 型，从而在硅片表面形成 PN 结。用扩散法形成的 PN 结，结面平整，结深容易控制。

4．平面工艺

用扩散法制 PN 结，对半导体器件的发展起了巨大的推动作用。随着氧化、光刻工艺的出现，人们把扩散工艺同这两个工艺结合起来，实现了在硅表面进行选择性的扩散，从而为平面工艺的发展奠定了基础，并制备了平面晶体管（如图 1-4 所示）。在平面工艺的基础上，结合薄膜制备工艺生产的集成电路，使半导体工艺的发展得到了巨大的飞跃。

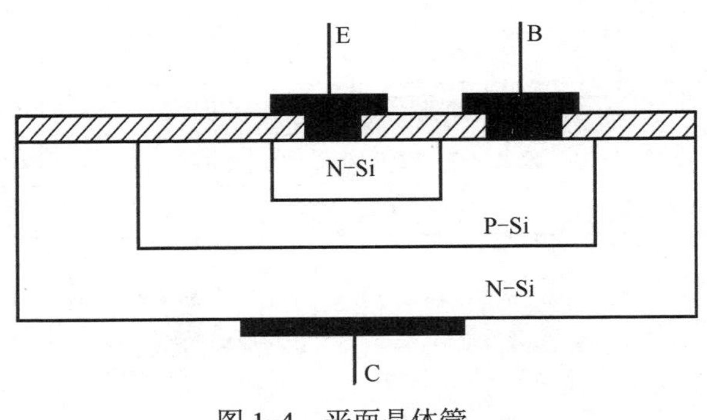

图 1-4　平面晶体管

1.1.2 集成电路的发展

随着硅平面工艺技术的不断完善和发展，到 20 世纪 50 年代末，出现了集成电路。它将不同的元器件做在同一块芯片上，通过一定的连接实现特定的功能。集成电路一般有如图 1-5 所示的分类方法。

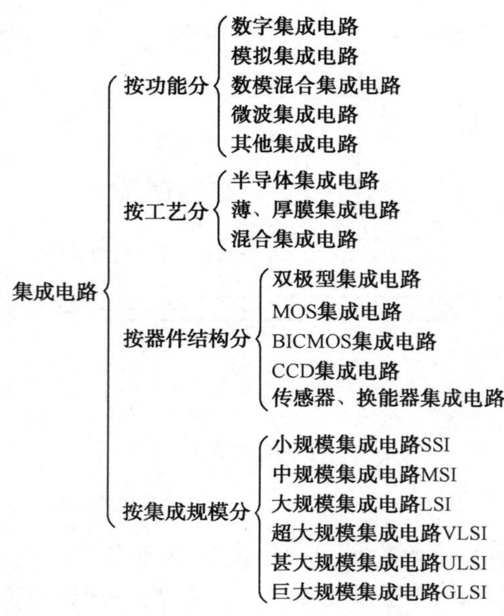

图 1-5　集成电路的几种分类方法

半个多世纪以来，集成电路的发展趋势是集成规模越来越大，体积越来越小，速度越来越快，功能越来越强，性能越来越好，可靠性越来越强，硅片尺寸越来越大。集成电路发展的标志可体现在以下几个方面。

1. 集成规模越来越大

以集成在一块芯片上的元件数划分集成规模，如表 1-1 所示。

表 1-1　半导体的电路集成

电 路 集 成	半导体产业周期	每个芯片上的元器件数
小规模集成电路 SSI	20 世纪 60 年代前期	2～50
中规模集成电路 MSI	20 世纪 60 年代到 70 年代前期	20～5 000
大规模集成电路 LSI	20 世纪 70 年代前期到 70 年代后期	5 000～100 000
超大规模集成电路 VLSI	20 世纪 70 年代后期到 80 年代后期	100 000～1 000 000
甚大规模集成电路 ULSI	20 世纪 90 年代后期至今	大于 1 000 000

随着集成电路的深亚微米制造技术、设计技术的迅速发展，集成电路已进入片上系统时代。所谓片上系统，又称系统级芯片，也就是系统级集成电路，其英文简写为 SOC（System On a Chip）。SOC 是一个微小型系统，指在单一硅芯片上将信号采集、转换、存储、处理和 I/O 等紧密结合起来，在单个（或少数几个）芯片上完成整个系

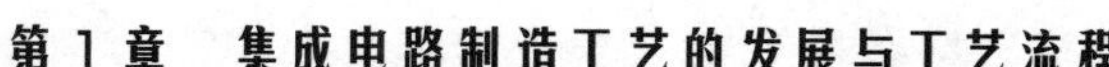

统的功能。如果说中央处理器（CPU）是大脑，那么 SOC 就是包括大脑、心脏、眼睛和手的系统。

2. 特征尺寸越来越小

集成电路制造产业将可以在工艺上实现的最小线宽（与刻蚀、掩膜等工艺手段有关）定义为特征尺寸，通常也指集成电路中半导体器件的最小尺寸，如 MOS 管的栅长。显然，特征尺寸是衡量集成电路设计和制造水平的重要尺度。特征尺寸越小，芯片的集成度越高，速度越快，性能越好（如图 1-6 所示）。特征尺寸为 0.35 μm 被称为深亚微米（DSM）工艺技术层次，突破这一层次，则进入超深亚微米（VDSM）工艺技术水平。集成电路硅片特征尺寸演进趋势如表 1-2 所示。

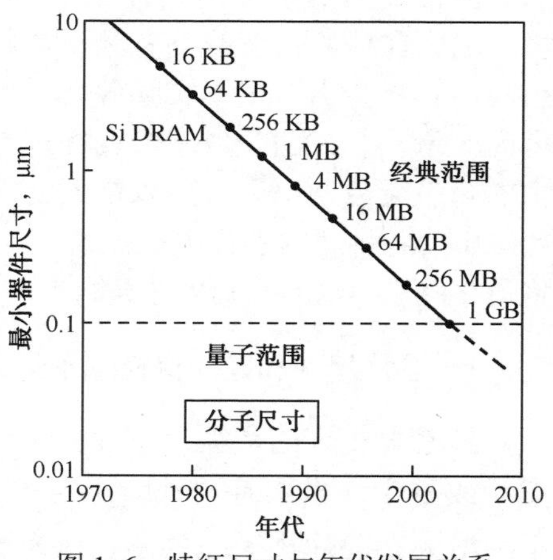

图 1-6　特征尺寸与年代发展关系

表 1-2　集成电路硅片特征尺寸演进趋势

时 间 点	2005	2006	2007	2008	2009	2010	2011	2012	2013	2014	2015	2016	2017
特征尺寸（nm）	65	55	45	40	32	28	22	20	14	12	10	8	7

英特尔公司的创始人之一戈登·摩尔（Gordon Moore）于 1965 年预言集成电路上可容纳的晶体管数目每两年增加一倍，性能也将提升一倍，这一增长速度将在未来 10 年左右的时间继续保持下去。这一预言后来成为著名的摩尔定律。20 世纪 80 年代，翻倍的周期最终被确定为 18 个月。摩尔定律是对以往半导体业界技术规律的一种归纳和总结。几十年过去了，在这一定律的指引下，半导体工艺的发展突破了一个又一个看似不可能跨越的技术瓶颈，芯片晶体管的尺寸越来越小，摩尔定律起到了推动微电子技术科技进步的作用。图 1-7 和图 1-8 分别是 64 MB SDRAM 和 Pentium Ⅲ芯片照片。

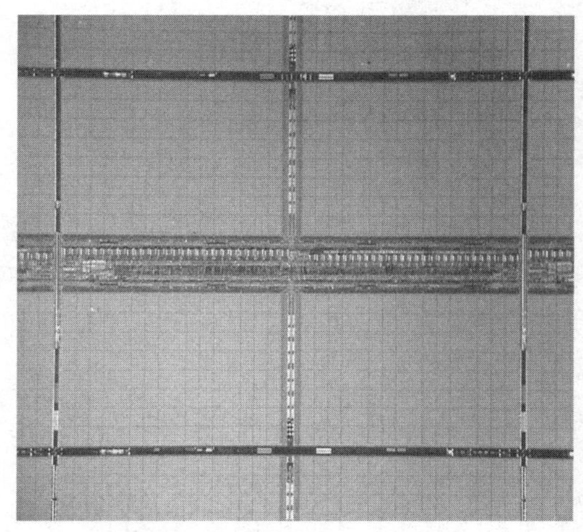

图 1-7　64 MB SDRAM（华虹 NEC 生产，芯片面积 $5.89\times9.7=57\ mm^2$，456 pcs/w，1 个 IC 中含有 1.34 亿只晶体管）

图 1-8　Pentium Ⅲ芯片照片

但是，人们也很清楚，在摩尔定律引领下的集成电路生产终究会在某个时候陷入绝境，因为晶体管会变得只有几十个原子那么厚。这么小的尺寸正在逼近基本的物理定律的极限，它将会出现很多实际问题。例如，想把这么小的晶体管如此近地放在一起，又要获得高产量，一方面，成本会变得过于高昂；而另一方面，一大堆晶体管进行开关操作时产生的热量会急剧攀升，足以烧毁元件本身。芯片产业迫切需要替代技术。目前尚处于研发状态中的各种新的芯片生产技术——分子计算、生物计算、量子计算、石墨烯等技术中，谁将最终胜出？这是在后摩尔定律时代，人们不断研究的问题。

3. 芯片尺寸和硅片直径越来越大

随着集成度的增大，芯片的平均边长由 SSI 时代的 0.1 英寸发展到 ULSI 时代的 0.5 英寸或更大。当芯片尺寸增大后，为了提高生产效率并降低生产成本，硅片的直径也在不断增大。硅片直径的大小已成为衡量集成电路制造能力的又一个重要的标志，如图 1-9 所示。

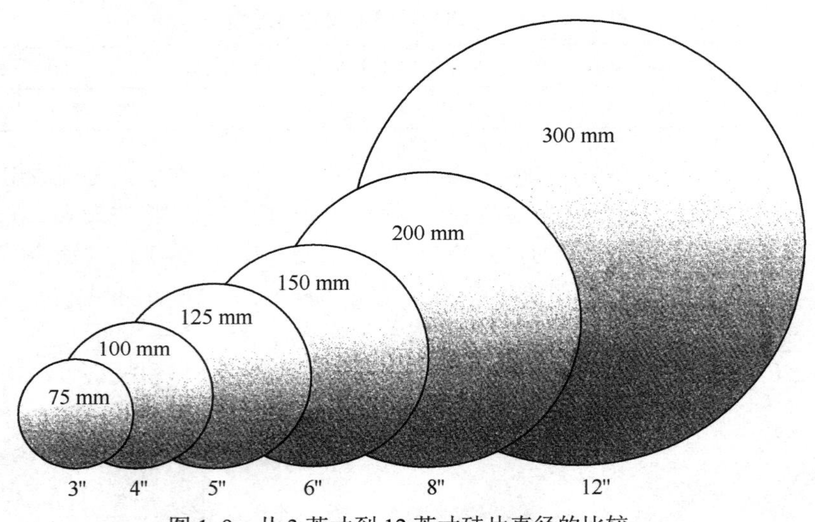

图 1-9　从 3 英寸到 12 英寸硅片直径的比较

4. 中国集成电路晶圆制造业状况

中国集成电路晶圆制造业经历了 2008～2009 年的低潮，在 2010 年得到了快速增长。2011 年在开展调整产业结构，发展特色工艺、实现技术升级、改善代工服务、积极开拓市场等方面做了大量的坚实工作，使 2012 年之后中国集成电路晶圆制造业有了较好的发展基础。

2012 年我国集成电路晶圆制造业拥有 12 英寸生产线 7 条，8 英寸生产线 16 条、6 英寸生产线 20 条，5 英寸生产线 12 条及众多的 4 英寸生产线。各生产线主要集中在长三角地区（上海、江苏、浙江）、环渤海地区（北京、天津、大连）、珠三角地区（深圳、珠海及福建）、中西部地区（武汉、郑州、成都、重庆、西安）等中心城市。其中 8 英寸以上生产线产能及工艺技术水平情况如表 1-3 所示。

表 1-3 我国 8 英寸以上生产线产能及工艺技术水平情况

晶圆尺寸（英寸）	序	单 位 名 称	编号	产能（万片/月）	工艺技术水平（μm）
12 英寸	1	SK 海力士（中国）半导体有限公司	Fab1	10	0.11～0.09 DRAM
	2		Fab2	6	0.065～0.04 CMOS
	3	中芯国际（上海）	Fab8	2	0.09～0.045 CMOS
	4	中芯国际（北京）	Fab4	2.6	0.11～0.065 CMOS
	5	英特尔（大连）	Fab68	6	0.065～0.04 CMOS
	6	武汉新芯		2.6	0.09～0.045 CMOS
	7	上海华力		一期 1.0 二期 3.6	0.09～0.065 CMOS 0.04 CMOS
8 英寸	1	中芯国际（上海）	Fab1	14	0.35～0.11 CMOS
	2		Fab2		0.18～0.11 CMOS
	3		Fab3	3	0.13～0.11 Cu 制程
	4		Fab9	1	CMOS 图像传感器（CIS） 芯载彩色滤膜制作
	5	华虹 NEC	Fab1	8	0.25～0.11CMOS
	6		Fab2	2	
	7	中芯国际（天津）	Fab7	1.6	0.25 CMOS
	8	上海宏力	Fab1	5	0.25～0.11 CMOS
	9	上海先进	Fab3	1.6	0.35～0.25 CMOS、数模混合
	10	台积电（中国）	Fab1	7.6	0.25～0.18 CMOS
	11	华润上华	Fab2	一期 3 二期 6	0.25～0.18 CMOS 0.15～0.11 CMOS
	12	和舰科技（苏州）	Fab1	6	0.25～0.15 CMOS
	13		Fab2	4	0.13 CMOS
	13	晶诚半导体（郑州）		3	0.35～0.18 CMOS
	15	成芯半导体（成都）		3	0.25～0.18 CMOS
	16	重庆渝德		3	0.25～0.18 CMOS

近几年，随着全球范围大肆兴建晶圆制造工厂，我国的晶圆业也出现过大暴发式扩张。SEMI 预估：2017～2020 年，我国将有 26 座新晶圆厂投产，成为全球新建晶圆厂最积极的地区。

1.2 分立器件和集成电路制造工艺流程

1.2.1 硅外延平面晶体管的工艺流程

NPN 型硅外延平面晶体管是在低阻的 N 型衬底上生长高阻的 N 型外延层，共同构成晶

体管的集电区，在高阻的外延层中先后制作 P 型的基区和 N^+的发射区，形成三极管。其典型的制作工艺流程如图 1-10 所示。

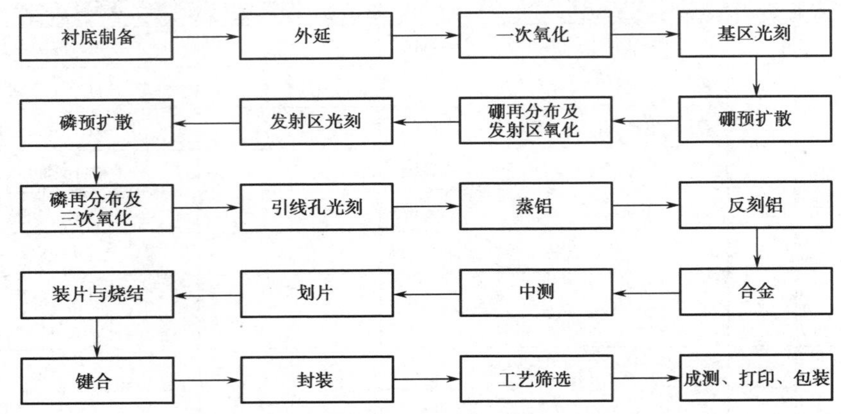

图 1-10　NPN 型硅外延平面晶体管的制作工艺流程图

NPN 型硅外延平面晶体管制作工艺流程对应的芯片剖面图如图 1-11 所示。

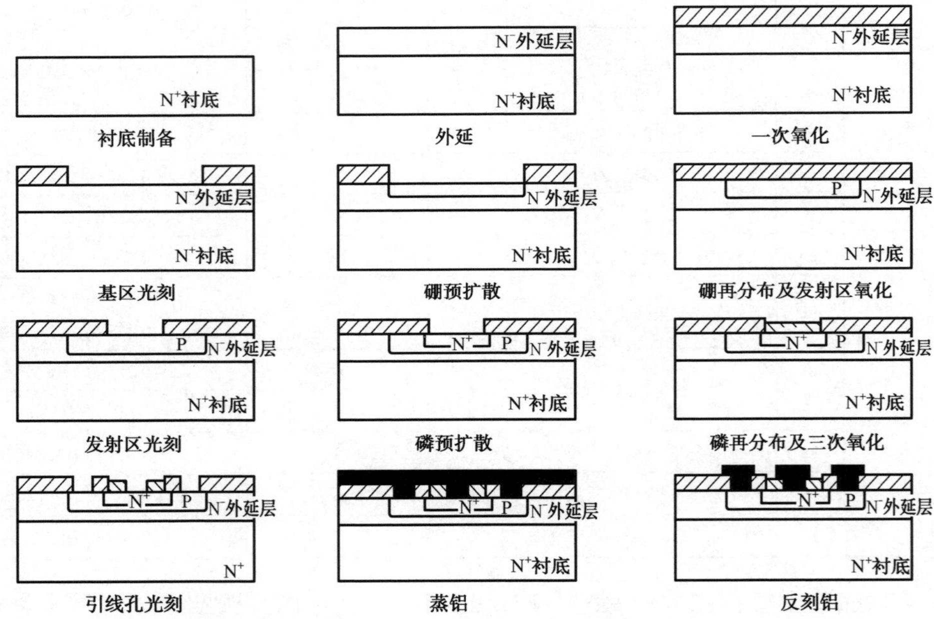

图 1-11　NPN 型硅外延平面晶体管制作工艺流程对应的芯片剖面图

1．衬底制备

选用电阻率、晶格结构、厚度、平整度等均符合要求的单晶片作为衬底。由于该衬底将作为集电极输出电流，所以为减小集电极的串联电阻，衬底应选用高掺杂低阻的半导体材料。以 3DK2 开关管为例，电阻率选 $10^{-3}\ \Omega\cdot cm$。

2．外延

在衬底上沿原来的晶向生长一层电阻率、厚度、晶格结构符合要求的 N 型单晶层。由于该区域将作为晶体管的集电区，为提高晶体管的击穿电压，该区域应选用低掺杂高阻材料。以 3DK2 开关管为例，外延层电阻率为 0.8～1 Ω·cm，厚度为 7～10 μm。

3．一次氧化

利用高温下洁净的硅片与氧气或水蒸气等氧化剂反应生成二氧化硅，该氧化层作为基区硼扩散的掩蔽膜，所以该氧化层的厚度将由硼扩散所需的温度、时间来确定。

4．基区光刻

利用光刻和刻蚀工艺，在二氧化硅层上刻出基区窗口，使硼杂质从窗口进入外延层，实现选择性掺杂，形成基区。

5．硼预扩散

扩散分为预扩散和再分布。预扩散又称为预淀积，是在硅片表面淀积一定数量的硼杂质，从而满足掺杂方块电阻的要求。对于 3DK2 开关管来说，预扩散后，方块电阻要求为 70～80 Ω/□。

6．硼再分布及发射区氧化

通过再分布，使预先淀积在硅片表面的硼杂质向硅片体内推进，形成一定的基区杂质分布，达到一定的结深要求。在再分布的同时通入氧气和水蒸气等氧化剂，使硅片表面同时进行氧化，为磷扩散做好准备。

7．发射区光刻

在氧化层上进行光刻，刻出发射区窗口，使磷杂质从该窗口进入基区。

8．磷预扩散

高温下高浓度磷杂质扩散进基区，通过和硼原子的杂质补偿，使扩散区域的导电类型由 P 型变成 N 型，从而形成 N^+发射区。预扩散过程中通过控制一定的扩散温度、时间、流量来控制扩散进硅片的杂质数量，从而控制磷扩散的方块电阻。

9．磷再分布及三次氧化

通过再分布，调节发射区的结深，从而调节基区宽度。再分布对表面的方块电阻也起到调节作用。在再分布同时通入氧气，使硅片表面进行第三次氧化，为引线孔光刻做好准备。

10．引线孔光刻

在氧化层上刻出基极和发射极的接触孔。

11．蒸铝

在整个硅片表面淀积金属铝，在接触孔的地方，铝直接与基区和发射区接触，从而把基区和发射区的电学功能引到金属铝上，其他地方的铝通过二氧化硅和下面的硅衬底绝缘。

12．反刻铝及合金

将电极以外的铝层刻蚀掉，只留下基极和发射极。把反刻铝后的硅片放在真空室有氮气保

护的炉管中，加热到一定温度，恒温一段时间，冷却后就可获得低阻的欧姆接触。由于铝-硅的共熔温度为577 ℃，所以合金温度需低于此温度，一般为500～570 ℃，恒温10～15 min。

13. 中测

对制备好的管芯进行参数测量，不合格的管芯将做上特殊的记号，在装片过程中会被剔除。

14. 划片

将硅片分成一个个独立的管芯，以便于装片。

15. 装片与烧结

将独立的管芯装到管座上，并通过烧结使其与管座牢固粘接，并且管座与衬底导通，使管座成为集电极。

16. 键合

用导电性能良好的金丝或硅-铝丝将管芯的各电极与管座的管脚一一连接。

17. 封装

将管芯密封在管壳内。

18. 工艺筛选

对封装好的管子进行高温老化、功率老化、温度试验等老化试验，从中除去不良管子。

19. 成测、打印、包装

对晶体管的各种参数进行测试，并根据规定分类，对合格的产品进行打印、包装、入库。

1.2.2 双极型集成电路的工艺流程

双极型集成电路是以双极型器件为基础，将不同的元器件集成在同一块芯片上，通过一定的方式完成内部的互连，实现电路功能。其基本工艺流程如图1-12所示。

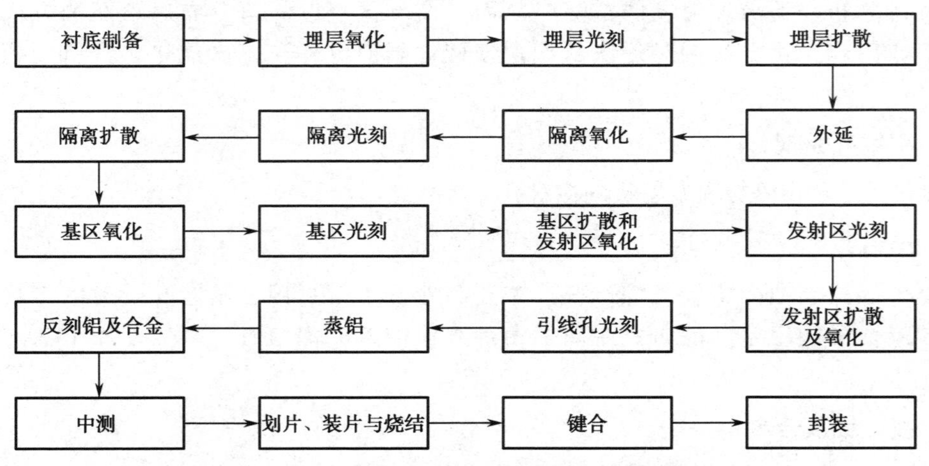

图1-12　双极型集成电路的基本工艺流程图

前道工艺流程对应的芯片剖面图如图 1-13 所示。

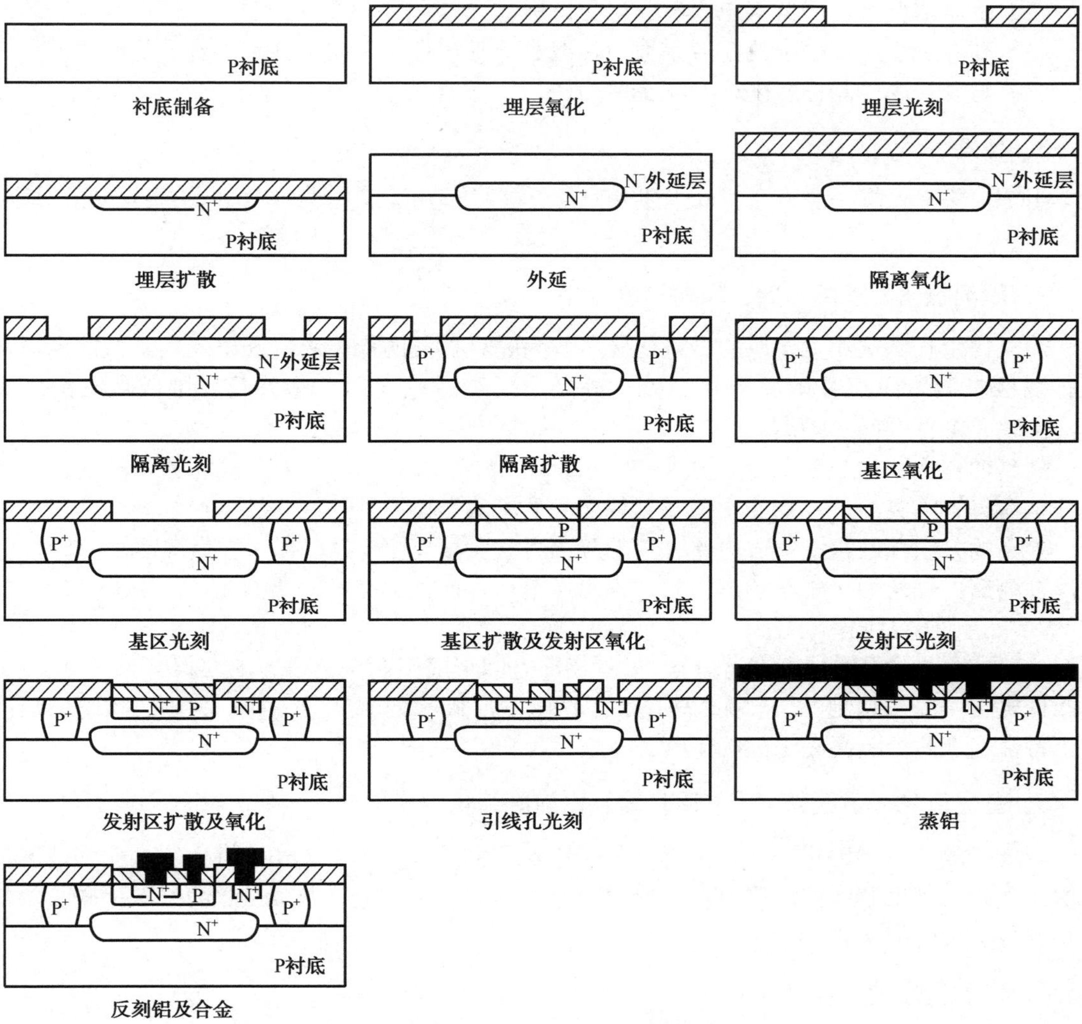

衬底制备　埋层氧化　埋层光刻

埋层扩散　外延　隔离氧化

隔离光刻　隔离扩散　基区氧化

基区光刻　基区扩散及发射区氧化　发射区光刻

发射区扩散及氧化　引线孔光刻　蒸铝

反刻铝及合金

图 1-13　双极型集成电路前道工艺流程对应的芯片剖面图

1．衬底制备

选择低掺杂的 P 型硅，掺杂浓度一般在 10^{15}/cm^3 数量级；选用偏离（100）晶向 2°～5°的单晶硅片，厚度约为 360 μm。

2．埋层氧化、埋层光刻、埋层扩散

在硅片表面生长一层 0.8～1.2 μm 厚的氧化层，作为埋层扩散的掩蔽层，开出埋层扩散的窗口，从刻出的窗口扩入高浓度的 N 型杂质层形成 N^+区，其方块电阻控制在 20～50 Ω/□。

制作埋层的作用：为提高器件的击穿电压，外延层选择高阻低掺杂，但这将使集电极串联电阻增大，管子的饱和压降增大，使电路的输出低电平升高，负载能力及抗干扰能力降低。为解决两者之间的矛盾，在外延层底部制作高掺杂的埋层，为集电极电流提供低阻通路，减小集电极的串联电阻。

埋层杂质选择的原则：

（1）杂质浓度大，降低集电极串联电阻。

（2）高温时杂质在硅中的扩散系数小，减小外延时埋层杂质上推到外延层的距离。

（3）与硅衬底的晶格匹配好，减小应力。

3．外延

用 HF 酸去除氧化层，在衬底上生长一层 N 型外延层，电阻率为 0.3～0.5 Ω·cm，厚度约为 6～8 μm。

4．隔离氧化、隔离光刻、隔离扩散

热氧化生长一层 1 μm 厚的二氧化硅层作为隔离扩散的掩蔽膜，开出隔离扩散的窗口，进行浓硼扩散。隔离扩散必须扩至整个外延层，和衬底连通，将外延层围成孤立的隔离岛，实现元器件之间的隔离。

隔离的作用：通过和衬底连通的 P^+隔离墙，将外延层分割成彼此孤立的隔离岛，元器件分别在每个隔离岛上，从而实现元器件之间的绝缘。

隔离的方法：双极型集成电路采用的隔离方法主要有 PN 结隔离、介质隔离、PN 结-介质混合隔离。传统的 PN 结隔离工艺一直沿用至今，而在当今的双极型 ULSI 中多采用先进的 PN 结-介质混合隔离。

PN 结隔离的原理：P^+隔离墙与 N^+隔离岛之间形成了两个背靠背的二极管，当 P^+隔离墙接低电位（一般接地），N^+隔离岛接高电位时，二极管处于反向偏置。利用二极管的反向截止特性实现两个隔离岛之间的绝缘。

5．基区氧化、基区光刻、基区扩散及发射区氧化

隔离扩散后用 HF 酸去除氧化层，在硅片表面生长 0.5～0.8 μm 的氧化层，作为基区扩散的掩蔽膜，刻出基区扩散窗口，进行 B 扩散；同时生长一层 0.4 μm 厚的二氧化硅膜，作为发射区扩散的掩蔽膜。

6．发射区光刻、发射区扩散

光刻出发射区窗口，同时形成集电极欧姆接触窗口，进行 N^+发射区扩散并在集电极引线孔的位置形成 N^+区，以制作欧姆接触电阻，同时形成互连及电极制备的氧化膜。

7．引线孔光刻、蒸铝及反刻铝

在氧化层上刻出引线孔、蒸铝，通过反刻铝，形成互连导线及接触电极，之后进行合金处理。

1.2.3 集成电路中 NMOS 晶体管的工艺流程

MOS 晶体管的结构、工作原理与工艺流程和双极型晶体管有较大的区别，以集成电路中的 NMOS 硅栅晶体管为例，其前道芯片制作的工艺流程如图 1-14 所示。

前道工艺流程对应的芯片剖面图如图 1-15 所示。

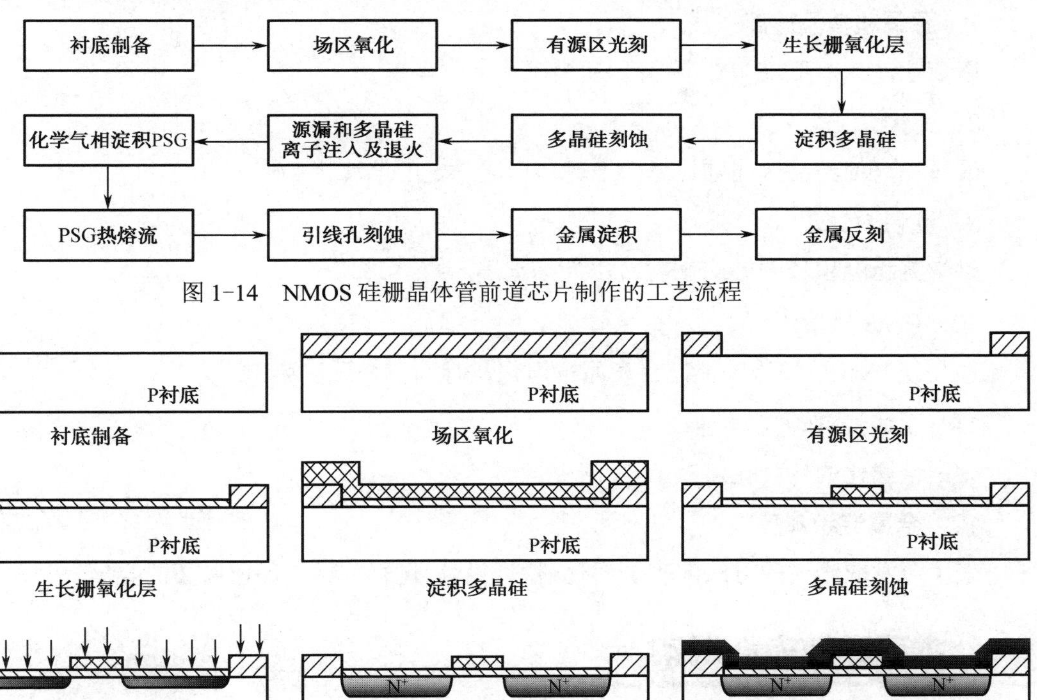

图 1-14　NMOS 硅栅晶体管前道芯片制作的工艺流程

图 1-15　集成电路中 NMOS 晶体管前道工艺流程对应的芯片剖面图

1．衬底制备

选择 P 型（100）晶向的硅片。

2．场区氧化

生长一层厚度约 400 nm 的二氧化硅层，作为 MOS 器件之间的隔离。

3．有源区光刻

光刻出 NMOS 管的制作区域。

4．生长栅氧化层

用干氧氧化生长一层高质量的致密氧化膜，厚度为 40 nm，作为栅氧化层。

5．淀积多晶硅

利用硅烷热分解法在硅片表面淀积一层多晶硅。

6．多晶硅刻蚀

对多晶硅进行刻蚀，形成多晶硅栅极。

7. 源漏和多晶硅离子注入

磷离子注入，形成 NMOS 管的源漏区。

8. 退火

通过退火使源漏区向硅片体内推进，形成一定的结深。

9. 淀积 PSG

化学气相淀积磷硅玻璃 PSG，作为平坦层。

10. PSG 热熔流

加热使 PSG 热熔流，使硅片表面平坦化，有利于金属层淀积。

11. 引线孔刻蚀

刻出金属化的接触孔窗口。

12. 金属淀积和反刻

采用蒸发或溅射的方法淀积金属化材料，然后进行刻蚀，保留需要的金属。

1.3 本课程的内容框架

本课程在结构上以集成电路生产过程为导向，根据产业链及企业岗位设置，对教材体系进行模块化设计，分为基础、核心、拓展和提升 4 个模块，既注重学生对集成电路的整个工艺过程有一个完整了解，同时又重点突出对集成电路芯片制造的 5 个核心工艺的把握。本课程的课程体系如图 1-16 所示。

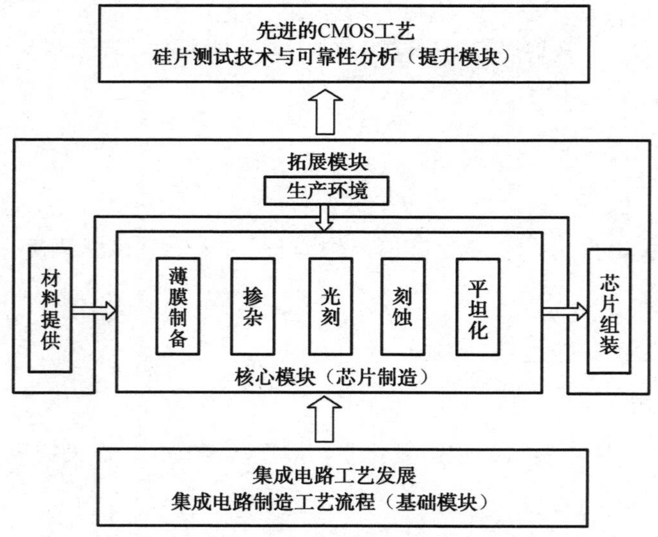

图 1-16　本课程的课程体系

基础模块从集成电路工艺发展简介出发，通过介绍硅外延平面晶体管、MOS 器件、双极型集成电路制造 3 个项目的基本工艺流程，使学生对集成电路制造的工艺流程有一个总

体了解。基础模块为教材第 1 章。

核心模块是根据芯片制造的工艺流程，按照企业岗位设置进行内容整合，形成 5 个单项工艺，通过围绕每一个单项工艺的介绍，学生可以对将来可能从事的集成电路制造企业的岗位性质、作用、操作有一个较好的了解，较快地熟悉和适应岗位，使理论和实践较好地结合。核心模块包含教材第 2～6 章。

拓展模块涉及与集成电路产业链相关的封测、材料及环境支撑业，使学生对整个集成电路产业链的上下游及外围材料的提供有一定了解，有利于学生对集成电路产业有一个全面的认识。拓展模块包含本教材第 7～9 章。

在提升模块中，通过 CMOS 倒相器的制造流程这一项目，把前面所学的各个任务加以综合应用，提升学生对所学知识的综合应用能力，并提升学生的职业素质。同时，还对工艺测试及可靠性进行一定介绍。提升模块含第 10、11 章。

本章小结

本章主要介绍了分立器件和集成电路的发展历程，硅外延平面晶体管、双极集成电路、NMOS 晶体管的制造工艺流程和本教材的内容框架。重点是集成电路制造工艺发展的概况，集成电路制造工艺流程的总体概念，难点是集成电路制造工艺流程框图的理解。通过本章的学习，使学生对集成电路制造工艺有一个初步的认识。

思考与习题 1

1. 简述集成电路制造工艺发展的大致状况。
2. 描述圆片和芯片的关系和区别。
3. 与分立器件相比，集成电路有何特有的工艺？
4. 如何理解集成电路制造工艺课程的性质和任务。
5. 简述硅外延平面晶体管的制造工艺流程。
6. 简述双极型集成电路中晶体管的制造工艺流程。
7. 简述 MOS 器件的制造工艺流程。

第2章　薄膜制备

本章要点

（1）半导体生产中常用的薄膜；
（2）热氧化工艺的原理、方法和设备；
（3）二氧化硅薄膜的质量分析；
（4）化学气相淀积的原理和方法；
（5）外延工艺的原理、方法；
（6）外延层的质量控制；
（7）蒸发的原理和方法；
（8）溅射的原理和方法。

集成电路分为厚膜集成电路和薄膜集成电路。由于薄膜集成电路的尺寸很小，易于制作高集成度的电路板，而且在高频范围的性能比厚膜集成电路性能好很多，所以它成为集成电路近些年来发展很快的一个方向。

将整个电路的晶体管、二极管、电阻、电容和电感等元件及它们之间的互连引线，全部用厚度在 1 μm 以下的金属、半导体、金属氧化物、多种金属合金或绝缘介质薄膜，通过蒸发、溅射等工艺制成集成电路。

薄膜具有很多优良的特性，如好的台阶覆盖能力，好的黏附性，高的深宽比填充，结构完整、厚度均匀，应力小等。集成电路在某种意义上可以看成是由数层材质、厚度不同的薄膜构成的。因此，在集成电路制造工艺中，薄膜制备是一道很重要的工序。

2.1　半导体生产中常用的薄膜

所谓薄膜，是指一种在衬底上生长的固体物质。半导体芯片加工是一个平面加工的过程，这一过程包含了在硅片表面生长不同的薄膜。各种不同类型的薄膜，有些膜成为器件结构中的组成部分，如 MOS 器件中的栅氧化层；有些膜作为器件的保护膜，如钝化膜、扩散掩蔽膜；有些膜则充当了工艺过程中的牺牲层，在后续的工艺中被去掉。各种薄膜的质量好坏，对于能否在硅衬底上成功制作出半导体器件和电路是至关重要的。

在半导体生产中常用的薄膜可以分为三大类：绝缘介质膜、半导体膜、金属膜。

2.1.1　半导体生产中常用的绝缘介质膜

绝缘介质膜在半导体生产中主要作为掺杂了杂质的阻挡层、金属前绝缘层（PMD）、金属层间介质层（ILD）及钝化层（Passivation）等。常用的介质膜主要有 SiO_2、PSG、BPSG、Si_3N_4、Al_2O_3 等薄膜。

1．二氧化硅 SiO_2 薄膜

硅集成电路流行的主要原因之一是容易在硅片上形成一层极好的氧化层 SiO_2，由于该氧化层可以对一些杂质的扩散起到阻挡作用，所以通过氧化、光刻和掺杂，可以在硅片中实现选择性的掺杂，这是大规模集成电路发展的关键因素。所以，这层介质膜在半导体生产中有着极为广泛的应用。

1）SiO_2 在半导体生产中的应用

（1）作为杂质选择扩散的掩蔽膜。这是 SiO_2 最主要的作用。所谓掩蔽，是指 SiO_2 能阻挡某些杂质向半导体中扩散的能力。

硅片表面的 SiO_2 层经过光刻后开出了窗口，窗口处由于没有 SiO_2 的阻挡，杂质能扩散进半导体，其他地方的杂质被 SiO_2 掩蔽，不能扩散到达半导体，从而在半导体中实现选择性掺杂（如图 2-1 所示）。在理解掩蔽作用时，需要注意两点：杂质在 SiO_2 中并不是不扩散，只是和在硅中扩散相比，杂质在 SiO_2 中扩散系数较小；其次，并不是所有的杂质都能用 SiO_2 来掩蔽，有些杂质在 SiO_2 中的扩散反而比在硅中快，如 Ga 在 SiO_2 中的扩散系数比在硅中要快 400 倍，这类杂质不能用 SiO_2 作为掩蔽膜。所以，SiO_2 掩蔽杂质需要满足两个条件：①SiO_2 膜要有足够的厚度；② $D_{SiO_2} \ll D_{Si}$（D_{SiO_2}、D_{Si} 分别为杂质在 SiO_2 和在 Si 中的扩散系数），如图 2-2 所示。

（2）作为器件表面的保护和钝化膜。由于 SiO_2 膜有稳定的物理、化学性质，使硅片表面、PN 结的结面与外界气氛隔离开，从而减弱环境气氛对硅片表面性质的影响，提高器件的稳定性和可靠性，同时坚硬的 SiO_2 膜可以保护 Si 免受在后期制作中可能发生的划擦和工艺损伤，所以 SiO_2 可以作为一种钝化层。当然，作为钝化层要有均匀的厚度、无针孔和空隙等质量要求。

（3）作为集成电路隔离介质。集成电路芯片上各元器件单元之间的电隔离主要采用 PN 结隔离，但 PN 结隔离存在寄生效应，影响电路的工作频率，所以有些电路采用介质

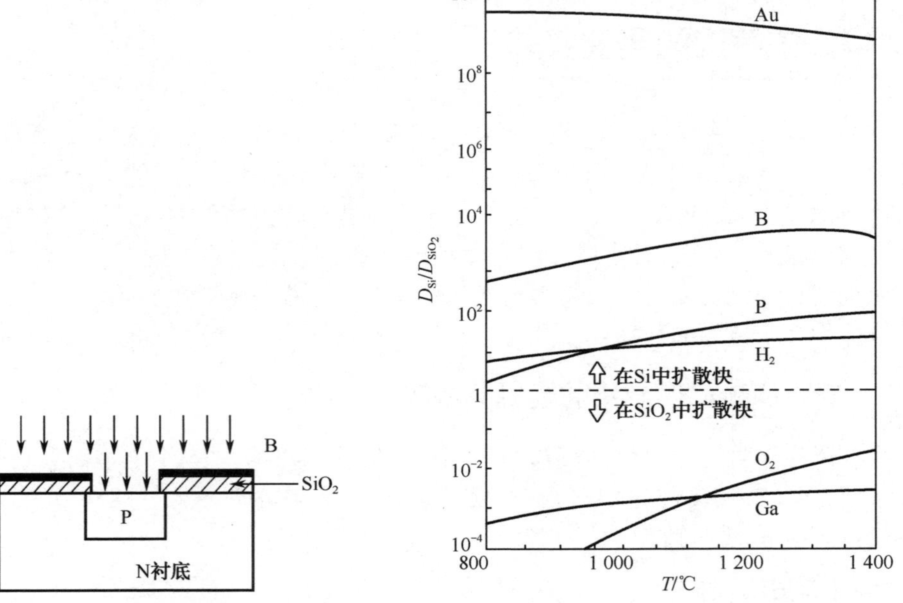

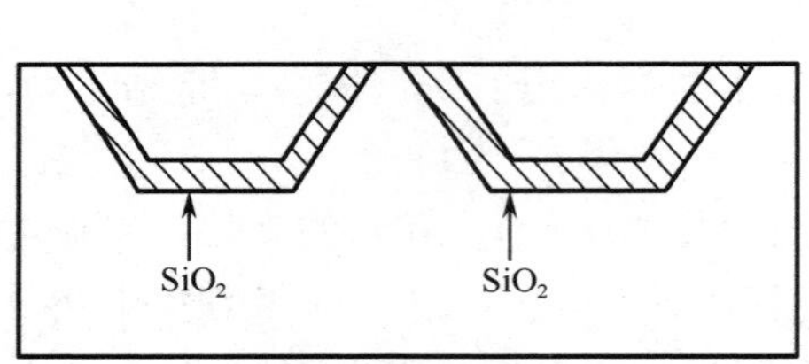

图 2-1　二氧化硅阻挡杂质示意图

图 2-2　杂质的（D_{Si}/D_{SiO_2}）$-T$ 曲线

隔离，如双极型集成电路中的 V 形槽介质隔离（如图 2-3 所示），该介质主要采用 SiO_2。对 MOS 器件，可以通过较厚的场氧化层来实现有源区之间的隔离（如图 2-4 所示）。场氧化层的典型厚度为 2 500～1 500 Å。

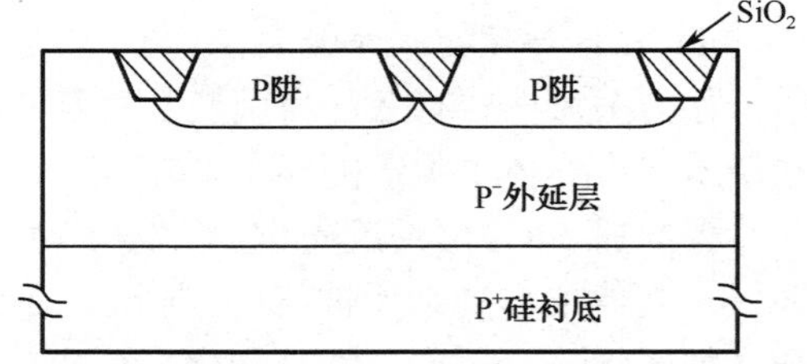

图 2-3　V 形槽介质隔离结构示意图

图 2-4　MOS 电路中的场氧隔离

（4）作为器件和电路的绝缘介质。一般条件下的 SiO_2 不能导电，所以 SiO_2 膜可充当器件表面和铝引线间的绝缘介质。同时，因为它有较低的介电常数，也常常作为集成电路多层布线中的层间绝缘介质。

（5）作为 MOS 场效应晶体管（结构示意图如图 2-5 所示）的绝缘栅材料。MOS 场效应管是电压控制器件，栅极下面是一层高致密、很薄的 SiO_2 栅氧化层，只有高致密，才能保证栅极和 SiO_2 下方的硅片表面间有足够的绝缘强度；只有薄，才能保证控制灵敏度。生产中对栅氧化层的质量和厚度要求十分严格。对于 0.18 μm 工艺，

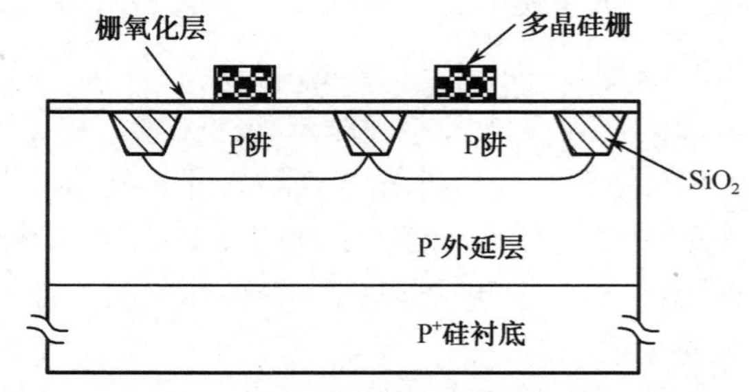

图 2-5　MOS 场效应晶体管结构示意图

典型的栅氧化层的厚度为 20±1.5 Å。

表 2-1 列出了不同应用下 SiO_2 的厚度范围。

表 2-1　不同应用下 SiO_2 的厚度范围

半导体中的应用	典型 SiO_2 的厚度 Å
栅氧（0.18 μm 工艺）	20～60
电容器电介质	5～100
掺杂掩蔽的氧化物	400～1 200
LOCOS（局部氧化隔离）氧化工艺	200～500
场氧	2 500～15 000

2）SiO_2 的结构

（1）SiO_2 的结构及特点。SiO_2 的基本组成单元为 Si-O 四面体，四面体的中心是一个硅原子，四个氧原子位于四面体的四个顶角。由于每个氧原子连接了两个 Si-O 四面体，所以每个四面体硅和氧原子比为 1∶2，其结构如图 2-6（a）所示。

当 Si-O 四面体有规则排列时，形成结晶型的 SiO_2，如石英晶体，在原子水平上有长程有序的晶格周期，晶体结构较致密（如图 2-6（b）所示）；当 Si-O 四面体无规则排列时，形成无定型的 SiO_2，网络中存在不规则的孔洞，网络结构比结晶型的疏松（如图 2-6（c）所示）。

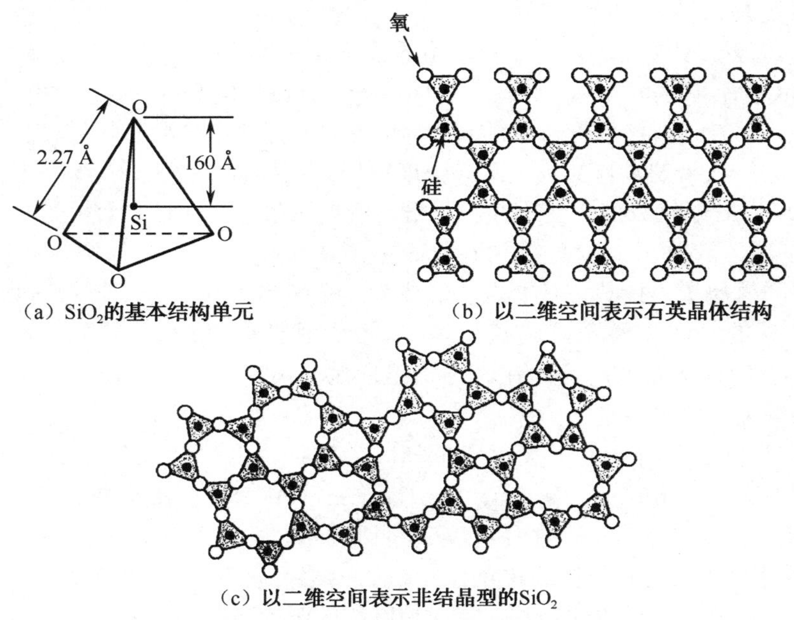

（a）SiO_2的基本结构单元　（b）以二维空间表示石英晶体结构

（c）以二维空间表示非结晶型的SiO_2

图 2-6　SiO_2 的结构

硅片表面总是覆盖一层 SiO_2，这是因为硅片只要在空气中暴露，就会立刻在其上形成几个原子层的自然氧化膜，厚度只能为 40 Å 左右。这种氧化物是不均匀的，在半导体工艺中常被认为是种污染物，需要在工艺中加以清理。

（2）网络中的氧。网络中的氧起着连接两个 Si-O 四面体的作用，如果氧和两个硅原子键合，则称该氧原子为桥联氧；如果其中的一个 Si-O 价键被打断，氧只和一个硅原子相连，则称该氧原子为非桥联氧。桥联氧和非桥联氧在网络中所占的比例影响网络的强度，桥联氧越多，非桥联氧越少，网络的黏合力越大，受损伤的倾向越少；反之，网络的强度会减弱。

（3）网络中的杂质。根据杂质在 SiO_2 中的行为不同，网络中的杂质可以分为网络形成剂和网络调节剂两类，如图 2-7 所示。

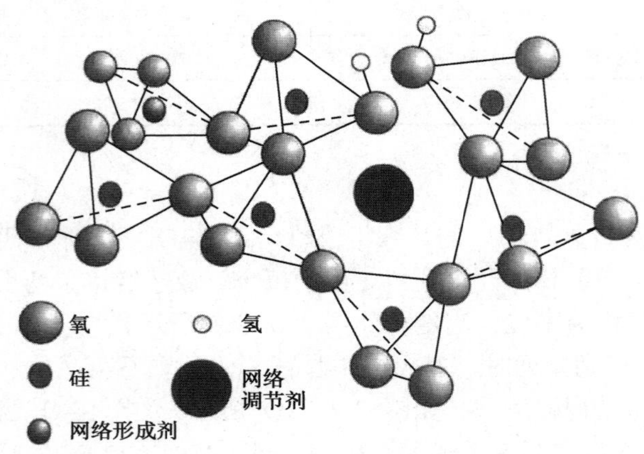

图 2-7　SiO_2 中的杂质

网络形成剂是指进入网络后能替代硅原子的位置，并由它们本身形成网络结构，如硼原子和磷原子。但硼和磷掺入网络后对网络的强度影响不同，硼是三价元素，当它以 B_2O_3 的形式掺入 SiO_2 后，硼将取代硅原子位于四面体的中心。和 SiO_2 相比，两个硼氧四面体需要四个氧原子，而 B_2O_3 只带入三个氧原子，因而网络成为缺氧状态，一部分非桥联氧转变成桥联氧，使非桥联氧的数目减少，网络强度增强。同样，磷是五价元素，当它以 P_2O_5 的形式掺入 SiO_2 后，配位数由五变成四，网络形成剩氧状态，非桥联氧的数目增加，网络的强度减弱。同时，磷原子上没有受到共价键束缚的价电子，容易挣脱原子核的束缚而释放，并被非桥联氧原子所捕获，使非桥联氧成为一个负电中心。掺有硼的 SiO_2 又称硼硅玻璃 BSG，掺有磷的 SiO_2 又称磷硅玻璃 PSG。正是这种带负电的非桥联氧，使磷硅玻璃 PSG 作为一种改进型的钝化膜而广泛用在半导体芯片制造中。一般当杂质原子半径与硅原子半径相近时，杂质为网络形成剂。

当杂质原子的半径明显大于硅原子半径时，它们进入网络后往往处于网络的间隙位置，这类杂质称为网络调节剂，如 Na、K、Ca、Ba、Pb 等一些碱金属原子。当这些碱金属以氧化物的形式进入网络后，往往使桥联氧还原成两个非桥联氧，并形成碱金属离子，从而使网络的强度减弱。另外，网络中的水汽进入网络后，有和碱金属氧化物类似的行为，将使桥联氧原子转变成非桥联的羟基，从而使网络的强度下降，如式（2-1）所示。

$$
\begin{aligned}
&Na_2O + -\overset{|}{\underset{|}{Si}}-O-\overset{|}{\underset{|}{Si}}- \rightarrow -\overset{|}{\underset{|}{Si}}-O^- + -\overset{|}{\underset{|}{Si}}-O^- + 2Na^+ \\
&H_2O + -\overset{|}{\underset{|}{Si}}-O-\overset{|}{\underset{|}{Si}}- \rightarrow -\overset{|}{\underset{|}{Si}}-OH + -\overset{|}{\underset{|}{Si}}-OH
\end{aligned}
\tag{2-1}
$$

3）SiO_2 的性质

（1）SiO_2 的物理性质。表征 SiO_2 物理性质的参数有电阻率、介电强度、相对介电常数、密度和折射率等，不同的制备方法获得的 SiO_2 膜，其物理性质也不完全相同。表 2-2 列出了不同氧化方法下的 SiO_2 膜的主要物理性质。

表 2-2 不同氧化工艺制备的 SiO_2 的主要物理性质

氧化方法	密度（g/cm^3）	折射率 λ=5 460 Å	电阻率（Ω·cm）	相对介电常数	介电强度（10^6V/cm）
干氧氧化	2.24～2.27	1.460～1.466	3×10^{15}～2×10^{16}	3.4（10 kHz）	9
湿氧氧化	2.18～2.21	1.435～1.458	—	3.82（1 MHz）	—
水汽	2.00～2.20	1.452～1.462	10^{15}～10^{17}	3.2（10 kHz）	6.8～9
热分解淀积	2.09～2.15	1.43～1.445	10^7～10^8	—	—
外延淀积	2.3	1.46～1.47	7×10^{14}～8×10^{14}	3.54（1 MHz）	5～6

① 电阻率。虽然纯净的硅是半导体材料，但 SiO_2 却是绝缘体，具有很高的电阻率，高温干氧氧化法制备的 SiO_2 的电阻率一般在 10^{16} Ω·cm 以上。不同的制备方法和工艺条件得到的 SiO_2 膜的电阻率不同。

② 介电常数。介电常数可用来表征 SiO_2 的电容性能，总的说来 SiO_2 是属于低 K 介质，因此在 VLSI 的多层布线中常被用来作为两层金属之间的绝缘介质，以减小寄生电容，从而提高电路的速度。一般认为 SiO_2 的相对介电常数为 3.9。

③ 密度和折射率。密度是表征 SiO_2 的致密程度，密度与折射率有关，密度大，折射率就大。无定型 SiO_2 的密度一般为 2.2 g/cm^3，折射率为 1.33～1.37。

④ 介电强度。SiO_2 作为绝缘介质时，常用介电强度来表示薄膜的抗击穿能力。SiO_2 的介电强度与膜结构的致密程度、均匀性、杂质含量等因素有关，一般为 10^6～10^7 V/cm。SiO_2 是具有软化温度约 1 732 ℃的玻璃体，它和晶体的固定熔点是有一定区别的。

（2）SiO_2 的化学性质。

① 和酸的反应。SiO_2 的化学性质较稳定，室温下它只能与氢氟酸发生反应生成易溶于水的六氟硅酸，所以常用以氢氟酸为主体的腐蚀液作为 SiO_2 的腐蚀液。反应方程式如下

$$6HF + SiO_2 \rightarrow H_2[SiF_6] + 2H_2O \tag{2-2}$$

② 和碱的反应。SiO_2 能与强碱起化学反应，其反应方程式为

$$SiO_2 + NaOH \rightarrow Na_2SiO_3 + H_2O \tag{2-3}$$

③ 和活泼金属和非金属的反应。SiO_2 在高温下将和活泼金属或非金属发生反应，如和镁、铝、碳有如下的反应

$$\begin{aligned} &SiO_2 + 2Mg \xrightarrow{\Delta} Si + 2MgO \\ &3SiO_2 + 4Al \xrightarrow{\Delta} 3Si + 2Al_2O_3 \\ &SiO_2 + 3C \xrightarrow{1\,800℃} 2CO\uparrow + SiC \end{aligned} \tag{2-4}$$

由于 Al_2O_3 的形成热为 1 667.8 kJ/mol，而 SiO_2 的形成热为 850.9 kJ/mol，所以 SiO_2 和铝的反应是放热反应。适度的反应将有利于电极的制备，但过度的反应将使铝膜下面的 SiO_2 失去绝缘性能，出现短路现象。

2．磷硅玻璃 PSG 和硼磷硅玻璃 BPSG

1）磷硅玻璃

磷硅玻璃（Phospho-Silicate Glass，PSG）是含磷的 SiO_2，是磷硅酸盐玻璃（$P_2O_5SiO_2$）的简称。PSG 在超大规模集成电路中，首先可以作为半导体元器件的保护层。其次由于 PSG 中含有带负电中心的非桥联氧原子，Na^+ 等可动电荷在 PSG 中的熔解度比在 SiO_2 中高 3 个数量级，因此 PSG 可以用来吸收、固定 Na^+ 和其他可动电荷，这可以大大改善器件和电路的性能。第三，PSG 可用来覆盖无源层，给无源层提供机械保护。第四，SiO_2 原有的有序网络结构由于磷杂质的加入而变得疏松，在高温条件下，在某种程度上具有像液体一样的流动能力，因此 PSG 薄膜具有较好的填孔能力，从而使硅片表面趋于平坦。因此，PSG 可以应用于超大规模集成电路平坦化工艺中的热熔流技术，提高整个硅片表面的平坦化，为光刻及后道工艺提供更大的工艺范围。

然而，在 PSG 的应用中也存在一些问题，影响器件的可靠性，其中最主要的就是 PSG 薄膜容易吸附 H_2O。当 PSG 暴露在空气中时，环境中的 H_2O 也会吸附在薄膜表面，进而往 PSG 薄膜体内扩散，这些 H_2O 会影响薄膜的质量。例如，PSG 吸附 H_2O 后，P_2O_5 水解生成偏磷酸，腐蚀金属铝膜，引起器件失效。同时，PSG 的热熔流温度太高，常常要高于 1 000 ℃，因此它在平坦化方面的应用已经被硼磷硅玻璃 BPSG 取代了。

2）硼磷硅玻璃 BPSG

硼磷硅玻璃（Boro-Phospho-Silicate Glass，BPSG）在 PSG 中掺杂了硼，是一种同时含有硼与磷的 SiO_2。BPSG 作为一种重要的层间介质，以其优良的性能和经济性，在半导体集成电路中广泛使用。BPSG 主要有两个作用，一是作为绝缘膜，二是用于平坦化。其中平坦化的实现，则是将淀积了 BPSG 的晶片放在高温炉管中，在适当的温度下使其软化熔融并且流动以降低表面张力并最大程度平整表面。

BPSG 薄膜中不同的硼、磷含量会对玻璃的软化温度有很大影响并最终影响回流效果。BPSG 的硼含量通常控制在 1～4 重量百分比，磷的含量控制在 4～6 重量百分比，硼、磷的含量和要控制在 10 重量百分比之内。这时 BPSG 热熔流的温度为 800～950 ℃，比磷硅玻璃的热熔流温度低 150～300 ℃。

3．氮化硅 Si_3N_4

Si_3N_4 是一种在半导体工艺中常见的绝缘材料，它的性能比 SiO_2 更稳定。通常 Si_3N_4 可以作为扩散掺杂的掩蔽膜、钝化膜、局部氧化之前的掩蔽膜，以及对杂质的萃取膜等。具体来讲，Si_3N_4 在半导体生产中有以下作用。

1）作为杂质扩散的掩蔽膜

采用 Si_3N_4 作为杂质扩散的掩蔽膜，可以实现 SiO_2 掩蔽膜无法掩蔽的 Al、Ga、In 等杂质的迁移和扩散。对常用的 B、P、As 等，Si_3N_4 的掩蔽能力也比 SiO_2 强得多，因而掩蔽扩散所需要的介质膜厚度要比 SiO_2 小一个数量级。薄膜厚度的大幅度下降，意味着光刻精度提高的空间随之增加。

2）作为钝化膜

Si_3N_4 对 H_2O 和 Na^+ 的强烈阻挡作用，使它成为一种较理想的钝化材料。表 2-3 列出了不同的钝化结构抗可动离子污染的能力。

表 2-3　不同的钝化结构抗可动离子污染的能力

钝化结构	SiO_2/Si	$PSG/SiO_2/Si$	Si_3N_4/Si	$Si_3N_4/SiO_2/Si$
可动离子密度（cm^{-2}）	$>10^{13}$	4.3×10^{12}	6.6×10^{10}	6.6×10^{10}

当 Si_3N_4 直接淀积在硅衬底上时，由于 Si_3N_4 与 Si 的晶格系数相差较大，使 Si_3N_4-Si 界面形成很大的应力，产生极高的界面态密度，严重影响器件的特性和稳定性，因此通常采用 $Si_3N_4/SiO_2/Si$ 双层钝化结构。

同时，Si_3N_4 的电阻率虽然比 SiO_2 略小，但 Si_3N_4 的耐击穿强度比 SiO_2 要大得多。Si_3N_4 具有较高的热传导系数，使它更有利于内电极布线的散热。

3）作为局部氧化的掩蔽膜

Si_3N_4 可以有效地阻挡 H_2O 和 O_2 的迁移，使 Si_3N_4 的抗氧化能力比 Si 约大 100 倍，因而 Si_3N_4 可以作为 MOS 器件中进行场氧化层制作时，防止晶片表面有源区被氧化的保护层，实现 Si 的选择氧化，这就是有名的局部硅氧化 LOCOS（Local Oxidation of Silicon）工艺。

4）作为杂质与缺陷的萃取源

高应力的 Si_3N_4-Si 界面可作为杂质与缺陷的萃取源。工艺中，在 Si 圆片的背面淀积一层数百纳米的 Si_3N_4 薄膜，由于 Si_3N_4 无论是晶格系数还是热膨胀系数与 Si 的失配率都很大，因此 Si_3N_4-Si 界面缺陷密度大，会形成很大的应力。在随后的高温工艺中，受应力作用的 Si 便会发生滑移形成位错网络，依靠这些位错网络，可以将杂质和缺陷从器件的有源区萃取出来。

但如果 Si_3N_4 靠近有源区，作为绝缘介质层或钝化膜，大的缺陷密度和应力将会影响 Si 的载流子的迁移率，从而影响器件的性能，甚至膜在大的应力下容易出现龟裂。因此，通常在硅衬底上淀积 Si_3N_4 之前先制备一层薄氧化层作为缓冲层。

2.1.2　半导体生产中常用的半导体膜

用于半导体生产中的半导体膜主要有多晶硅、单晶硅及砷化镓（GaAs）薄膜。

1．多晶硅

在 MOS 器件制造中，利用重掺杂的多晶硅来代替铝作为 MOS 管的栅电极，使 MOS 电路特性得到很大改善，它使器件的阈值电压下降 1.1 V，也容易获得合适的阈值电压值并能提高开关速度和集成度。这种工艺称为硅栅工艺（如图 2-8 所示）。

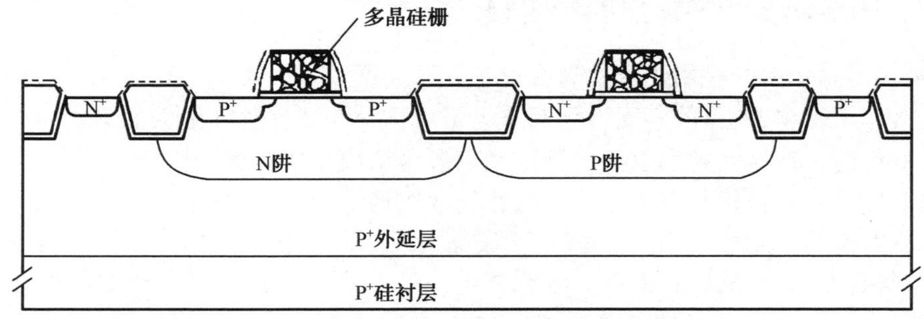

图 2-8　作为栅电极的掺杂多晶硅

此外，多晶硅还可以作为高值电阻，形成浅结扩散源，作为导体，并与单晶硅形成良好接触，因为它比金属电极（如铝）有更高的可靠性。在 MOS 工艺中还可以实现栅自对准工艺。多晶硅薄膜也是太阳能电池的主要材料。

2. 单晶硅

单晶硅薄膜在半导体生产中的作用主要是作为外延层，它在制备完好的衬底上生长一层电阻率、导电类型、厚度及晶格结构都符合要求的新的单晶层。大部分器件和电路都做在外延层上。

对于分立器件，通过外延可以在低阻的衬底上外延一层高阻的单晶层。在高阻层上制作器件可以得到高集电极反向击穿电压。同时，由于衬底是低阻材料，降低了集电极串联电阻，因此可以成功解决开关器件晶体管的低饱和压降和高集电极击穿电压之间的矛盾（如图 2-9（a）所示）。对于集成电路来说，通过制作外延，可以将外延层分隔成一个个隔离岛，从而实现元器件之间的隔离（如图 2-9（b）所示）。外延片在厚度、电阻率、均匀性、晶格完整性等方面都能得到较好地控制，且重复性好，从而提高了半导体器件的稳定性和可靠性，同时为批量生产带来了方便。

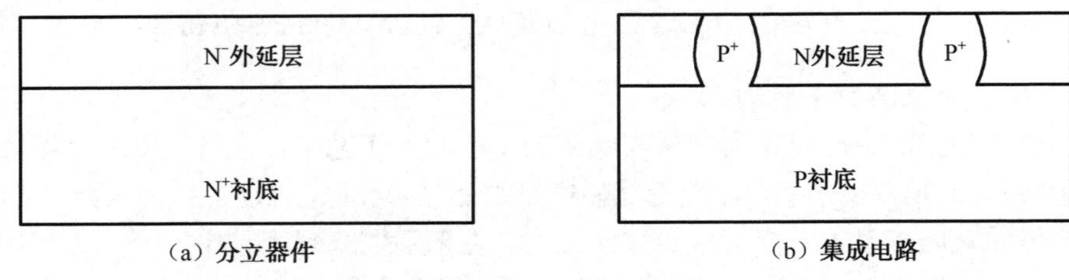

（a）分立器件　　（b）集成电路

图 2-9　衬底与外延层示例图

3. 砷化镓

首先，砷化镓属于Ⅲ-Ⅴ族化合物半导体，由于它可以制成半绝缘的高阻单晶衬底，使它在各种高速模拟应用领域具有不可替代的优势，同时也适合用来制造那些可能会遭受辐射影响的数字集成电路；其次，砷化镓中的电子在低电场下的迁移率较高，且易于生长成异质结构，这两点都特别有利于制造出超高速的晶体管与集成电路；最后，砷化镓材料属于直接带隙型半导体材料，这就意味着其内部电子-空穴对的复合将会释放出一个光子，因此砷化镓材料常用来制作各种半导体发光器件。

砷化镓薄膜制备也是一种外延技术，利用一定的化学气相淀积方式，在衬底表面生成一层砷化镓薄膜，以满足器件制备的需要。

2.1.3　半导体生产中常用的导电膜

金属膜在半导体中的作用主要体现在以下几个方面。

◆ 连接作用：将 IC 里的各元件连起来，形成一个功能完善而强大的 IC。

◆ 接触作用：在基区和发射区、栅区及有源区形成欧姆接触。

◆ 阻挡作用：阻挡铝与硅的互溶，防止结的穿通。

◆ 抗反射作用（ARC 作用）：降低铝表面反射率，有利于曝光。

目前半导体生产用到的金属膜主要有单质金属，如铝、铜、钨、钛等；合金，如铝硅合金、铝铜合金等；以及硅化物、钛化物等。

1．超大规模集成电路中的铝膜

1）纯铝的优点

铝是使用最早也是使用最普遍的互连金属。纯铝的优点主要体现在：纯铝材料的电阻率低（铝在 20 ℃时具有 2.65 μΩ·cm 的电阻率），但比铜、金、银稍高。然而铜和银都比较容易被腐蚀，在硅和二氧化硅中有高的扩散率；金、银比铝昂贵得多，而且在氧化膜上附着不好。此外，铝容易淀积，容易刻蚀，与硅、二氧化硅的黏附性较好，因此是一种作为导电连线的好材料。

2）铝金属化中存在的问题

（1）铝的尖刺现象。铝硅合金之所以代替纯铝，是因为在铝硅的接触面有“结尖刺”现象。图 2-10 是铝硅相图。从相图上可知，铝在硅中的熔解度很低，但硅在铝中的熔解度则较高，如 400 ℃时硅的重量百分数为 0.25，450 ℃时为 0.5，500 ℃时为 0.8。因此，铝硅接触时，在退火过程中就会有相当可观的硅原子熔到铝中。

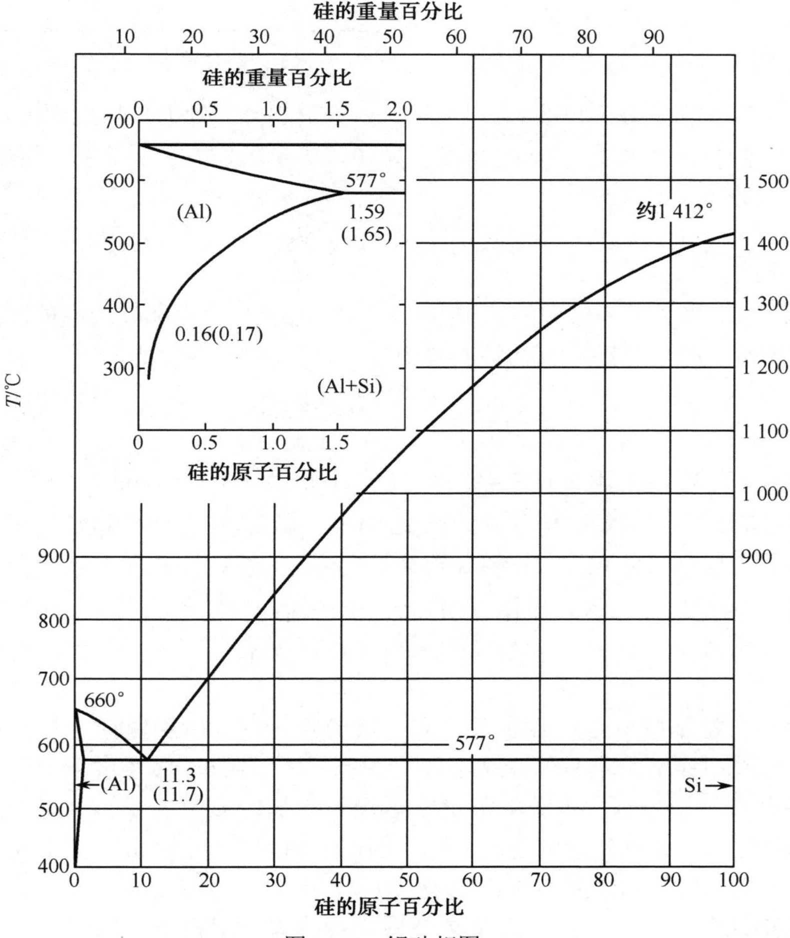

图 2-10 铝硅相图

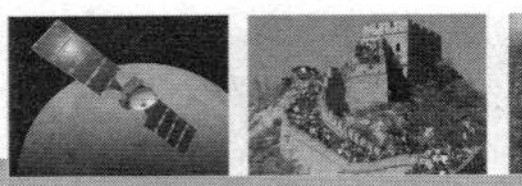

同时通过实验发现，硅在铝薄膜中的扩散系数比在晶体铝中约大 40 倍，这是因为薄膜铝多数为多晶，杂质在晶粒界的扩散系数远大于在晶体内的扩散系数（如图 2-11 所示）。由于这两个原因，将引起器件和电路在铝硅接触中的一个重要问题——铝的尖刺现象（如图 2-12 所示）。

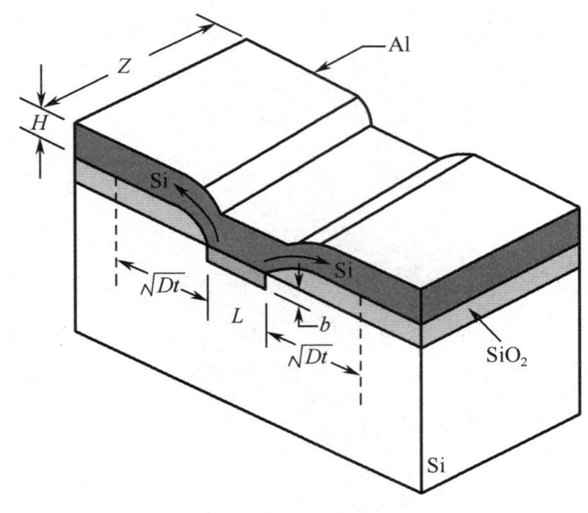

图 2-11 铝硅接触硅向铝膜中扩散示意图

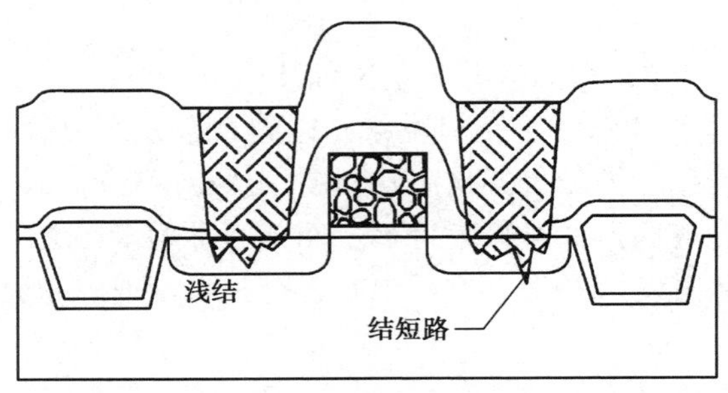

图 2-12 铝的尖刺现象

假设考虑一条宽度为 W、厚度为 d 的铝引线，与硅接触的接触孔面积为 A，当退火 t 时间后，硅在铝中的扩散距离为 $\sqrt{Dt}$。如果认为在该距离范围内，硅在铝中饱和，则消耗的硅的体积 V 为

$$V = 2\sqrt{Dt}(W \cdot d) \cdot S \cdot \frac{n_{\mathrm{Al}}}{n_{\mathrm{Si}}} \tag{2-5}$$

式中，S 为该退火温度下硅在铝中的熔解度；n_{Al} 和 n_{Si} 分别为铝和硅的密度。如果硅在面积 A 内是均匀消耗的，那么消耗掉的硅层厚度 Z 为

$$Z = 2\sqrt{Dt}\left(\frac{W \cdot d}{A}\right) \cdot S \cdot \left(\frac{n_{\mathrm{Al}}}{n_{\mathrm{Si}}}\right) \tag{2-6}$$

例如，设 $T = 500\ ℃, t = 30\ \mathrm{min}, A = 4\ \mu\mathrm{m} \times 4\ \mu\mathrm{m}, W = 5\ \mu\mathrm{m}, d = 1\ \mu\mathrm{m}$，则 $Z \approx 0.3\ \mu\mathrm{m}$。

这相当于一般超大规模集成电路中的结深。因而有可能使 PN 结短路。但实际问题远比这严重，因为硅在接触孔面积 A 内并不是均匀消耗的，往往只在几个点上消耗硅。因此有效面积 A'远小于接触孔面积 A，所以 Z 将远大于结深，这样铝就在某些接触点像尖钉一样刺进硅衬底中，从而使 PN 结失效。这就是所谓的尖刺现象。“尖刺”的深度往往可以超过 1 μm。

（2）铝硅的肖特基接触。铝硅接触分欧姆接触和肖特基接触两种，具体是哪种类型，与硅衬底的导电类型和电阻率有关。对于 N 型硅衬底，当掺杂浓度较低时，它是一个肖特基接触；当掺杂浓度增加时，电子的隧道穿透概率增加，成为主要的电流传输机构，这时接触由肖特基接触型转为欧姆接触型，其临界的掺杂浓度为 $10^{19}/\mathrm{cm}^3$。由于铝硅肖特基接触具有整流效应，因此应尽力避免作为铝电极制备。

（3）电迁移现象。铝的电迁移现象是一种在大电流密度作用下的铝离子的质量输运现象。当直流电流密度较大（如为 $10^6\ \mathrm{A/cm}^2$）时，由于导电电子与铝原（离）子之间的碰撞

摩擦引起的相互间的动能转换，使铝原子沿着电子流动的方向运动。这样在阴极，由于铝原子的缺失造成金属引线中的空洞，容易形成开路；在阳极，由于铝原子的堆积造成小丘而容易形成金属引线间的短路，从而这种不均匀的结构引起整个集成电路失效（如图 2-13 所示）。

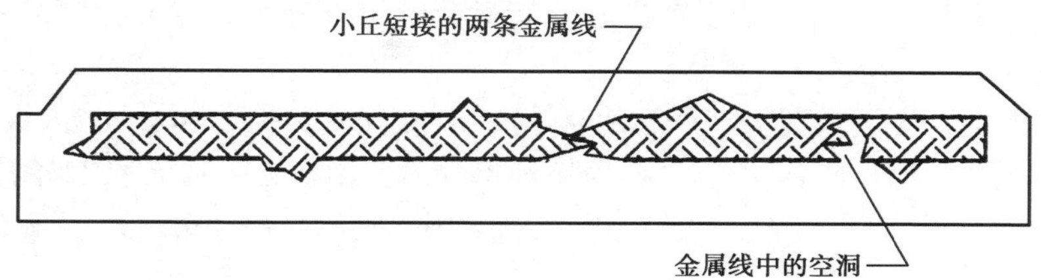

图 2-13　铝的电迁移造成的影响

表征电迁移现象的物理量是互连引线的中值失效时间，MTF（Median Time to Failure），即 50%互连引线失效的时间。

3）铝金属化的改进

针对铝金属化中出现的这些问题，在集成电路制造中可以采取相应的改进措施，具体有以下几个方面。

（1）铝硅合金金属化引线。为了解决铝的尖刺问题，一般用铝硅合金代替纯铝作为铝硅接触的材料和互连材料。在纯铝中加入硅饱和熔解度所要求的足量硅，对于 500 ℃的合金工艺，铝硅合金中硅的典型浓度为 1%～2%。如果铝中已经有了硅，那么硅从衬底向铝中熔解速度将会减慢。当然，在用铝硅合金的同时要特别注意硅的含量，防止引入另一个问题，即硅的分凝问题。由于在较高合金退火温度时熔解在铝中的硅，在冷却过程中又从铝中析出，凝聚成一个个硅单晶的结瘤（小的硅高浓度区域），可能使接触电阻增大，在结瘤处当电流流过时局部加热引起可靠性的下降。

（2）使用金属阻挡层结构。可以在铝和硅之间淀积一层薄金属层，阻止铝、硅之间的作用，从而限制铝的尖刺。这层金属称为阻挡层（如图 2-14 所示）。

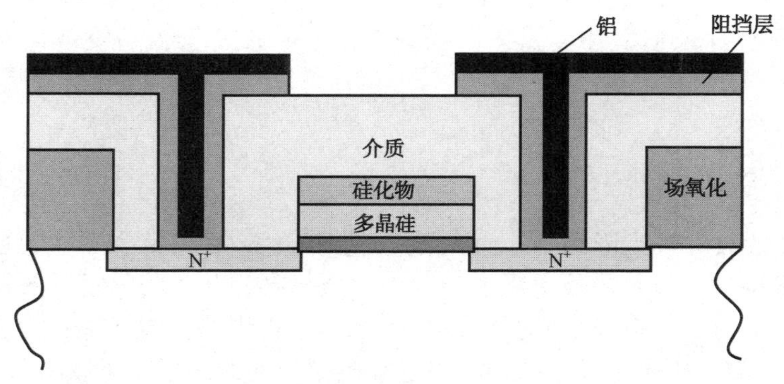

图 2-14　具有金属阻挡层的铝硅接触

通常用作阻挡层的金属是一类具有高熔点的难熔金属，如金属钛（Ti），钨（W）、钽（Ta）、钴（Co）和铂（Pt）。TiN 被广泛用于超大规模集成电路制造中的阻挡层。但 TiN 和硅之间的接触电阻不小，为了解决这个问题，在 TiN 沉积之前先沉积一薄层钛。

（3）采用高掺杂来消除铝硅接触中的肖特基现象，使其成为欧姆接触。在集成电路中

NPN 管集电极制备中，通过在集电区制作一个高掺杂的 N^+区域，作为欧姆接触。

（4）使用铝铜或铝硅铜合金。改进电迁移的一种方法是在纯铝中加入合金成分，最常用的是加铜。由 95%的铝，4%的铜和 1%的硅组成的铝硅铜合金是溅射淀积系统中常用的靶材料。通过分析认为，这些杂质在铝晶粒间界分凝可以降低铝原子在铝晶粒间界的扩散系数，从而可使 MTF 提高一个量级。

但也要注意加入这些成分后会使金属材料的电阻率增加。如纯铝的电阻率为 2.65 μΩ·cm，纯铝中每增加 1%的硅，电阻率约增加 0.7 μΩ·cm；每增加 1%的铜，电阻率约增加 0.3 μΩ·cm，所以铝-1%的硅-4%的铜材料的电阻率为 4～5 μΩ·cm。铝硅铜合金的另外两个缺点是不易刻蚀和易受氯气腐蚀

（5）采用三层夹心结构。改进铝电迁移的另一种方法是在两层铝薄膜之间增加一个约 500 Å 厚的过渡金属层，如金属钛、铬、钽等。这种三层结构经 400 ℃退火 1 h 后，在两层铝之间将形成金属间化合物，如 $CrAl_7$、$TiAl_3$ 等。它们可以防止空洞穿透整个铝金属化引线，同时也可以在铝晶粒间界处形成如 $TiAl_3$ 等化合物，降低铝在晶粒间界中的扩散等扩散系数，从而减少铝原子的迁移率，防止空洞和小丘的形成。实践证明，这种方法可以使 MTF 提高 2～3 个数量级，但是工艺较复杂，往往需用一个多源的电子束蒸发或溅射系统。

（6）采用“竹状”结构。在“竹状”结构的引线中，组成多晶体的晶粒从上而下贯穿引线截面，晶粒间界垂直于电流方向，所以晶粒间界扩散不起作用，铝原子在铝薄膜中的扩散系数与单晶体类同，从而可使 MTF 值提高 2 个数量级。“竹状”结构如图 2-15 所示。

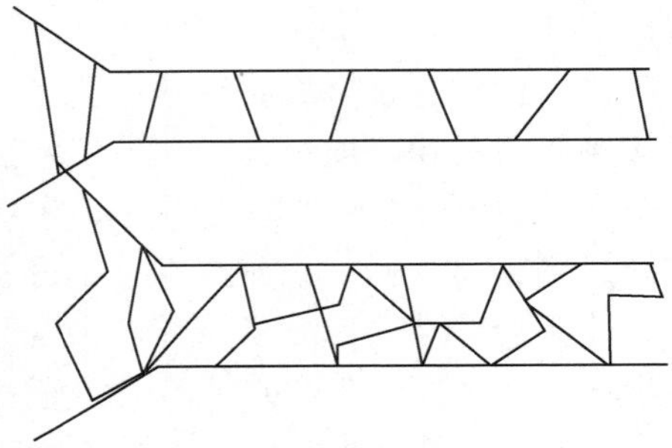

图 2-15 “竹状”结构

这种“竹状”结构的铝膜往往只存在于很窄的铝引线中，对于较宽的铝线，将发展为多个晶粒的常规结构，此时起主导作用的扩散过程将是晶粒间界扩散，MTF 将降低。因此，为了使铝引线能生长为“竹状”结构，应要求在合金退火之前进行光刻，使金属化引线条宽很窄，有助于铝晶粒垂直生长，使之形成“竹状”结构。

2. 其他导电膜

1）铜连线

当硅片制造的设计规则降到 0.15 μm 线宽或更低时，在芯片上器件的集成密度增加。但高密度使线宽更窄，导致导线电阻增加，由介质材料分开。间隔紧凑的导线在介质材料之间起电容作用。由于电阻 R 和电容 C 的增加，使得电路性能下降。为了降低金属连线 RC 的时间延迟，需要用高电导率的导线与低介电常数的绝缘层，所以引入铜连线技术。

在 IC 互连金属化中引入铜的主要优点在于以下几个方面。

（1）电阻率的减小：在 20 ℃时，互连金属线的电阻率从铝的 2.65 μΩ·cm 减小到铜的 1.678 μΩ·cm，减小 RC 的信号延迟，增加芯片的速度。

（2）减少了功耗：减小了互连线的电阻，降低了功耗。

（3）更高的集成密度：铜互连线的线宽更窄，允许更高密度的电路集成，这意味着需

要更少的金属层，制作成本也将下降。

（4）良好的抗电迁移性能：铜不需要考虑电迁移问题。

（5）减少工艺步骤：用大马士革方法处理铜具有减少工艺步骤 20%～30%的潜力。

当然在铜连线制造中也遇到一定的挑战，主要有以下几点。

（1）铜在氧化硅和硅中的扩散速率较快，如果铜扩散进硅的有源区，则会引起结或氧化硅漏电而损坏器件。

（2）铜不容易应用常规的等离子体刻蚀工艺形成图形，所以铜刻蚀要采用有别于常规刻蚀工艺的大马士革或双大马士革工艺。

（3）低温下（<200 ℃），在空气中，铜很快被氧化，而且不会形成保护层阻止铜进一步被氧化。

在铜与氧化硅和硅之间淀积一层阻挡层，或使用钨插塞做第一层金属与源、漏和栅区的连接，可以消除铜在氧化硅和硅之间的扩散。而双大马士革法不需要刻蚀铜，较好地解决了铜刻蚀难的问题。

2）钨

钨是所有金属中熔点最高的，可达 3 410 ℃，具有较高的热稳定性；电阻率较低，在 20 ℃时的体电阻率为 5.5 μΩ·cm，所以是集成电路制造中良好的金属化材料。在一些需要多层金属层的 VLSI 工艺中，大多数半导体生产厂商应用钨作为上下金属层间的中间金属连接物，称为“钨插塞”。这是由于钨热膨胀系数与硅相当，用 CVD 法所淀积的钨的内应力不太高，且具备较佳的阶梯覆盖能力（如图 2-16 所示）。

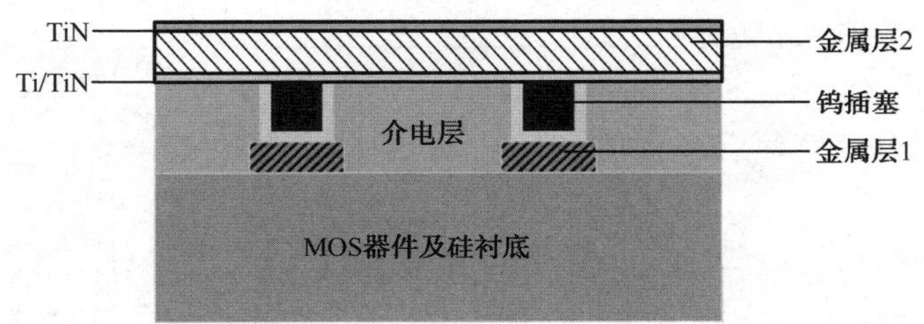

图 2-16　钨插塞示意图

3）钛和氮化钛

氮化钛（TiN），是现在超大规模集成电路制造中使用最频繁的一种阻挡层。在实际使用中，为了提高金属与硅欧姆接触的能力，TiN 阻挡层在接触金属化工艺中往往和金属钛 Ti 一起搭配，以 Ti/TiN 的形式组成。因此，以合金铝的接触工艺为例，整个金属的结构将由 Ti、TiN、AlSiCu 等三层不同的材料组合而成，以便使接触界面的函数降低，并达到抑制铝尖刺及电迁移现象发生的目的。

2.2　薄膜生长——SiO_2 的热氧化

半导体生产中的薄膜制备主要包括两大类：薄膜生长和薄膜淀积。所谓薄膜生长是指衬底的表面材料参与反应，是薄膜的形成部分元素之一，如硅的氧化反应。而薄膜淀积是

指薄膜形成的过程中，并不消耗衬底的材料，而是在系统中生成了所需的薄膜物质淀积到衬底上形成薄膜。它又根据薄膜淀积的原理分为物理气相淀积（PVD）和化学气相淀积（CVD）。本节讨论的 SiO_2 热生长属于薄膜生长的制备方法。

2.2.1 二氧化硅的热氧化机理

1. 热氧化的定义

热氧化是制备二氧化硅薄膜的最主要的方法之一。所谓热氧化是指高温下洁净的硅片与氧化剂发生反应生成二氧化硅。氧化剂可以是氧气、水汽或两者兼而有之，这就对应了干氧、水汽和湿氧三种热氧化方法。二氧化硅中的硅来自于硅片本身，这是热氧化和热分解淀积二氧化硅薄膜的最大区别。

2. 热氧化过程中硅片体积的变化

热氧化过程中，外界氧原子进入硅片将会造成硅片体积的变化（如图 2-17 所示）。

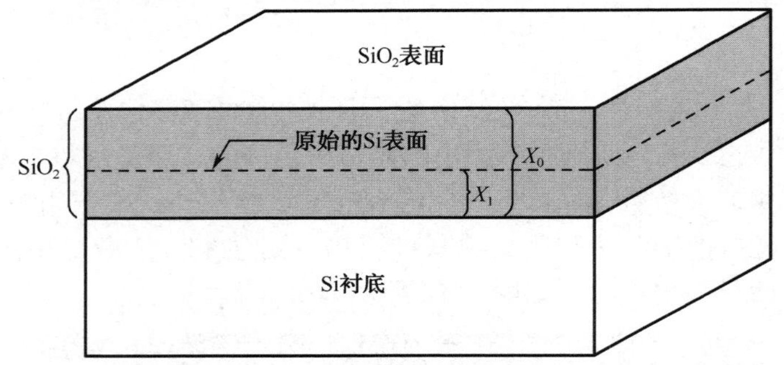

图 2-17 热氧化后硅片表面的变化

设厚度为 X_1 的硅经氧化后变成厚度为 X_0 的二氧化硅，在这一变化过程中，硅原子的数目不变，即

$$\text{硅的体积}\times\text{硅的原子密度}=\text{二氧化硅的体积}\times\text{二氧化硅的分子密度} \tag{2-7}$$

已知硅的原子密度为 5×10^{22} 个/cm^3，二氧化硅的分子密度为 2.2×10^{22} 个/cm^3，则

$$\frac{X_1\times\text{面积}}{X_0\times\text{面积}}=\frac{\text{二氧化硅的密度}}{\text{硅的密度}}=\frac{2.2\times10^{22}}{5\times10^{22}}=0.44 \tag{2-8}$$

所以要生成 1 体积的二氧化硅，需消耗 0.44 体积的硅；反之，消耗了 1 体积的硅，将生成 2.27 体积的二氧化硅。

3. 热氧化生长的规律

干氧氧化是氧气直接与硅片反应生成二氧化硅，水汽氧化是由水蒸气与硅片反应生成二氧化硅，湿氧氧化是兼有干氧和水汽两种氧化剂和硅片反应。不管哪种氧化方式，热氧化的生长机理和规律都是相同的。

为寻求热氧化生长的规律，就要找出氧化膜的厚度与氧化时间之间的关系，从而为工艺设计提供理论依据。先建立热氧化的模型，由模型得出热氧化的规律。

1）迪尔-格罗夫模型

迪尔-格罗夫模型用固体理论解释一维平面生长氧化硅的模型，它在 700～1 300 ℃、局部压强为 0.1～25 个大气压、氧化层厚度为 30～2 000 nm 的水汽和干氧氧化下能较好地反应热氧化生长的规律。该模型把氧化的过程分成了三个阶段（如图 2-18 所示）。

（1）氧化剂从较远的气流层转移到硅片表面，设其流量为 J_1。

（2）氧化剂穿过已生成的二氧化硅层到达硅-二氧化硅的交界面，设其流量为 J_2。

（3）氧化剂与交界面处的硅原子进行反应生成二氧化硅，设其流量为 J_3。

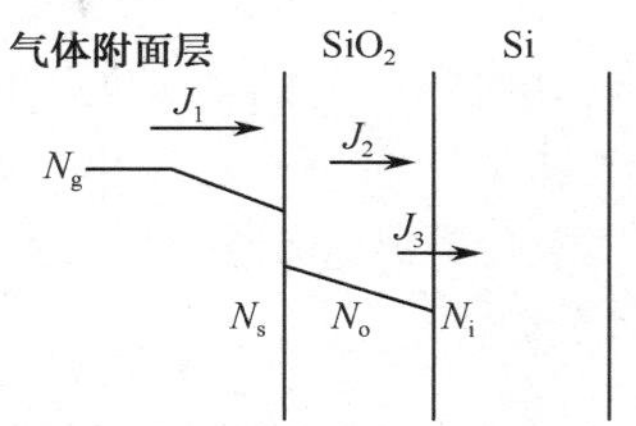

图 2-18　迪尔-格罗夫热氧化模型

迪尔-格罗夫模型对三个阶段分别进行定量的描述，并且假设在平衡状态下，三个流量是相等的，所以有

$$J_1 = h_g(N_g - N_s) \tag{2-9}$$

$$J_2 = D_{SiO_2}(N_o - N_i)/t_{ox} \tag{2-10}$$

$$J_3 = k_s N_i \tag{2-11}$$

$$J_1 = J_2 = J_3 \tag{2-12}$$

式中，h_g 为气相质量转移系数；N_g 为离硅片较远处气流中的氧浓度；$N_g = P_g / kT$，P_g 为氧化炉中氧气的分压强，k 为玻耳兹曼常数，T 为绝对温度；N_s 为硅片表面气体中的氧浓度；N_o 为硅片表面氧化层中的氧浓度；N_i 为硅-二氧化硅交界面处的氧浓度；D_{SiO_2} 是氧在二氧化硅中的扩散系数；t_{ox} 是已生成的二氧化硅的厚度；k_s 是化学反应速率常数。

2）热氧化规律表达式

由于氧化生长速率等于硅-二氧化硅交界面流量除以单位体积 SiO_2 的氧分子数 N，因此表达式为

$$v = J_3 / N = \mathrm{d}t_{ox} / \mathrm{d}t \tag{2-13}$$

式中，N 为生成单位体积二氧化硅所需的氧分子数，氧化剂与硅反应，每形成一个单位体积的二氧化硅，需要一个 O_2 或两个 H_2O 分子。因此，对于干氧氧化来说，N 为 $2.2\times10^{22}/\mathrm{cm}^3$；对于水汽氧化来说，$N$ 为 $4.4\times10^{22}/\mathrm{cm}^3$。只要根据式（2-9）～式（2-12），求出 J_3，代入式（2-13），对两边进行积分，就可求出氧化层厚度和氧化时间的关系。在求解微分方程时要用到初始值，设氧化前已存在的氧化层厚度为 t_0，所对应的时间为 τ，则微分方程的解为

$$t_{ox}^2 + At_{ox} = B(t + \tau) \tag{2-14}$$

式中，$A = 2D\left(\dfrac{1}{k_S} + \dfrac{1}{h_g}\right)$，$B = \dfrac{2DHP_g}{N}$，$\tau = \dfrac{{t_0}^2 + At_0}{B}$。

讨论：

式（2-14）有两个重要极限形式，具体如下。

（1）在氧化时间很短，氧化层较薄时，可以忽略二次项，氧化层厚度可简化为

$$t_{ox} = B(t + \tau) / A \tag{2-15}$$

即氧化层厚度较薄时，厚度的增长与时间呈线性关系，B/A 称为线性速率常数。这时氧化主

要受化学反应速率控制。

（2）当氧化时间较长，氧化层较厚时，可以略去一次项，式（2-14）简化为

$$t_{ox}^2 = B(t+\tau) \quad (2\text{-}16)$$

此时氧化层厚度的增长与时间呈抛物线关系，B 为抛物线速率常数。这时氧化主要受氧化剂扩散速率的限制。对氧化工艺来说，B/A 和 B 是两个经常被引用的数。表 2-4 列出了不同温度和氧化方式下硅热氧化速率常数。

表 2-4　不同温度和氧化方式下硅热氧化速率常数

形式	温度（℃）	A（μm）	B（μm^2/min）	B/A（μm/min）	τ（min）
干氧氧化	1200	0.04	7.5×10^{-4}	1.87×10^{-2}	1.62
	1100	0.09	4.5×10^{-4}	0.50×10^{-2}	4.56
	1000	0.165	1.95×10^{-4}	0.118×10^{-2}	22.2
	920	0.235	0.82×10^{-4}	0.0347×10^{-2}	84
湿氧氧化	1200	0.05	1.2×10^{-2}	2.4×10^{-1}	0
	1100	0.11	0.85×10^{-2}	0.773×10^{-1}	0
	1000	0.226	0.48×10^{-2}	0.211×10^{-1}	0
水汽氧化	1200	0.017	1.457×10^{-2}	8.7×10^{-1}	0
	1100	0.083	0.909×10^{-2}	1.09×10^{-1}	0
	1000	0.335	0.520×10^{-2}	0.148×10^{-1}	0

3）薄氧化的氧化规律

迪尔-格罗夫模型能精确预计超过 300 Å 的氧化生长厚度以上的氧化规律，但当厚度小于 300 Å 时，实验发现干氧氧化要比预计的增加了 4 倍或更多。图 2-19 给出了薄干氧氧化情况下，氧化速率与氧化层厚度之间的关系。

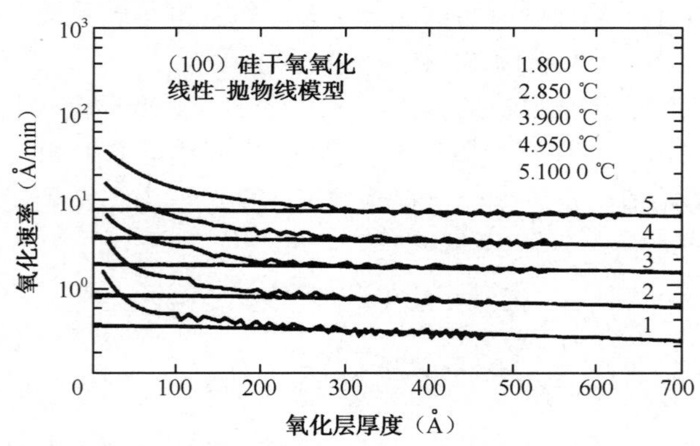

图 2-19　各种薄干氧氧化情况下，氧化速率与氧化层厚度之间的关系

由于栅氧化层变得如此之薄，因此还没有一个模型能精确预计氧化速率。但这是一段很重要的氧化生长范围，因为对于 0.25 μm 以下 MOS 技术的栅氧化层的厚度现在是 20～60 Å，制造工艺必须具有能力生产高成品率的薄氧化膜。

已经提出了几个模型来解释薄层氧化的结果。一种模型认为氧化层内存在电场，它在氧化的早期阶段增强了氧化剂的扩散；另一种模型认为在氧化层中存在直径 50 Å 量级的细的微沟道，这些孔帮助氧移动到硅表面。也有人提出由于氧化层与硅热膨胀系数不匹配引起氧化层中的应力，这个应力可能增强氧化剂的扩散能力。另外，τ值可以用来校正迪尔-格罗夫模型的干氧模型，补偿初始阶段发生的过度生长。对薄栅氧化层的研究是正在发展的一个研究领域。

4）影响氧化生长速率的因素

影响氧化生长速率的因素主要有温度、氧化方式、硅的晶向、氧化剂的压力、掺杂水平等。

（1）温度。温度越高，氧化生长速率越快。

（2）氧化方式。水汽氧化速率>湿氧氧化速率>干氧氧化速率。

（3）硅的晶向。不同晶向的衬底单晶硅由于表面悬挂键密度不同，生长速率也呈现各向异性。在线性氧化规律时，线性抛物线常数 B/A 主要取决于硅-二氧化硅交界面处的化学反应速率常数 k_s，由于 k_s 取决于硅表面的原子密度和氧化反应的活化能，所以线性速率常数强烈地依赖于晶向。由于（111）面的原子密度比（100）面的大，因此在线性阶段，（111）硅单晶的氧化速率将比（100）稍快，但是（111）的电荷堆积要多。在抛物线阶段，因为这时的氧化生长的抛物线速率由已生成的二氧化硅的氧扩散决定，所以抛物线速率系数 B 不依赖于硅衬底的晶向。对于（111）和（100），在抛物线阶段的氧化生长速率没有差别。图 2-20 列出了两种常用晶向在干氧氧化 、湿氧氧化下的氧化层厚度与氧化时间的关系。

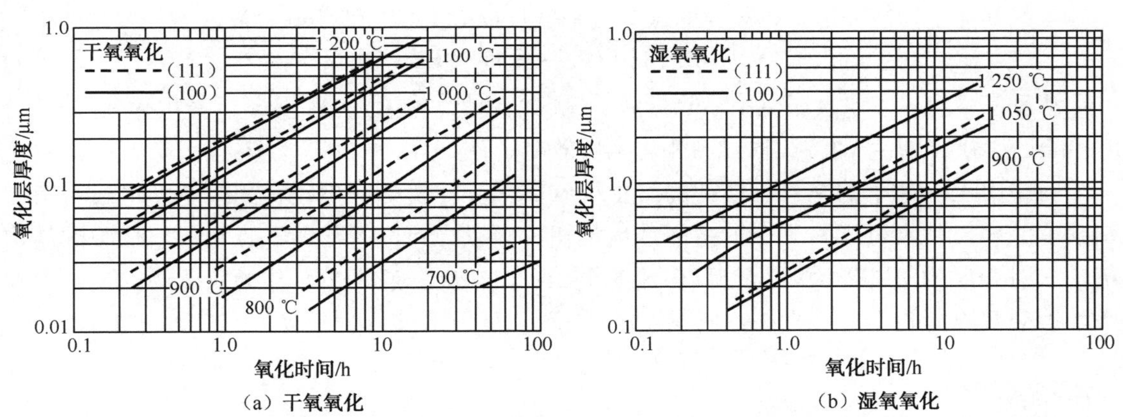

图 2-20　两种晶向的硅衬底实验所得的二氧化硅厚度与氧化时间及温度的变化关系

（4）氧化剂压力。氧化剂的压力增强，可以强迫氧原子更快地穿越正在生长的氧化层，这对线性和抛物线速率的增加很重要，所以高压氧化允许降低温度，但仍保持不变的氧化速率，或在相同的温度下获得更快的氧化生长，因此这就有了高压氧化工艺。

（5）掺杂水平。重掺杂的硅要比轻掺杂的氧化速率快。在抛物线阶段，硼掺杂比磷掺杂氧化得快。氧化膜中硼趋向混合，这将减弱它的键结构，使通过它的氧化扩散随之增大。硼掺杂和磷掺杂的线性速率系数相差不大。

2.2.2 基本的热氧化方法和操作规程

1．常规的热氧化方法

1）干氧氧化

干氧氧化是指高温下干燥的氧气与纯净的硅片反应生成二氧化硅。反应方程式如下

$$Si + O_2 \xrightarrow{900\sim1200\ ℃} SiO_2 \tag{2-17}$$

气体流速为 1 cm/s。为防止氧化炉外部气体的污染，炉内气体的压力应比一个大气压稍高些，可通过气体流速来控制。

干氧氧化生成的二氧化硅结构致密，干燥，均匀性和重复性好，对杂质的掩蔽能力强，与光刻胶的黏附能力强，是一种理想的氧化膜。目前制备高质量的二氧化硅薄膜基本上采用干氧氧化，尤其是 MOS 器件的栅氧化层。但干氧氧化的氧化速率慢，不适合生长较厚的二氧化硅层，如 MOS 电路中的场氧及双极电路中的隔离氧化。

随着氧化的进行，表面生成了一层二氧化硅，阻止了外界的氧与二氧化硅的继续反应。氧化要继续进行，硅原子必须穿过氧化层去和硅片表面的氧进行反应，或者外界的氧原子必须通过已生成的二氧化硅层，到达 Si-SiO_2 界面，与硅反应。由于硅在二氧化硅中的扩散系数比氧的扩散系数小几个数量级，所以化学反应在 Si-SiO_2 界面发生，因此可以认为氧化是从硅片表面向体内进行的。

2）水汽氧化

水汽氧化是指在高温下，高纯的水蒸气与硅片反应生成二氧化硅。反应方程式如下

$$Si + H_2O \xrightarrow{\Delta} SiO_2 + H_2 \tag{2-18}$$

从反应式看出，水汽氧化中，除生成硅氧四面体外，还生成 H_2 分子，产生的 H_2 分子沿 Si-SiO_2 界面或以扩散的方式通过二氧化硅层散离。

网络中水汽分子的介入，会使网络中桥联氧部分转变为非桥联氧的羟基，造成网络结构强度减弱，使水分子在其中的扩散速度加快。所以，水汽氧化的特点为，氧化膜的结构疏松，对杂质的阻挡能力差，但氧化速率快。水汽氧化一般不单独作为氧化膜的生长方式来阻挡杂质的扩散。

3）湿氧氧化

湿氧氧化是指高温下，干燥的氧气通过一个 95 ℃的水浴，携带了水蒸气进入氧化炉，氧气和水蒸气同时与硅反应生成二氧化硅。由于湿氧氧化的水蒸气既有氧气又有水汽，所以湿氧氧化的生长速率介于干氧氧化和水汽氧化之间。控制一定的水汽含量，就能使湿氧氧化膜的质量接近干氧氧化，其掩蔽性能和钝化效果能满足一般器件的要求，所以湿氧氧化是半导体生产中主要的氧化膜生长方式。但湿氧氧化后硅片表面有硅烷醇的存在，使二氧化硅和光刻胶接触不良，光刻时容易产生浮胶。

图 2-21～图 2-23 分别列出了三种氧化方式下的氧化层厚度和时间的关系。

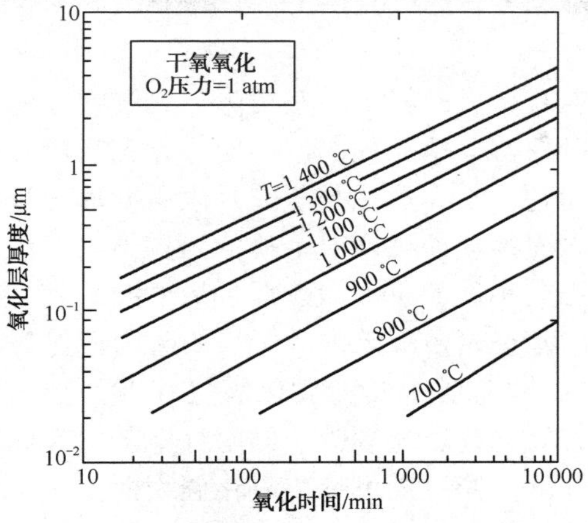

图 2-21　干氧氧化的二氧化硅生长曲线

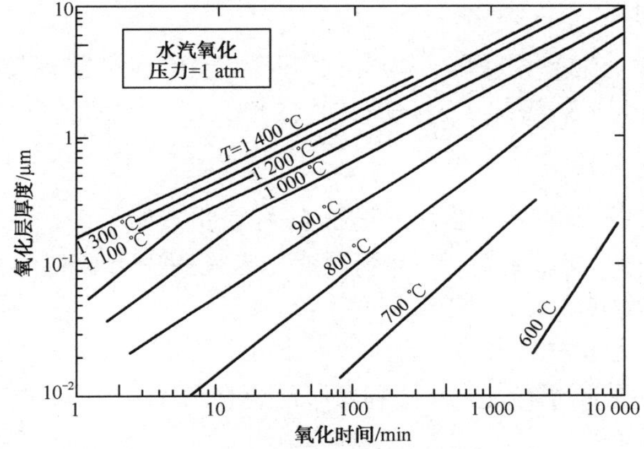

图 2-22　水汽氧化的二氧化硅生长曲线

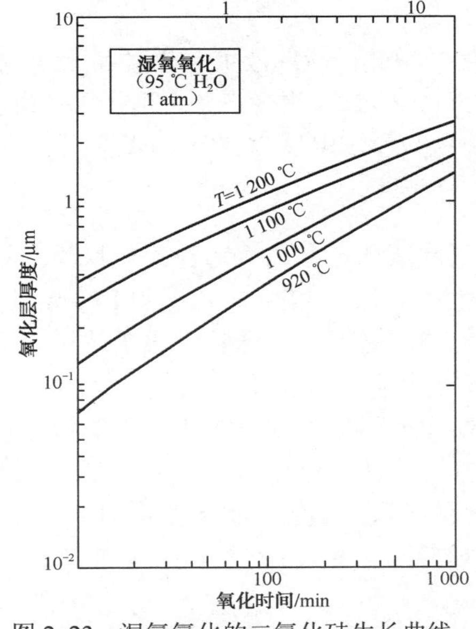

图 2-23　湿氧氧化的二氧化硅生长曲线

4）干-湿-干氧化

干氧氧化和湿氧氧化各有自己的特点，在实际生产中往往将这两种方式结合起来，采用干-湿-干的氧化方式，既保证二氧化硅的厚度及一定的生产效率，又改善了表面的完整性，解决了光刻时的浮胶问题。因为氧化是从硅片表面向体内进行的，所以第一次干氧是为了获得致密的二氧化硅表面，从而提高对杂质的阻挡能力。湿氧主要用来形成所需的二氧化硅膜的厚度，提高生产效率。如果作为杂质扩散的掩蔽膜，其厚度主要由扩散所形成的结深和扩散温度来决定，即首先要确定扩散所需的时间，然后再确定在此扩散时间下要阻挡杂质在二氧化硅中的扩散需要多厚的氧化膜（注意，要考虑余量）。通过湿氧氧化后，表面硅烷醇的存在使二氧化硅和光刻胶的黏附性下降，为此要进行第二次干氧，既改善二氧化硅和硅交界面的性能，同时还可使二氧化硅表面干燥，提高二氧化硅和光刻胶的黏附性。

2．热氧化的操作规程

热氧化的最终目的是生产无缺陷、均匀的二氧化硅薄膜，常规的热氧化工艺包括三个基本步骤：氧化前的清洗→热氧化工艺→氧化后的检查。

1）氧化前的清洗

为了要得到高质量的氧化膜，硅片的清洗至关重要。如果清洗不干净，一来可能造成氧化层中的晶格缺陷，如氧化层错；二来有可能在氧化膜中形成可动离子的沾污（MIC），它们都将严重地影响器件或电路的性能。

清洗主要包括以下几方面的内容：

（1）炉体及相关设备的清洗维护（特别是石英器皿）。

（2）工艺中化学药品的纯度。

（3）硅片清洗。

（4）氧化气氛的纯度。

常用的清洗可采用湿法化学清洗；清洗液可选择美国无线电公司（RCA）的 1 号标准洗液（SC-1）或 2 号标准洗液（SC-2）；清洗设备可选择手动或自动湿法清洗槽、超声波系统、酸喷涂器、清水或干法系统；清洗温度为 70～80 ℃。

2）氧化工艺流程

（1）典型的干氧氧化工艺操作规程。热氧化中要求较高的是用于栅氧的薄氧化膜。对于 0.18 μm 的器件，栅氧厚度约为 20～40 Å；对于 0.15 μm 的器件，约为 20～30 Å。因为干氧氧化所生成的膜具有均匀的密度，无针孔，离子沾污少等优点，所以栅氧氧化一般采用干氧氧化。表 2-5 列出了一个典型的干氧氧化的工艺流程。

（2）典型湿氧氧化工艺操作过程。为减少去离子水中钠离子对二氧化硅层的污染，可用氢气和氧气燃烧生成水与硅片反应，这就是氢氧合成氧化。当氧气过量时，就成为兼有干氧和水汽的湿氧氧化。典型的氢氧湿氧氧化工艺流程如下：

① 系统待机状态下通入吹除净化氮气。

② 系统待机状态下通入工艺氮气。

③ 通入工艺氮气及大量氧气。

表 2-5 干法氧化工艺的工艺菜单

步骤	时间（分钟）	温度（℃）	N_2净化气（slm）	N_2（slm）	工艺气体 O_2（slm）	工艺气体 HCl（sccm）	注释
0		850	8.0	0	0	0	待机状态
1	5	850		8.0	0	0	装片
2	7.5	升温速率 20 ℃/min		8.0	0	0	升温
3	5	1000		8.0	0	0	温度稳定
4	30	1000		0	2.5	0	干氧氧化
5	30	1000		8.0	0	0	退火
6	30	降温速率 5 ℃/min		8.0	0	0	降温
7	5	850		8.0	0	0	卸片
8		850		8.0	0	0	待机状态

④ 通入工艺氮气和氧气，将载有晶圆的石英舟推入炉管。对于 KE DD-823V 和 KE-Vertron 立式炉管，可同时放置 6 个产品片片架，1 个控制片片架，6 个填充假片片架，1 个 side 端口片架。石英舟上的上下两端共有 19 片陪片，整个舟满载一共是 150 产品片+19 片陪片+3 片控制片=172 片。

⑤ 通入工艺氮气和氧气，开始升高温度。

⑥ 待炉管温度稳定后，注入大量氧气并关掉氮气。

⑦ 待氧气气流稳定后，打开氢氧气流开关点燃，稳定氢气流量。

⑧ 利用氢气和氧气进行氢氧合成氧化。

⑨ 氧化结束后，关闭氢气，氧气气流继续通入。

⑩ 关闭氧气，开始通入工艺氮气，随后开始降温。

⑪ 通入工艺氮气，将石英舟拉出。

⑫ 待机状态下通入工艺氮气。

⑬ 对下一批晶圆重复上述步骤。

3）氧化后的检验

氧化后的检验主要包括膜厚、均匀性、系统电荷、晶格完整性、颗粒等方面。以膜厚测试为例，测试的流程为：

（1）将下料后的测试片（或产品片）连片盒在膜厚测试仪上放置好。

（2）在膜厚测试仪操作界面上选择相应的测试菜单并选择测试位置。完成后按回车键，机械臂将测试圆片送入测试腔体。

（3）如果测量对象为测试片，则设备会自动测试圆片。如果测量对象为产品片，则需要手动滚动位置调整球，调节测量点至相应膜厚区域。当调整至正确位置后，按下回车键，对该点的膜厚进行测量。

（4）记录各批产品（每批一片）的膜厚，包括片内五点的数值、片内五点的平均值、折射率及片内均匀性。当只能测控制片时，要记录控制片的完整片号、片内五点的数值、片内五点的平均值及片内均匀性。

（5）在管理系统（ERP 系统）中输入相应测量数据，并记录跟踪产品，将产品送下道工序。

2.2.3 常规热氧化设备

常规的热氧化炉有卧式炉和立式炉两大类。

从早期的半导体产业开始，卧式炉就是在硅片热处理中广泛应用的设备，它的命名来自于石英管的水平位置。随着硅片直径的不断增大及工艺要求的不断提高，20 世纪 90 年代初期，这种卧式炉大部分被立式炉取代。但相对于立式炉来说，卧式炉成本更低，所以对于 6 英寸以下的硅片或特征尺寸大于 0.5 μm 的图形，卧式炉仍有一定的吸引力。

立式炉更容易实现自动化，可改善操作者的安全并减少颗粒沾污，能更好地控制温度和提高均匀性。

卧式和立式炉体一般是常规的热壁炉体，这是因为硅片和炉壁都需要加热，并且可同时处理大量的硅片（100～200 片）。图 2-24 和图 2-25 为卧式氧化炉的示意图和照片，图 2-26 和图 2-27 为立式氧化炉的系统示意图和照片。

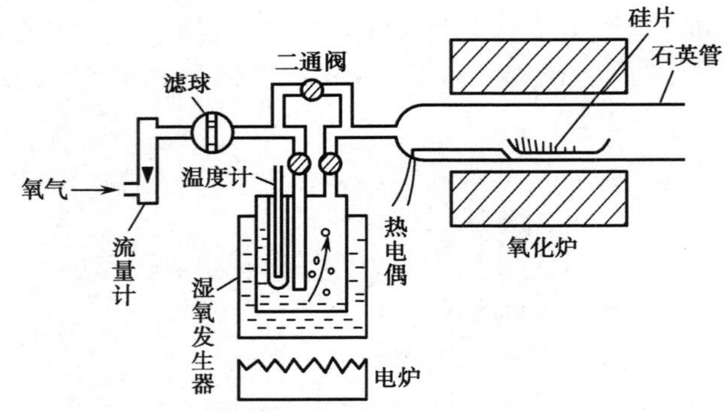

图 2-24　卧式氧化炉的示意图

图 2-25　卧式氧化炉的照片

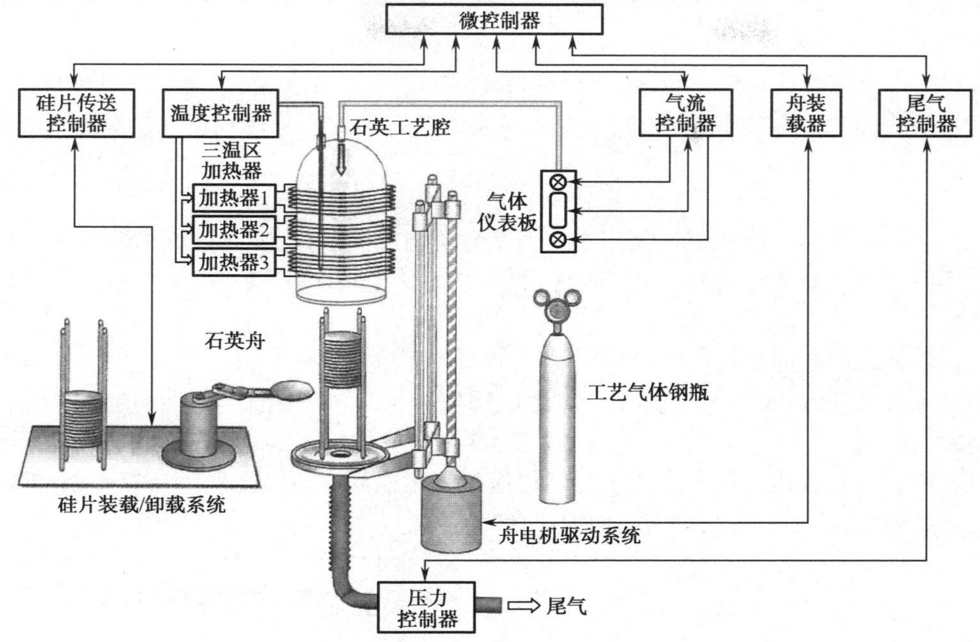

图 2-26　立式氧化炉的系统示意图

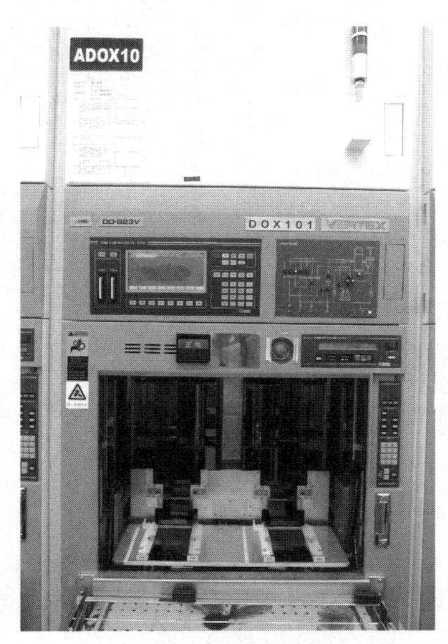

图 2-27　立式氧化炉进舟部分的照片

2.2.4　其他的热氧化生长

除了常规热氧化外，为改善氧化的性能，工艺中还采用以下的氧化方式。

1．掺氯氧化

掺氯氧化是在氧化气氛中加入一定量的含氯气体，如 HCl、C_2HCl_3 等。掺氯氧化能减少二氧化硅中钠离子的沾污，抑制氧化堆垛层错，提高氧化膜的质量，是一种常用的氧化方式。

1）掺氯氧化的作用

（1）减少界面陷阱电荷。在硅-二氧化硅界面处存在硅不饱和键而产生界面陷阱电荷，当氯离子掺入后，氯离子同不饱和硅键结合形成氯-硅-氧复合体结构，其反应式为

$$-\text{O}-\overset{|}{\underset{|}{\text{Si}^{+}}}-+\text{Cl}^{-}\rightarrow-\text{O}-\overset{|}{\underset{|}{\text{Si}}}-\text{Cl} \tag{2-19}$$

（2）对钠离子起俘获和中性化作用。当钠离子移动到硅-二氧化硅界面氯-硅-氧复合体结构附近时，由于氯离子和钠离子有较强的库仑力的作用，钠离子被束缚在氯离子周围，而且中性化。

（3）掺氯氧化能抑制氧化层错的作用。

（4）大多数重金属原子与氯气反应生成挥发性的气态氯化物，这样所生成的氧化物纯度高。

（5）在氧气与氯化氢混合气体中的氧化速率比在纯氧中高。如果氧气中 HCl 的浓度达到 3%，则线性速率系数将大一倍（如图 2-28 所示）。

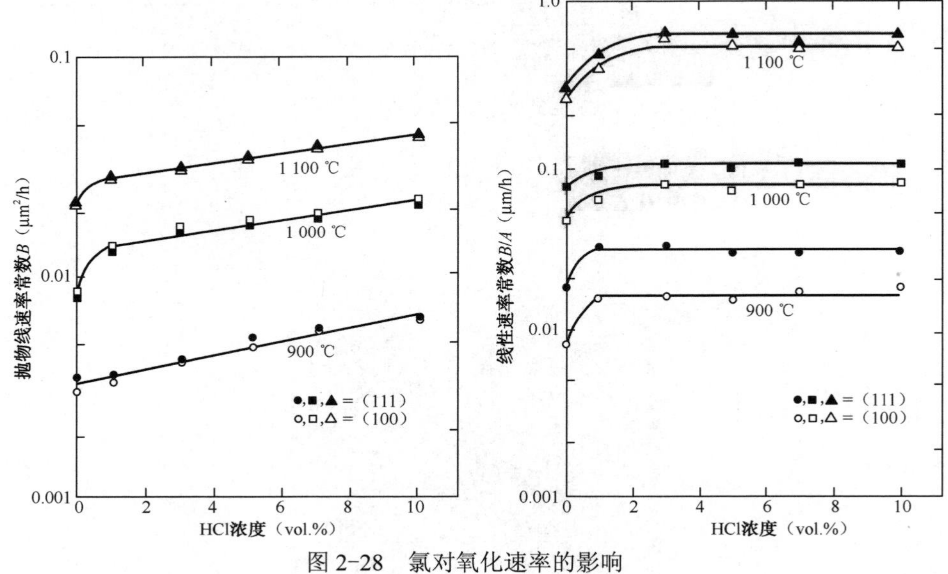

图 2-28　氯对氧化速率的影响

2）掺氯氧化的工艺

掺氯氧化的环境气氛是干氧氧化中加入少量（1%～3%）的氯，HCl 是常用的氯源。三氯乙烯（TCE）和三氯乙烷（TCA）有时也被使用，因为它们的腐蚀性比 HCl 小得多。TCE 的缺点是可能致癌；TCA 在高温下能够形成光气（$COCl_2$），光气是一种高毒物质，俗称芥子气。因此，在 TCA 炉内必须采取严格的安全预防措施，防止可能产生光气的条件出现。

掺氯氧化一般不单独和水汽氧化同时进行，因为水汽氧化膜结构较疏松，HCl 容易通过二氧化硅膜腐蚀下面的硅，同时在有水汽的情况下，HCl 的浓度不容易控制。

3）掺氯氧化的设备

目前的掺氯氧化系统如图 2-29 所示，其设备与一般的湿氧氧化设备有些相似，只是多了一个氯装置，三氯乙烯装入恒温气泡器系统，由干氮鼓泡携带进入反应室。

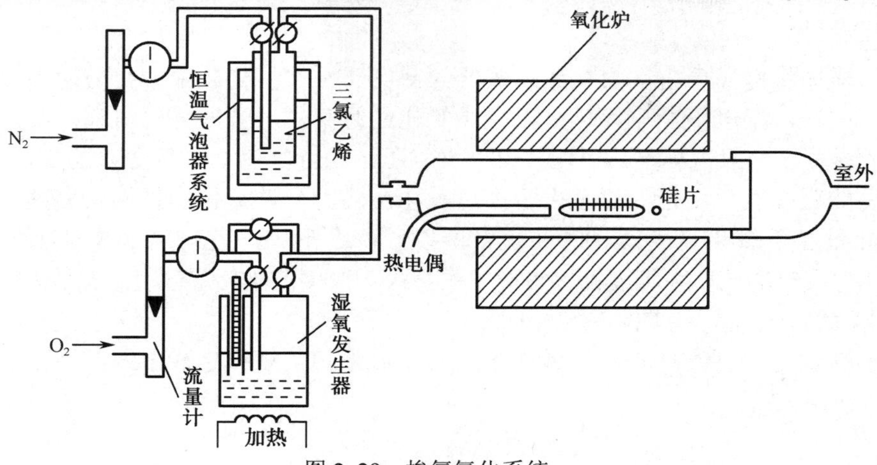

图 2-29　掺氯氧化系统

2．氢氧合成氧化

1）氧化原理

氢气、氧气在一定的条件下燃烧生成水，水和硅片反应生成二氧化硅。

$$H_2 + O_2 \xrightarrow{\text{燃烧}} H_2O \tag{2-20}$$

$$Si + H_2O \xrightarrow{\Delta} SiO_2 + H_2 \tag{2-21}$$

当采用高纯的氢气和氧气时，生成水的纯度比去离子水的纯度高，所以氢氧合成氧化所得到的膜的纯度高，尤其是钠离子沾污少。

2）氢氧合成氧化生长系统

和常规热氧化相比，氢氧合成氧化设备有两个明显的区别：一是注入器，这是氢和氧注入合成氧气的装置；二是两个保险装置，即错误比例报警装置和低温报警装置。错误比例报警装置用于检测氢气和氧气的比例，为了提高设备安全和氧化膜的质量，要求氢氧的比例要小于 2∶1，典型值为 1.8∶1。低温报警装置用于检测注入器端口的温度，要求温度在着火温度（585 ℃）以上，如果温度低，将会报警。氢氧合成氧化设备示意图如图 2-30 所示。

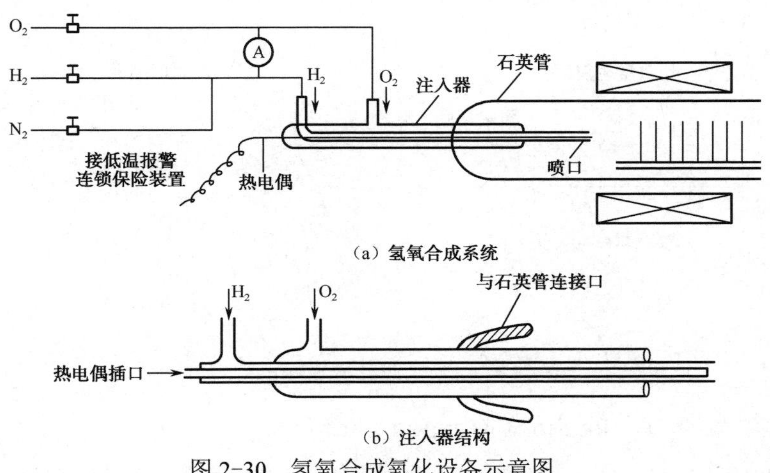

图 2-30　氢氧合成氧化设备示意图

3．高压氧化

压力的增加将提高反应室内氧或水蒸气的密度和在二氧化硅中的扩散速率，进而增加氧化速率。同样，温度下高压氧化可以减少氧化的时间，对于同样的时间，高压氧化可以降低氧化的温度。一般情况下，每增加一个大气压，就可以使氧化温度降低 30 ℃。同时，高压氧化还能减少氧化层错。这是由于高压氧化反应充分，氧化膜结构较完整，过剩硅原子较少，并且由于氧化温度低、时间短，所以硅片变形小，能抑制非本征堆垛层错的形成，因此氧化层错的长度和密度都比常压下生长同样厚度的氧化层时有所减少。

高压水汽氧化装置示意图如图 2-31 所示。

高压水汽氧化时，以氮化硅为氧化掩蔽层，这是超大规模集成电路制造中进行等平面工艺的理想方法。

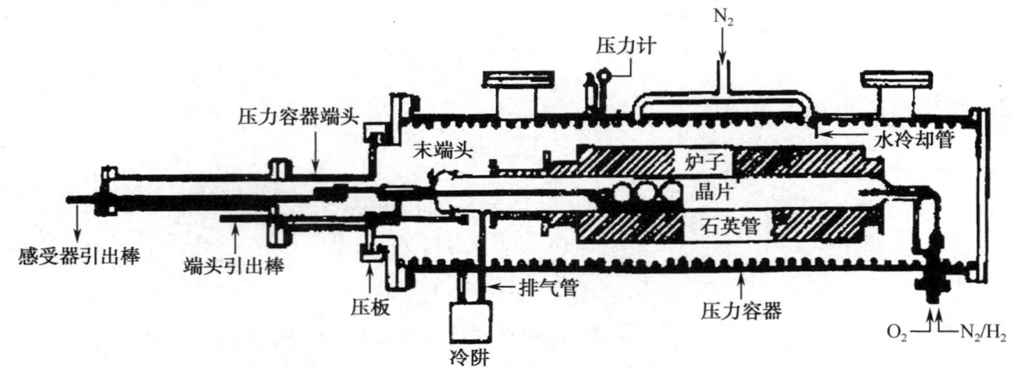

图 2-31　水冷耐压容器的流通型商用高压水汽氧化装置示意图

2.2.5　硅-二氧化硅系统电荷

在硅-二氧化硅系统中存在着 4 种电荷，这些电荷对器件和电路的性能都有一定的影响。系统电荷的种类及分布如图 2-32 所示。

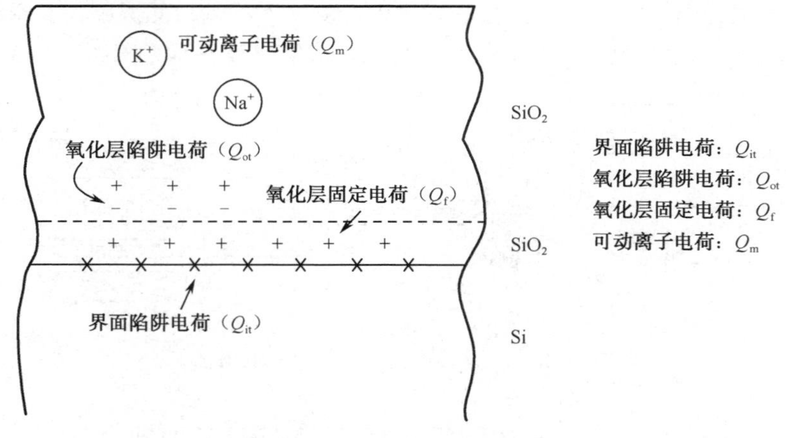

图 2-32　硅-二氧化硅系统电荷

1．界面陷阱电荷 Q_{it}（Interface Trapped Charge）

硅在氧化时，由于硅表面有不饱和的化学键，所以当表面的硅转变成二氧化硅时，并非表面上所有的价键都会饱和。这些界面处未被消除的悬空键构成了界面陷阱电荷。

这些界面陷阱电荷既可以是施主能级，也可以是受主能级，还可以是少数载流子的产生与复合中心。由于它们的存在，容易造成交界面载流子的变化，从而导致交界面性能不稳定，对 MOS 器件造成影响。

界面陷阱电荷与工艺密切相关，氧化温度高时比低时的界面态密度少。干氧氧化有较高的界面态密度，若其中加入少量的水汽可减少界面态密度；但若用湿氧氧化，则界面态密度会加大。通常可以在氧化后在氢-氮气氛或惰性气氛中通过低温退火来减少界面态，这可能是由于混合气体中的氢扩散到界面处与悬空键相结合所致。

2．氧化层固定电荷 Q_f（Fixed Oxide Charge）

固定电荷位于二氧化硅-硅界面二氧化硅一侧 10～20 nm 的范围内，电荷密度为 10^{10}～10^{12} cm^{-2}。它的来源普遍认为是在硅氧化过程中，在界面处氧离子不足而出现的氧空位引起的。由于氧离子带负电，所以氧空位具有正电荷中心的作用，因此氧化层中的固定电荷带正电。

固定正电荷的存在将会吸引界面处硅一侧的负电荷，严重时造成硅表面的反型，所以对 MOS 器件来说，将严重影响器件的表面特性和阈值电压的稳定性。

不同晶向固定电荷的密度大小与氧化速率的顺序一致，由于（100）面的固定电荷密度和界面态密度较少，因此表面器件通常采用此晶面的单晶材料。

3．氧化层陷阱电荷 Q_{ot}（Oxide Trapped Charge）

陷阱电荷位于二氧化硅中和 Si-SiO_2 界面附近，电荷密度为 10^9～10^{13} cm^{-2}。该电荷是由于高能电子、离子、电磁辐射或其他辐射扫过带有二氧化硅的硅表面时产生的，也有可能是由于热电子注入造成的。

减少电离辐射陷阱电荷的主要工艺方法有：①选择适当的氧化工艺条件以改善二氧化硅的结构，使 Si-O-Si 键不易被打破。常用 1 000 ℃干氧氧化。②在惰性气体中进行低温退火（150～400 ℃）可以减少电离辐射陷阱。使用抗辐射的介质膜作为钝化膜，可以提高器件的耐辐射能力，如 Al_2O_3-SiO_2、Si_3N_4-SiO_2、PSG-SiO_2 等复合膜都比单一的二氧化硅膜抗辐射能力强，其中以 Al_2O_3 为最强。

4．可动离子电荷 Q_m（Mobile Ionic Charge）

在二氧化硅中有不少可动正离子，如 Na^+、K^+、Li^+等，它们在无定型网络中是一种网络调节剂，以微弱的键合力与非桥联氧原子结合，结构疏松的二氧化硅网络为它们的移动提供了方便，特别是离子半径较小的 Na^+、Li^+有相当可观的漂移。由于在人体及工艺化学处理中所使用的化学试剂、去离子水等物品大量存在 Na^+，所以 Na^+成为可动正离子的主要来源，面密度可达 10^{12}～10^{15} Q cm^{-2}（Q 是电子电荷）。

实验分析表明，沾污的 Na^+初始集中分布在二氧化硅层表面内侧附近的陷阱中，对硅表面的性质影响不大，在 100～250 ℃和正向工作电压$(0.5～1)\times10^6$ V/cm 的作用下，它们能被激活而离开陷阱向 Si-SiO_2 界面漂移，使 Si-SiO_2 界面处电荷不稳定，造成 MOS 器件阈值电压 V_T 和双极型器件的电流放大系数、击穿电压、反向电流等电参数发生变化，导致器件特性退化甚至失效。为减少 Na^+沾污，工艺上可采取以下措施。

（1）采用掺氯氧化及用氯清洗炉管等相关容器。

（2）加强工艺卫生，严防硅片和一切用具直接与操作者接触。

（3）使用高纯的化学试剂，改进清洗方法和步骤，如用Ⅰ、Ⅱ号洗液代替酸洗液漂洗硅片。

（4）采用电子束蒸发或者用钼丝代替钨丝做蒸发加热器。

（5）用 Al_2O_3–SiO_2、Si_3N_4–SiO_2、PSG–SiO_2 等复合膜代替单一的二氧化硅膜。

2.2.6 二氧化硅质量检测

氧化层质量的好坏，对器件的成品率和器件的可靠性影响很大，因此加强二氧化硅的检测是保证器件和电路质量的重要环节。二氧化硅的检测项目主要包括氧化层厚度的检测、氧化层电荷的检测及氧化层晶格质量的检测。

1．氧化层厚度的检测

1）比色法

硅片表面生成的二氧化硅本身是无色透明的膜，当有白光照射时，二氧化硅表面与硅-二氧化硅界面的反射光相干涉生成干涉色彩。氧化层的厚度不同，生成的干涉色彩不同，因此可以利用干涉色彩来估计氧化层的厚度。表 2-6 列出了不同氧化层厚度的干涉色彩。

表 2-6　不同氧化层厚度的干涉色彩

颜色	氧化层厚度（$\times10^{-8}$ cm）			
	第一周期	第二周期	第三周期	第四周期
灰色	100	—	—	—
黄褐色	300	—	—	—
蓝色	800	—	—	—
紫色	1 000	2 750	4 650	6 500
深蓝色	1 500	3 000	4 900	6 800
绿色	1 850	3 300	5 200	7 200
黄色	2 100	3 700	5 600	7 500
橙色	2 250	4 000	6 000	—
红色	2 500	4 300	6 500	—

用比色法测氧化层厚度时要注意两点：一是二氧化硅本身是无色的，看到的色彩是干涉色彩；二是在确定厚度之前首先要确定氧化层厚度所在的周期，这可以根据氧化的工艺条件初步估算。

比色法测氧化层的厚度比较方便，但当厚度较大时，干涉色彩不明显，不易判断。同时这种方法也有较多的主观因素，如观察者的角度（要求从光垂直角度看硅片以决定颜色），光源的方向等因素都会影响测量精度。

2）光学干涉法

用来测量氧化层厚度的光学技术是干涉法。如图 2-33 所示，先在二氧化硅表面磨出一个斜面，当一束光线射到斜面上的透明介质膜表面时，就有一部分光线在介质表面反射成为光线 1，另有一部分光折射进介质层到达硅表面再反射到介质层，从介质层透射出来形成光线 2。由于这两束反射光之间存在着光程差，当光程差与波长的关系满足一定条件时，两束光就会出现干涉，在显微镜下将看到明暗相间的干涉条纹，如图 2-34 所示。由于光程差和斜面厚度之间存在着联系，使干涉条纹数与厚度有关，所以在一定波长的入射光下，测量干涉条纹数，就能计算出氧化层的厚度。具体由下列公式计算。

$$t_{ox} = \frac{\lambda}{2n_{ox}} N \tag{2-22}$$

式中，n_{ox} 是 SiO_2 折射率，在这个模型中假定 n_{ox} 与波长无关；N 为干涉条纹数，它的计数方法为一个完整的干涉条纹包含一个亮条纹和一个暗条纹。

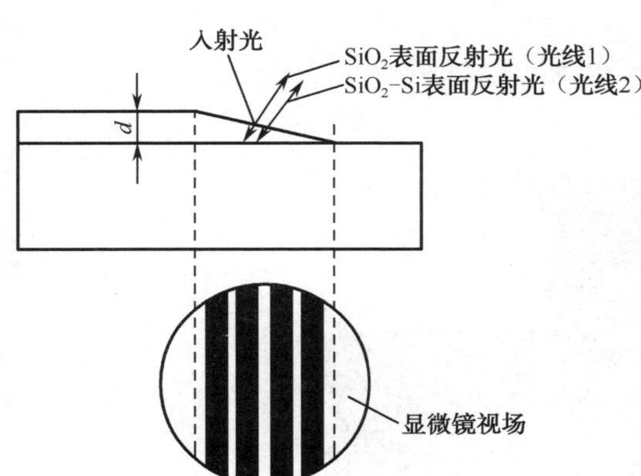

图 2-33　光学干涉法示意图

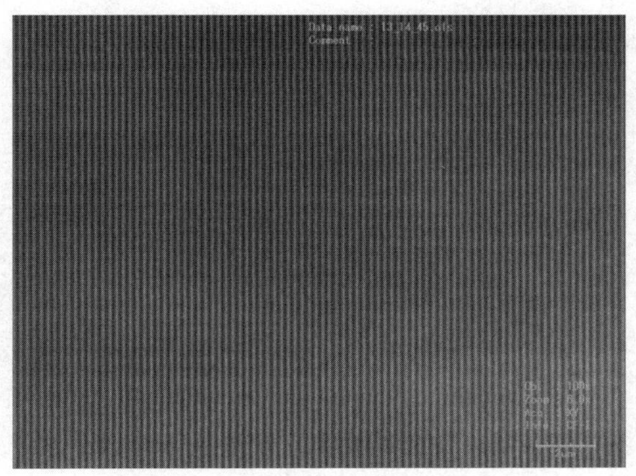

图 2-34　干涉法显微镜下图形

3）椭圆偏振法

随着集成电路的发展，对常用介质薄膜如二氧化硅、氮化硅、氧化铝等的测量精度要求越来越高，椭圆偏振法是目前常用的一种测量精度很高的方法，测量范围可以从 0.1 μm 到几微米。

椭圆偏振法是利用椭圆偏振光照射到被测样品表面，观测反射光偏振状态的改变，从而测定样品固有的光学常数或者样品上的膜层的厚度。椭圆偏振法测量系统及光的偏振状态示意图如图 2-35 所示。

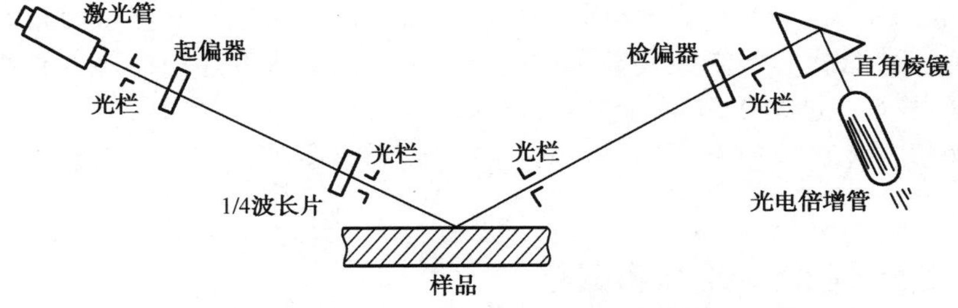

图 2-35　椭圆偏振法测量系统及光的偏振状态示意图

光源一般为激光光源，常用氦-氖激光器发出单色自然光，经起偏器后变成线偏振光，此线偏振光经过四分之一波片后变为椭圆偏振光。这束椭圆偏振光在样品表面反射后，光的偏振状

态（如振幅和相位）都发生了变化，变化的情况与介质膜的厚度及折射率有关。

通过调节起偏器和检偏器的角度，产生消光状态，由消光状态可得到膜的性质。

椭圆偏振法的测量精度高，能同时测出膜的厚度和折射率，而且是一种非破坏性的测试方法。

2．氧化层缺陷的检测

氧化层缺陷包括表面缺陷、体内缺陷。

（1）表面缺陷有斑点、裂纹、白雾等，可用目检或用显微镜进行检验。

（2）体内缺陷主要有针孔和氧化层错。如图 2-36 所示是在（100）硅片中显露的氧化诱生堆垛层错。

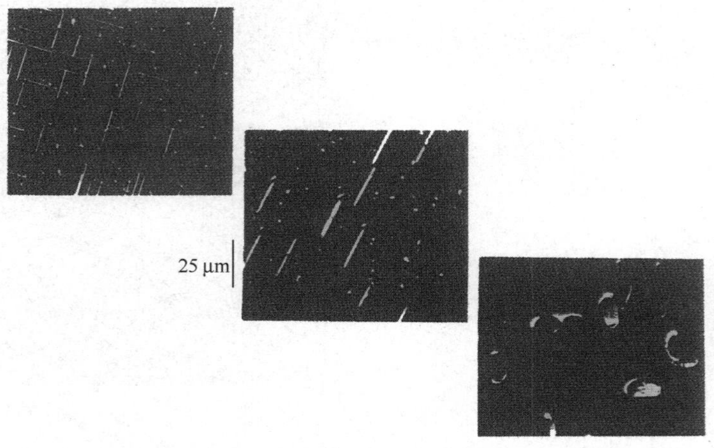

图 2-36　择优腐蚀后，在（100）硅片中显露的氧化诱生堆垛层错

针孔的检查方法很多，如化学腐蚀法，利用对硅和二氧化硅腐蚀速度不同的腐蚀液进行选择腐蚀，使针孔处的硅受到腐蚀而出现腐蚀坑，有氧化层保护的硅表面未受腐蚀，于是硅表面的腐蚀坑数目就是二氧化硅中针孔数目。

2.3　化学气相淀积（CVD）薄膜制备

化学气相淀积（CVD）在集成电路生产中具有广泛的用途，它可以用来制作电介质薄膜，如二氧化硅、氮化硅、磷硅玻璃等；用于作为多层金属互连中的隔离介质、器件的钝化层或抗反射层（ARC）；也可以用来制作半导体材料，如外延单晶硅、砷化镓、MOS 器件的多晶硅栅极；还可以用来淀积钨、氮化钛、钛等金属膜，作为电接触中的插塞、阻挡层等。

2.3.1　化学气相淀积的基本概念

1．化学气相淀积的定义

化学气相淀积（CVD）是通过气体混合的化学反应在硅片表面淀积一层固体薄膜的工艺。

2．化学气相淀积的基本原理

化学气相淀积工艺反应发生在硅片表面或者非常接近表面的区域，基本过程包括以下几个步骤：

（1）参加反应的气体混合物被输运到沉积区。

（2）反应物由主气流扩散到衬底表面。

（3）反应物分子吸附在衬底表面上。

（4）吸附物分子间或吸附分子与气体分子间发生化学反应，生成原子和化学反应副产物，原子沿衬底表面迁移并形成薄膜。

（5）反应副产物分子从衬底表面解吸，扩散到主气流中，排出沉积区。

反应气体分子从主气流传输到硅片表面的速率限制了化学气相淀积的速率，同时气流在硅片表面的运动状况对薄膜沉积的均匀性有很大的影响。吸附是气态的原子或分子以化学方式附着在固态硅片表面。气体分子在衬底表面吸附并移动，其中移动的能力称为表面迁移率，它的大小对薄膜阶梯覆盖与间隙填充非常重要。当气体分子在硅片表面产生化学反应时，会生成固料在表面形成晶核。进一步的化学反应使晶核长大形成晶粒，晶粒成长结合，最后在硅片表面形成一层连续的薄膜。反应中产生的副产品从硅片表面解吸，被气流带出反应腔。

3．化学气相淀积的种类

化学气相淀积按照工艺条件可分成常压化学气相淀积 APCVD、低压化学气相淀积 LPCVD、等离子体增强型化学气相淀积 PECVD、高密度等离子体化学气相淀积 HDPCVD 等。

1）APCVD

常压化学气相淀积 APCVD，指在一个大气压下进行的一种化学气相淀积。这是最早使用的 CVD 工艺，由于反应在常压下进行，所以反应系统相对简单，反应速度和淀积速度较快（淀积速度可达 1 000 nm/min）。但 APCVD 淀积膜的均匀性较差，气体消耗量大，台阶覆盖能力差，因此 APCVD 常被用于淀积相对较厚的介质层。

如图 2-37 所示，是连续式的 APCVD 系统示意图。

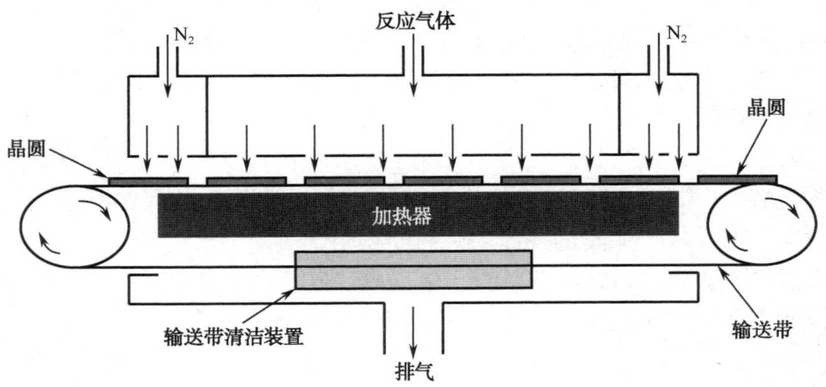

图 2-37　连续加工的 APCVD 反应炉

该设备采用传输带或传输装置来传送硅片，当改变传输方向，改变注入气体时，可以在硅片上连续淀积不同的薄膜。该系统有较高的产能，优良的均匀性及制造大直径硅片的能力。缺点在于气体消耗高，台阶覆盖能力不够理想，并且需要经常清洗反应腔。由于膜也会淀积到传送装置，所以传送装置也需要清洗。

2）LPCVD

低压化学气相淀积 LPCVD 通常在中等真空度下（约 13.3～666.6 Pa）下进行淀积。在这种减压条件下，增加反应气体分子扩散，会提高气体运输到硅片表面的速度，从而使气体运输速度不再限制淀积速度，整个化学气相淀积速度主要受化学反应速率限制。同时由于气压降低，气体分子的平均自由度增加，使有足够的反应物分子容易到达硅片表面，尤其有助于高的深宽比（定义为间隙的深度和宽度的比值）的台阶和沟槽的填孔，所以 LPCVD 具有良好的台阶覆盖性能。和 APCVD 相比，在同样的膜厚均匀性要求下，LPCVD 硅片的间距可以更小，使 LPCVD 的生产效率更高。

图 2-38 为 LPCVD 的反应腔示意图。为在较长的反应腔体内获得均匀的温度，反应腔一般采用热壁，即硅片和管壁都需加热，所以颗粒会淀积在管壁上，反应炉管需经常清洗。

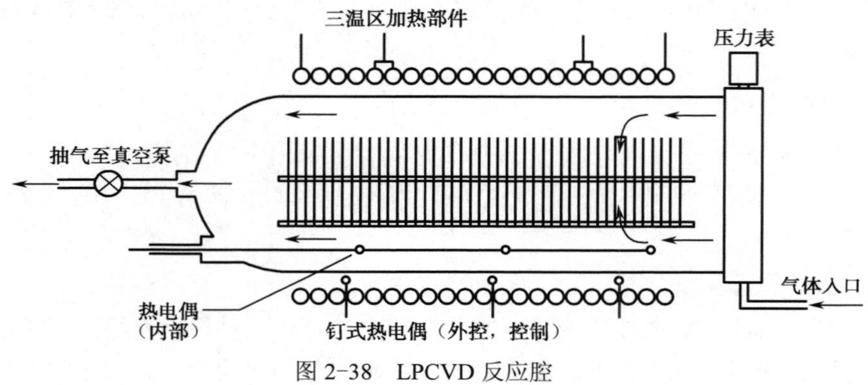

图 2-38　LPCVD 反应腔

3）PECVD

等离子体增强型化学气相淀积 PECVD 是利用等离子体的能量来产生并维持 CVD 反应的。由于采用等离子体，反应粒子的化学活性大大增强，所以反应温度远远低于 LPCVD。例如，LPCVD 淀积氮化硅的温度一般为 800～900 ℃，该温度超过了铝的熔点 577 ℃，所以 LPCVD 不能用于在铝上淀积氮化硅，但 PECVD 淀积氮化硅的温度只需 350 ℃，所以可以用来在铝膜上淀积氮化硅作为最终钝化膜。

PECVD 系统示意图如图 2-39 所示。PECVD 一般在真空腔中进行，腔内放置平行且间距若干英寸的托盘，间距可以调节以便进行反应优化。硅片被放置在下面的托盘上，上电极施加 RF 功率，当反应气体流过气体主机和淀积中部时就会产生等离子体，多余的气体通过下电极的周围排出。PECVD 是典型的冷壁反应，硅片被加热到较高温度而其他部分未被加热，因而管壁上产生的颗粒少，停工清洗炉管的时间少。

4）HDPCVD

PECVD 对于大于 0.8 μm 的间隙，具有较好的填孔能力。然而对于小于 0.8 μm 的间

隙，用单步 PECVD 工艺填充具有高的深宽比的间隙时，会在其中部产生夹断（Pinch-Off）和空洞（Void）（如图 2-40 所示）。

为了解决填孔中产生夹断和空洞的问题，在 PECVD 工艺中，淀积-刻蚀-淀积工艺被用以填充 0.5～0.8 μm 的间隙。也就是在初始淀积完成部分填孔，尚未发生夹断时，紧跟着进行刻蚀工艺以重新打开间隙入口，之后再次淀积以完成对整个间隙的填充，重复该过程，最终形成上下一致的形貌。过程示意图如图 2-41 所示。但这些循环工艺的加入增加了整个工艺流程的步骤和复杂性，提高了生产成本，同时对 0.5 μm 以下的填孔仍不能取得理想的效果。

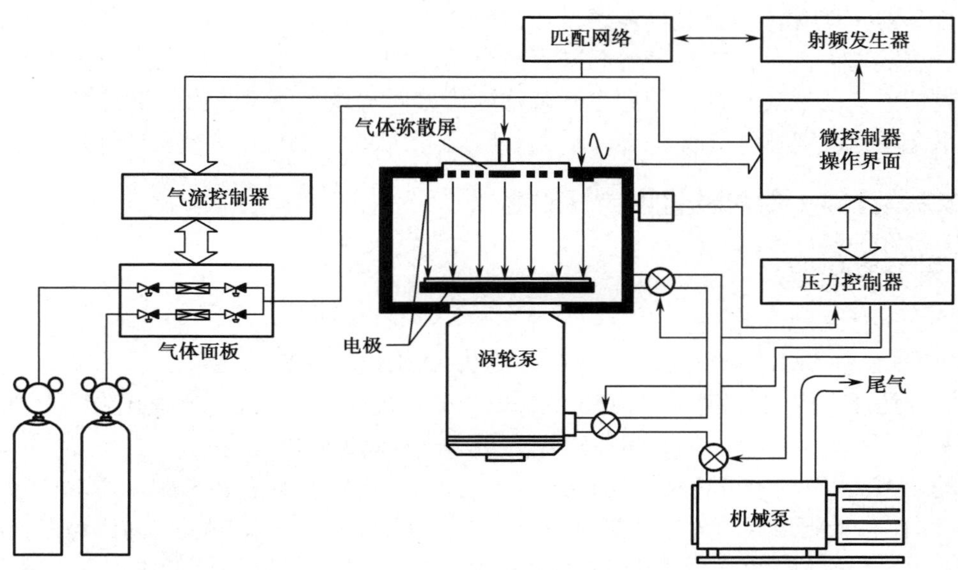

图 2-39　PECVD 系统示意图

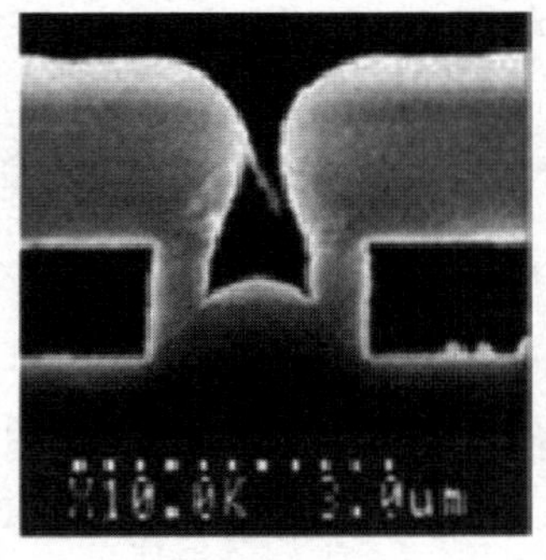

图 2-40　用 PECVD 工艺填孔中产生的夹断和空洞

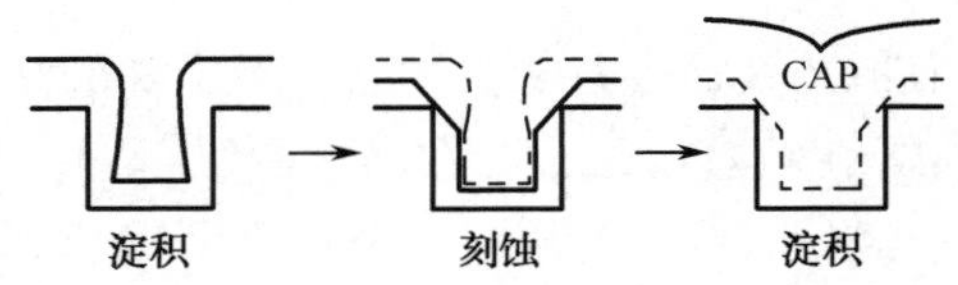

图 2-41　淀积-刻蚀-淀积工艺

HDPCVD 为高密度等离子体化学气相淀积，它在 20 世纪 90 年代中期被先进的芯片制造工厂广泛使用。HDPCVD 是等离子体在低压下以高密度混合气体的形式直接接触到反应腔中硅片的表面。它的主要优点是可以在 300～400 ℃的沉积温度下，制备出能够填充更高的深宽比间隙的膜。HDPCVD 被用来制作金属层间的绝缘介质（ILD）、浅槽隔离（STI）及刻蚀终止层等薄膜。

HDPCVD 的创新之处在于它在同一个反应室中同步进行淀积和刻蚀工艺，具体来说就是在反应气体中会加入 Ar_2。Ar_2 的作用是通过溅射刻蚀掉间隙入口处多余的膜，在窗口处形成斜面外形，以便进行淀积。淀积刻蚀比的典型值为 3∶1，也就是说淀积的速率是刻蚀速率的三倍。增加该比值会增加淀积速率，从而提高硅片产量，但比值过高，就会由于间隙没有完全填充而形成空洞。目前 HDPCVD 能够淀积得到的膜可以填充深宽比为 3∶1、4∶1 甚至更高的间隙。

为了形成高密度等离子体，需要有激发混合气体的 RF 源，并直接使高密度等离子体到达硅片表面。在 HDPCVD 反应腔中，主要由电感耦合等离子体反应器（ICP）来产生并维持高密度的等离子体。当射频电流通过线圈时会产生一个交流磁场，这个交流磁场经感应耦合即产生随时间变化的电场。电感耦合型电场能加速电子并且能形成离子化碰撞。由于感应电场的方向是回旋型的，因此电子就往回旋方向加速，使电子因回旋能够运动很长的距离而不会碰到反应腔内壁或电极，这样就能在低压状态下制造出高密度的等离子体。

2.3.2 几种主要薄膜的化学气相淀积

1. SiO_2 的 CVD

1）APCVD 制备 SiO_2 膜

APCVD 制备 SiO_2 膜的方法有两种：硅烷法（SiH_4）和 TEOS-O_3 法。

（1）硅烷法。用氧气和硅烷反应生成二氧化硅来进行淀积。反应方程式为

$$SiH_4 + O_2 \xrightarrow{400\sim500\,℃} SiO_2 + 2H_2 \qquad (2\text{-}23)$$

纯的 SiH_4 在空气中极其易燃且不稳定，因此为了更安全地使用 SiH_4，通常在氩气或氮气中将 SiH_4 稀释到很低的含量（体积百分比一般为 2%～10%）。该反应的优势在于反应温度较低，可以在 Al 线上作为 ILD 的 SiO_2 淀积。但这种方法的台阶覆盖能力和间隙填充能力较差，因此对于 ULSI 应用来说并不适用。

（2）TEOS-O_3 法。这是一种常用的 APCVD 淀积 SiO_2 的方法。TEOS 是正硅酸乙酯，分子式为 $Si(C_2H_5O)_4$，是一种有机液体，通常用氮气鼓泡携带 TEOS 气体进入反应腔。O_3 是臭氧，比 O_2 有更强的反应活性，所以不需要等离子体，在较低的温度下，O_3 就能使 TEOS 分解。反应方程式为

$$Si(C_2H_5O)_4 + 8O_3 \xrightarrow{400\,℃} SiO_2 + 10H_2O + 8CO_2\uparrow \qquad (2\text{-}24)$$

TEOS-O_3 法的主要优点是对于高的深宽比的槽有优良的覆盖填充能力，同时反应过程仅利用热 CVD 工艺来淀积，避免了硅片表面和边角损伤。TEOS-O_3 法通常和其他 CVD 法结合起来淀积 SiO_2 膜，以减小 TEOS-O_3 法淀积厚膜时产生的应力，或减弱 TEOS-O_3 法对下面膜层的敏感度。

由反应式可知，在 SiO_2 膜中含有水汽，针孔密度较高，通常需要高温退火去除水汽，提高膜的密度。

（3）PSG、BPSG 的制备。当 SiO_2 膜用于钝化或金属层间绝缘介质时，常常需要掺入硼或磷杂质。当掺入硼原子时，得到硼硅玻璃 BSG；当掺入磷原子时，得到磷硅玻璃 PSG；当同时掺有硼和磷时，得到硼磷硅玻璃 BPSG。

制作 PSG、BPSG 时，可以在反应气体中加入 PH_3，或 PH_3 与 B_2H_6 两种气体同时加

入，反应式为

$$SiH_4 + 4PH_3 + 6O_2 \xrightarrow{450\ ℃} SiO_2 + 2P_2O_5 + 8H_2$$
$$SiH_4 + 2B_2H_6 + 4O_2 \xrightarrow{450\ ℃} SiO_2 + 2B_2O_3 + 8H_2 \tag{2-25}$$

磷硅玻璃 PSG 由 P_2O_5 和 SiO_2 的混合物共同组成，对于要黏附在硅片表面的磷硅玻璃 PSG 来说，P_2O_5 的含量不能超过 4%（重量百分比），否则 PSG 有吸潮作用将影响其黏附性。在硼磷硅玻璃 BPSG 中，B_2O_3 的重量百分比为 2%～6%。

2）LPCVD 制备 SiO_2 膜

（1）用 TEOS 制备 SiO_2。用 LPCVD 制备 SiO_2 的一个普通做法是低压下，温度控制在 650～750 ℃下，热分解 TEOS，反应中可以加入 O_2，也可以不加。这种方法有时也称 LPTEOS 法。反应式为

$$Si(C_2H_5O)_4 \xrightarrow{650\sim750\ ℃} SiO_2 + 2H_2O + 4C_2H_4\uparrow \tag{2-26}$$

LPTEOS 法淀积非掺杂的二氧化硅速率为 25 nm/min。当温度低于 600 ℃时，淀积速率过低。LPTEOS 法可以制备均匀性较好的 SiO_2 膜，但温度高于铝的熔点，显然不能用于制作层间绝缘介质。

（2）SiH_2Cl_2–N_2O 制备 SiO_2。在 LPCVD 中也可以用 SiH_4/O_2 来淀积 SiO_2，但由于 SiH_4 在低温下很容易分解，在进入 LPCVD 反应腔之前有用部分 SiH_4 就会发生气相反应产生颗粒，所以此法较少使用。在生产中用 SiH_2Cl_2 代替 SiH_4 制备 SiO_2，由于 SiH_2Cl_2 比 SiH_4 难分解，通常采用 SiH_2Cl_2–N_2O 来制备 SiO_2，反应式为

$$SiH_2Cl_2 + 2N_2O \xrightarrow{900\ ℃} SiO_2 + 2HCl + 2N_2 \tag{2-27}$$

N_2O 俗称笑气。这一工艺的温度接近热氧化温度，薄膜的均匀性和台阶覆盖能力较好，薄膜的电学性质和光学性质也接近热氧化生长的氧化层。但由于是高温工艺，使用中受温度的限制，因此同样不能用于金属层间的介质和最终钝化膜。

3）PECVD 制备 SiO_2 膜

（1）SiH_4–N_2O 法制 SiO_2 膜。PECVD 制备 SiO_2 膜通常采用硅烷和氧化二氮在等离子体的状态下发生反应，温度通常为 350 ℃，可获得均匀的膜。反应式为

$$SiH_4 + 2N_2O \xrightarrow{RF,350\ ℃} SiO_2 + N_2 + H_2 \tag{2-28}$$

尽管在生成的薄膜中含有少量的 N 和 H，但膜的成分接近 SiO_2 的化学计量分析值。H 能够以 Si–H、Si–O–H 的形式存在。O–H 基团对 MOS 晶体管的电学特性不利，所以此法一般不用在 MOS 电路生产中。

（2）TEOS 法制 SiO_2 膜。在等离子状态下，用 TEOS 来制备 SiO_2 膜，称为 PETEOS 法。这种方法淀积速率相对较高，有利于提高生产效率。但 PETEOS–SiO_2 不能直接用来填充窄间隔的金属线，因为薄膜中会产生空洞。可以用 PETEOS 和 APTEOS 或 HDPCVD 相结合的方法制备有良好填隙能力的 SiO_2 膜。

2．Si_3N_4 的 CVD

Si_3N_4 通常被用作杂质扩散的掩蔽膜和选择性氧化的掩膜，也可作为硅片的最终钝化保护层，因为它能很好地抑制杂质和潮气的扩散。但 Si_3N_4 的介电常数较高（*K* 值为 6.9），因而不能作为金属层间的绝缘介质（ILD），它会导致导体之间产生大的电容。集成电路工艺

中使用的 Si_3N_4 薄膜都是采用 CVD 工艺制备的，主要有 LPCVD 和 PECVD 两种方法。LPCVD-Si_3N_4 工艺温度较高，达 700～850 ℃；而 PECVD-Si_3N_4 反应温度较低，在 200～400 ℃之间，是低温工艺。工艺温度高，对工艺的适用范围有一定的限制，但温度越高，膜的质量越好，如膜的密度越大，硬度越高，耐腐蚀性越强。

1）LPCVD 制备 Si_3N_4 薄膜

在气压为 10～100 Pa，温度控制在 700～850 ℃的条件下，可用二氯二氢硅（SiH_2Cl_2）和氨气（NH_3）制备 Si_3N_4 膜。反应式为

$$3SiH_2Cl_2 + 4NH_3 \xrightarrow{700\sim850\ ℃} Si_3N_4 + 6HCl + 6H_2 \tag{2-29}$$

在淀积过程中必须输入足够的 NH_3，以保证所有的 SiH_2Cl_2 都被反应掉，如果 NH_3 不够充足，薄膜就会变成富硅型，即薄膜中硅含量高。

LPCVD-Si_3N_4 有较好的台阶覆盖和较少的粒子污染，但薄膜的内应力较大，当厚度超过 200nm 时，Si_3N_4 容易出现开裂。此外受温度的限制，LPCVD-Si_3N_4 一般作为杂质扩散的掩蔽膜和选择性氧化的掩膜。

2）PECVD 制备 Si_3N_4 薄膜

PECVD 制备 Si_3N_4 薄膜一般作为芯片上的最后一层钝化层，用来防止划伤、隔绝外界湿气和防止钠离子扩散。PECVD 制备 Si_3N_4 薄膜通常使用硅烷和氨气或氮气来反应。

（1）SiH_4-NH_3 制备 Si_3N_4。SiH_4-NH_3 制备 Si_3N_4 时，一般将 NH_3 和 SiH_4 的比例控制在 5∶1～20∶1，薄膜的淀积速率为 20～50 nm/min。反应式为

$$SiH_4 + NH_3 \xrightarrow{RF,300\sim400\ ℃} Si_xN_yH_z + H_2 \tag{2-30}$$

制得的 Si_3N_4 由于加入了 9%～30%的 H，其化学计量配比发生了变化，故反应产物写成 $Si_xN_yH_z$。H 在薄膜中以 Si-H 和 N-H 的形式存在。当衬底温度低于 300 ℃时，薄膜中 H 的含量可达 18%～22%，大量 H 的存在，会使 MOS 管的阈值电压出现明显的漂移，也会使膜的耐蚀性能下降，表现为腐蚀速率明显加快，所以要控制薄膜中 H 的含量。

薄膜的性能与淀积温度、NH_3 在反应气体中的含量有很大关系。图 2-42 为 NH_3 含量和淀积温度对 PECVD-Si_3N_4 薄膜性能的影响。

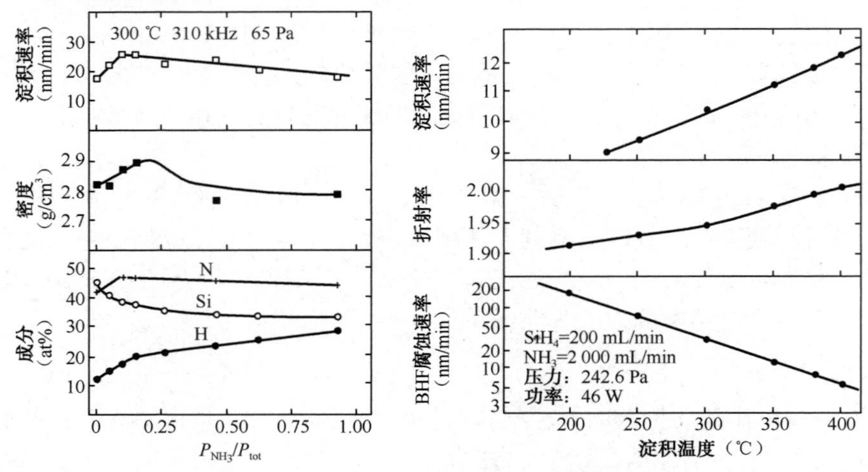

图 2-42　NH_3 含量和淀积温度对 PECVD-Si_3N_4 薄膜性能的影响

（2）SiH_4-N_2 制备 Si_3N_4。用 N_2 代替 NH_3 时，可以降低 H 的含量，约为 7%～15%，改善膜的性能。但 N_2 较难离化形成等离子体，它的离化速率比 SiH_4 慢得多，所以 N_2 和 SiH_4 之比需要高达 100∶1～1 000∶1，即 N_2 的浓度远高于 SiH_4 的浓度。淀积的反应式为

$$SiH_4 + N_2 \xrightarrow{RF,300\sim400\ ℃} Si_xN_yH_z + H_2 \qquad (2-31)$$

和 SiH_4-NH_3 反应剂相比，用 SiH_4-N_2 反应剂制备的薄膜因含 H 量少，所以膜的致密度有所提高，但击穿电压有所下降。

用 PECVD 制备 Si_3N_4，反应温度下降了，但膜的应力有所增加，因为淀积过程中的离子轰击会破坏 Si-N 或 Si-H 键。膜中高的应力会导致下面的金属铝产生空洞或开裂。表 2-7 为 LPCVD 和 PECVD 氮化硅的性质。

表 2-7　LPCVD 和 PECVD 氮化硅的性质

性质	LPCVD	PECVD
淀积温度（℃）	700～800	300～400
组成成分	Si_3N_4	$Si_xN_yH_z$
台阶覆盖	整形	共形
23 ℃下硅上的应力（达因/平方厘米）	$(1.2\sim1.8)\times10^{10}$	$(1\sim8)\times10^{9}$

3．多晶硅的 CVD

多晶硅膜通常采用 LPCVD 方式来淀积，温度控制在 575～650 ℃，压强为 26.7～133.3 Pa 用氮气携带硅烷，硅烷的含量为 20%～30%，典型的淀积速率大约为 100～200 Å/ min 。反应式为

$$SiH_4 \xrightarrow{575\sim650\ ℃} Si + 2H_2 \qquad (2-32)$$

多晶硅的淀积速率与硅烷的流速、淀积温度、压强都有关系，图 2-43、图 2-44 列出了不同的工艺条件对多晶硅淀积速率的影响。向混合气体中加入 AsH_3、PH_3、B_2H_6 等气体，可以对多晶硅进行掺杂，以改变多晶硅的电阻率，也可以在淀积后用离子注入进行掺杂。惰性气体加入通常会改进膜的均匀性。

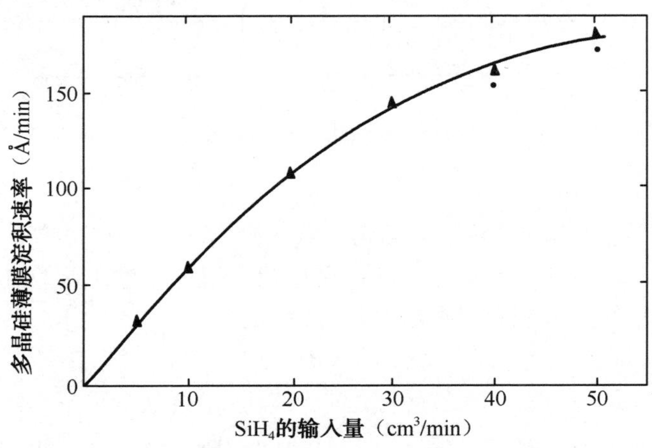

图 2-43　多晶硅淀积速率与硅烷气体流速的关系曲线

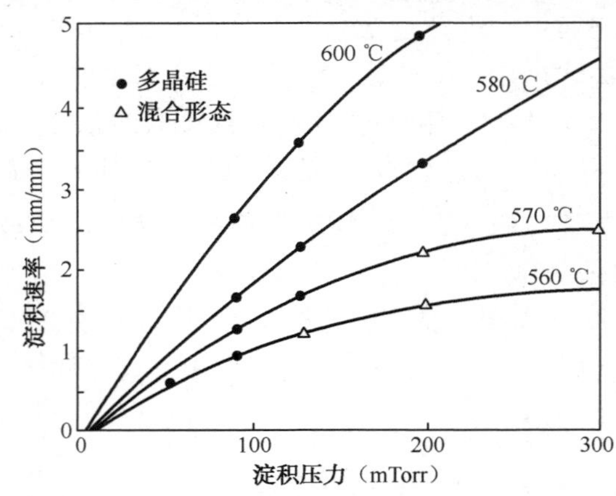

图 2-44　不同温度下多晶硅淀积速率与淀积压力的关系曲线

4．金属钨的 CVD

20 世纪 80 年代以来，金属钨一直被广泛用于集成电路制造中的金属化过程，主要用于钨插塞和局部互连。随着图形尺寸的缩小，人们对接触窗和金属层间接触孔的要求也越来越高，希望接触窗所占芯片面积尽可能减少，为此需用狭窄和接近垂直的接触窗/金属层间接触孔来替代倾斜开口的钉头型金属化图形。

从图 2-45 中可以看出，插塞所占面积更小，更适合在集成电路中使用。因为 PVD 金属的台阶覆盖性较差，无法填满垂直的窗口而不留孔洞，而 CVD 钨薄膜有几乎完美的阶梯覆盖性和均匀性，所以金属钨主要采用 CVD 工艺来制作，获得电路中所需要的插塞和互连。钨 CVD 以 WF_6 为钨源，采用冷壁式 LPCVD，反应腔壁的温度低于 150 ℃。有两种钨薄膜的制备方法，选择性钨和全区钨淀积。

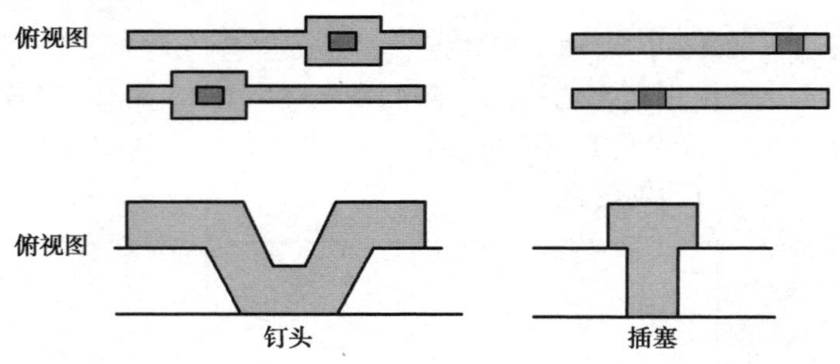

图 2-45　金属化窗口图形比较

1）选择性钨

所谓选择性钨是指在做淀积钨时，采用六氟化钨 WF_6 作为气体源，它能与衬底窗口处的硅反应，而不与二氧化硅、氮化硅反应，所以钨可以选择性地淀积在硅接触窗口中，并不需要对晶圆表面的钨层再进行刻蚀或研磨。反应式为

$$2WF_6 + 3Si \xrightarrow{300\ ℃} 2W + 3SiF_4 \qquad (2-33)$$

这种工艺的优点是钨与硅有很好的接触，可以降低接触电阻。但这个过程将消耗衬底上的硅并造成结的损失，同时会将氟引入到衬底中。此外该选择性也并非完美，因为总会有一些钨的成核点出现在氧化硅的表面，所以选择性钨并不常用在 IC 制造中。

2）全区钨沉积

通常用钛/氮化钛作为钨和硅接触的阻挡层和附着层进行全区域的钨沉积，再进行回蚀或化学机械抛光 CMP。所以，钨实际是沉积在钛/氮化钛薄层上（如图 2-46 所示）。

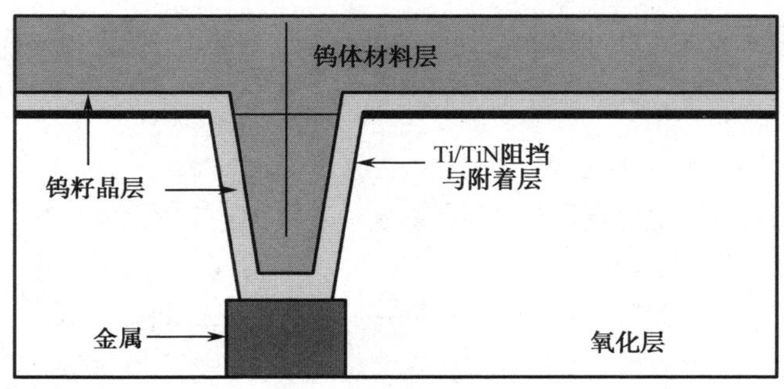

图 2-46　CVD 沉积钨籽晶层

WF_6、SiH_4 和 H_2 是钨 CVD 的主要源材料，其中 SiH_4 和 H_2 用来与 WF_6 产生反应降低氟含量并沉积钨。

WCVD 工艺一般由四个步骤组成，即加热并用 SiH_4 浸泡（Soak），成核（Nucleation），大批淀积（Bulk Deposition）和残余气体清洗（Purge），如图 2-47 所示。

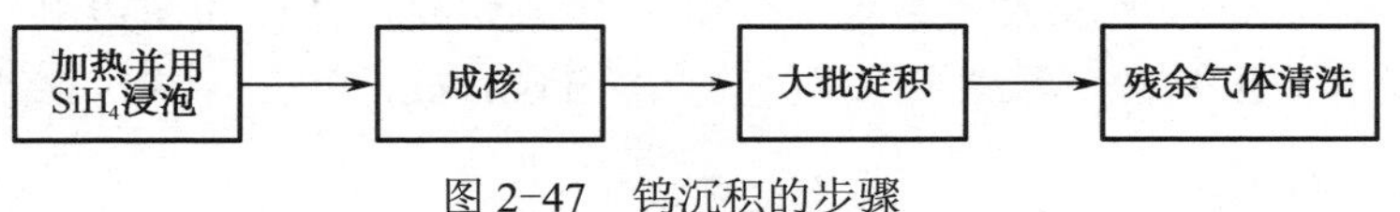

图 2-47　钨沉积的步骤

因为 WCVD 受热激发或化学反应的限制，所以晶圆需要先充分加热为后续反应做准备。SiH_4 浸泡在一些技术文章中也被称为 SiH_4 引发。在这一步中 SiH_4 分解成 Si 和 H_2，形成一薄层的无定型硅，约 30 Å。

$$SiH_4 浸泡时的反应：\ SiH_4 \rightarrow Si + H_2$$

$$成核时：\begin{array}{l} Si + WF_6 \rightarrow W + SiF_4 \\ SiF_4 + WF_6 \rightarrow W + SiF_4 + HF \end{array}$$

$$大批淀积时：\ WF_6 + H_2 \rightarrow W + HF$$

在成核这一步中，SiH_4 和 H 的混合气体与 WF_6 源气体反应形成了一薄层钨，这一薄层钨作为后续钨层的生长点。成核层的均匀度和淀积速率取决于前期加热是否充分或预热时间是否足够长。通过增加反应压强，可以缩短预热时间。成核是整个淀积过程中非常关键的一步，并且对后续膜的均匀度和其他特征有强烈的影响。大批淀积时，控制衬底温度低于 450 ℃，H_2 过量，此时钨薄膜的生长速率由表面反应速率控制。

因为钨与氧化物附着力不强并且 WF_6 会和硅发生反应，所以在 WCVD 淀积之前必须先淀积一层附着层和一层阻挡层，如 Ti/TiN 或 TiW。Ti 和氧化物有非常好的黏连性，并能够在源/漏区和硅反应形成 $TiSi_x$，这样大大减小了接触电阻。而且，Ti 一般通过物理气相淀积方法（PVD）制取。标准 PVD 淀积的 Ti 的台阶覆盖性能很差，而且会和 WF_6 反应。因此，在接触孔或通孔上有必要在 WCVD 前淀积第二层 TiN 阻挡层。

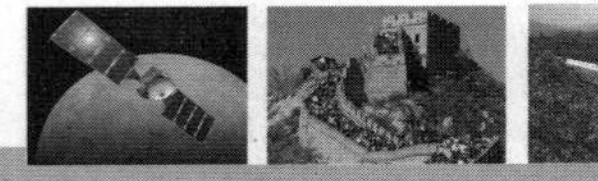

5．硅化钨的 CVD

硅化钨 WSi_2 淀积通常应用于栅和 DRAM 芯片的字线连接中，熔点为 1 440 ℃，电阻率为 31 μΩ·cm。

LPCVD-WSi_2 与钨的 CVD 类似，采用 WF_6 作为钨的源材料，SiH_4、SiH_2Cl_2 都是硅的来源气体材料。

1）采用 WF_6 和 SiH_4 作为反应剂

采用 WF_6 和 SiH_4 作为反应剂所需的温度约为 400 ℃，压强为 6.7～40 kPa，在冷壁反应器中淀积，反应式为

$$2WF_6+7SiH_4 \xrightarrow{400\ ℃} 2WSi_x+3SiF_4+14H_2 \quad (2-34)$$

生成的硅化钨 WSi_2 薄膜中硅与钨的原子比 x 与反应气体中 SiH_4 和 WF_6 的流量比有很大的关系，当该流量比小于 3 时，淀积出的将是含有大量硅的钨，而非硅化钨；只有当流量比较大时，才会生成硅化钨。为了保证 $x\geqslant 2$，SiH_4/WF_6 流量比一般要超过 10，此时 x=2.2～2.6。硅化钨薄膜中如果含硅量过少，如 $x<2$，那么薄膜容易从多晶硅上碎裂剥离，含硅量的增加可以避免薄膜碎裂，从而避免损耗下面的多晶材料，但电阻率会增加，约为 500 μΩ·cm。可以通过在 900 ℃下进行快速退火来降低电阻率，可下降约一个数量级。

此反应简单但是反应速度太快不容易控制，其主要缺点：杂质浓度高，台阶覆盖能力差，在退火过程中不够稳定，氟离子浓度较高 10^{20} atoms/cm^3。

2）采用 WF_6 和 SiH_2Cl_2（DSC）作为反应剂

采用 WF_6 和 SiH_2Cl_2 作为反应剂时，需要 550～575 ℃的温度，反应式为

$$2WF_6+10SiH_2Cl_2 \xrightarrow{550\sim575\ ℃} 2WSi_2+3SiF_4+3SiCl_4+8HCl+6H_2 \quad (2-35)$$

和 WF_6/SiH_4 组合相比，以 WF_6/SiH_2Cl_2 为基础的淀积工艺淀积温度较高，但具有较高的硅化钨淀积速率和较好的薄膜台阶覆盖性能，对氟离子具有更好的阻挡性能。当然在薄膜中也有低的氟浓度和较少的薄膜脱落，以及因张力较低导致的破裂问题。WF_6/SiH_2Cl_2 硅化钨工艺正逐渐取代以硅烷为基础的工艺技术。

6．金属钛的 CVD

氮化钛被用来作为接触窗口中金属钨和硅之间的阻挡层，但氮化钛如果与硅直接接触，将使接触电阻增加，所以在淀积氮化钛之前先淀积一层钛，在窗口与硅反应生成硅化钛，再淀积氮化钛，从而降低接触电阻。

钛 CVD 可用 $TiCl_4$ 氢还原法，温度约为 600 ℃，在钛淀积的同时与硅反应生成 $TiSi_2$。反应式为

$$\begin{gathered} TiCl_4+2H_2 \xrightarrow{600\ ℃} Ti+4HCl \\ Ti+2Si \rightarrow TiSi_2 \end{gathered} \quad (2-36)$$

7．氮化钛的 CVD

氮化钛（TiN）广泛作为钨插塞的阻挡层/附着层。氮化钛具有很高的热稳定性（熔点为 2 950 ℃）、低脆性、界面结合强度高、导电性能好（电阻率为 25～75 μΩ·cm）。杂质在氮化钛中的扩散激活能很高，如铜在 TiN 中的扩散激活能是 4.3 eV，硅在 TiN 中的扩散激活能

也较高。扩散激活能越高，说明对杂质具有的阻挡作用越好，因此 TiN 在铝的多层互连系统中可以作为扩散阻挡层，防止硅铝间的扩散；在铜（钨）的多层互连系统中，TiN 既是附着层，起着黏结铜（钨）与硅及二氧化硅的作用，同时也是扩散阻挡层，阻挡硅/铜间的扩散。

2.3.3 外延技术

外延也是一种薄膜制备技术，早在 20 世纪 60 年代初期就已出现。目前双极型晶体管和双极型集成电路基本都是做在外延层上的，外延层的质量对器件和电路的性能有着重大的影响。

1．外延概述

1）外延的基本概念

外延（Epitaxy）一词来自于希腊文，该词可以分解为两个希腊字：“epi”意思为在上面的，“taxy”意思为有序的，所以合成后外延的意思为“在……上有序排列”。半导体生产中的外延是指在制备完好的单晶衬底上，沿其原来晶向，生长一层厚度、导电类型、电阻率及晶格结构都符合要求的新的单晶层。这层单晶层称为外延层，带有外延层的硅片又常称为外延片。

目前外延的概念其实已经有了很大的拓展，例如，衬底不一定是单晶材料，也可以是绝缘衬底，如 SOI 工艺就是在绝缘介质上生长硅；外延的材料也不一定是单晶硅，也可以是合金或化合物，生长方法也不限于气相外延，发展了液相外延、固相处延。

外延的产生推动了平面工艺及集成电路的发展，反过来，器件和电路的发展又对外延提出了更高的要求。超大规模集成电路和超高频器件要求厚度薄、自掺杂低、均匀性好、缺陷少的外延层，这些都促使外延的发展。随着设备、工艺的不断进步，外延的生产成本不断下降，性能不断改善，应用领域不断扩大，不仅双极型器件离不开外延，MOS 集成电路为了提高性能，也采用外延工艺。外延在集成电路制造中发挥着越来越重要的作用。

2）外延在半导体生产中的作用

（1）改善器件或电路的功率特性和频率特性。N^-/N^+（P^-/P^+）外延结构（见图 2-48）是在高掺杂的衬底材料上生长低掺杂的薄外延层，这样的结构较好地解决了晶体管的击穿电压和饱和压降之间的矛盾，因为高掺杂的衬底可以降低集电区的体电阻，从而降低饱和压降，提高了器件的开关速度和特征频率；而高阻的薄外延层又可以提高器件的击穿电压，满足大功率晶体管的要求。所以，通过外延改善了电路的功率特性和频率特性，为在电路中制作高频大功率晶体管开辟了新途径。

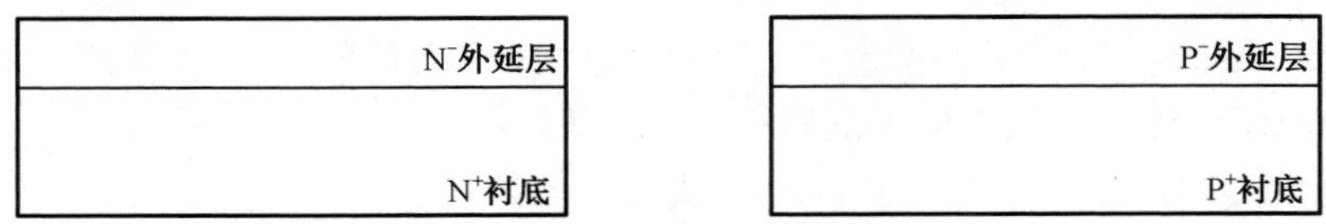

图 2-48 N^-/N^+和 P^-/P^+外延结构

（2）易于实现器件的隔离。双极型集成电路需要将各个器件进行电隔离，把不同的器件做在不同的隔离岛上。通过外延，在外延层中进行 PN 结隔离，从而把外延层分隔成一个

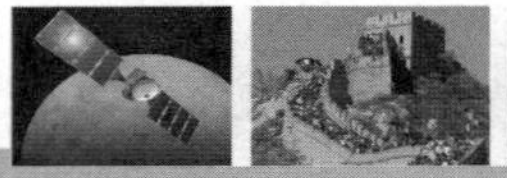

个隔离岛，利用背靠背的两个二极管的反向截止性能来实现器件的隔离，如图 2-49 所示。

（3）提高材料的完美性。单晶硅在制造过程中，表面存在着机械损伤和自发吸附的一层有害物质，由于硅表面要经过机械抛光，因此使其内部不可避免地出现新的杂质和缺陷，给器件的电特性、成品率、可靠性带来影响。而外延材料是将单晶硅的损伤层和沾污层经气相抛光后再进行生长，晶格结构更趋完整，同时外延层厚度、电阻均匀性比单晶硅更好。所以，目前无论是双极型集成电路还是双阱的 CMOS 工艺，都做在外延层上。

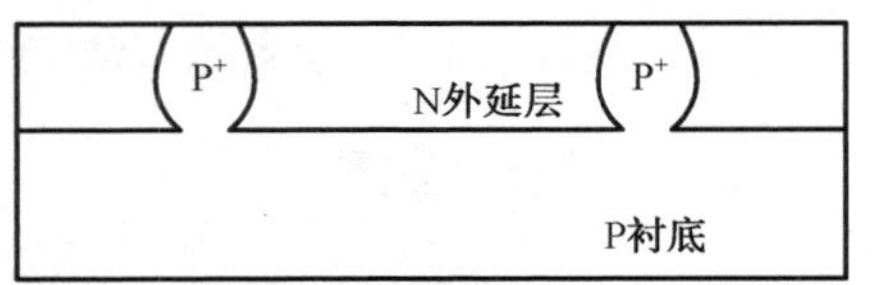

图 2-49　在外延层中制作隔离岛

（4）增大了工艺设计和器件制造的灵活性。外延过程中可以方便地控制电阻率、导电类型、杂质分布及厚度等参数，所以在许多场合，外延技术提供了其他工艺不能提供的材料。例如，微波器件中常需要多层具有不同电阻率和导电类型、且杂质分布陡峭的材料，用外延技术可以实现这种要求。

3）外延的种类

（1）按化学组成分类。按化学组成，外延可分为同质外延和异质外延。如果外延层和衬底是同一种物质的，则称同质外延，如在硅衬底上生长硅，或在砷化镓衬底上生长砷化镓。如果衬底和外延层是不同物质的，则称异质外延，如在蓝宝石上生长硅（即 SOS），或在绝缘材料上生长硅（即 SOI）。

（2）按外延在器件制造中的作用分类。按外延在器件制造中的作用，外延可分为正外延和反外延。如果外延后器件做在外延层上，则称正外延；反外延是指在高阻衬底上生长低阻外延层，外延后器件做在高阻的衬底上，而低阻外延层仅起支撑作用。介质隔离中的外延即为反外延。

（3）按工艺分类。按工艺，外延可分为直接外延和间接外延。直接外延是一种物理外延，让硅原子在超真空下直接淀积到洁净的硅片表面，如分子束外延、溅射法等。这种外延设备较复杂，生产成本较高，但具有低温，杂质分布和厚度可以精确控制等优点，主要用于薄外延层，或外延层数多，结构复杂的情况。间接外延是指将含硅的化合物通过化学反应，生成硅原子淀积到硅衬底上，形成外延层，以化学气相外延为主。这种方法设备简单，操作方便，但外延温度较高。

4）常用的外延生长化学原理

典型的外延生长采用四氯化硅的氢还原法，反应式为

$$SiCl_4+H_2 \xrightarrow{\Delta} Si+HCl \tag{2-37}$$

该反应是可逆的，为确保反应向正方向进行，保证外延生长，氢气要保持过量。当反应气体中含有 HCl 时，会发生硅的腐蚀，即反应向逆方向进行。利用此原理，可以在外延前对硅衬底进行气相抛光，以去除硅片表面残留的损伤层。

外延开始时，在衬底上形成了许多大小为数纳米的分离的岛状物。随着外延时间的增加，这些岛状物逐渐长大，最后连成一片，发展成新的晶面，因此可以认为在外延的起始阶段首先在衬底表面形成众多的晶核，然后晶核不断长大，最后邻近的晶核相连而形成晶面。这一过程可以用图 2-50 表示。

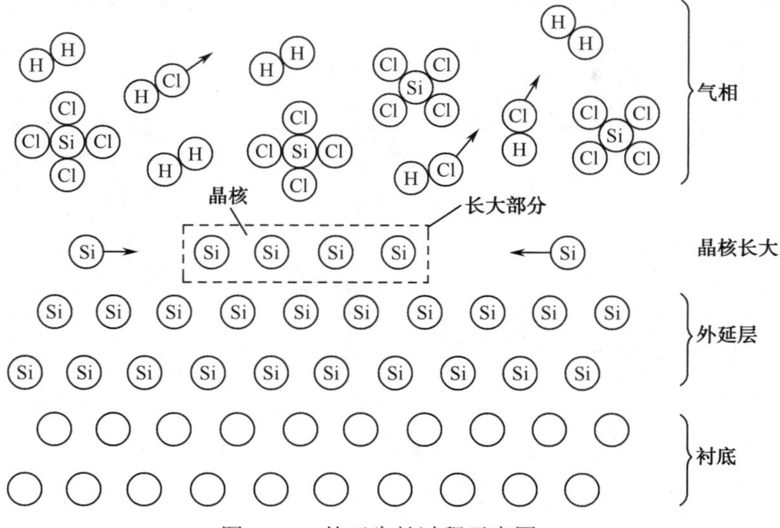

图 2-50　外延生长过程示意图

该反应温度较高，需要 1 150～1 200 ℃。为了降低外延温度，目前也用 SiH_2Cl_2、$SiHCl_3$ 或 SiH_4 热分解进行外延生长。如果反应源气体中氯含量较少，反应温度可以适当降低。反应式为

$$
\begin{aligned}
SiH_2Cl_2 &\xrightarrow{1\,050\sim1150\ ℃} Si+2HCl \\
SiHCl_3 &\xrightarrow{1100\sim1150\ ℃} Si+HCl+Cl_2 \\
SiH_4 &\xrightarrow{1\,000\sim1100\ ℃} Si+H_2
\end{aligned}
\tag{2-38}
$$

2．外延生长工艺

1）气相外延设备

硅气相外延设备示意图如图 2-51 所示。

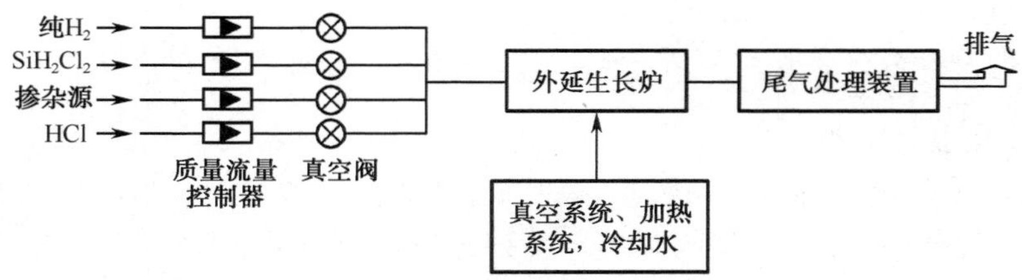

图 2-51　硅气相外延设备示意图

典型的外延反应设备包括气体分布系统、反应炉管、控制系统及尾气系统。在气体分布系统中，为严格控制气体流动到反应腔，要用到质量流量控制器和真空阀。外延炉管的形状随基座形状的不同而不同。外延生长炉结构有以下几种，如图 2-52 所示。

卧式外延炉提供高容量和高产出率，但生长过程中对整个基座长度范围内的控制存在困难，同时用气量大。圆盘式外延炉外延层的均匀性好，但设备较复杂。圆桶式外延炉除了有圆盘式外延炉的优点外，还可以使用红外辐射加热，减小因基座传导加热产生的热应力引起的硅片变形和诱生缺陷。圆桶式外延炉不适于在 1 200 ℃以上的操作温度。基座由高

纯石墨构成，为防止碳的污染，其外覆盖一层 60 μm 的 SiC，用射频加热基座。

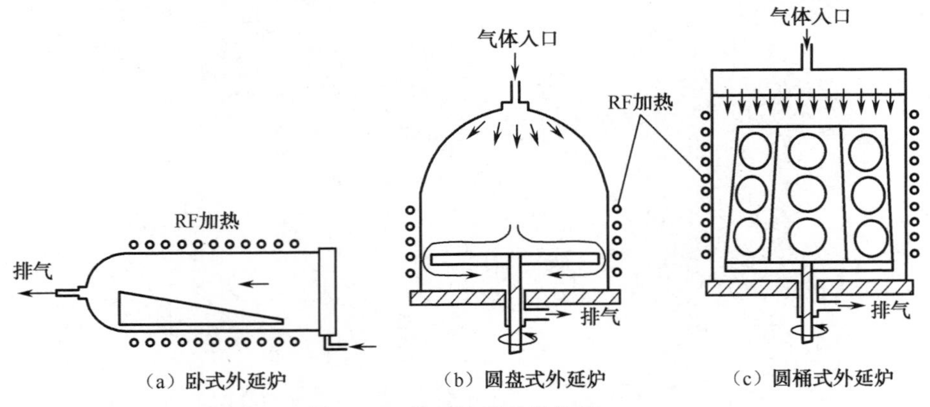

图 2-52 外延生长炉结构图

2）外延生长工艺流程

以 $SiCl_4$ 氢还原法为例，典型的硅气相外延的工艺流程主要包括以下几个主要步骤：系统的清洁处理→硅片的清洁处理→氯化氢气相抛光→外延生长→降温取片。

（1）系统的清洁处理：主要是利用 HCl 气体的强腐蚀性，去除前外延过程中吸附在基座上的硅，以及在反应器内壁上附着的硅和其他杂质。

（2）硅片的清洁处理：包括对硅片进行彻底的化学处理，再用氢氟酸腐蚀液腐蚀去除硅表面的自然氧化层，用高纯去离子水漂洗干净，最后甩干或用高纯氮气吹干。

（3）氯化氢气相抛光：作用是将硅片表面残存的硅氧化物及晶格不完整的硅腐蚀去掉，露出新鲜和完整晶格的硅表面，避免衬底硅表面缺陷向外延层中延伸。抛光原理利用的是外延生长的逆反应。抛光的工艺流程为清洗的硅片装入基座，放入炉内→N_2 预冲洗→H_2 预冲洗→升温至 850 ℃→升温至 1 170 ℃→HCl 排空→HCl 抛光→H_2 冲洗。

（4）外延生长：是外延工艺的核心步骤。外延过程中最重要的是要控制好温度、H_2 流量和掺杂源浓度，确保外延生长的均匀性。

（5）降温取片：外延生长结束后，先用 H_2 冲洗，再降温，最后用 N_2 冲洗。

3）影响外延生长速率的因素

外延生长的过程包括反应物从气相转移到硅片表面，被表面吸附，在表面进行化学反应，副产物从表面解吸及排出反应腔等一系列过程，所以外延生长速率与扩散、吸附/解吸、化学反应三者的速率有关，并且受最慢者控制。对于常压外延来说，吸附/解吸速率相对于扩散和化学反应来说要快得多，因而生长速率主要取决于扩散与化学反应的过程。

根据气相动力学和外延生长模型，可以得到常压外延生长速率的一般表达式为

$$v=\frac{k_s h_g}{k_s+h_g}\frac{N_T}{N_{Si}}Y \tag{2-39}$$

式中 k_s——表面化学反应生长速率常数；

h_g——气相质量转移系数，表示单位时间内由气相转移到单位面积生长表面反应剂粒子数；

N_T——单位体积混合气体中的分子数；

N_{Si}——硅晶体的原子密度，为 5×10^{22}个/cm^3；

Y——反应剂浓度。

（1）反应温度 T 对生长速率的影响。式（2-39）中，k_s 和 h_g 是温度的函数，在 Y 一定的情况下，v 主要受 k_s 和 h_g 中较小的系数控制。考虑两种极限情况。

当 $k_s \ll h_g$ 时，可得 $v = k_s \dfrac{N_T}{N_{Si}} Y$，此时化学反应慢，质量转移可能提供的反应粒子数远大于反应所能吸收的粒子流，因此附面层中反应剂浓度接近均匀分布，v 受限于表面化学反应，故称表面反应控制情况。

当 $k_s \gg h_g$ 时，可得 $v = h_g \dfrac{N_T}{N_{Si}} Y$，此时化学反应速度较快，反应所需的粒子数远大于质量转移可提供的粒子数，v 受限于气相质量转移，故称气相质量转移控制情况。

由于 $h_g \propto \left(\dfrac{T}{T_0}\right)^{\alpha}$，而 $k_s \propto \exp\left(\dfrac{-E_0}{KT}\right)$，其中 T 为用热力学温度表示的温度，T_0 为用热力学温度表示的室温，α 为常数，值为 1.75～2。从上两式可以看出，温度 T 对 k_s 的影响较 h_g 大得多。为了使外延生长速率更稳定，减少温度对生长速率的影响，希望外延尽可能处于气相质量传输控制情况，两者的转换温度约为 1 150 ℃，所以外延生长温度一般大于此温度。

（2）四氯化硅浓度 Y 对外延生长速率的影响。按外延生长的速率公式，外延生长速率和四氯化硅的摩尔浓度成正比，浓度越高，外延生长速率越快。根据图 2-53 所示，当 H_2 中的 $SiCl_4$ 摩尔分量小于 0.1 时，基本符合生长速率表达式，当 H_2 中的 $SiCl_4$ 摩尔分量大于 0.1 时，生长速率随着反应剂浓度的增加反而在下降，甚至当 $SiCl_4$ 的摩尔分量大于 0.28 时，出现外延负增长现象，这主要是因为当反应剂浓度过高时，大量 Cl 的释放，对硅产生的反向腐蚀，所以生长会转变为刻蚀。因此采用 $SiCl_4$ 为反应剂时，通常控制在低浓度区，以减少衬底的腐蚀，外延生长速率大约为 1 μm/min。

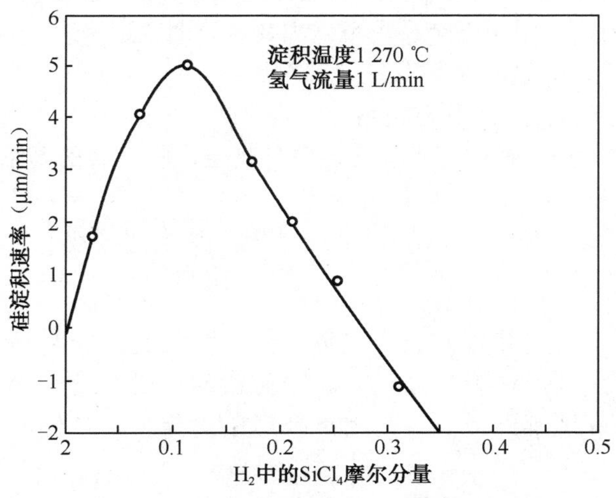

图 2-53　生长速率对 $SiCl_4$ 流量的函数

（3）衬底晶向对生长速率的影响。外延生长是根据衬底原子排列而均匀地向外延伸的。不同的晶向，有不同的晶格原子密度，因而向外延伸的生长速率就不同，原子排列疏松的衬底，生长就快，反之，就慢。三个晶向的生长速率为 $V_{<100>}>V_{<110>}>V_{<111>}$。双极型集成电路生产中一般采用（111）晶向。

3. 外延层的质量控制

1）外延层掺杂浓度的控制

理想的外延层和衬底之间具有突变的杂质分布，但由于外延是在高温过程中进行，它的杂质分布将会偏离理论分布。原因主要有以下两方面。

（1）杂质的外扩散。在外延层和衬底的交界面附近，由于存在着杂质浓度差，在高温下，杂质将从浓度高的地方向浓度低的扩散。由于外延层一般是低掺杂，而当衬底中有高掺杂的埋层时，这种外扩散现象就较为严重。外扩散将使埋层区域外延层有效厚度 d_0 减小到 d_2，对薄外延层的影响更大；而非埋层区域外延层厚度增加为 d_1，严重时甚至会造成隔离制作的困难。外延层厚度变化示意图如图 2-54 所示。

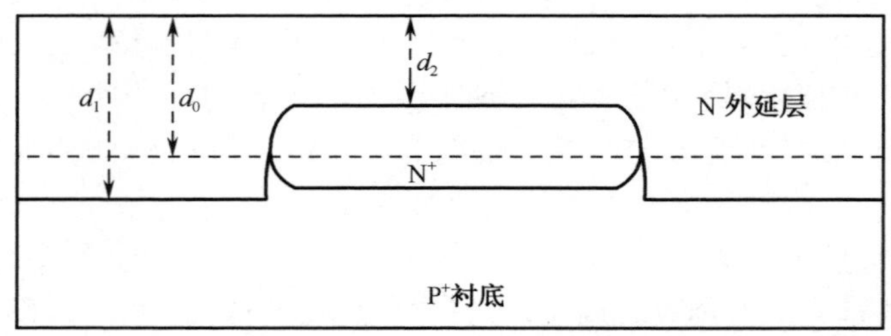

图 2-54　外延层厚度变化示意图

为减小外扩散现象，一方面可以降低外延生长温度，如采用 SiH_4 热分解外延法。另一方面，采用扩散系数小的杂质作为埋层掺杂源，如用锑或砷掺杂。

（2）自掺杂现象。非反应气体有意掺入的杂质引起的外延层的掺杂现象称为自掺杂现象。这些杂质有些是来自于衬底的反向腐蚀带出的杂质进入气相，再掺入后面的硅片中，另外有一些是来自于衬底高温下的杂质蒸发，主要从背面或边缘。

为减小自掺杂现象，可采取以下措施。

① 衬底背面用高纯硅或二氧化硅覆盖。

② 用两步外延法。先在衬底上生长一层薄外延层，将衬底的高浓度区覆盖，然后停止处延，一段时间后再进行外延。

③ 低压外延法。减小压强，有利于挥发出来的杂质逸散，减小自掺杂。

2）外延层晶格完整性的控制

外延层的晶格缺陷根据其所处的位置可以分为两大类，一类是处于外延层的表面，用肉眼或显微镜能观察到，称为表面缺陷。表面缺陷主要有云雾状表面、角锥体，此外还有划痕、星状体、麻坑等。另一类是处于外延层内部，称是体内缺陷，主要有位错和层错。

（1）角锥体：存在于外延层表面的锥形体小尖峰，如图 2-55 所示。产生的原因主

要有衬底表面质量差和反应系统的沾污，成为角锥体的形成核，由这样的核开始延伸，最后在外延层表面形成角锥体。另一个原因与晶向有关，相对于其他晶向，硅的<111>晶向最容易发生角锥体，这是因为沿<111>晶向外延生长速率最慢，硅原子生成的速度高于这些原子在表面按一定规律排列的速度，因而造成表面原子排列不均匀，引起局部地区晶面突起，成为角锥体的形成核。当偏离<111>晶向几度时，角锥体数量明显下降。

（2）云雾状表面：云雾状表面如图 2-56 所示。云雾状表面经化学腐蚀后显示一般可用肉眼直接观察到，在显微镜下观察则是一些小的缺陷，如果在（111）面上，则是呈浅正三角形平底坑，或呈 V 形。这些缺陷是因为反应气体的污染、气体腐蚀不足引起的。如当氢气中水汽含量超过 0.01%时，外延层会生长成为多晶。用以下方法可以消除雾状表面：外延基座经真空高温处理，彻底挥发掉容易扩散的杂质；衬底经双面研磨再化学抛光，去除粗糙表面；提高氢气的纯度，减少氧和水的含量。

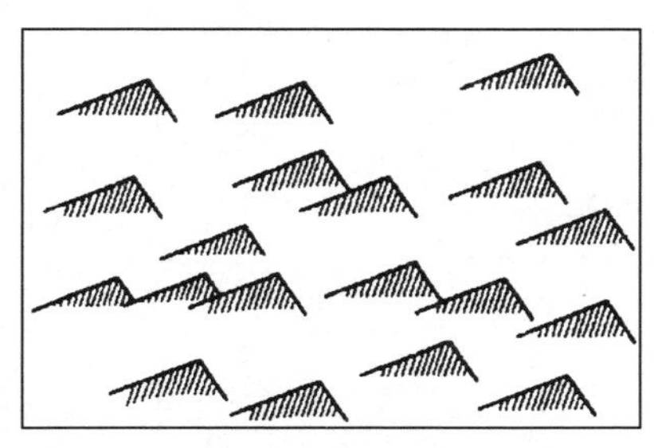

图 2-55　角锥体

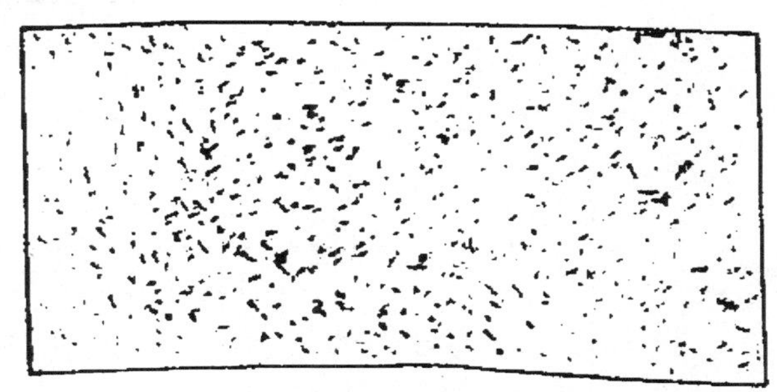

图 2-56　云雾状表面

（3）层错：层错又称堆垛层错，是外延中最常见也容易检测得到的缺陷，是因原子排列次序发生错乱引起的。通过化学腐蚀便可显示层错图形。（111）、（100）晶面上的层错图形如图 2-57 和图 2-58 所示。

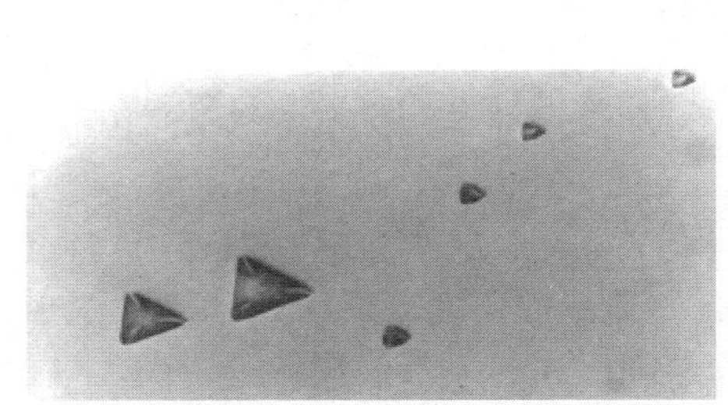

图 2-57　（111）面上的层错

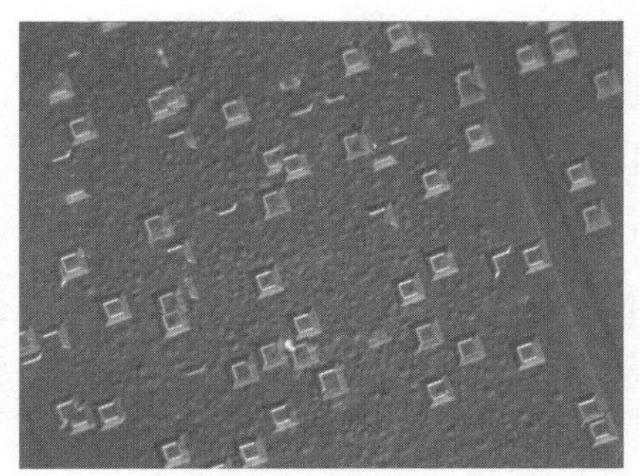

图 2-58　（100）面上的层错

产生层错的原因有：衬底表面的损伤和沾污，外延温度过低，衬底表面上残留氧化物，外延过程中掺杂剂不纯。层错大部分是从衬底与外延层的交界面开始的，不同的晶向，层错的图形不同。

防止层错的方法是减少硅片表面的损伤，减少硅片的沾污，防止反应系统漏气而引起反应气体的沾污，更有效的办法是 HCl 气相腐蚀法，去掉硅片表面的损伤层。

（4）位错：外延中的位错又分为滑移位错和失配位错。滑移位错来自于快速升温和降温过程中产生的热应力，热应力可以使材料产生范性形变，使晶体中处于某一晶面两侧的部分发生相对滑移。外延产生的位错大多属于滑移位错。失配位错是由于外延层和衬底掺入的杂质的种类和浓度不同时，晶格常数相差较大引起的，而且可能传播到外延层和衬底中。

3）埋层图形的漂移和畸变

在双极型集成电路的衬底中进行埋层扩散时形成了 100 nm 左右的台阶，便于外延之后的光刻对准。但在外延过程中，往往出现这种图形的移动或变形甚至消失，这种现象分别称为图形的漂移和畸变。图形漂移与畸变如图 2-59 所示。

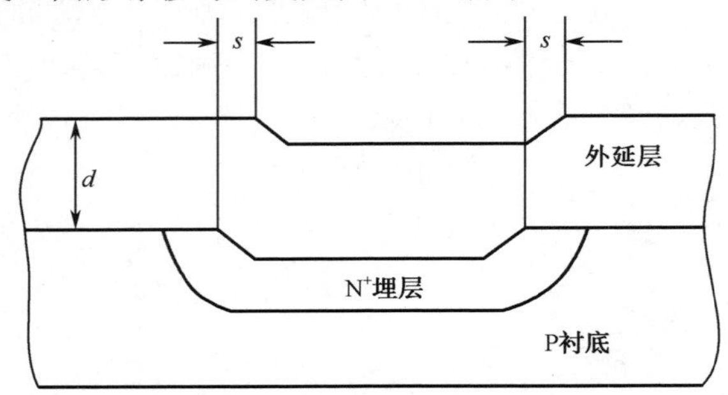

图 2-59　图形漂移与畸变

引起图形漂移与畸变的原因一般认为是外延过程中不同晶向生长速度差异造成的。如图 2-59 所示，在衬底上存在着埋层边缘台阶小平面，当使用（111）晶面的衬底时，由于<111>晶向外延生长速度最低，所以沿小平面生长的速度远远超过沿衬底方向生长的速度，使生长出来的外延层的台阶与埋层实际位置有偏离，甚至一边或几个边消失。

实践表明，影响图形漂移大小的因素主要有外延层厚度、衬底晶向、外延方法及外延工艺条件等。外延厚度越厚，漂移越大。当衬底偏离<111>晶向几度时，图形漂移程度会大大减小。当用 SiH_4 热分解法进行外延时，图形漂移基本没有。当用较低温度，较大流量进行外延时，图形畸变显著。

4．外延层参数的测量

1）层错法测外延层膜厚

外延层中的层错大部分起始于外延层和衬底的交界面，并呈现一定的立体图形。外延层的厚度就是利用了这些层错图形与外延层厚度之间的几何关系来进行测量的。以<100>晶向为例，它的层错是沿着 4 个（111）面向上伸展的，如图 2-60 所示，这样，外延层的厚度 $d=\frac{\sqrt{2}}{2}l=0.707l$，只要测出外延层表面的 l，就能得到厚度。对于<111>晶向的外延，其层错图形是一个倒立的正三角形，其厚度与层错图形的关系为 $d=\sqrt{\frac{2}{3}}l=0.816l$。对于<110>晶向的外延片，层错图形为两个对顶的等腰三角形，等腰夹角为 70.53°，若腰、底分别为 l、a，则 $d=0.577l=0.5a$。

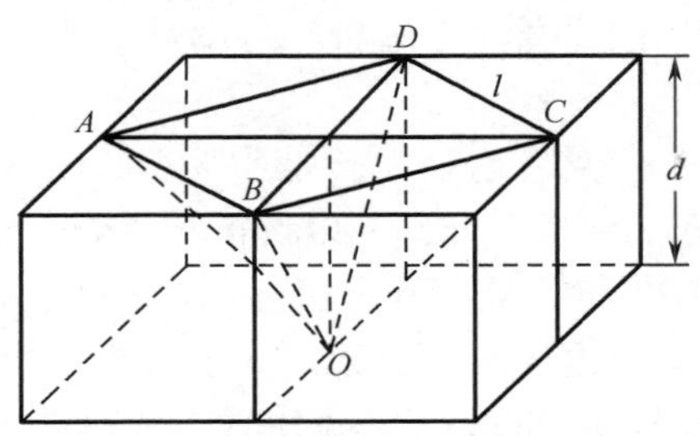

图 2-60　（100）晶面外延层的层错，O 为层错起点

2）三探针法测电阻率

三探针法测外延层电阻率是利用不同电阻率材料，雪崩击穿电压值不同的特性进行测量的。测试原理图如图 2-61 所示，其中探针Ⅰ、Ⅲ用杜镁丝制作，它们和外延层形成欧姆接触，而探针Ⅱ用钨制作，它和外延层构成金属-半导体整流二极管，电阻均用于保护。当直流电源电压 V_0 通过探针Ⅰ和Ⅱ以反偏的方式加到硅片上时，V_0 由零点开始逐渐增加，在二极管未击穿前，示波器上的信号及电压表 V 上的指示都增加。当 V_0 增加到某一值时，二极管击穿，Ⅰ、Ⅱ探针中流过较大电流，R_1 上产生较大电压，电压表和示波器指示突然下降，这一电压即为二极管的击穿电压。

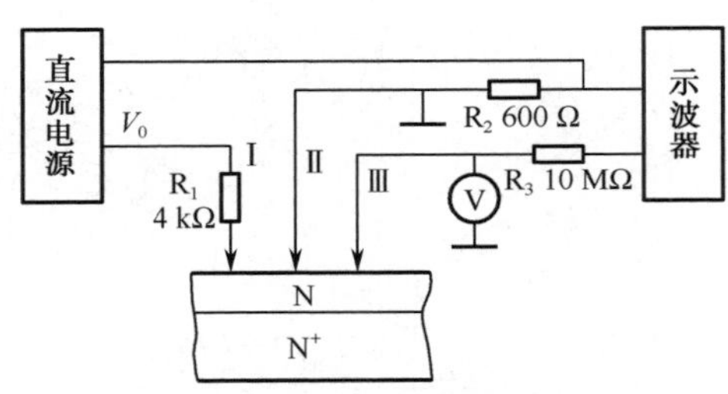

图 2-61　三探针法测电阻率

击穿电压与外延层电阻率之间有以下关系：$V = a\rho^b$，其中 a，b 为常数，由测试系统决定。当测出击穿电压 V 时，即可得到电阻率 ρ。三探针法测量具有设备简单，测量非破坏性、迅速、方便等优点，但它也有一定的局限性：该法只能适用于 N/N^+ 或 P/P^+ 的外延层，电阻率为 0.1～5 Ω·cm。另外，如果外延层过薄，当雪崩击穿耗尽层宽度大于外延层厚度时，出现穿通现象，只能测出穿通电压而不能测出击穿电压。所以，外延层必须有一定的厚度。

5．其他外延方法

1）蓝宝石（尖晶石）上硅外延（SOS）

硅外延除在硅衬底上进行外，也可以生长在蓝宝石、红宝石、尖晶石等绝缘衬底上，这种外延为异质外延，其最大的特点是能消除外延带来的寄生电容和漏电流，提高集成电路的速度。其中应用较多的为蓝宝石上生长硅，简称 SOS 外延（Silicon on Sapphire）。

蓝宝石是纯净氧化铝的单晶形态，其主要化学成分为 Al_2O_3，硬度仅次于金刚石，25 ℃时电阻率为 $1\times10^{11}\ \Omega\cdot\text{cm}$，绝缘性能好，同时蓝宝石还具有良好的光学透光性，热传导性和优良的机械性能。

SOS 工艺前，将蓝宝石晶体切成 600 μm 厚的晶片，用石膏研磨后再用二氧化硅乳胶进

行化学机械抛光，清洗后进入反应室。外延可以采用硅烷热分解法进行，以减少杂质的自掺杂现象。

SOS 外延目前主要有两个问题需解决，一是蓝宝石的成本高，二是外延层的缺陷密度高。所以目前广义的绝缘衬底上生长硅 SOI（Silicon on Insulator）不断被研究和应用，例如在硅上生长一层二氧化硅，在二氧化硅上开出窗口，700 ℃左右用 SiH_4 热分解淀积一层无定型的硅，以窗口处暴露的单晶为籽晶，用激光扫描照射，使无定型的硅进行固相外延，进而转变成单晶硅。SOI 工艺既有 SOS 工艺寄生效应低的优点，又能与硅平面工艺兼容，降低成本。

2）分子束外延

分子束外延（Molecular Beam Epitaxy，MBE）是一种物理气相淀积技术，多用于外延层薄，杂质分布复杂的硅外延，也用于 III-V 族，II-VI 族化合物半导体及合金、多种金属和氧化物的单晶薄膜外延。

分子束外延是指在超真空条件下，构成晶体的各个掺杂原子（分子）以一定的热运动速度，按一定比例喷射到热的衬底表面上进行晶体排列生长的外延技术。其原理图和设备图分别如图 2-62、图 2-63 所示。

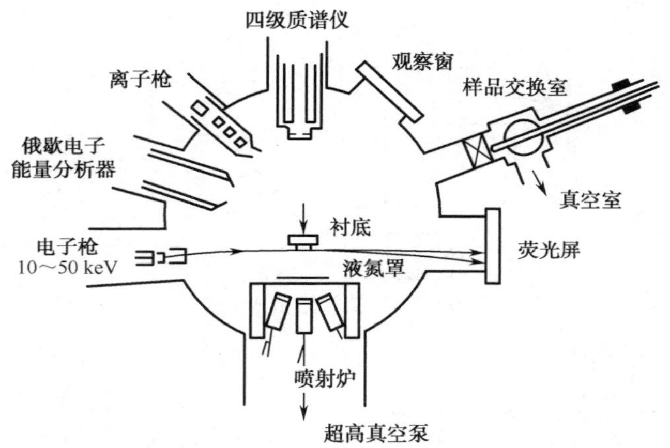

图 2-62　分子束外延原理图

图 2-63　分子束外延设备图

在超高真空条件下，由装有各种所需组分的喷射炉加热而产生的蒸气，经小孔准直后形成的分子束或原子束，直接喷射到适当温度的衬底上，同时控制分子束对衬底扫描，就可使分子或原子按晶体排列规则一层层地“长”在基片上形成薄膜。

分子束外延有以下几个特点。

（1）生长速率极慢，大约 1 μm/h，相当于每秒生长一个单原子层，因此有利于实现精确控制厚度、结构与成分和形成陡峭的异质结构等。

（2）外延生长温度低，降低了界面上热膨胀引入的晶格失配效应和衬底杂质对外延层的自掺杂扩散影响。

（3）由于生长是在超高真空中进行的，衬底表面经过处理可成为完全清洁的，在外延过程中可避免沾污，因而能生长出质量极好的外延层。

（4）MBE 是一个动力学过程，即将入射的原子或分子一个一个地堆积在衬底上进行生长，而不是一个热力学过程，所以它可以生长按照普通热平衡生长方法难以生长的薄膜。

（5）MBE 是一个纯的物理淀积过程，既不需要考虑中间化学反应，又不受传输质量的影响，并且利用快门可以对生长和中断进行瞬时控制。因此，膜的组分和掺杂浓度可随生长源的变化而迅速调整。

但分子束外延设备复杂，价格昂贵，生产效率低，成本高。目前 MBE 主要应用在纳电子领域和光机电领域，广泛用于纳米超晶格薄膜和纳米单晶光学薄膜制备上，已成为制备纳米单晶薄膜的标准制备工艺。

2.4　物理气相淀积（PVD）薄膜制备

物理气相淀积（Physical Vapor Deposition，PVD）是一种重要的薄膜制备工艺，主要用于集成电路制造中的金属、合金及金属化合物薄膜的制备。物理气相淀积的方法主要有真空蒸发、溅射两大类。

相对于 CVD 而言，PVD 工艺温度低，衬底温度可以从室温至几百摄氏度，工艺原理简单，能用于制备各种薄膜。但所制备薄膜的台阶覆盖性、附着性、致密性不如 CVD 薄膜。

2.4.1　蒸发

金属制备中的蒸发是指通过加热，使待淀积的金属原子获得足够的能量，脱离金属表面蒸发出来，在飞行途中遇到硅片，就淀积在硅表面，形成金属薄膜。根据蒸发时给金属提供能量的方式不同，蒸发可分为电阻加热蒸发和电子束蒸发。

1. 电阻加热蒸发

电阻加热蒸发是利用各种形状的电阻加热器将待蒸发的金属材料加热到熔化并蒸发出来淀积到硅衬底上。 简单的蒸发装置如图 2-64 所示。

电阻加热蒸发方式设备简单，成本较低，但由于加热灯丝至少要使材料蒸发出来，所以所淀积的材料受到电阻加热材料的限制，有些难熔金属不易用电阻加热蒸发来实现。目前在蒸发中更多的是采用电子束加热蒸发。

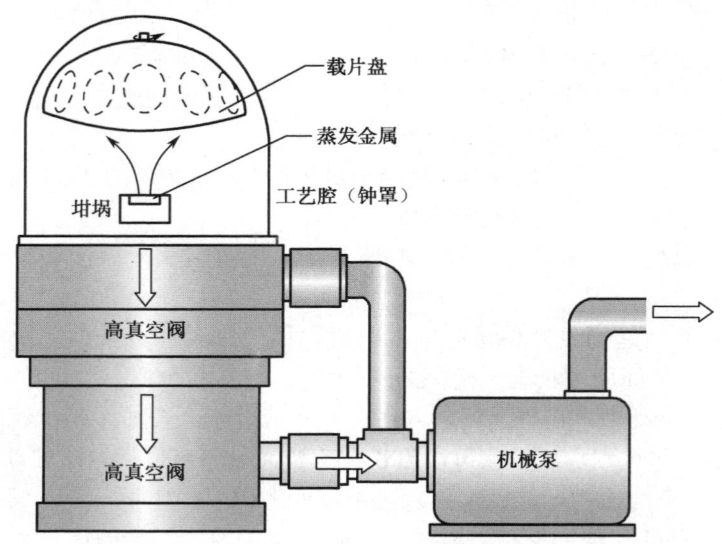

图 2-64　电阻加热蒸发设备示意图

2. 电子束蒸发

1）电子束蒸发的原理

电子束蒸发是利用经高压加速并聚焦的电子束，在真空中经过磁场偏转打到蒸发源表面，当功率密度足够大时，可使 3 000 ℃以上高熔点材料迅速熔化，并蒸发淀积到衬底表面形成薄膜。

2）电子束蒸发的设备

电子束蒸发设备如图 2-65 所示，在坩埚下面是偏转电子枪，偏转电子枪发射出有一定强度的高能束流，灯丝这样放置能减少灯丝材料（一般是由钨制成）向硅片表面淀积。一个强磁场将束流弯曲 270° 使它能准确轰击靶材料表面。

3）电子束蒸发的特点

（1）电子束蒸发淀积的铝膜纯度高，钠离子沾污少。

（2）提高台阶覆盖能力。由于电子束蒸发时，硅片装在行星式片架上，它的几个行星盘既可绕中心公转，又能自转（见图 2-66），这样硅片在整个蒸发过程中以不同的角度暴露在蒸发源气氛中，使每一个氧化层台阶的死角能蒸发到铝，提高了铝膜的均匀性。

（3）衬底采用红外线加热，直接烘烤硅片表面，工作效率高，杂质沾污少。

（4）蒸发面积大，工作效率高。

（5）应用范围广，可蒸发铂、钼、钛等高熔点金属材料。

电子束蒸发特别适合多金属淀积，当配置有多个靶源时，可以不打开高真空腔进行不同金属的淀积，只需要通过调节磁场强度，改变电子束的偏转半径，从而选择所需淀积的靶材料。

早期半导体工艺的金属层全由蒸发淀积，但在目前大多数硅工艺中它已被溅射所取代。因为台阶覆盖的能力较差，尤其是晶体管的横向尺寸减小时，许多结构层的厚度几乎不变，因而台阶覆盖能力更差。通过行星式片架的结构，台阶覆盖能力有所提高，但蒸发技术不能形成具有深宽比大于 10 : 1 的连续薄膜，并且边缘部分的深宽比在 0.5 : 1 与 1.0 : 1 之间。蒸发的另一个缺点是难以控制良好的合金。

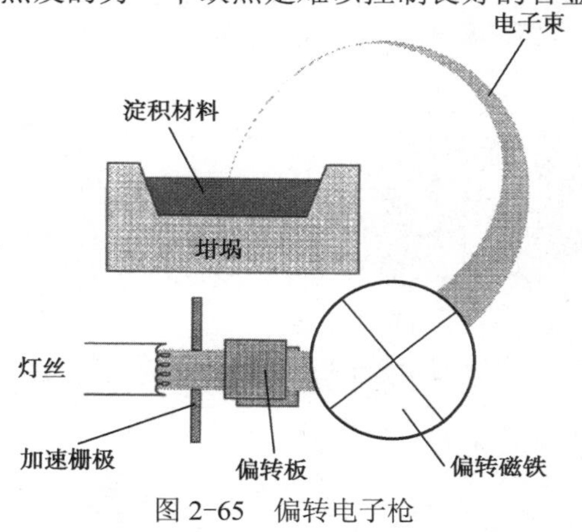

图 2-65　偏转电子枪

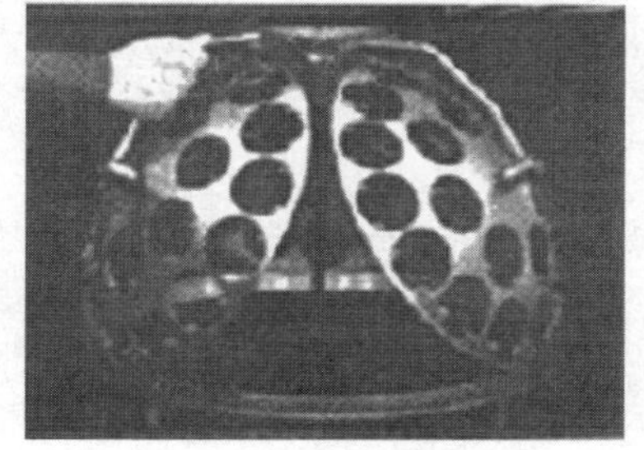
图 2-66　行星式片架

2.4.2　溅射

溅射是物理气相淀积形式之一，于 1852 年由 William Robert Grove 发现，并由 Langmuir 在 20 世纪 20 年代将其发展成为一种薄膜淀积技术。溅射主要的特点在于具有淀积并保持金属原组分的能力；能够淀积高温熔化和难熔金属；能够在直径为 200 mm 或更大的硅片上控制淀积均匀薄膜；具有多腔集成设备，能够在淀积金属前清除硅片表面沾污和本身的氧化层。

溅射的方法很多，有直流溅射和射频溅射，如果在溅射中加入了磁场，将形成磁控溅射。本节将分别介绍这些溅射的原理和特点。

1．溅射的基本原理和步骤

用高能粒子从某种物质的表面撞击出原子的物理过程叫溅射。溅射是与气体辉光放电现象相联系的一种物理现象。若在真空中充入一定量的惰性气体（通常用氩气），则在高压电场作用下使气体分子电离，产生大量正离子，带电离子被强电场加速形成高能离子流，轰击阴极的蒸发源材料。由于离子的动能超过蒸发源材料的分子结合能，在离子轰击下蒸发源材料的原子或分子将离开固体表面，以高速溅射到阳极（硅片）上并淀积形成薄膜。

1）溅射的原理

溅射的一个基本方面是氩气被离化形成等离子体。氩被用做溅射离子，是因为它相对较重并且是惰性气体，这避免了它和生长的薄膜或靶发生化学反应。同时它容易买到，比氦和氙便宜，可给出足够的产出率。如果一个高能电子撞击中性的氩原子，则碰撞电离外层电子，会产生带正电荷的氩离子。带正电荷的氩离子在等离子体中被阴极靶的负电位强烈吸引。当这些带电的氩离子通过辉光放电暗区的电压降时，它们加速并且获得动能。当氩离子轰击靶表面时，氩离子的动量转移给靶材料以撞击出一个或多个原子。这一个过程被称为动量转移。被撞出的单个或多个原子运动穿过等离子体到达硅片表面。入射离子必须大到能够撞击出靶原子，但又不太大以至于渗透进入靶材料的内部。典型的溅射离子的

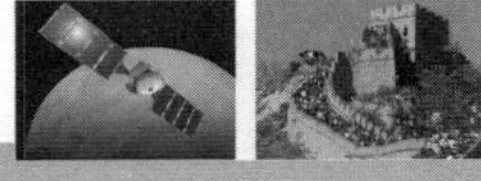

能量范围为 500～5 000 eV。

溅射过程中从靶材料的表面撞击出金属原子的过程类似于撞球游戏中正在撞击的弹子球，即使撞球中的母球是朝一个方向前进的，弹子球也可能朝其他方向被撞出。同样的情况发生在溅射过程中，只不过这时是氩离子轰击靶，并且从靶表面撞出一个或多个原子。溅射示意图如图 2-67 所示。

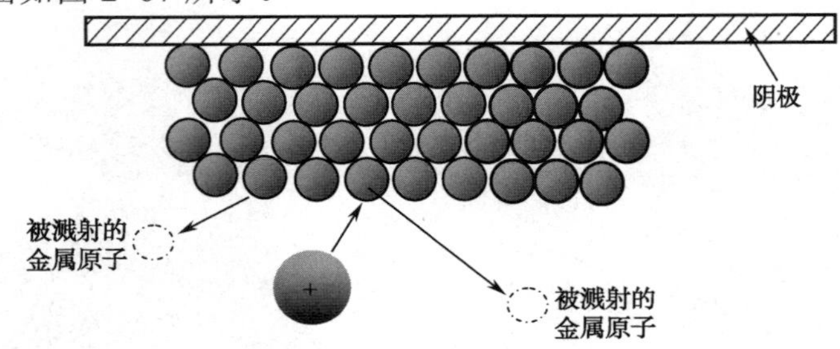

图 2-67　溅射示意图

溅射产额定义为每个入射离子轰击靶（阴极）之后，由靶喷射出的原子数。产额很大程度决定了溅射淀积速率。溅射产额在 0.5～1.5 之间变化。0.5 的产额指平均两个离子轰击一个靶，有一个原子被喷射出。溅射产额取决于下列条件：

（1）轰击离子的入射角。

（2）靶材料的组分和它的几何因素。

（3）轰击离子的质量。

（4）轰击离子的能量。

2）溅射的六个基本步骤

（1）在高真空腔等离子体中产生正氩离子，并向具有负电势的靶材料加速。

（2）在加速过程中离子获得动量，并轰击靶。

（3）离子通过物理过程从靶上撞击出溅射原子，靶具有所需要的材料组分。

（4）被撞击出的原子迁移到硅片表面。

（5）被溅射的原子在硅片表面凝聚并形成薄膜。

（6）额外材料由真空泵抽走。

3）溅射的工艺条件

溅射有许多工艺条件，控制好了工艺条件，就控制好了膜的工艺参数性质，工艺就得到稳定。

（1）溅射气体：溅射气体应不与正在淀积的薄膜反应，这就使气体仅局限于惰性气体。实际上 Ar 是最好的，因为它既便宜又有足够的溅射速率。

（2）工作压力：工作压力的范围是由辉光放电的需要（磁控溅射的下限是 2～3 mT）和对被气体离子溅射出的靶原子平均自由程（上限为 100 mT）的要求来确定的。

（3）真空度：溅射腔体必须具备一定的真空度，一般小于等于 5.0×10^{-7} Torr 即可。如果真空度低，则淀积的膜易被氧化。

（4）衬底温度：这是 PVD 工艺中一个重要条件。它的变化会影响膜的许多参数，如应力、均匀性、电阻率及台阶覆盖等。

（5）溅射功率：离子要轰击靶材料必须具备一定的能量，但这能量不能太高，也不能太低，具体的应根据靶材料的不同而不同。溅射功率将直接影响溅射速率。

（6）磁场：磁场将直接影响溅射速率及膜的均匀性。

（7）间距：指圆片到靶的距离，一般为 4～6 cm。它最直接影响溅射速率及膜的均匀性。

4）膜的工艺参数及性质

（1）膜的应力：一般膜的应力越小越好，应力范围为 10^8～5×10^{10} dyn/cm^2。低温金属膜的应力为张应力。影响应力最大的是温度。应力的大小产生的影响是：①黏附性不好，②使膜较脆。

（2）膜的晶粒：一般温度越高，晶粒越大。晶粒越大越有利于防止电迁移，但对光刻及腐蚀来说，晶粒越小越好。

（3）膜的厚度：膜的厚度可以简单地通过时间的调整来控制，因为溅射速率基本为常数。它可以间接地通过测量方块电阻来监控。

（4）膜的均匀性：均匀性越好，就越有利于刻蚀，IC 的可靠性越高。

（5）膜的反射率：一般 Al 的反射率是很高的，它对光刻会产生不利的影响。因此，工艺流程里通常要在 Al 膜上溅一层抗反射层来降低反射率。另一方面，使用 Al 的反射率可以检验 Al 膜的质量及腔体是否漏气或是否残气太多。

2. 直流溅射

直流二极溅射是最早采用的溅射方法，图 2-68 为直流二极溅射示意图，溅射室由固体靶材料、衬底和真空环境组成。靶接地成为阴极，衬底接高电位，形成阳极。

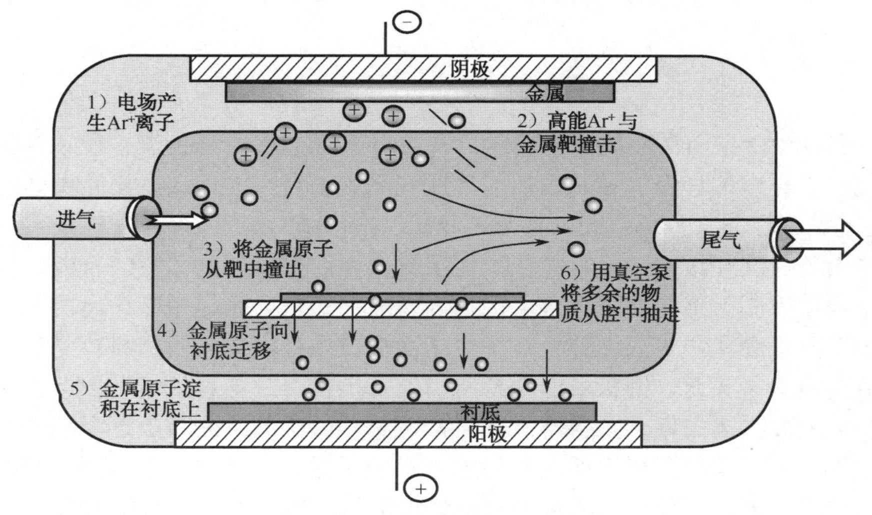

图 2-68 直流溅射示意图

为产生等离子体并保持被淀积薄膜纯度，溅射腔体的真空条件很重要。通常其初始真空度的要求是 10^{-7} Torr，然后连续向室内充入溅射气体氩气。氩气进入工艺腔的速率很关键，因为它引起腔体中压力的上升。腔体中有氩气和被溅射的材料，压力上升到约 10^{-3} Torr，然后在两极间加 3～5 kV 的直流电压，使其发生辉光放电。从辉光放电产生的高密度阳离子

被强烈吸引到负电极靶板，以高速率轰击靶板，撞击出原子。原子在硅片上成核并生长为薄膜。从靶材料被溅射的原子在腔体中散开，不可避免地会有一些原子停留在腔体壁上，因此有必要对系统进行定期地清理。

溅射靶由需要溅射的材料组成。制造靶的要求是均匀的组分、合适的颗粒尺寸和具体的结晶学取向，所有这一切都是为了在整个硅片上获得均匀的薄膜淀积速率。在亚微米的几何尺寸工艺中，为了获得所需的薄膜纯度，靶的纯度要求达到 99.999%或者更高。如图 2-69 所示为几种靶材料。

图 2-69　溅射用的靶材料

靶材料因离子轰击而慢慢地被侵蚀，当大约 50%或再多一些的靶被侵蚀掉时，就要求更换靶。溅射过程中的许多能量是以热的形式在靶中消耗掉的，或者由靶发射的二次电子和光子耗散掉。基于这个原因，靶材料需要冷却以维持低的靶温。

直流二极溅射装置结构简单，能在大面积衬底上淀积均匀的薄膜。直流二极溅射最大的缺点是不能用于溅射绝缘介质薄膜。因为当直流二极溅射系统中带负电的阴极被离子轰击时，每个正离子会从阴极表面俘获一个电子而变成中性，如果阴极材料是导体，这个电子会被其他自由电子补充，阴极表面保持所需的负电位，放电可持续下去。如果阴极表面是绝缘体，其表面失去的电子则得不到补充，随着正离子的不断轰击逐渐积累起一个正电位，这就导致阴极表面与阳极表面之间的电压不断降低。一旦这个电压降低到不能维持辉光放电，辉光将熄灭。实际上，阴极表面积累正电荷使放电停止的时间大约为 1～10 μs。此外，直流二极溅射不能用于溅射刻蚀。溅射刻蚀是预清理步骤，这里溅射过程被颠倒，氩原子被用于清除那些污染接触和通孔的自然氧化层及遗留刻蚀剩余物。也就是说，硅片被溅射而不是靶被溅射。溅射刻蚀预清理在多腔集成设备中是很重要的，因为它具有清理硅片后无须从真空环境中移出就能淀积的优点。

3．射频溅射

正因为直流溅射不能溅射绝缘介质膜，因此把交流电压加到两个电极之间可以补充阴极绝缘体表面所损失的电子。采用这种方法的溅射就是交流溅射。交流溅射的专用频率为 13.56 MHz，该频率落在无线电发射频率范围内，所以交流溅射又称为射频溅射。如图 2-70 所示为射频溅射示意图。

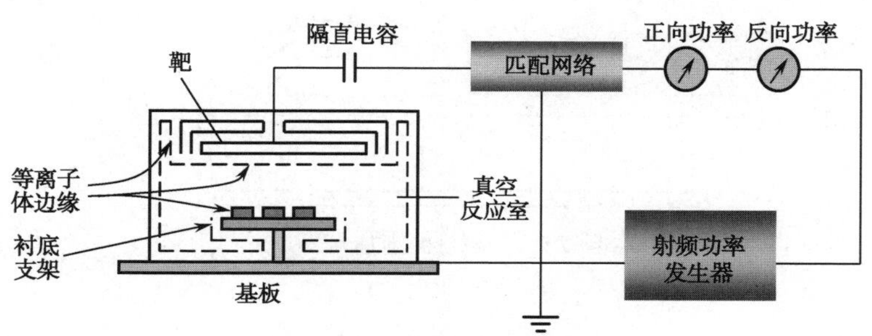

图 2-70　射频溅射示意图

射频是通过电容耦合到电极上的。为了可以在溅射过程中使用交流电，必须满足以下条件。

（1）在直流溅射中观察到的阴极绝缘表面的电子损失，必须周期性的补上。

（2）在交流波形的整个周期内辉光放电必须连续不断。

（3）在工艺及反应腔中必须建立一个电场，这个电场使离子具有足够的能量去轰击，溅射靶的绝缘物质。

（4）除了靶表面外，工艺反应腔所有表面不得被溅射。

（5）射频功率必须被有效地耦合到辉光放电区以使溅射淀积速率最大。

4．磁控溅射

磁控溅射是指在直流溅射或射频溅射中增加一个平行于靶表面的封闭磁场，借助于靶表面上形成的正交电磁场，把二次电子束缚在靶表面特定区域来增强电离效率，增加离子密度和能量，从而实现高速率溅射的过程。

磁控溅射的工作原理是：在溅射过程中，电子在电场 E 的作用下，与氩原子发生碰撞，使其电离产生出 Ar^+和二次电子，其中 Ar^+在电场作用下加速飞向阴极靶，并以高能量轰击靶表面，使靶材料发生溅射。而产生的二次电子会受到电场和磁场作用，产生 E（电场）$\times B$（磁场）所指的方向漂移，简称 $E\times B$ 漂移，其运动轨迹近似于一条摆线。若为环形磁场，则电子就以近似摆线形式在靶表面做圆周运动，它们的运动路径不仅很长，而且被束缚在靠近靶表面的等离子体区域内，并且在该区域中电离出大量的 Ar^+ 来轰击靶材料，从而实现了高的淀积速率，同时也减小了高能的二次电子对基片造成的损伤。随着碰撞次数的增加，二次电子的能量消耗殆尽，逐渐远离靶表面，并在电场 E 的作用下最终淀积在基片上。由于该电子的能量很低，传递给基片的能量很小，致使基片温升较低。磁控溅射的原理图如图 2-71 所示。

磁控溅射关键之处在于：通过磁场束缚和延长电子运动的路径，改变电子的运动方向，提高工作气体的电离率和有效利用电子能量，具有高速和低温的特点。实践证明，磁

控溅射的台阶覆盖率、膜的均匀性都比较理想，因而在 VLSI 工艺中得到广泛应用。

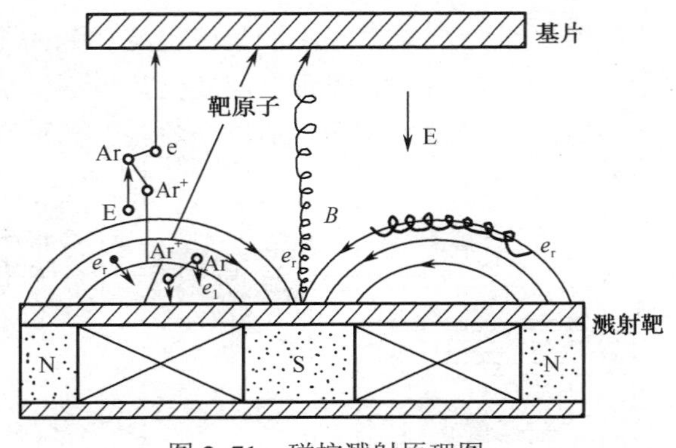

图 2-71　磁控溅射原理图

本章小结

本章主要介绍了半导体生产中常用的薄膜和薄膜的分类，以及几种薄膜生长和薄膜制备的工艺。主要包括二氧化硅的性能和用途，热氧化的原理，几种不同热氧化方法和氧化薄膜的质量分析；化学气相淀积的基本概念，常见材料的化学气相淀积方法；外延常采用的方法，外延层的质量控制；物理气相淀积技术中蒸发和溅射的原理、方法及应用。通过本章的学习，使学生掌握几种常见的薄膜工艺。

思考与习题 2

1．二氧化硅在半导体生产中有何作用？

2．二氧化硅阻挡杂质要满足什么条件？

3．组成二氧化硅的基本单元是什么？它有哪两种主要的结构？

4．氧在二氧化硅中起何作用？它有哪两种基本形态？

5．二氧化硅中的杂质主要有哪几种形式？它们对二氧化硅的结构有何影响？

6．什么是热氧化生长法？热氧化后硅的体积如何变化？

7．如果要生长 2 000 Å 的二氧化硅膜，要消耗多少厚度的硅？

8．写出三种的热氧化生长法的原理及各自的特点。

9．写出热氧化生长法的主要规律。

10．影响氧化生长速率的因素有哪些？

11．在半导体生产中为何常采用干-湿-干的氧化方法。如果要生长 5 000 nm 的膜，需要多长的氧化时间？（已知在 T=1 200 ℃，$B_{湿}=117.5\times10^{-4}\ \mu m^2/min$）

12．描述二氧化硅-硅系统电荷的种类、产生原因及改进措施。

13．如何测试二氧化硅的厚度？

14．二氧化硅的缺陷包括哪几个方面？

15．叙述氢氧合成氧化的原理及特点。

16．叙述高压氧化的原理及特点。

17．什么叫掺氯氧化？它有何优点？掺氯氧化时要注意哪些问题？

18．热分解氧化和热氧化有何区别？它有何特点？

19．简述外延在半导体生产中的主要作用。

20．叙述最常用的外延生长的化学原理。

21．外延生长系统包括哪几个主要部分？加热炉的形状有哪几种，各有什么特点？

22．画出四氯化硅汽化器的结构框图并说明其工作原理。

23．说明在外延生长过程中如何适当地选择四氯化硅的浓度和外延生长温度？

24．外延生长中的热扩散效应对外延质量有何影响？如何减小热扩散现象？

25．什么是外延中的自掺杂效应？自掺杂的原因是什么？如何减小自掺杂现象？

26．什么是层错？产生的原因是什么？以<111>晶向为例说明如何用层错法测外延层的厚度？测量时要注意些什么问题？

27．说明外延厚度的检测方法。

28．说明用三探针法测外延层电阻率的原理和方法。

29．简述硅烷热分解外延法的原理及特点。

30．简述 SOI 外延的作用及方法。

31．什么是分子束外延？它有何特点？

32．薄膜淀积的作用是什么？薄膜淀积有哪两类？

33．薄膜淀积的过程如何？

34．什么叫 CVD？它主要适合哪些薄膜？它有哪几种主要的 CVD 方式？

35．写出二氧化硅膜的三种主要的 CVD 制备方法的原理及各自的特点。

36．写出 BPSG 的 CVD 制备原理并说明为什么要进行热熔流及如何进行。

37．写出氮化硅的 CVD 制备方法。

38．写出钨的 CVD 制备方法。

39．什么叫 PVD？它主要适合哪些薄膜？它有哪两种主要的制备方法？

40．什么是铝的尖刺现象？它是如何产生的？如何改进？

41．如何使铝硅接触成为欧姆接触，以降低接触电阻？

42．什么是铝的电迁移现象？它是如何产生的，对电路会产生什么影响？如何改进？

43．什么叫蒸发？它有哪两种主要的蒸发方式。

44．什么叫电子束蒸发？它有何特点？

45．什么叫溅射？它有哪几种主要的溅射方式？

46．画出直流溅射示意图，并说明溅射原理。

47．和直流溅射相比，射频溅射有何特点？

48．什么是磁控溅射？它有何作用？

第3章 光刻

本章要点

（1）光刻工艺的基本原理；
（2）光刻胶的作用；
（3）正胶和负胶的区别；
（4）光刻的工艺流程；
（5）光刻质量的分析；
（6）几种先进光刻工艺介绍。

光刻工艺是一种非常精细的表面加工技术，器件的横向尺寸控制几乎全由光刻来实现，因此，光刻的精度和质量将直接影响器件的性能指标，同时它们也是影响器件成品率和可靠性的重要因素。

光刻工艺在集成电路生产中得到广泛应用。它有三要素：掩膜版、光刻胶和曝光机。掩模版常用熔融石英玻璃制成，它的透光性高，热膨胀系数小；光刻胶又称光致抗蚀剂，采用适当的有选择性的光刻胶，使表面上得到所需的图像；曝光机用于曝光显影的仪器，利用光源的波长对光刻胶的感光度不同，对光刻的图形进行曝光。

光刻工艺要求图形完整，尺寸准确，边缘整齐，线条陡直，分辨率高；精密的套刻对准；硅片表面清洁、不发花、无残留物质，无针孔和小岛，低缺陷；具有一定的工艺宽容度。

随着工艺尺寸越来越小，对芯片制造工艺的要求也越来越高。工艺尺寸每进入下一个制程节点，都需要一次技术的革新。器件尺寸缩小意味着要将电路图形精确投射到硅片上越来越困难，也就意味着对光刻的分辨率要求越来越高。

3.1　光刻工艺的基本原理

光刻是一种图像复印和刻蚀技术相结合的精密表面加工技术。光刻的根本目的是要在介质层或金属薄膜上刻出与掩膜版相对应的图形，为此它一般要进行两次图形的转移：第一次通过图像复印技术，把掩膜版的图像复印到光刻胶上，第二次利用刻蚀技术把光刻胶的图像传递到薄膜上，从而在所光刻的薄膜上得到与掩膜版相同或相反的图形，为选择性扩散或金属布线等后续工艺做好准备。

图 3-1 是以负性胶为例表示的常规光刻的工艺流程。从图中可以清楚地看出掩膜版的图形通过两次图形转移被刻到了薄膜上。在整个图形转移过程中，最根本的原理在于利用了光刻胶在曝光前后溶解性的变化。

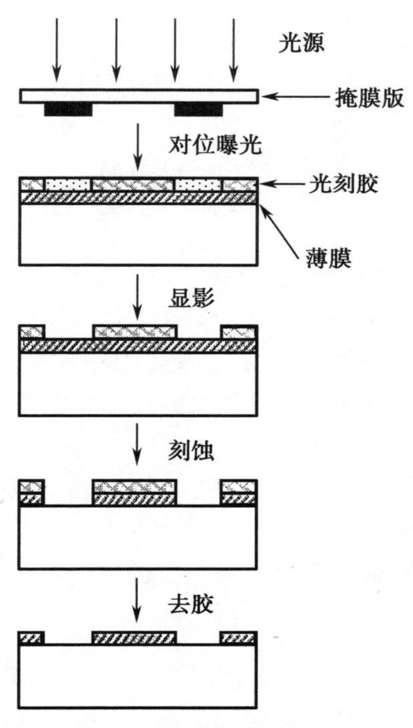

图 3-1　光刻工艺流程

光刻常被认为是 IC 制造中最关键的步骤，需要高性能以便结合其他工艺获得高成品率。据估计，光刻成本在整个硅片加工成本中几乎占到三分之一。

3.2　光刻胶

IC 制造中用的光刻胶通常有三种成分：树脂或基体材料、感光化合物（PhotoActive Compound，PAC）及可控制光刻胶性能并使其保持液体状态的溶剂。根据光刻胶在感光前后溶解性变化的不同，可以把光刻胶分成两大类，即正性光刻胶和负性光刻胶，简称正胶和负胶。下面分别介绍这两类光刻胶的感光机理和种类。

3.2.1 负性光刻胶

负性光刻胶是在曝光后，溶解性由可溶性变为不溶性，从而未曝光的区域被溶解，曝光区域被保留的一类光刻胶。负性光刻胶是使用最早的光刻胶，由于光刻后在薄膜上得到的图形与掩膜版的图形相反而称为负胶。负性胶主要有以下两类。

1．聚肉桂酸酯类

$$\left[CH_2-\underset{\underset{\underset{\underset{\underset{C_6H_5}{|}}{CH}}{\|}}{\underset{CH}{|}}}{\underset{\underset{C=O}{|}}{\underset{O}{|}}}{CH}\right]_n \xrightarrow{\text{光照}} \left[CH_2-CH\right]_n-O-C(=O)-\underset{\underset{CH_0(C_6H_5)}{|}}{CH}-\underset{\underset{CH-C(=O)-O-\left[CH-CH_2\right]_n}{|}}{CH}(C_6H_5) \qquad (3\text{-}1)$$

这类光刻胶的特点是在感光性树脂的侧链上带有肉桂酰基感光性官能团，当在紫外光的作用下，肉桂酰基官能团里的 C=C 双键发生二次聚合反应，引起聚合物分子间的交联，线状结构变成网状结构，增加了强度，降低了聚合物在常用溶剂中的溶解能力。典型的聚肉桂酸酯类抗蚀剂有聚乙烯醇肉桂酸酯（又称 KPR 胶），它是一种浅黄色的纤维状固体，能溶解于丙酮、丁酮、环乙酮等有机溶剂中。

聚乙烯醇肉桂酸酯抗蚀剂的吸收光谱在 0.23～0.34 μm 范围内。最大吸收峰在 0.32 μm 处，为了使其感光波长范围向长波方向扩展，必须在光刻胶中加入增感剂。常使用的增感剂为 5-硝基苊。加入适量的增感剂，提高了光刻胶的感光灵敏度，缩短了曝光时间。

2．环化橡胶类

这类光刻胶由感光剂-环化橡胶、交联剂-双叠氮类化合物、增感剂-二苯甲酮、溶剂-二甲苯或三氯乙烯组成。它的特点是环化橡胶中含有 C=C 双键。曝光后，双叠氮类化合物变成双氮烯自由基，同时释放出 N_2，而 C=C 双键获得能量后，双键打开。

$$N_3-R-N_3 \xrightarrow[-2N_2]{\text{光子}} \cdot\underset{\cdot}{N}-R-\underset{\cdot}{N}\cdot \ \text{（双氮烯自由基）} \qquad (3\text{-}2)$$

$$>C=C< + \cdot\underset{\cdot}{N}-R-\underset{\cdot}{N}\cdot + >C=C< \longrightarrow \left(\begin{array}{c}C\\|\\C\end{array}\right)>N-R-N<\left(\begin{array}{c}C\\|\\C\end{array}\right) \qquad (3\text{-}3)$$

双氮烯自由基和聚烃类物质相互作用，在聚合物分子链之间形成桥键，从而成为三维不溶性物质。

负性光刻胶的型号主要有美国柯达的 KPR、KTFR，日本东京的 TPR、OMR 等。

3.2.2　正性光刻胶

正性光刻胶是经曝光过的区域被溶解，而未曝光的区域被保留的一类光刻胶。正胶的分辨率往往是最好的，因此在 IC 制造中的应用更为普及。

目前最常用的正性光刻胶是重氮醌类化合物，称为 DQN，分别表示感光化合物（DQ）和基体材料（N）。这类光刻胶主要适用于紫外光中的 i 线和 g 线。

$$\mathrm{(R)\,C{=}O,\;{=}N_2} \xrightarrow{\text{光}} \mathrm{(R)\,C{=}O,\;\dot{C}} + \mathrm{N_2} \xrightarrow{\text{Wolff 重组}} \mathrm{(R)\,C{=}C{=}O} + \mathrm{N_2} \xrightarrow{\text{水解}} \mathrm{(R)\,C(=O){-}OH} + \mathrm{N_2} \qquad (3\text{-}4)$$

重氮醌类中氮分子化合键较弱，当受到紫外光照射时，氮分子脱离碳环，留下一个高活性的碳位。一种使其结构稳定的方法是将环中的一个碳移到环外，氧原子将与这个外部的碳原子形成共价键，这个过程被称为 Wolff 重组。重组后的分子被称为乙烯酮。在有水存在的情况下，将发生最终的重组，环与外部的碳原子之间的双化学键被一个单键和一个 OH 基所替代，这种最终的产物为可溶性的羧酸。这样正性光刻胶在感光后由不溶性转变成可溶性。

国外的正性光刻胶型号主要有美国的 AZ 系列产品，日本的 OFPR 等。

3.2.3　正胶和负胶的性能比较

负性光刻胶曝光后由原来的可溶变成不溶，显影后得到与掩膜版相反的图形；正性光刻胶曝光后由不溶变成可溶，显影后得到与掩膜版相同的图形，如图 3-2 所示。

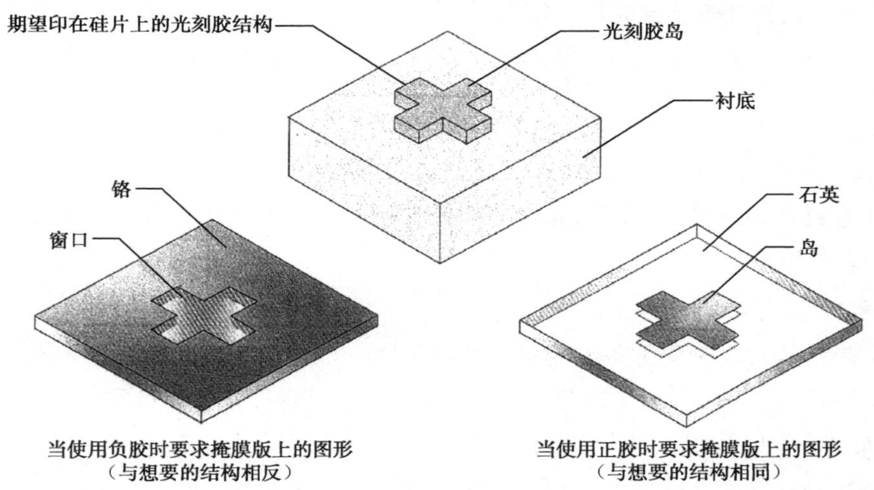

图 3-2　掩膜版与光刻胶之间的关系

在半导体光刻技术中，最早使用的主要是负性光刻胶，直到 20 世纪 70 年代中期。负性光刻胶对硅片有良好的黏附性和对刻蚀良好的阻挡性。但由于负性光刻胶在显影时膨胀，

会使线条变形，因此它一般只有 2.0 μm 的分辨率。在负性光刻胶应用中，针孔也是一个严重的问题。相对于负性光刻胶来说，正性光刻胶具有更高的分辨率。像 DQN 光刻胶在显影剂中未曝光区基本不变，因此一个成像于正性光刻胶上的亮区细线条图形能够保持其线宽和形状。20 世纪 70 年代，由负性光刻胶向正性光刻胶转换代表了光刻工艺中的一次根本改变。

3.2.4 光刻胶的主要性能指标及测定方法

光刻胶的性能指标主要包括以下几个方面：灵敏度、分辨率、黏附性、抗蚀性、留膜率等。光刻胶的三维图形如图 3-3 所示。

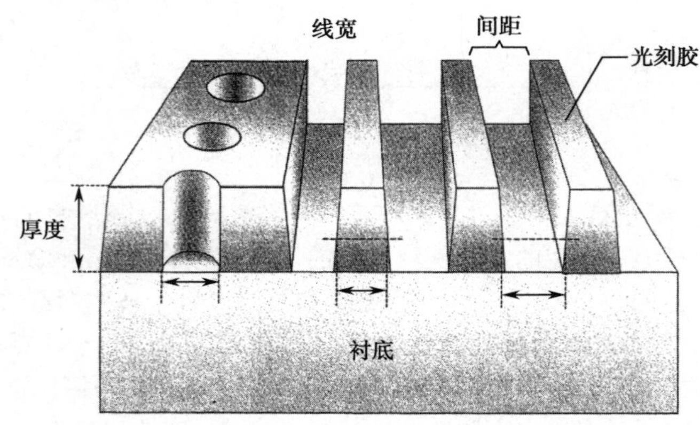

图 3-3 光刻胶的三维图形

1．灵敏度

又称感光度，是表征光刻胶对光线敏感程度的性能指标，用光刻胶发生光化学反应所需的光能量来表示（常用 mJ/cm^2 来度量）。光刻胶的灵敏度越高，曝光过程越快，对一个给定的曝光强度，所需的曝光时间将缩短。

一般用 Minsk 法测灵敏度。设曝光量为 E，灵敏度为 S，则

$$S=K/E \tag{3-5}$$

式中，K 为常数。

曝光量是光照度和曝光时间的乘积，单位为 lx·s（勒克斯·秒）。

应当注意只有某一波长范围的光线才能使光刻胶发生光化学反应，也就是在这一波长范围才有最大灵敏度。

2．分辨率

分辨率是指能在光刻胶上得到的最小特征尺寸，也就是关键尺寸。分辨率对曝光设备和光刻胶自身的工艺有很强的依赖性，是表征半导体工艺发展水平的重要标志之一。

3．黏附性

光刻胶与衬底之间黏附的牢固程度，直接影响光刻的质量。黏附性会产生浮胶和钻蚀等现象。影响黏附性的因素很多，有光刻胶本身的性质，衬底的性质和表面状态，以及光刻的工艺条件等，特别是衬底性质和表面状态（如亲水性、疏水性）。

一般用离子徙动法来测量光刻胶与衬底之间的黏附力大小，原理如图 3-4 所示。

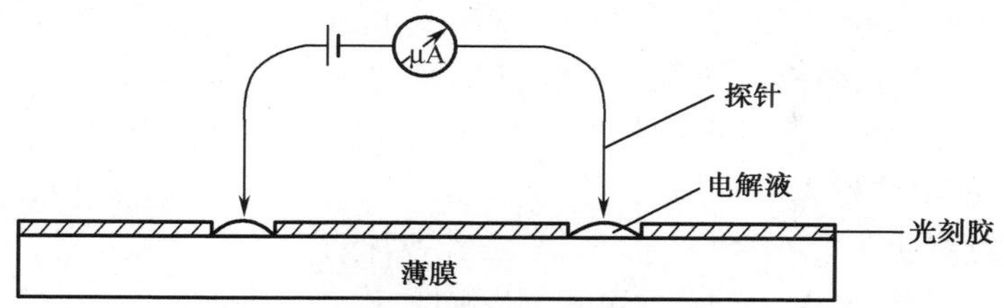

图 3-4 离子徙动法测光刻胶黏附性原理图

在衬底上涂敷一层光刻胶，开出两个相隔一定距离的窗口，并在窗口中各插入一个铂探针，在窗口内滴入离子溶液，在两探针之间施加一个电压，计算从注入溶液开始到两探针之间的电流达到某一阈值（如 1 μA）所需要的时间，时间越长，表示光刻胶黏附力越强。

3.3 光刻工艺

光刻工艺中各步骤如图 3-5 所示。

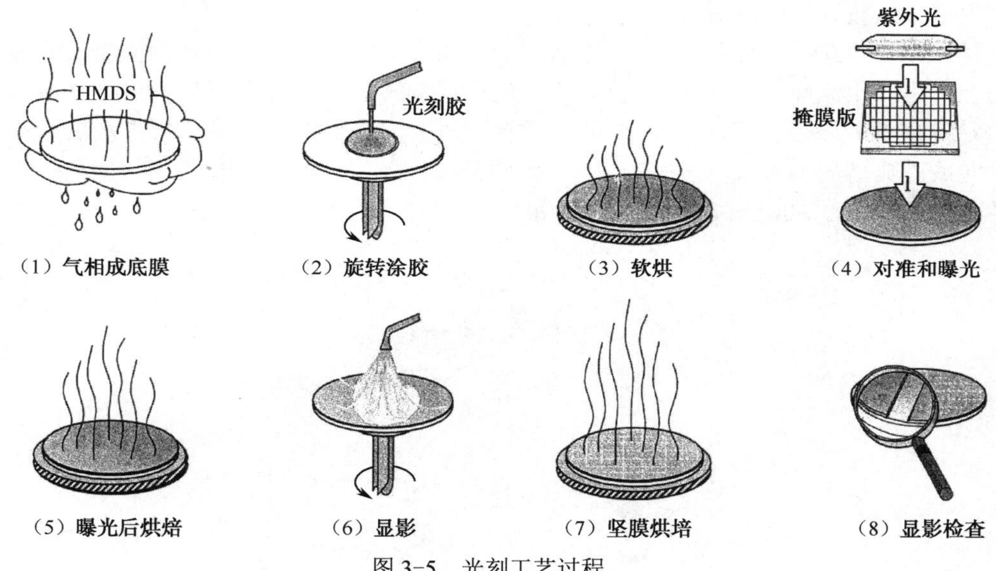

图 3-5 光刻工艺过程

3.3.1 预处理（脱水烘烤、HMDS）

光刻胶与衬底之间的黏附性对光刻的质量有很大的影响，如果黏附性差，则在光刻过程中容易出现浮胶或脱胶，造成图形质量变差。为了提高光刻胶与衬底的黏附性，在涂胶之前，要对硅片表面进行预处理。预处理主要包括两个步骤：脱水烘烤和 HMDS 增黏处理。

1. 脱水烘烤

黏附性在很大程度上与硅片表面的状况有关。如果硅片表面有杂质沾污，将会影响黏附性，更重要的是影响硅片表面的性质。如果硅片表面由于物理吸附或化学吸附水分而成亲水性，则与疏水性的光刻胶不能很好地黏附。判断硅片表面的性质常常用接触角来表示。如图 3-6 所示，在硅片表面滴上水滴，水滴在表面有一定的铺展，沿一端做切线，切线与水平面的夹角 θ 就代表接触角。可见 θ 越小，亲水性越大，与光刻胶黏附性越小；反之，黏附性越大。

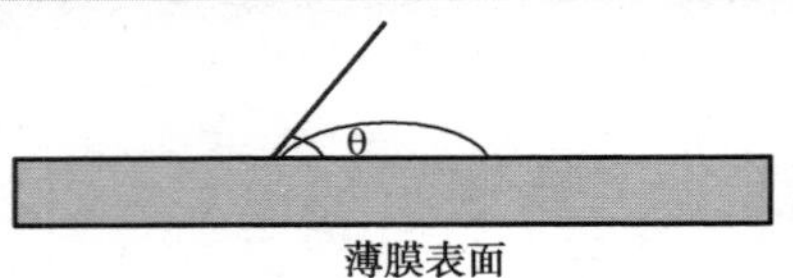

图 3-6　接触角示意图

所以，为提高黏附性，除严格清洗硅片，以去除各种杂质外，还要改善硅片表面的性质，使其尽可能成疏水性。

要去除物理吸附的水分，通常在涂胶前对圆片进行预处理。预处理的第一步通常是一次脱水烘烤，在真空或干燥氮气的气氛中，以 150～200 ℃烘烤。该步骤的目的是除去硅片表面物理吸附的水分。在此温度下，圆片表面大概还留下一个单分子层的水。脱水烘烤也可以在更高的温度下进行，以进一步去除所有吸附的水分。但是高温会带来其他的一些不良影响，所以不常用。

2．HMDS 增黏处理

对于硅片表面化学吸附的水分，用烘烤的方法很难去除，需要进行增黏处理。增黏处理的原理是利用一定的增黏剂，使硅片表面的羟基转变成疏水的硅氧烷结构。常用的增黏剂为六甲基二硅胺烷（HMDS）。

涂 HMDS 的方法通常有两种，一种是旋转涂布法，这种方法的原理同光刻胶的涂布方法。另一种是气相涂底法（Vapor Priming），是将气态的 HMDS 淀积在圆片表面形成一层薄膜。气相涂底法效率高，受颗粒影响小，目前生产中大多采用此法，并与脱水烘烤在同一容器中完成。典型的 HMDS 处理工艺为 100 ℃/55 s。确认 HMDS 的效果用接触角计测量，一般要求大于 65°。HMDS 脱水烘焙和气相成底膜原理图如图 3-7 所示。

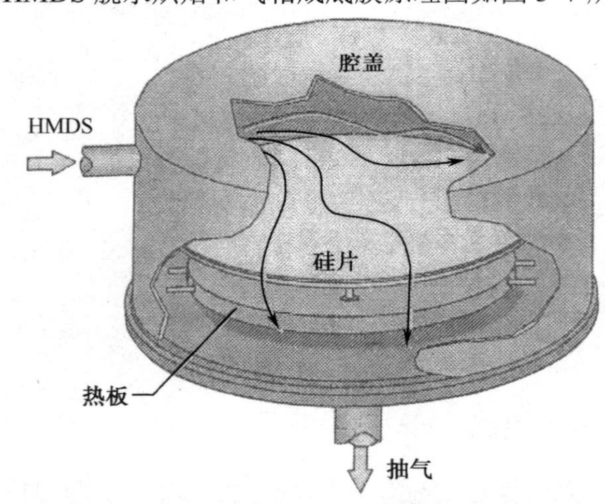

图 3-7　HMDS 脱水烘焙和气相成底膜原理图

HMDS 处理后要进行冷却，否则涂布上去的光刻胶溶剂会很快蒸发。冷却后要尽快涂胶，否则增黏效果将变差，一般在 4 h 以内完成涂胶。

3.3.2　旋转涂胶

涂胶的目的是在硅片表面得到一层均匀覆盖的光刻胶。目前涂胶的方法主要采用旋转涂胶法。旋转涂胶有以下四个基本步骤，如图 3-8 所示。

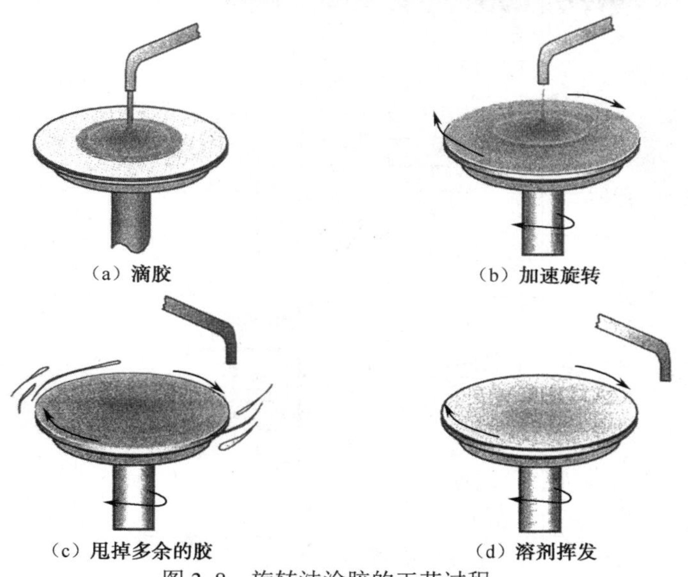

图 3-8　旋转法涂胶的工艺过程

1．滴胶

滴胶的方式可以根据工艺工程师确定的参数而变化。一种可以是在不旋转时滴在硅片上，然后再进行旋转，这称为静态滴胶。另一种方法是在硅片慢速旋转（如 100～200 rpm）时滴胶，然后加速到设定的值，这是为了光刻胶更均匀地覆盖硅片，称为动态滴胶。

2．加速旋转

加速旋转硅片到一定的转速，使光刻胶伸展到整个硅片表面。通常最终转速可以为 3 300～5 000 rpm，这样膜厚的均匀性较好。

3．甩胶

甩去多余的光刻胶，在硅片上得到均匀的胶膜覆盖层。

4．溶剂挥发

以固定的转速继续旋转已涂胶的硅片，直到溶剂挥发，光刻胶膜干燥。

硅片上光刻胶的厚度和均匀性是非常关键的质量参数。厚度并不是由淀积的光刻胶的量来控制的，因为绝大部分光刻胶都飞离了硅片（小于 1%的量留在硅片上）。影响光刻胶厚度的最关键参数为转速和黏度。总的来说光刻胶的厚度与转速变化为

$$\text{光刻胶厚度} \propto 1/(\mathrm{RPM})^{\frac{1}{2}} \tag{3-6}$$

式中，RPM 为旋转速度，以 r/min 为单位。一个以 5 000 rpm 的速度旋转 30 s 的典型涂胶工艺得到的光刻胶的厚度通常在 1 μm 的数量级，整个硅片上的光刻胶胶膜厚度变化应小于 20～50 Å。

许多光刻胶生产商都公开了他们的光刻胶成分及其膜厚随转速变化的数据（如图 3-9 所示），有助于确定理想的转速。

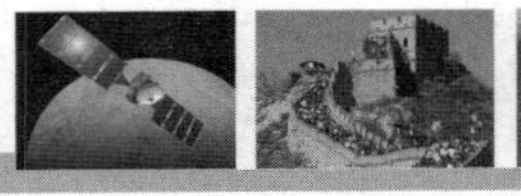

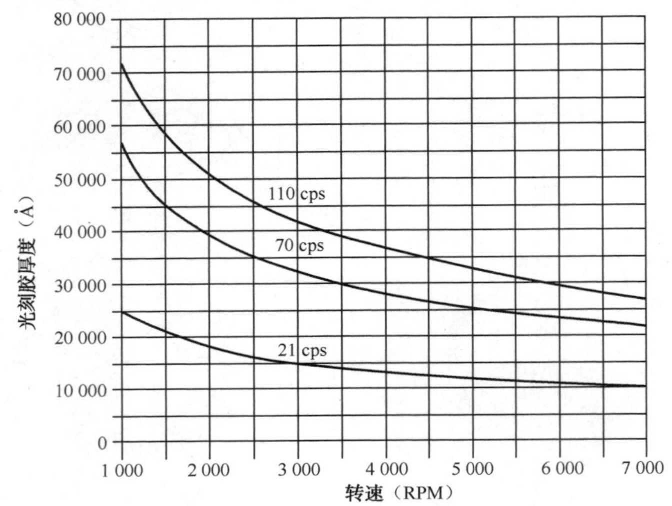

图 3-9　IX300 光刻胶的转速与厚度的关系

涂胶过程中另一个要严格控制的是环境参数。温度和湿度对于硅片上光刻胶的均匀性影响非常强烈。

环境温度的变化大大影响了圆片表面的涂胶均匀性。将环境温度设定于 23 ℃，当环境温度变化而其他条件基本不变时，溶剂的挥发随温度的升高而加快。环境温度一旦超过 23 ℃就会引起圆片边缘的膜厚的增长，从而影响圆片表面涂胶的均匀性。另外，当环境温度低于 23 ℃时，由于溶剂的挥发相对比较慢，胶的流动性稍好。膜厚在圆片半径中间减少，在旋转的过程中，溶剂也在不停地挥发，造成中间比边缘的黏性要小，因此，无论在何种温度下，边缘的胶厚都会有所增长。

环境湿度的变化也影响了圆片表面的涂覆均匀性。在其他条件基本恒定的情况下，溶剂的挥发随着环境湿度的降低而加快，平均膜厚对湿度的变化是：每 1%的湿度降低会引起 9%的膜厚增长；旋转腔周围空气的干燥引起圆片边缘的溶剂挥发加快，从而影响了圆片表面的膜厚均匀性。另一方面，当环境湿度小于 40%时，溶剂的挥发被抑制，会出现圆片中心比边缘厚的不均匀现象。

一般情况下，环境湿度对圆片表面涂胶均匀性影响远不如环境温度那么强烈。

5．膜厚的选择

当曝光量一定时，条宽大小和光刻胶膜厚呈周期性的波动状态，即人们常说的 SWING CURVE，如图 3-10 所示。

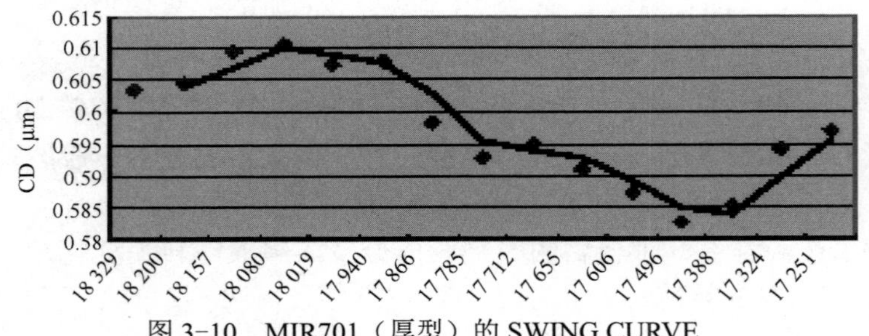

图 3-10　MIR701（厚型）的 SWING CURVE

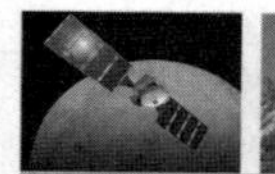

在确定光刻胶的膜厚时，一般选择 SWING CURVE 中波谷所对应的膜厚，以使条宽随膜厚的变化值为最小（不选波峰的原因是为了避免因膜厚的变化而出现欠曝光的现象）。

3.3.3 软烘

1．软烘（Soft Bake）的目的

软烘又称前烘。光刻胶软烘的目的有以下几点：

（1）将硅片上覆盖的光刻胶溶剂去除。

（2）增强光刻胶的黏附性以便在显影时光刻胶可以很好地黏附。

（3）缓和在旋转过程中光刻胶胶膜内产生的应力。

（4）防止光刻胶粘到设备上。

2．软烘的方法

1）烘箱软烘

这种方法生产效率高，设备投资小。但箱内温度变化大，且不均匀，容易产生热斑。尤其是取放硅片时，温度恢复时间较长。目前采用具有对流气体的烘箱，一方面向烘箱内充入清洁的空气或氮气，另一方面向室外排气（如图 3-11 所示）。为避免气流引入颗粒，进气口必须安装高效过滤器。

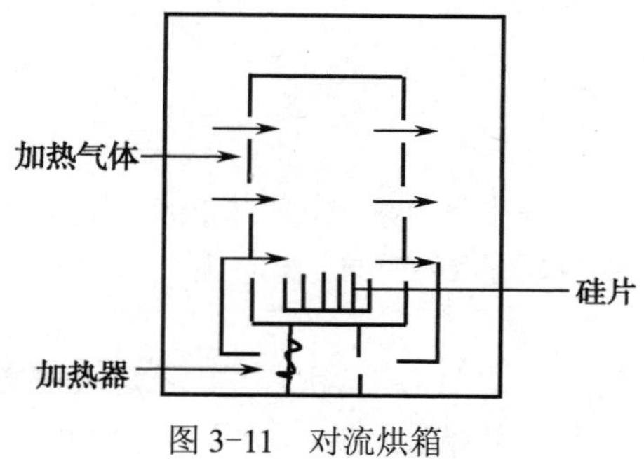

图 3-11 对流烘箱

2）红外线加热器

硅片放在铝盒或玻璃器皿上，将红外线从硅片背面照射，硅片对红外线吸收很弱，所以大部分红外线被光刻胶吸收，且从光刻胶与衬底的交界面开始，使溶剂能充分地挥发。

3）真空热板软烘

这种方式是将圆片放在热板上（一般采用接近式，圆片离热板约 2 cm），光刻胶被来自热板的能量加温，因此，胶内部获得的能量比表面高，促使内部溶剂往表面移动而离开光刻胶，这可以使残留剂量最小。这种方法可避免表面溶剂比体内溶剂挥发太快导致表面变干从而阻止内部溶剂充分挥发，且设计简单，所以在生产中应用广泛，如图 3-12 所示。

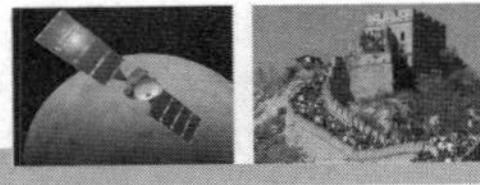

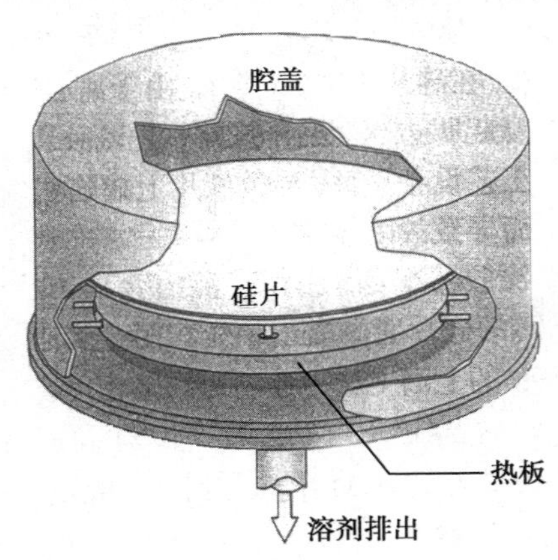

图 3-12　真空热板软烘

3．软烘的工艺控制

软烘工艺的关键是要控制软烘的温度和时间。一般可以参考光刻胶生产商推荐的工艺作为软烘参数的起始点，但要达到产品需要的黏附性和尺寸控制，必须优化工艺。典型的软烘温度通常在 85～120 ℃，时间范围从用热板的 30 s 到用烘箱的 30 min。软烘后留下的溶剂浓度一般约为初始浓度的 5%～20%，胶厚约减少 10%～20%。

软烘过程要尽量避免高温软烘，因为温度过高，将导致光刻胶发生热化学反应，导致正性光刻胶的未曝光区在显影剂中溶解或负性光刻胶未曝光区域的热交联，从而破坏图形尺寸，降低分辨率。

3.3.4　对准和曝光

对准曝光包含两个过程，第一步要将掩膜版的图形与硅片上的图形严格对准，第二步通过曝光灯或其他辐射源将图形转移到光刻胶涂层上。对准和曝光设备代表了现代光刻设备中的主要系统。

对光刻而言，其最重要的工艺控制项有两个，其一是条宽控制，其二是对位控制。随着产品特征尺寸的越来越小，条宽和对位控制的要求也越来越高。目前 0.5 μm 的产品，条宽的要求一般是不超过中心值的 10%，即条宽在 0.5±0.05 μm 之间变化；对位则根据不同的层次有不同的要求，一般而言，在多晶和孔光刻时对位的要求最高，特别是在孔光刻时，由于孔分为有源区和多晶上的孔，对位的要求更高，部分产品多晶上孔的对位偏差甚至要求小于 0.14 μm。

1．对准

对准是光刻中为确保电路性能和分辨率的最基本和最重要的要求。在现在的 IC 电路制造过程中，一个完整的芯片一般都要经过十几到二十几次的光刻，将各次图形从掩膜版转移到各种薄膜上才能形成各种元器件的连线。在这么多次光刻中，除了第一次光刻以外，其余层次的光刻在曝光前都要将该层次的图形与以前层次留下的图形对准，也就是将光刻版上的图形最大精度的覆盖到圆片上已存在的图形上。所以，在曝光前第一步要将掩膜版上的对准记号与硅片上的对准记号对准。

在光刻机上都有对准系统。对于 NIKON 的步进重复曝光机（Step & Repeat）而言，对位其实也就是定位，它实际上不是用圆片上的图形与掩膜版上的图形直接对准来对位的，而是彼此独立的，即确定掩膜版的位置是一个独立的过程，确定圆片的位置又是另一个独立的过程。它的对位原理是，在曝光台上有一基准标记，可以把它看作是定位用坐标系的原点，所有其他的位置都相对该点来确定的。分别将掩膜版和圆片与该基准标记对准就可确定它们的位置。在确定了两者的位置后，掩膜版上的图形转移到圆片上就是对准的。

版图套准过程有对准规范，也就是常说的套准容差或套准精度。具体是指要形成的图形层与前层的最大相对位移。一般而言大约是关键尺寸的三分之一。

图 3-13 显示了完美的套准和套准偏移。

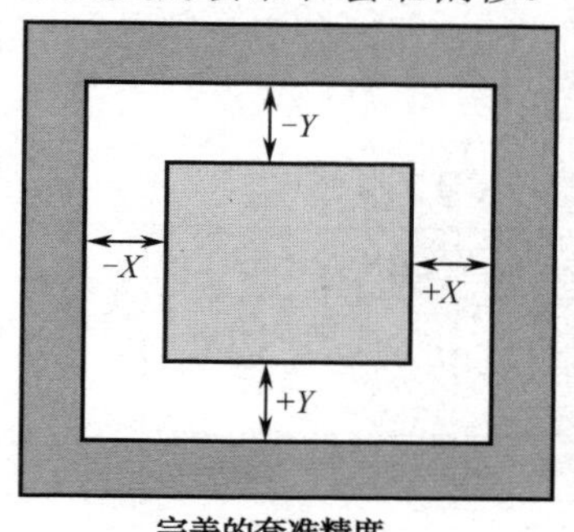

图 3-13　套准容差

2. 曝光光源

光刻一直是不断缩小芯片特征尺寸的主要限制因素，也常被看成是驱动摩尔定律性能改进的发动机。目前用于硅片制造的光刻很大程度上是以光学光刻为基础的。通过光学光刻中设备和工艺的不断改进，相信光学光刻可以做到 0.1 μm 及以下的线条。

用于常规光学光刻的光源主要是紫外光（UV），因为光刻胶材料与这个特定波长有较强的光反应。本节主要介绍紫外光作为光源的光学光刻。在第 3.4 节中将介绍用于先进光刻的光源，如极紫外、电子束，X 射线和离子束。

图 3-14 给出了紫外光谱。由于紫外光有一部分与可见光谱重叠，所以可见光也包括一部分紫外光。黄光通常在硅片生产线的光刻区域使用，因为它处在可见光区，含极少量紫外光，因此可用于对版但又不影响光刻胶。

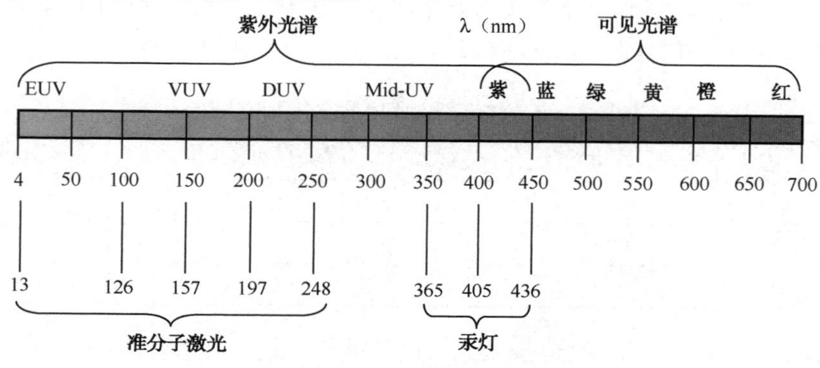

图 3-14　紫外光谱

现今用于光学光刻的两种紫外光源是：汞灯和准分子激光。它们的频率范围如图 3-14 所示。

1）高压汞灯

高压汞灯作为紫外光源被使用在所有常规 i 线步进光刻机上。通过电流经过装有氙汞气体的管子产生电弧放电而发射出一个特征光谱。在汞灯光谱中有几个强峰，三条重要的用字母命名，分别为：i 线（365 nm），h 线（405 nm），g 线（436 nm）。还有一种常用的深紫外线（DUV）的波长为 248 nm。

曝光时光刻胶与特定的 UV 波长有相对应的特定频谱响应，如 DNQ 线性酚醛树脂 i 线光刻胶与 365 nm 的 i 线紫外光反应。不同波长的光源对应的特征尺寸不同。表 3-1 列出了不同汞灯的强度峰与分辨率之间的关系。

表 3-1　汞灯强度峰与 CD 的关系

UV 光波长（nm）	描述符	CD 分辨率（μm）
436	g	0.5
405	h	0.4
365	i	0.35
248	深紫外（DUV）	0.25

曝光光源除波长外，另一个重要的方面就是曝光强度。光强被定义为单位面积的功率，单位为 mW/cm^2，光强乘上曝光时间就表示了光刻胶表面获得的曝光能量，或称曝光剂量，单位是 mJ/cm^2。典型 i 线光刻胶曝光通常需要的曝光剂量是 100 mJ/cm^2。由于汞灯发射的光谱中，248 nm 的深紫外发射是 365 nm 的 i 线发射强度的五分之一，所以 i 线光刻胶在 248 nm 下曝光要得到相同的效果，就需要 5 倍的曝光时间。

2）准分子激光

激光光源真正用于光学光刻是在 20 世纪 90 年代中期，使用它们的最主要的优点是可以在 248 nm 深紫外光及以下波长提供较大的光强。

至今用于光学曝光的激光光源是准分子激光。准分子是不稳定分子，由惰性气体原子和卤素构成，如氟化氩（ArF）、氟化氪（KrF）等。用于产生准分子激光的是准分子激光器。通常用于深紫外光刻胶的准分子激光器是波长 248 nm 氟化氪（KrF）激光器，典型的功率范围是 10～20 W，频率为 1 kHz。表 3-2 列出了半导体光刻中使用的准分子激光器。

表 3-2　半导体光刻中使用的准分子激光器

材料	波长（nm）	最大输出（毫焦每脉冲）	频率（脉冲每秒）	脉冲波长（ns）	CD 分辨率（μm）
KrF	248	300～1500	500	25	≤0.25
ArF	193	175～300	400	15	≤0.18
F_2	157	6	10	20	≤0.15

工业上采用 157 nm 波长的准分子激光器已经被论证是一种潜在的用于 0.15 μm 关键尺寸的光源。

3．曝光方式

1）接触式曝光

直到 20 世纪 70 年代中期，接触式光刻一直是半导体工业中主要使用的曝光方式。

图 3-15 为接触式曝光示意图。在对准后，活塞推动晶圆载片盘使晶圆和掩膜版紧密接触。由反射和透镜系统得到平行紫外光穿过掩膜版照在光刻胶上。

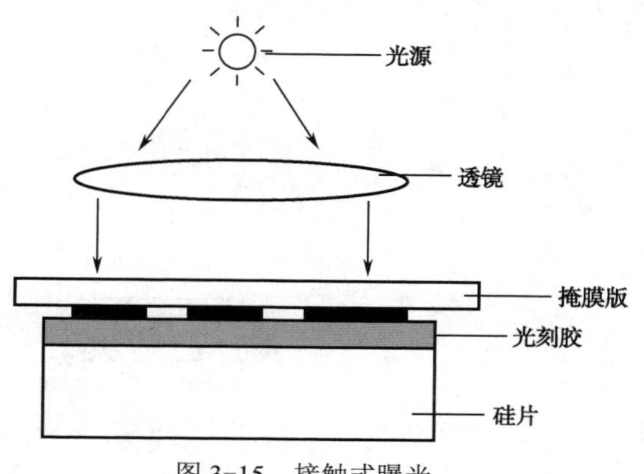

图 3-15　接触式曝光

由于接触式光刻掩膜版和光刻胶紧密接触，所以没有光的衍射现象，分辨率高，可以刻出亚微米图形。主要缺点是接触会损坏光刻胶层或掩膜版，使掩膜版寿命下降。

2）接近式曝光

接近式曝光是接触式曝光的自然演变。该系统本质上是一个接触式光刻机，只是在掩膜版和光刻胶之间留有 10～20 nm 的间隙。该间隙使掩膜版和光刻胶损坏导致的缺陷数量大大减少。但由于有一定的间隙，总会有一些光的发散，使光刻胶上的图形模糊，分辨率下降。所以，接近式曝光是分辨率和缺陷密度的权衡。图 3-16 为接近式曝光示意图。

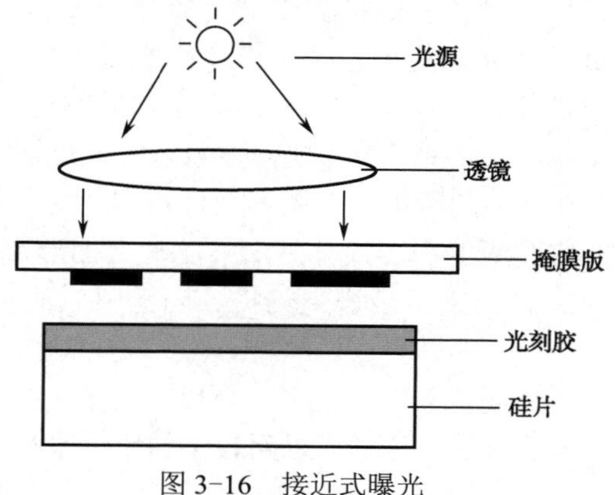

图 3-16　接近式曝光

3）投影式光刻

投影式光刻的中心思想是将掩膜版上的图形投影到光刻胶表面，就像是幻灯片（掩膜版）被投影到屏幕（晶圆）上一样。

由于图形是被投影到晶圆上，不存在光在掩膜版与硅片间隙之间的发散现象，所以分辨率高，同时掩膜版与光刻胶完全分开，使掩膜版的寿命大大提高了。

投影式光刻目前有三种方式：扫描投影、步进式投影和步进扫描投影。图 3-17 给出了四种投影光刻的方式。

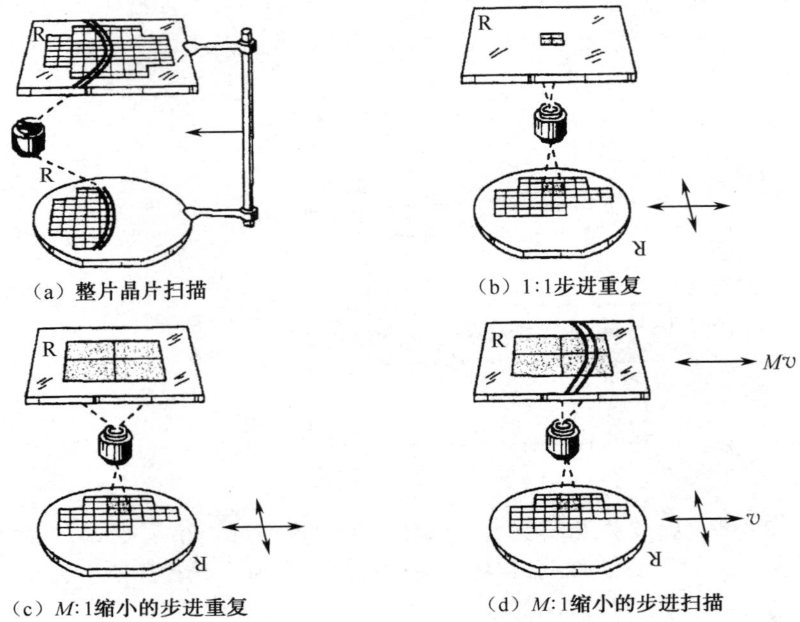

图 3-17　投影光刻的方式

（1）扫描投影曝光。它采用一个带有狭缝的反射镜系统，狭缝挡住了部分来自光源的光，使更加均匀的一部分光照射在反射镜系统上，然后投影到晶圆上。由于狭缝尺寸比晶圆小，所以光束要在整个晶圆上扫描。

（2）步进式投影光刻。这是把掩膜版的图像分步重复地投影到晶圆上。带有一个或几个芯片图形的掩膜版被对准、曝光，然后移到下一个曝光场，重复这样的过程。这种光刻每次曝光区域变小，对尘埃的敏感性小，所以分辨率高。同时由于掩膜版的图形较小，比全局掩膜版质量好。由于每个芯片分别对准，使得覆盖和对准更好。

如果掩膜版上的图形尺寸与晶圆所需要的图形尺寸相同，这种步进机称为 1∶1 步进重复，也有一些步进机采用的掩膜版的图形尺寸是最终芯片上图形尺寸的 5～10 倍，曝光时进行相应的缩小，这种光刻机称为缩小步进光刻机。当掩膜版的图形放大后，其精度也相应提高了。

（3）步进扫描光刻机。对于更大的芯片图形，可以采用步进扫描光刻机，也就是对每一个图形再进行扫描，然后再步进重复，这样可以用较小的镜头来替代大镜头直接进行步进投影，从而降低镜头的成本。

4．曝光控制

在曝光中除了要控制光线的清晰度及扫描或步进的精度外，还要严格控制曝光剂量，否则在显影过程中会严重影响图形的分辨率。对于负性光刻胶，如果曝光量不足，将会使光刻胶交联不充分，从而在显影时产生脱胶现象；对于正性光刻胶，如果曝光量不足，将会导致光刻胶分解不充分，在显影时会留下底膜。在光强确定的情况下，关键要控制好曝光时间。

3.3.5　曝光后的烘焙

曝光后进行烘焙，可以使光刻胶结构重新排列，使驻波的影响减轻。烘焙的温度是 110～130 ℃，烘焙时间是 1～2 min。

3.3.6　显影

1．显影的目的

显影是利用一定的化学试剂将经过曝光后的可溶性的光刻胶溶解掉，从而在光刻胶上显示出与掩膜版对应的图形。显影的重点要求是产生的关键尺寸达到规格要求。

2．显影液

不同的光刻胶所用的显影液不同。对于负性光刻胶，二甲苯是常用的化学品，对于正性光刻胶，由于显影后生成羧酸类衍生物，所以正胶显影液常用碱性溶剂，如 KOH 水溶液。在显影过程中，羧酸与显影剂反应，生成胺和金属盐。

3．显影方式和工艺控制

显影有沉浸显影和喷射显影。沉浸显影是将硅片放在提篮中，沉浸在显影液中进行晃动，以去除可溶性的光刻胶。沉浸显影工艺简单，操作方便，生产量大。但这种方法人为因素较大，如晃动轻重，时间长短等会使精细的条宽出现偏差，适宜在条宽精度要求不高的场合。

喷射显影是靠高压氮气将流经喷嘴的显影液打成微小的液珠喷射到旋转硅片表面，只要数秒钟显影液就能覆盖硅片表面。喷射显影一直是对负性光刻胶的一个标准工艺，因为负性光刻胶对显影液的温度不算敏感。对于温度敏感的正性光刻胶来说，精确控制显影温度非常重要，因为显影温度影响线宽的控制。显影剂的温度控制在 1 ℃以内。但在喷雾显影中，当显影剂从喷嘴中被压出来时由绝热膨胀产生温度下降，通常用加热的晶圆吸盘或加热的喷嘴来控制温度。

3.3.7　坚膜烘焙

1．坚膜的目的

坚膜是在一定温度下对显影后的硅片进行烘焙，除去显影时胶膜所吸收的显影液和残留的水分，改善胶膜与硅片的黏附性，增强胶膜的抗蚀能力。

2．坚膜的工艺控制

坚膜的关键是控制温度和时间。坚膜不足，则抗蚀剂胶膜没有烘透，膜与基片黏附性差，腐蚀时易浮胶；坚膜温度过高，则抗蚀剂胶膜会因热膨胀而翘曲或剥落，腐蚀时同样会产生钻蚀或浮胶。温度更高时，聚合物将分解，影响黏附性和抗蚀能力。

3.3.8 显影检查及故障排除

表 3-3 列出了显影过程中遇到的不同问题及解决办法。

表 3-3 常见显影过程中遇到的问题及解决办法

问　　题	可能的原因	纠 正 措 施
1．线宽或孔不符合关键尺寸要求	A．显影不足或正胶曝光不足	1．确保正确使用步进机工艺步骤
		2．检查曝光时间不足或能量设置有问题
		3．检查步进机照明系统
		4．查证剂量测量器（光积分器）功能正确
		5．确定显影液使用步骤正确
		6．检查旋覆浸没时间不足或剂量配比
		7．检查显影液设备
		8．检查烘焙温度
	B．过显影或过曝光	1．确定正确使用步进机工艺步骤
		2．检查曝光时间过长或能量设置过高
		3．检查步进机照明系统
		4．查证剂量测量器功能正确
		5．检查显影液使用步骤正确
	B．过显影或过曝光	6．检查旋覆浸没时间过长或剂量配比
		7．检查显影液设备
		8．检查烘焙温度
	C．无可检测的关键尺寸	1．检查曝光或显影操作
		2．检查掩膜版或工艺步骤
		3．硅片可能遗漏了匀胶、曝光、后烘或显影步骤
		4．硅片返工
2．残胶	显影操作后硅片上留有残余的光刻胶	1．检查显影设备工艺步骤
		2．检查旋覆浸没时间和剂量正确
		3．检查清洗操作
		4．检查烘箱时间和温度
		5．硅片返工
3．沾污和缺陷	A．可能的原因包括化学药品、冲洗用水工艺腔	1．检查旋覆浸没时间和剂量正确
		2．清洗显影工艺腔，然后重新检查硅片做进一步的污染测试
		3．检查并更换（如果可能）显影液和冲洗用水过滤器

续表

问　　题	可能的原因	纠 正 措 施
3．沾污和缺陷	B．喷涂器形成的薄雾或溅射可引起污染	1．检查腔体排风标准
		2．检查相对于硅片的喷涂器对准
		3．检查喷涂器装备的滴液
		4．硅片返工
4．显影后光刻胶图形的塌陷	高的深宽比（>5∶1）将导致光刻胶线条的塌陷	1．查证光刻胶厚度是否过厚，因为提高深宽比更将导致塌陷
		2．检查光刻胶对硅片的黏附性正确
		3．解决问题可能要求改变材料或工艺（如硬度更高的光刻胶）
5．不能接受的 CA DUV 胶图形上层的关键尺寸变化	光刻胶曝光后的胺污染	1．检查腔体过滤系统的完整性
		2．检查已涂胶的硅片是否遭受外部的化学污染
		3．评估光刻胶延迟时间是否最佳（越新的光刻胶越能承受较长的后烘前延迟）

3.4　先进光刻工艺介绍

对光学曝光系统，最小线宽 W_{min} 可用下式来表示：

$$W_{min}=\sqrt{\lambda g} \tag{3-7}$$

式中，λ 是曝光光源的波长；g 是掩膜版与硅片（含抗蚀剂厚度）间的间隙距离。

由于间隙不可能无限止缩小，否则掩膜版会受到损伤，所以要减小最小尺寸，可以通过减小 λ 的方法。因此 X 射线光刻、电子束光刻、离子束光刻的分辨率得到了较大的提高。这些技术在 20 世纪 70 年代就已出现，但是由于生产效率低、设备复杂、价格昂贵，直到 90 年代电子束光刻才普遍用于超大规模集成电路的生产之中，现在已成为超大规模集成电路制版的标准工艺。

3.4.1　极紫外线（EUV）光刻技术

极紫外光刻技术是建立在光学光刻技术的基础上的。通过使用激光产生等离子体源产生约 13 nm 的紫外波长，这一波长介于紫外线和 X 射线波长范围之间，称为极紫外线。并希望光刻图形精度达到 30 nm。这种光源工作在真空环境下，由光学聚焦形成光束（如图 3-18 所示），光束经由用于扫描图形的反射掩膜版反射。一组全反射 4 倍投影光学镜将极紫外光束成像到已涂胶的硅片上。光束按照四分之一掩膜版的速度反方向扫描硅片。

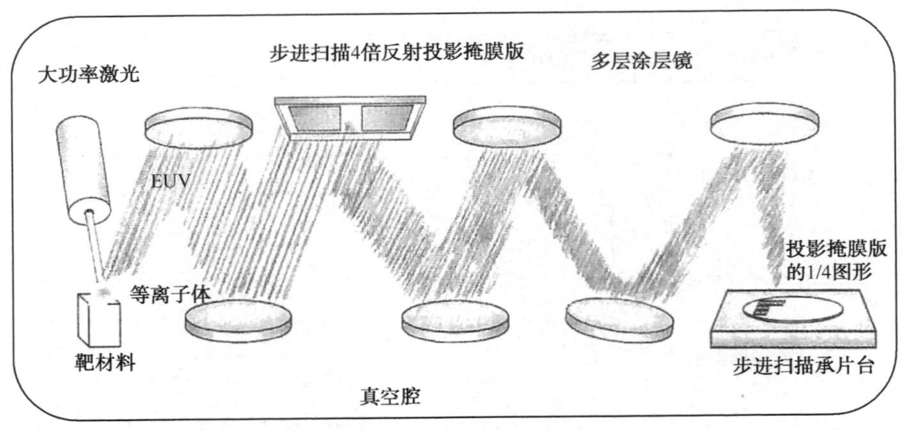

图 3-18　极紫外线光刻技术示意图

为了有效地反射 EUV 光线，在掩膜版制作时，需要有基体材料上覆盖多层 Mo/Si 薄膜。如图 3-19 所示为 EUV 掩膜示意图。背面金属涂层是为了连接静电夹具，这种夹具系统在半导体制造中比较受欢迎，因为机械夹具容易产生颗粒。需要约 40 层 Mo/Si 薄膜沉积在石英基体上形成 13 nm 波长的 EUV 的光反射层。当入射角约为 6° 时，可以获得 70%的反射率。吸收层通常是掺硼氮化钽（TaBN），缓冲层用于保护多层薄膜在图形化过程中被污染。抗反光涂层可以减少阻挡区的光反射，并提高在深紫外波长检测条件下多层区的一致性，达到提高缺陷检测的灵敏度。

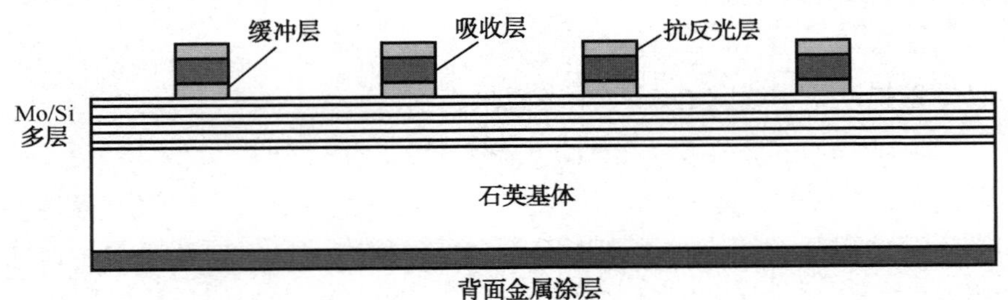

图 3-19　EUV 掩膜示意图

3.4.2　电子束光刻

1. 电子束曝光的原理与种类

电子束曝光是利用电子束在涂有感光胶的晶片上直接扫描或投影复印图像的技术，它的特点是分辨率高，图形产生与修改容易，制作周期短。它可以分为扫描曝光和投影曝光两大类。其中扫描曝光系统又称电子束直写（EBDW）光刻系统，是电子束利用电磁场加以聚焦及偏转，在工作面上扫描，直接产生图形，分辨率高，可以完成 0.1～0.25 μm 超微细加工，甚至可以实现数十纳米线条的曝光。但生产效率相对低一些，目前用于制造高精度掩膜版、移相掩膜版和 X 射线掩膜版。电子束直写光刻系统见图 3-20。投影曝光系统实为电子束图形复印系统，它将掩膜产生的电子像按原尺寸或缩小后复印到工作面上，因此不仅保持了较高的分辨率，而且提高了生产效率。

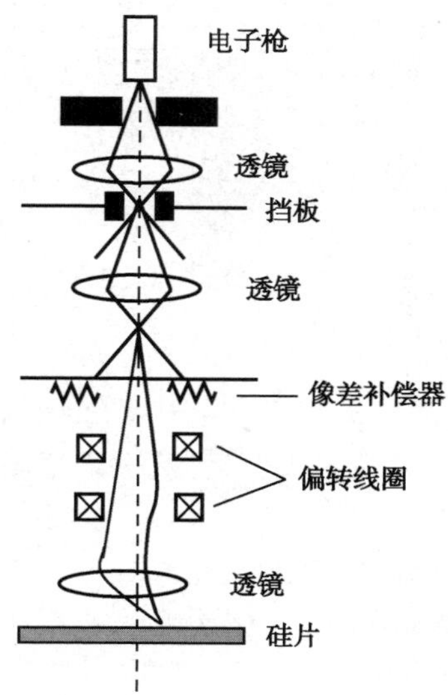

图 3-20 电子束直写光刻系统

电子束曝光的原理是利用具有一定能量的电子与光刻胶碰撞作用，发生化学反应，改变光刻胶的溶解度，完成曝光。目前电子束曝光系统主要分为以下几类：改进的扫描电镜，高斯扫描系统，成型束图形。其中高斯扫描系统可分为矢量扫描系统和光栅扫描系统。在矢量扫描系统中，曝光时，先将单元图形分割成场 ，工作台停止时，电子束在扫描场内逐个对单元图形进行扫描，并以矢量方式从一个单元图形转移到另一个单元图形，完成一个扫描场描绘，移动工作台再进行第二场的描绘，直到完成全部表面图形的扫描。由于只对需要曝光的图形进行扫描，没有图形的部分快速移动，故扫描速度较高。该系统最大的特点是采用高精度激光控制台面，分辨率可达几纳米。光栅扫描系统是采用高速扫描方式对整个图形场扫描，利用高速束闸控制电子束的通断，实现选择性扫描曝光。光栅扫描的一个缺点是由于电子束必须经过整个表面，因此扫描所需的时间较长。矢量扫描系统和光栅扫描系统如图 3-21 所示。

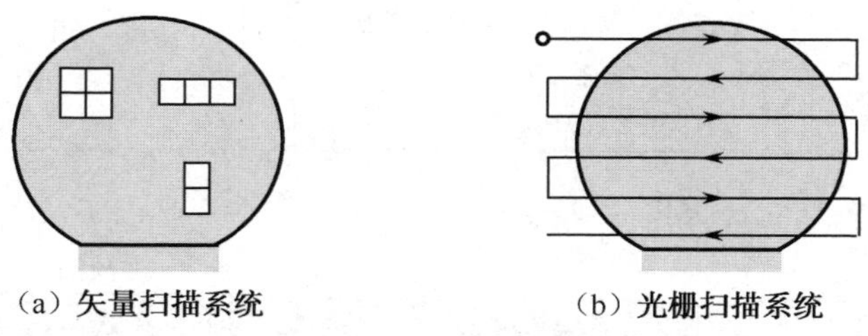

（a）矢量扫描系统　　（b）光栅扫描系统

图 3-21 电子束扫描

在成型束曝光系统中，需要在曝光前将图形分割成矩形，通过上下两直角光阑的约束形成矩形束，上光阑通过束偏转投射到下光阑来改变矩形束的长和宽。成型束的最小分辨率一般大于 100 nm，但曝光效率高。

2. 电子束光刻胶

电子束曝光是利用高分子聚合物对电子的敏感反应而形成曝光图形的。电子束对抗蚀

剂的曝光与光学曝光本质上是一样的，但电子束可以获得非常高的分辨率，这主要是因为高能量的电子具有极端的波长，如根据电子束波长与能量的关系式（3-8），100eV 的电子波长仅为 0.12 nm。

$$\lambda_e = \frac{1.226}{\sqrt{V}}\ \text{nm} \tag{3-8}$$

目前电子束抗蚀剂的种类主要有 PMMA 系列，ZEP 系列，HSQ 系列，SAL 系列等。其主要性能比较见表 3-4。

表 3-4　主要类型电子束抗蚀剂性能比较

型号	化合物	类型	特点	分辨率（nm）	灵敏度（μc/cm^2）	显影液
PMMA350K	聚甲基丙烯酸甲酯聚合物	正性	分辨率高，对比度高，灵敏度低，灵敏度随相对分子质量减少而增加，随显影液 MIBK：IPA 中 MIBK 的比例增加而增加，抗蚀性差	10	100	MIBK（甲基异丁基甲酮）：IPA（异丙醇）=1：1～1：3，O-xylene（邻二甲苯）
ZEP520A	由α-氯甲基丙烯酸酯和α-甲基苯乙烯的共聚物组成	正性	兼有高分辨率，高对比高，高灵敏度，抗蚀能力也很强。其缺点是与衬底的黏附性较差，尤其是 GaAs 衬底	10	30	O-xylene（邻二甲苯）
HSQ	含氢硅酸盐类（无机类化合物）	负性	较高的分辨率、较小的边缘粗糙度。经电子束或 X 射线曝光后将形成非晶态的氧化硅，机械稳定性及抗刻蚀性能良好，且在扫描电镜下不容易变形，有利于精细结构的测量。但其灵敏度较低	6	100	TMAH（苯基三甲基氢氧化铵）
SAL605	光酸催化型光刻胶	负性	光刻胶材料中含有光酸活性物质，经电子束曝光后，光酸活性物质产生光酸，促进交链反应的发生。由于光酸促进光刻胶交链，所以具有较高的敏感度	8.4	100	MF312：水

三种抗蚀剂刻蚀图形对比如图 3-22 所示。

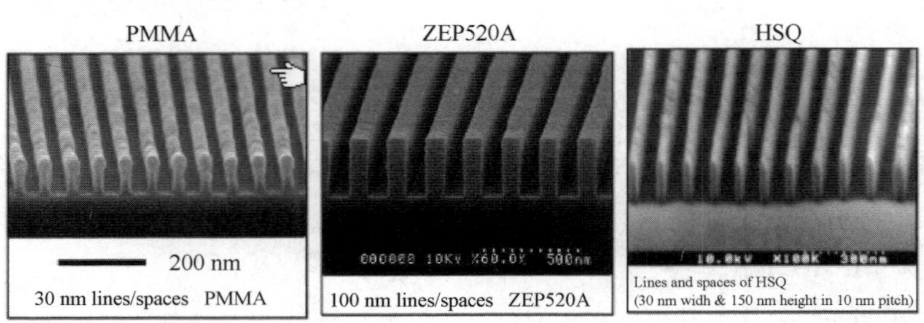

图 3-22　电子束抗蚀剂刻蚀图形对比

3.4.3　X 射线光刻

1．X 射线曝光的原理

当波长小于 5nm 时，电磁波就变成了 X 光。X 射线曝光就是把 X 射线作为光源，透过 X 射线掩膜，照射到基片表面上的 X 射线抗蚀剂上，抗蚀剂吸收 X 射线后，逐出二次电子，二次电子使得抗蚀剂链断裂（正性）或交联（负性）。由于 X 射线使用的波长比紫外线短得多（0.7～1.3 nm），几乎没有衍射的干扰，因此可以使光学光刻获得更高的分辨率。由于 X 射线不易聚焦，所以它一般采用接近式 1 : 1 的曝光方式。

2．X 射线光源

X 射线是用高能电子束轰击金属靶产生的。当高能电子撞击靶时将损失能量，而能量损失的主要机理之一是激发核心能级的电子。当这些激发电子落回核心能级时，将发射 X 射线。因为所有 X 射线源必须在真空下工作，所以 X 射线在投射的路程中必须透过窗口进入至常压气氛中进行曝光，窗口材料对 X 射线的吸收要尽量少。铍是常用的窗口材料。如图 3-23 所示为 X 射线曝光系统示意图。

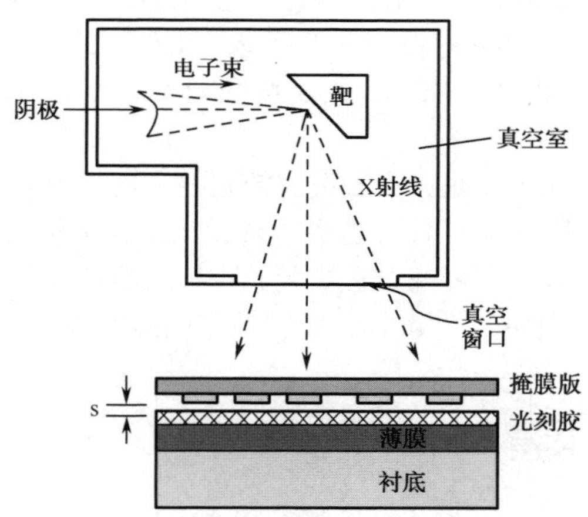

图 3-23　X 射线曝光系统示意图

除了通过电子碰撞金属靶产生 X 射线作为曝光源外，可用于 X 射线曝光的还有其他 X 射线源，如等离子体和同步辐射 X 射线光源等。同步辐射 X 射线源，是利用高能电子束在磁场中沿曲线轨道运动时发出电磁辐射（简称同步辐射），从中引出特定波长范围的高强度、高准直性的 X 射线作为曝光源。在 X 射线曝光中，对 X 射线源的要求主要有以下几点。

（1）X 射线源需要具有很高的辐射功率（要求功率密度大于 0.1 W/cm^2），这样才能使曝光时间小于 60 s。

（2）X 射线源靶斑的尺寸小于 1 mm。

（3）X 射线的能量要求在 1～10 keV，这样可以使 X 射线对掩膜版衬底中的透光区有较好的透过率。

（4）使用平行光源。X 射线难以聚焦，所以光源发射 X 射线的方式就决定了 X 射线到达硅片的形式。在 X 射线光源中，电子轰击靶形成的 X 射线光源和等离子体源，基本是点

光源，同步辐射 X 射线光源近乎平行发射，X 射线束是近于平行地传输，因此目前受到广泛关注。

3. X 射线掩膜版

由于 X 射线会穿透传统的玻璃和铬制作的掩膜版，所以必须采用可以透过 X 射线的薄膜衬底（如聚酰亚胺或者是碳化硅 SiC）和能够吸收 X 射线的版图成像材料（如金、钨、钽）组成，其厚度约为300～7 000 nm，以便掩膜版上透光区域和不透光区域的穿透率比大于 10∶1。同时由于 X 射线曝光用的是 1∶1 的曝光方式，所以掩膜版的尺寸与硅片的关键尺寸相同，没有了 4∶1 曝光方式下掩膜版尺寸可以放大 4 倍的优势，因此掩膜版制作的精度是 X 射线曝光技术推广的重要挑战。

4. X 射线光刻胶

由于 X 射线具有很强的穿透能力，深紫外波段的光刻胶对 X 射线的吸收率很低，只有少数入射的 X 射线能对光化学反应做贡献。我们可以利用电子束抗蚀剂来作为 X 射线抗蚀剂，因为当 X 射线被原子吸收，原子会进入激发状态而射出电子，激发状态原子回到基态时，会释放出 X 射线，此 X 射线与入射的 X 射线波长不同，又被其他原子吸收，故此过程一直持续进行。因为所有这些过程都造成电子射出，所以抗蚀剂薄膜在 X 射线的照射下，就相当于被一个大量的二次电子流照射。由于抗蚀剂类型的不同，抗蚀剂被曝光后，有化学键交联或断裂。

提高 X 射线光刻胶的灵敏度是光刻胶发展的重要方向。提高灵敏度的主要方法是：在光刻胶合成时掺入特定波长范围内具有高吸收峰的元素，从而增强光化学反应。具体地说，针对特定的 X 射线波长，可以通过在光刻胶中掺入特定的杂质来大幅度提高光刻胶的灵敏度。如在电子抗蚀剂中加入铯、铊等，能增加抗蚀剂对 X 射线的吸收能力，使之可以作为 X 射线抗蚀剂。

3.4.4 分辨率增强技术

为提高光刻技术的分辨率，开发了多种技术并使光学光刻的应用向高分辨率的 IC 芯片制造拓展。本节将介绍提高分辨率的几种重要技术，如利用透镜减少衍射、移相掩膜（PSM）、光学邻近校正（OPC）和离轴光照。

1. 利用透镜减少衍射

当光波通过光刻版上的间隙或孔洞时产生衍射，如图 3-24 所示，投射获得的图像没有光刻版上的图像清晰，使用透镜将衍射的光聚焦可以减少光的衍射而提高分辨率。

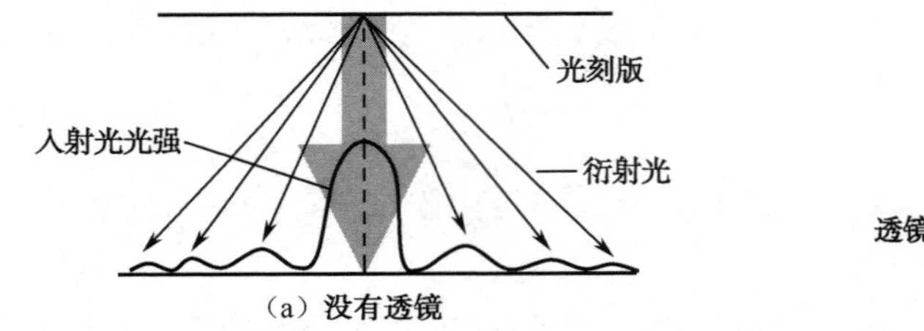

图 3-24　光的衍射

光学系统能达到的分辨率由光的波长和系统的数值孔径（Numerical Aperture，NA）决定。分辨率可以表示为

$$R = \frac{k_1 \lambda}{\mathrm{NA}} \tag{3-9}$$

式中，k_1 表示系统常数；λ是光的波长；$\mathrm{NA}=2r_0/D$ 是数值孔径，表示透镜聚集折射光的能力，D 是光刻版与透镜间的距离，$2r_0$ 表示透镜的直径。

由式（3-9）可知，可以通过降低系统常数 k_1 来提高光刻的分辨率。减少常数 k_1 的方法之一就是使用相位移掩膜（PSM）。

2．移相掩膜技术

当所需的曝光临界尺寸接近或小于曝光光线的波长时，由于光衍射产生的邻近效应的作用，应用普通的掩膜版进行曝光将无法得到所需的图形，硅片上图形的特征尺寸将大于所需尺寸。移相掩膜技术通过对掩膜版的结构进行改造，从而达到缩小特征尺寸的目的。

移相掩膜的基本原理是在光掩膜的某些透明图形上增加或减少一个透明的介质层，称移相器，使光波通过这个介质层后产生 180° 的相位差，与邻近透明区域透过的光波产生干涉，抵消图形边缘的光衍射效应，从而提高图形曝光分辨率。移相掩膜技术被认为是最有希望拓展光学光刻分辨率的技术之一，目前已广泛应用到 248 nm 和 193 nm 的 IC 生产中。

图 3-25 显示了采用移相掩膜技术对减少光的衍射现象所产生的作用。对常规掩膜，当掩膜版中不透光区域的尺寸小于或接近曝光光线波长时，由于光的衍射作用，不透光区域所遮挡的抗蚀剂也会受到照射。当透光的两个区域距离很近时，从这两个区域衍射而来的光线在不透光处发生干涉。由于两处光线的相位相同，干涉后使得光强增加，当光强达到或超过抗蚀剂的临界曝光剂量时，不透光区域的抗蚀剂也会发生曝光，这样相邻的两个图形之间将无法分辨。加入 180° 移相器后，在不透光区域发生干涉的两部分光线之间有 180° 的相移，在干涉时该部分的光强将不会加强，反而由于相位相反而减弱。这样不透光区域的抗蚀剂就不会发生曝光现象，两个相邻的图形之间就可以区分，从而达到了提高分辨率的目的。

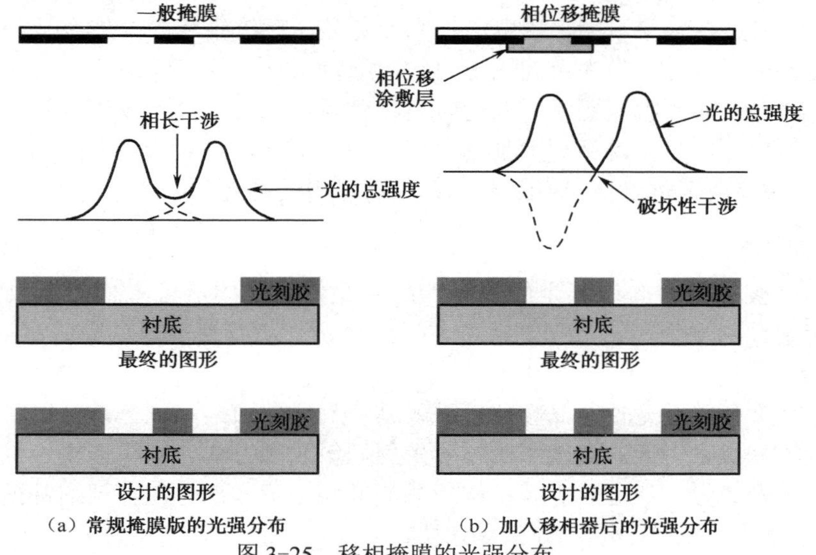

图 3-25　移相掩膜的光强分布

3．邻近效应校正技术

当今的深亚微米集成电路工艺技术，对线宽控制有着极度严格的要求。当图形的特征尺寸小于光波长时，光的衍射效应变得很严重，转移到晶圆上的图形不再和光刻版图形相同（见图 3-26（a）），即图形的传真度下降了。因此，为了将设计的图形完美地转移到晶圆上，须考虑将掩膜版图形依某种规则进行图形修正，以额外的图形来补偿或削减上述图形失真之处，这些附加功能称为光学邻近效应修正技术（Optical Proximity Correction，OPC）。

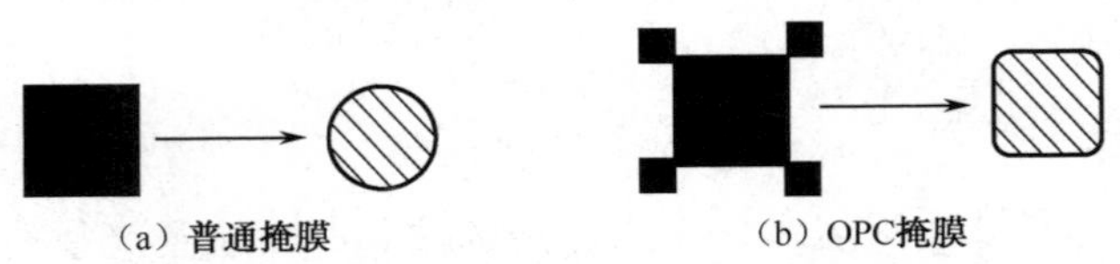

图 3-26　掩膜版单位图像及其成像图形

考虑最基本的单位图形：微米见方方块图形如图 3-26 所示，虽然光刻技术已进入深亚微米领域，但面对此类图形的处理，难免在最终光刻胶图形的角落出现“圆角”现象，这是由于 X 方向边缘和 Y 方向边缘的衍射光线在此交汇的结果。随着图形尺寸渐趋微小，角落与边缘的曝光比例亦相对增加，圆角亦渐趋明显。为解决这一问题，最单纯的方法是将角落遮光图形往外推出，借以减小前述角落曝光过度的现象，也可单纯以图形“补偿”的观念来处理，即已知结果为圆角，故预先放置额外的凸出图形（通常为更微小的方块）予以补偿（见图 3-26（b））。

当然在实际生产中，集成电路掩膜版图形并不如此单纯，一般掩膜版图形包含重复图形（存储器产品）、任意图形（周边线路或定制产品）等两类图形，它们的光学特性不同，邻近效应修正的方法也不完全相同。一般采用上述 OPC 校正方法，预先设计一个初始 OPC 掩膜，用光刻模拟软件进行仿真计算，比较模拟结果与实际所需要的光刻胶图形，再对初始 OPC 掩膜进行结构修正，之后再模拟、比较和再修正，直至得到满意的 OPC 掩膜。

掩膜版图形修正技术除了图形资料的技术参数外，对掩膜版的制作也是一大挑战。由于邻近效应修正使原本已相当大量的图形更加微细复杂化，掩膜版图形资料从数倍至数百倍剧增。资料的存储与掩膜版图形写入的时间相对增加，同时掩膜版的检验、修补等技术便更加困难。当然邻近效应修正技术是进入深亚微米工艺必经之路，因此近年来无论在电子束曝光方式、掩膜版检验机器等相关技术，都有了极大突破。

4．离轴照明技术

通过使用光圈将入射光以一定的角度入射到光学系统的透镜上，可以收集光刻版上光栅的一阶衍射，有效降低式（3-10）中的 k_1 因子，从而提高光刻分辨率（如图 3-27 所示）。

垂直曝光时只有靠近光轴的低频分量进入系统到达像面，高频分量都被阻挡在外面，所以光学光刻的分辨率较低。离轴照明技术采用倾斜照明方式，用从掩模透过的零级光和其中一个级衍射光成像，让包含主要结构信息的低频分量和部分包含精细特征的高频分量都进入系统，因而可以提高分辨率，改善像质。

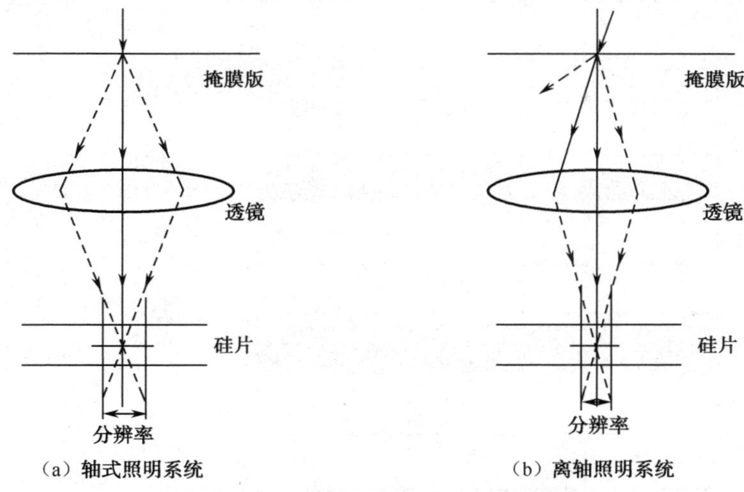

图 3-27　轴式照明系统与离轴照明系统比较

3.4.5　浸入式光刻技术

浸入式光刻技术是在 2000 年初首先由麻省理工学院林肯实验室亚微米技术小组提出，他们认为在传统光刻机的光学镜头与晶圆之间的介质可用水替代空气，以缩短曝光光源波长和增大镜头的数值孔径，从而提高分辨率。水与空气的折射率之比为 1.44∶1，根据式（3-10），如下

$$R = \frac{k_1 \lambda}{n_{\text{fluid}} \text{NA}} \tag{3-10}$$

用水替代空气，相当于 193 nm 波长缩短到 134 nm，如果采用比水介质折射率更高的其他液体，可获得比 134 nm 更短的波长。

早先业界在进入 65 nm 工艺节点时曾有“光与水”之争，即采用更短波长（157 nm）的光还是在镜头与硅片之间充水，英特尔最先采取后者获得了成功并影响了整个半导体光刻技术的发展路线。如今，193 nm 浸入式光刻技术已成为纳米 CMOS 器件光刻工艺的热门话题，并延伸了 193 nm 干法光刻技术。

3.4.6　纳米压印技术

压印技术广泛用于生产硬币，以及音乐光盘和软件光盘。压印光刻技术用于纳米集成电路最先是由华裔科学家周郁在 1995 年提出的，这种光刻技术称为纳米压印（NanoImprint Lithography，NIL）。图 3-28 显示了纳米压印技术图形化工艺过程。

首先在晶圆表面旋覆涂上一层抗蚀剂，如 PMMA，然后将预先制有图形的石英模版在一定的温度（必须高于抗蚀剂的软化温度）和压力下去压印在抗蚀剂上，刻出与石英模版相反的图形，通过加热或紫外线照射使抗蚀剂硬化，然后将石英模版从晶圆表面移开，最后将纳米压印成的抗蚀剂图形利用刻蚀工艺转移至晶圆表面的薄膜上。

纳米压印技术是通过模具下压导致抗蚀剂流动并填充到模具表面特征图形中的，随后增大模具下压载荷致使抗蚀剂减薄，当减薄到后续工艺允许范围内（设定的留膜厚度）停

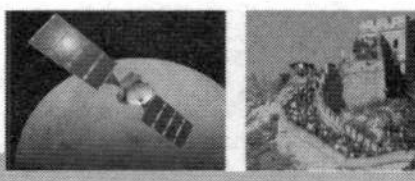

止模具下压并固化抗蚀剂。与传统工艺相比，它不是通过改变抗蚀剂的化学特性而实现抗蚀剂的图形化的，而是通过抗蚀剂的受力变形实现其图形化的。

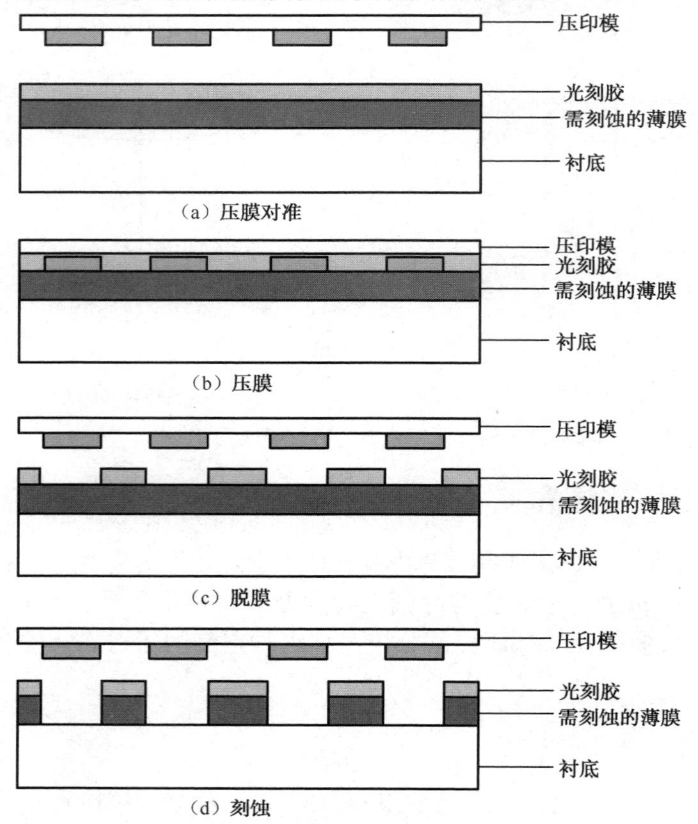

图 3-28　纳米压印技术图形化工艺过程

纳米压印技术从原理上回避了昂贵的投影镜组和光学系统固有的物理限制，方法灵活简单，成本低廉，并且可以获得高分辨率，高深宽比结构。但因其属于接触式图形转移的过程，又会产生一些问题，其中 1∶1 压印模具的制作，套印精度，模具的使用寿命、生产率和缺陷控制被认为是当前最大的技术挑战。2004 年，纳米压印技术被《国际半导体技术蓝图》收录，成为 32 nm 后光刻技术时代的候选技术之一。

本章小结

本章主要介绍了光刻工艺在集成电路制造中的重要性，光刻胶的成分，正胶和负胶在原理、成分和应用中的不同，光刻的工艺流程及每步的作用，光刻的质量分析，最后提出了一些新的光刻工艺。通过本章的学习，使学生掌握光刻的基本概念和光刻工艺流程。

思考与习题 3

1．什么叫光刻，光刻在半导体生产中起何作用？

2．光刻的根本原理是什么？

3．根据溶解性变化的不同，光刻胶分为哪两大类？它们各有何特点？

4．以正胶为例画出光刻工艺的工艺流程图。

5．在光刻前要对硅片表面做哪些质量检查？

6．涂胶采取何种方法？

7．前烘、后烘的目的是什么？各用什么方法？

8．为什么要进行对位曝光？什么叫套准精度？

9．曝光有哪几种方法？各有何特点？曝光时要注意什么问题？

10．什么叫显影？正胶、负胶的显影机理各是什么？

11．从曝光和显影的机理说明为什么正胶的分辨率比负胶的分辨率高。

第4章 刻蚀

本章要点

（1）刻蚀的基本概念、刻蚀的参数；
（2）湿法刻蚀和干法刻蚀的原理、特点；
（3）常见材料的湿法刻蚀和干法刻蚀方法；
（4）常见的三种去胶方法；
（5）刻蚀的质量要求。

刻蚀是用化学或物理方法有选择地从硅片表面去除不需要的材料，从而把光刻胶上的图形转移到薄膜上的过程。光刻是将掩膜版上的图形转移到光刻胶上，而刻蚀则是将光刻胶上的图形转移到薄膜上。在刻蚀过程中，光刻胶作为掩蔽层。光刻与刻蚀一起实现了将掩膜版上的图形转移到薄膜上，在薄膜上形成一定的图形，以实现选择性扩散、金属薄膜布线等目的。

刻蚀在显影检查完后进行。刻蚀工艺必须使图形具有高的保真度，否则芯片将不能工作。更重要的是，一旦材料被刻蚀去掉，在刻蚀过程中所犯的错误将难以纠正，硅片只能报废，造成严重损失。刻蚀的要求取决于要制作的特征图形的类型。特征尺寸的缩小使刻蚀工艺中对尺寸的控制要求更严格也更难以检测。

4.1　刻蚀的基本概念

4.1.1　刻蚀的目的

刻蚀是用化学或物理方法有选择地从硅片表面去除不需要的材料，从而把光刻胶上的图形转移到薄膜上的过程。有图形的光刻胶在刻蚀中不受到腐蚀液显著地侵蚀，这层掩蔽膜用来在刻蚀中保护硅片上的特殊区域而选择性地刻蚀掉未被光刻胶保护的区域（如图 4-1 所示）。

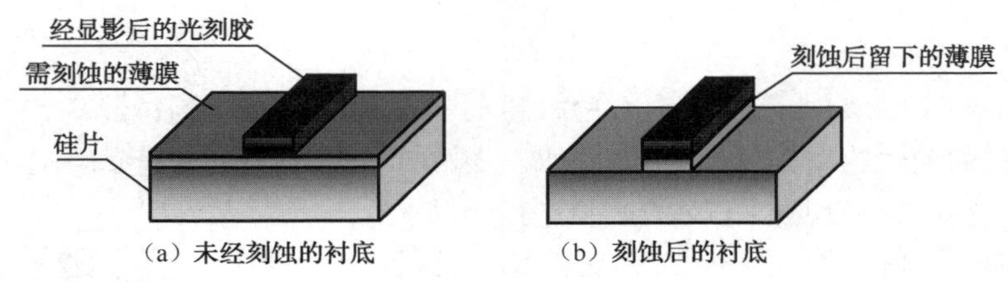

图 4-1　刻蚀的作用

4.1.2　刻蚀的主要参数

1．刻蚀速率

刻蚀速率是测量刻蚀物质被移除的速率，通常用 Å/ min 表示。由于刻蚀速率直接影响刻蚀的产量，因此刻蚀速率是一个重要参数。通过测量刻蚀前后的薄膜的厚度，将差值除以刻蚀时间就能计算出刻蚀速率。

刻蚀速率=（刻蚀前厚度-刻蚀后厚度）/刻蚀时间=$\Delta h/t$

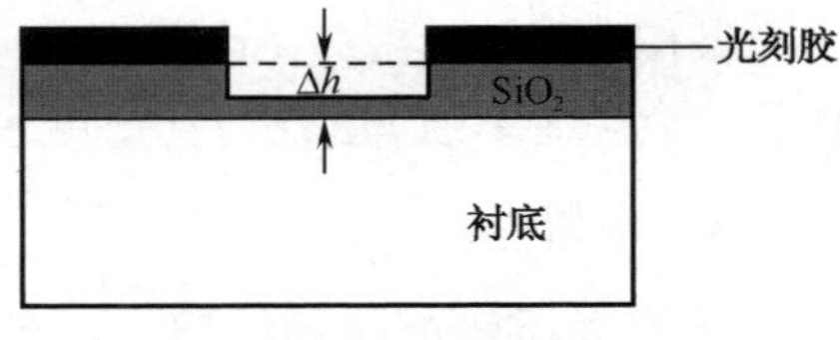

图 4-2　刻蚀速率

对于图形化刻蚀，刻蚀速率可以通过扫描电子显微镜（SEM）直接测量出被移除的薄膜厚度。在图 4-2 中，如果二氧化硅的厚度为 5 000 Å，经过 30 s 的刻蚀后，厚度变为 2 400 Å，则刻蚀速率为：

(5 000 Å–2 400 A) / 0.5 min = 5 200 Å/ min 。

刻蚀速率通常正比于刻蚀剂的浓度。硅片表面几何形状，刻蚀材料类型等因素都能影响硅片的刻蚀速率。

2．刻蚀因子

在有些刻蚀工艺中，由于刻蚀液与硅片化学反应速率没有方向性，使薄膜在纵向被腐蚀的同时也存在着横向被腐蚀，造成实际窗口的尺寸大于设计尺寸，使刻蚀的分辨下降。如果用 v_r 表示纵向腐蚀速率，v_i 表示横向腐蚀速率，当 $v_i \neq 0$ 时，说明不仅有纵向腐蚀，还存在着横向腐蚀，即不同方向的刻蚀特性相同，称为各向同性腐蚀（如图 4-3（a）所示）；当 $v_i=0$ 时，说明仅有纵向腐蚀，不存在横向腐蚀，称为各向异性腐蚀（如图 4-3（b）所示）。工艺上用刻蚀因子来表反映横向腐蚀程度的大小。

刻蚀因子定义为：当刻蚀线条时，刻蚀的深度 V 与一边的横向增加量ΔX 的比值。

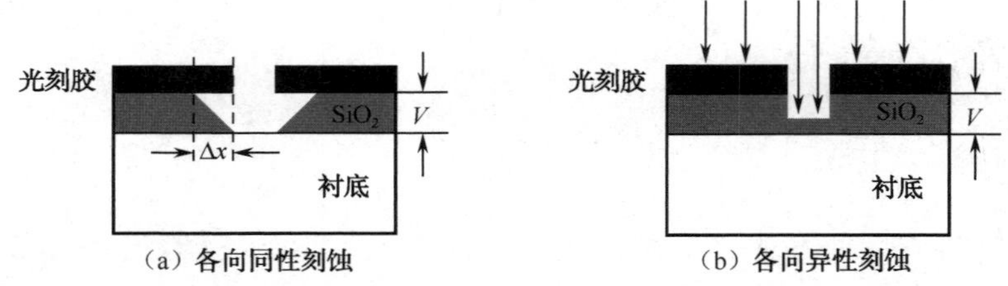

（a）各向同性刻蚀　　（b）各向异性刻蚀

图 4-3　各向同性及各向异性刻蚀示意图

$F=V/\Delta X$，F 值越大，表明横向刻蚀速率小，刻蚀图形的保真度好，反之，则说明横向刻蚀严重，对刻蚀分辨率影响大。

3．选择比

选择比是指在同一刻蚀条件下，一种材料与另一种材料相比刻蚀速率快多少。具体定义为被刻蚀材料的刻蚀速率与另一种材料（如光刻胶或衬底）的刻蚀速率的比（如图 4-4 所示）。高选择比意味着只对想要去除的薄膜进行刻蚀，而光刻胶和衬底受到的刻蚀很小，或者说速率十分缓慢。高选择比在先进工艺中为了确保关键尺寸和剖面控制是必需的，关键尺寸越小，选择比要求更高。选择比的高低也反映了刻蚀中光刻胶对薄膜的保护性能及衬底的耐蚀性能。

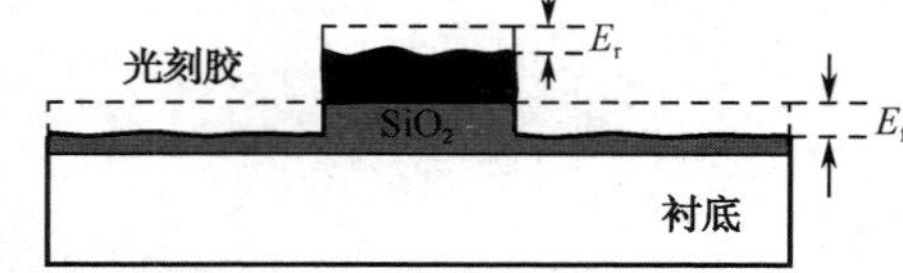

图 4-4　刻蚀选择比示意图

对于被刻蚀材料和掩蔽材料（如光刻胶）的选择比 S_R 可以表示为

$$S_R = \frac{E_f}{E_r} \tag{4-1}$$

式中，E_f 为被刻蚀材料的刻蚀速率；E_r 为掩蔽层材料的刻蚀速率。

最差的刻蚀工艺选择比可达 1 : 1，意味着被刻蚀材料与光刻胶掩蔽层被去除得一样快，而选择比较高的刻蚀工艺这一比值可达 20 : 1，说明被刻蚀材料是掩蔽层的刻蚀速率的 20 倍。

4．均匀性

刻蚀均匀性是衡量刻蚀工艺在整个硅片上，或整个一批硅片间，或批与批的硅片间刻蚀速率的均匀性，即片内均匀性、批内均匀性和批间均匀性。非均匀性刻蚀会带来额外的过度刻蚀，影响刻蚀质量。

均匀性由测量刻蚀前后晶圆的特定点厚度，并计算这些点的刻蚀速率得出。点的选取一般为在一批中随机抽取 3～5 片晶圆，在每片晶圆上选择 5～9 个点（如图 4-5 所示），测出刻蚀速率，计算出每片的刻蚀均匀性，然后比较片与片之间的均匀性。

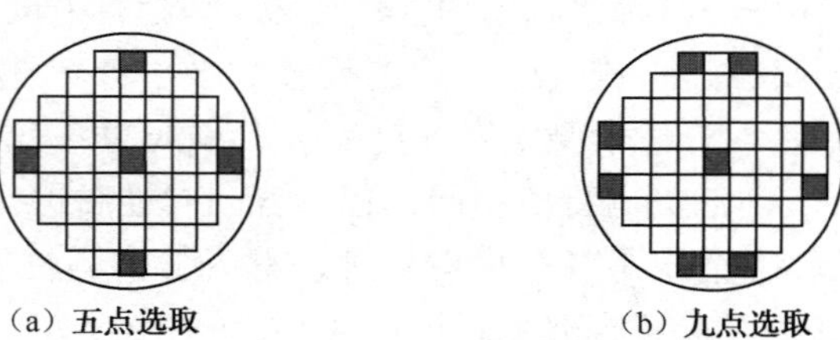

（a）五点选取　　（b）九点选取

图 4-5　刻蚀均匀性

刻蚀的均匀性与硅片表面的图形密度与形状有很大的关系。图形密度越大、窗口尺寸越小或在高的深宽比的槽中，刻蚀速率越慢，甚至在具有高深宽比的小尺寸图形上刻蚀会停止。这一现象通常称为深宽比相关刻蚀，也称微负载效应。为提高均匀性，必须把这一微负载效应减至最小。

5．刻蚀洁净度

超大规模集成电路的图形非常精细，在刻蚀过程中任何人为引入的污染，既影响图形转移的精度，又增加刻蚀后清洗的复杂性。刻蚀过程中主要的污染包括残留物、聚合物及颗粒沾污。残留物是刻蚀以后留在硅片表面不想要的材料，如被刻蚀薄层中的污染物，腔体中的污染物等。聚合物的形成有时是有意的，是为了在刻蚀图形的侧壁上形成抗腐蚀膜从而防止横向刻蚀，形成高的各向异性图形。这些聚合物是在刻蚀过程中由光刻胶中的碳转化而来并与刻蚀气体（如 C_2F_4）和刻蚀生成物结合在一起而形成的。这些聚合物必须在刻蚀完成后去除，否则器件的成品率和可靠性都会受到影响。同时工艺腔中的内部部件也会受到聚合物的淀积，因此需要定期清洗来去除聚合物或替换不能清洗的部件。由等离子体产生的颗粒沾污会给硅片带来损伤，重金属沾污在接触孔上会造成漏电。

4.1.3 刻蚀的质量要求

根据以上刻蚀参数，刻蚀的一般要求如下：

（1）刻蚀均匀性好。

（2）图形的保真度好。即只有垂直刻蚀，横向刻蚀尽量小。这样才能保证精确地在被刻蚀的薄膜上复制出与抗蚀剂上完全一致的几何图形。

（3）刻蚀选择比高。即对作为掩模的抗蚀剂和处于其下的另一层薄膜或材料的刻蚀速率都比被刻蚀薄膜的刻蚀速率小得多，以保证刻蚀过程中抗蚀剂掩蔽的有效性，不致发生因为过刻蚀而损坏薄膜下面的其他材料。

（4）刻蚀的洁净度高。

（5）加工批量大，控制容易，成本低，对环境污染少，适用于工业生产。

4.1.4 刻蚀的种类

在集成电路制造中有两种刻蚀工艺：湿法刻蚀和干法刻蚀。湿法刻蚀是利用液体化学试剂，以化学的方式去除硅片表面材料。由于一般湿法刻蚀属各向同性腐蚀，因此主要用在图形尺寸较大的情况下（大于 3 μm）。湿法刻蚀也可用来去除干法刻蚀后的残留物。干法刻蚀是把硅片表面曝露在气体产生的等离子体中，等离子体通过光刻胶中开出的窗口，与需刻蚀的薄膜发生物理或化学反应，从而去除暴露的表面材料。干法刻蚀由于图形的保真度好，是亚微米和深亚微米尺寸下刻蚀器件的主要方法

4.2 湿法刻蚀

4.2.1 湿法刻蚀的基本概念

湿法刻蚀是利用一定的化学试剂与需刻蚀的薄膜反应从而在薄膜上显示一定的图形。

尽管湿法刻蚀有着一定的缺点，但由于它可以控制刻蚀液的化学成分，使得刻蚀液对特定薄膜材料的刻蚀速率远大于对其他材料的刻蚀速率，从而提高刻蚀的选择比。同时不产生衬底损伤，所以广泛地被用在非关键尺寸的任务中。

湿法刻蚀最主要的缺点之一是由于刻蚀过程中进行的化学反应一般是没有特定方向的，其刻蚀效果是各向同性的，使刻蚀后的线条宽度难以控制。湿法刻蚀的另一个缺点是由于刻蚀通过化学反应实现，所以刻蚀液反应通常伴有放热并产生气体。反应放热会造成局部区域的温度升高，反应速度加快，使反应的可控性下降，致使刻蚀出的图形不能满足要求。反应生成的气泡会隔绝薄膜与刻蚀液的接触，造成局部反应的停止，形成缺陷。因此，在湿法刻蚀中需要进行搅拌。

4.2.2 几种薄膜的湿法刻蚀原理及操作

1．硅的湿法刻蚀

单晶硅的刻蚀可用于深槽或 V 形槽隔离制作工艺中，多晶硅刻蚀用于形成栅极和局部连线。

在通常条件下，硅对浓或稀的硝酸、硫酸以及盐酸都是稳定的，和氢氟酸也不发生反应，但硅可以和硝酸、氢氟酸的混合液反应，并使其溶解。所以硅的湿法刻蚀，多数都是采用强氧化剂先对硅氧化，然后利用 HF 与 SiO_2 的反应腐蚀掉 SiO_2。最常用的腐蚀液是 HF 和 HNO_3 和水的混合物。反应方程式为

$$\begin{gathered} Si+4HNO_3 \rightarrow SiO_2+2H_2O+4NO_2\uparrow \\ SiO_2+6HF \rightarrow H_2SiF_6+2H_2O \end{gathered} \tag{4-2}$$

反应生成的 H_2SiF_6 是一种络合物，可溶于水。所以 HF 溶液能刻蚀二氧化硅。这就是为什么 HF 不能放在玻璃容器内，而且 HF 在实验中不能用玻璃烧杯或玻璃试管盛放。

通常在刻蚀中加入少量的醋酸作为缓冲剂，以抑制硝酸的电离。至于刻蚀速率的调整，则可以通过改变硝酸和氢氟酸的配比，再配合缓冲剂的添加或者是水的稀释来控制。这种溶液的最大刻蚀速率为 470 μm/min。

刻蚀过程会散发大量的热能，若不注意散热，会影响刻蚀质量，因此硅的湿法刻一般在冰水中进行。

当单晶硅刻蚀被用在集成电路的隔离制作工艺中时，例如，在硅片衬底上需要刻蚀一个大约 0.25 μm 宽，几个微米深度的槽，用来做 IC 器件间的彼此隔离，这时常常需要一种能进行定向控制的湿法刻蚀。常用硅的定向湿法腐蚀液如下。

KOH：异丙基乙醇：H_2O=23.4∶13.5∶63

这种腐蚀液在<100>晶向的腐蚀速率比<111>晶向快 100 倍。由于这种腐蚀液不含氢氟酸，可以简单地用热氧化膜作为掩蔽层。

2．二氧化硅的湿法刻蚀

二氧化硅腐蚀液是以氢氟酸为基础的水溶液，其反应方程式为

$$SiO_2+6HF \rightarrow H_2SiF_6+2H_2O \tag{4-3}$$

其中 H_2SiF_6 为六氟硅酸。为了控制反应速率不至于过快，往往中腐蚀液中加入 NH_4F 作为缓冲剂，这样的腐蚀液被称为 BHF 腐蚀液。常用的 BHF 液的配方为

$$HF : NH_4F : H_2O = 3ml : 6g : 10ml \tag{4-4}$$

3．铝的湿法腐蚀

常用的腐蚀液有磷酸腐蚀液。利用它与铝反应能生成可溶于水的酸式磷酸铝，达到腐蚀的目的。其反应式为

$$2Al + 6H_3PO_4 \rightarrow 2Al(H_2PO_4)_3 + 3H_2\uparrow \tag{4-5}$$

腐蚀时反应激烈，会有气泡不断冒出，影响腐蚀的均匀性，为此，可在腐蚀液中加入少量无水乙醇或在腐蚀时采用超声振动。腐蚀温度一般为 70～90 ℃。但在 VLSI 中常用的 Al 互连线并非纯铝而是合金材料，在许多情况下，这些杂质在槽内的挥发性远不及基体材料，特别是铝中掺杂的硅和铜通常难在标准的铝腐蚀液中去除。

4．砷化镓的湿法刻蚀

砷化镓材料多用于微波器件、光电器件或开关器件中。最常用的砷化镓腐蚀液为

$$H_2SO_4 : H_2O_2 : H_2O = 8 : 1 : 1 \tag{4-6}$$

在高的硫酸浓度下，这种溶液相当黏稠，所以腐蚀受到新鲜腐蚀液向硅片表面扩散程度的限制。在这些溶液中腐蚀是不均匀的。所以酸的浓度通常保持在 30%的水平。由于腐蚀液中的 H_2O_2 会分解为 H_2O 和 O_2，所以刻蚀速率随着时间增加而降低。

由于大多数湿法刻蚀为各向同性刻蚀（即水平方向与垂直方向的腐蚀速率一样），在纵向腐蚀的同时进行着横向腐蚀，使腐蚀图案的分辨率降低，同时要使用大量的化学试剂，易对操作人员造成危害。20 世纪 80 年代后，当图形尺寸小于 3 μm 时，干法刻蚀替代了湿法刻蚀。

4.3　干法刻蚀

4.3.1　干法刻蚀的基本概念

干法刻蚀是以等离子体辅助来进行薄膜刻蚀的一种技术。它包含等离子体刻蚀、反应离子刻蚀、溅射刻蚀、高密度等离子体刻蚀等技术。由于刻蚀反应不涉及溶液，所以称为干法刻蚀。干法刻蚀工艺可分为纯物理性刻蚀与纯化学性刻蚀以及将两者特性相结合的反应离子刻蚀。

1．溅射刻蚀

物理性刻蚀也称为溅射刻蚀（Sputtering Etch）。它是利用气体（如氩）电离成带正电的离子，再利用偏压将离子加速，溅射在被刻蚀物的表面，当能量足够大时，将被刻蚀表面的原子击出，该过程完全是物理能量上的转移，故称为物理性刻蚀。其原理图如图 4-6 所示。

当把衬底置于电极板的阴极时，等离子体中的正离子将在电场的作用下加速去轰击衬底表面，高能正离子将把表面薄膜原子撞击下来而形成溅射刻蚀。这种干法刻蚀的优点是具有极佳的各向异性，薄膜经刻蚀后轮廓将十分接近 90°，但刻蚀的选择性较差。

溅射刻蚀也常用于硅片淀积之前对表面进行溅射清洗，以去除杂质沾污。

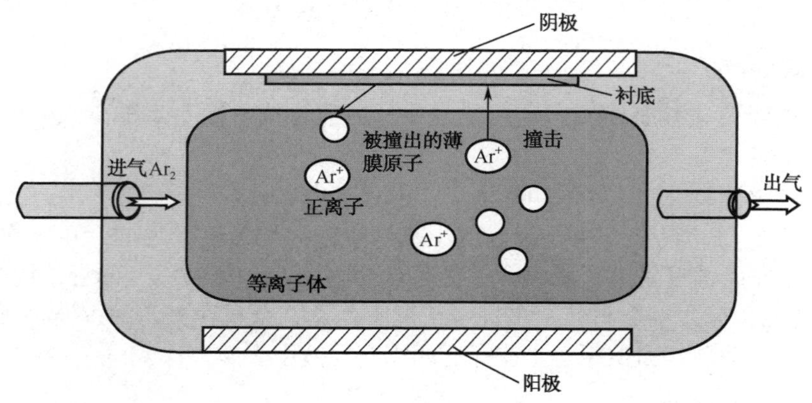

图 4-6　溅射刻蚀示意图

2. 等离子体刻蚀

化学性刻蚀也称为等离子体刻蚀（Plasma Etching PE），是利用气体分子在强电场作用下，产生辉光放电，在放电过程中气体分子被激励并产生活性基，这些活性基可与被腐蚀膜发生化学反应，生成可挥发性气体而被带走。这种刻蚀方法与湿法刻蚀相类似，只是反应物与产物的状态从液态改为气态，并以等离子体来加快反应速率。因此化学刻蚀具有较高的选择比，但其同样具有各向同性刻蚀的缺点。

因为等离子体主要采用的是化学刻蚀的原理，所以其刻蚀速率高，选择比较高，但产生各向同性刻蚀的轮廓，因此往往和溅射刻蚀一起进行。

3. 反应离子刻蚀（RIE）

使用最广泛的方法是结合物理性的离子轰击和化学反应的反应离子刻蚀（RIE），它是一种介于溅射刻蚀和等离子体刻蚀之间的干法刻蚀技术，同时用物理和化学两种作用来去除薄膜的方法，因此可以兼具有各向异性刻蚀的优点，又有可接受的选择比。反应离子刻蚀时，辉光放电在零点几到几十帕的低真空中进行，硅片处于连接射频电源的电极上，放电时的电信号大部分降落在阴极附近，大量带电粒子受垂直于硅片表面的电场加速，垂直入射到硅片表面，以较大的能量撞击硅片表面，进行物理刻蚀。同时它们还与薄膜发生强烈的化学反应，进行化学刻蚀。选择合适的气体，既可以获得理想的刻蚀选择比和速度，而且可以大大提高刻蚀的各向异性。RIE 是超大规模集成电路工艺中主要采用的一种刻蚀方法。

4. 高密度等离子体刻蚀（HDP）

常规等离子体中有效的自由基和离子数量太少，许多时候希望它能够增大自由基的密度，以改善工作能力，特别是提高刻蚀速率。目前有三种方法提高等离子体中有效成分的含量，它们统称为高密度等离子体技术：磁场增强型反应离子刻蚀（MERIE），电感耦合等离子体刻蚀（ICP），电子回旋共振等离子体刻蚀（ECR）。

（1）磁场增强型反应离子刻蚀。磁场增强型刻蚀是在传统的反应离子刻蚀系统中加入永久性磁铁或线圈，产生与晶圆片平行的磁场，在电场与磁场的共同作用下，电子将做螺旋式运动，这样可以减少电子与腔壁之间的撞击，增加了电子撞击气体分子的概率，使得等离子体的密度有所提高，从而提高刻蚀速率，同时由于磁场常设计为旋转磁场，因此可以保证刻蚀的方向性和均匀性。

（2）电感耦合等离子体刻蚀。外加高频电源，通过感应线圈耦合产生交变的电磁场，使等离子体中的电子路径发生改变，使电子和气体分子碰撞电离产生高密度等离子体。其结构如图 4-7 所示。该技术结合侧壁钝化工艺刻蚀硅，可获得高深宽比（>100）的刻蚀结构。由于在 DRAM 技术中，沟槽的深度可达 10 μm 数量级，所以迫切要求 Si 沟槽刻蚀的高刻蚀率。

（3）电子回旋共振等离子体刻蚀。电子回旋共振等离子体刻蚀是利用微波及外加磁场来产生高密度等离子体的。当输入的微波频率ω等于电子回旋共振频率ω_{ce}时，微波能量可以共振耦合给电子。获得能量的电子电击中性气体，产生放电。这种放电可以在低气压下进行。电子回旋频率$\omega_{ce}=eB/m$，e 和 m 为电子电荷及其质量，B 是磁感应强度，通过调节磁场形态，输入的微波功率等参数，使得共振条件得以满足，即$\omega=\omega_{ce}$，从而产生所需的高密度等离子体。其结构如图 4-8 所示。较常使用的微波频率为 2.45 GHz，所需的磁场就为 0.087 5 T。

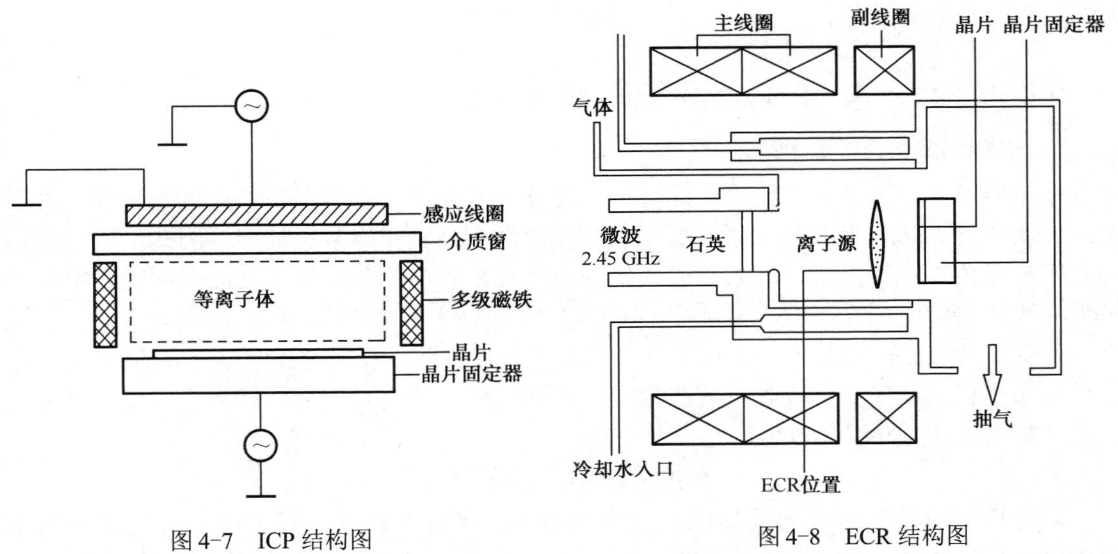

图 4-7　ICP 结构图

图 4-8　ECR 结构图

电子回旋共振等离子体具有直流和射频等离子体不具备的优点：如等离子密度高（10^{10}～10^{12} cm^{-3}），电离度大（大于 10%），工作气压低（10^{-3}～1 Pa），均匀性好，参数易于控制等优点。

4.3.2　几种薄膜的干法刻蚀原理及操作

1．含硅薄膜的干法刻蚀

含硅薄膜主要指以硅化物为主的电介质如二氧化硅、氮化硅，以及作为 MOS 器件栅电极的多晶硅。此类薄膜干法刻蚀的工作气体主要为 CF_4，它在强电场作用下电离成为多种含氟的活性基，氟的活性基与硅薄膜发生反应，生成可挥发性的气态物质从而将薄膜刻蚀掉。

$$
\begin{aligned}
&CF_4 \xrightarrow{\text{电场}} CF_3^* + F^* \\
&CF_3^* \xrightarrow{\text{电场}} CF_2^* + F^* \\
&CF_3^* \xrightarrow{\text{电场}} CF^* + F^* \\
&CF^* \xrightarrow{\text{电场}} F^*
\end{aligned} \tag{4-7}
$$

$$
\left.\begin{matrix} SiO_2 \\ Si_3N_4 \\ Si \end{matrix}\right\} + F^* \rightarrow SiF_4 \uparrow + \left\{\begin{matrix} O_2 \uparrow \\ N_2 \uparrow \end{matrix}\right. \tag{4-8}
$$

电介质刻蚀中通常加入氩气增加离子轰击，通过破坏 Si–O，Si–N 化学键，增加刻蚀速率并形成各向异性的刻蚀轮廓。加入氧气并与碳反应，释放出更多的氟游离基，可以提高刻蚀速率。其反应方程式为

$$CF_4 + O \rightarrow COF_2 + 2F^* \tag{4-9}$$

添加氧气对 Si 的刻蚀速率的提升要比对 SiO_2 的快，当氧气含量超过一定值后，两者的刻蚀速率都开始下降，那是因为所生成的氟原子再结合形成 F_2，使自由的氟原子减小的缘故。其反应方程式为

$$
\begin{aligned}
&O_2 + F \rightarrow FO_2 \\
&FO_2 + F \rightarrow F_2 + O_2
\end{aligned} \tag{4-10}
$$

所以此时再加入氧气会降低 SiO_2/Si 的刻蚀选择比。

2．铝和铝合金的干法刻蚀

铝是半导体工艺中最主要的导体材料，它具有低电阻，易于沉积和刻蚀等优点。由于 AlF_3 的蒸汽压很低不易挥发，很难脱离被刻物表面而被真空设备所抽离，因此不适合用氟化物等离子体作为工作气体。而铝的氯化物则具有足够高的蒸汽压，因此目前生产中主要采用氯化物 BCl_3，作为铝的干法刻蚀源。因为铝在常温下表面极易氧化生成 30～50 Å 氧化铝，阻碍了刻蚀的正常进行，而 BCl_3 可将自然氧化层去除，保证刻蚀的进行，而且 BCl_3 还容易与氧气和水反应，可吸收反应腔内的水汽和氧气，从而降低氧化铝的生成速率。BCl_3 去除自然氧化层的方程式为

$$Al_2O_3 + 3BCl_3 \rightarrow 2AlCl_3 + 3BOCl \tag{4-11}$$

氯基气体的刻蚀是各向同性的，为了获得各向异性的刻蚀，可以向反应气体中加入 CCl_4 或 Cl_2 等气体。这些气体进行离化产生 Cl*游离基，它们与铝原子反应生成准挥发性的三氯化铝。

$$Al + Cl^* \rightarrow AlCl_3 \uparrow \tag{4-12}$$

同时这些气体会与光刻胶中的碳反应生成聚合物，沉积在金属侧墙上，保护侧墙不受离子的轰击，从而得到很好的各向异性刻蚀，但二氧化硅则无法实现侧墙的保护。两种掩蔽层对刻蚀的影响如图 4-9 所示。所以在铝刻蚀中通常选择光刻胶作为掩蔽层，而不是二氧化硅。

在铝中加入少量的铜或硅，是半导体工艺中常见的铝合金材料。当加入了铜和硅时，硅、铜的去除就成为铝合金刻蚀要考虑的问题，如果两者之一未能被刻蚀或刻蚀干净，留下的硅和铜的颗粒将阻碍其下面的铝的刻蚀，进而形成柱状残留物，也就是微掩膜现象（Micromasking）。对于硅的刻蚀，由于 $SiCl_4$ 有很好的挥发性，所以在含有氯游离基的等离

子体气氛中，硅的去除应较容易。然而铜的去除较困难，因为 $CuCl_2$ 的蒸汽压很低，挥发性不好，所以铜的去除必须以高能量的离子撞击来去除，也就是溅射刻蚀。另外提高温度，也有助于 $CuCl_2$ 的挥发。

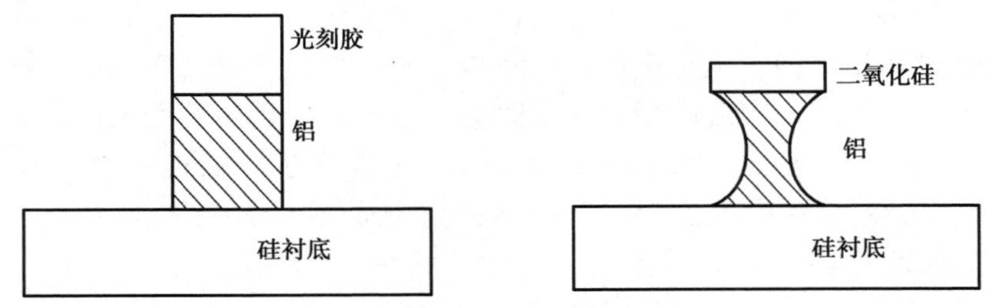

图 4-9　两种掩蔽材料对刻蚀的影响

3．钨的干法刻蚀

在多层金属结构中，钨是用于填充通孔的主要金属材料，此外还有钛、钼等。通常用 CVD 方法在芯片介质层的表面淀积钨金属，使其填入接触孔，以获得较低的接触电阻，然后通过干法刻蚀将介质层表面的钨去除，只留下通孔中的钨，这一过程也称“钨回蚀”。

钨的干法刻蚀气体主要是 SF_6、Ar 和 O_2，其中 SF_6 在等离子体中分解，提供氟的游离基，和钨进行化学反应生成氟化物。其反应方程式为

$$W+6F^* \rightarrow WF_6 \tag{4-13}$$

其他氟化物如 CF_4 等均可用来作为钨回蚀的气体。因为氟化钨在常温下是气体（沸点为 17.1 ℃），在反应室中极易被排出，不会对后续的刻蚀产生影响。若使用 SF_6，最终产物将含有 S，由于硫的蒸汽压较低，因而在反应室中将有较多的沉积，可能导致钨回蚀不干净，但在通孔中的钨相应的流失也较少。但若用 CF_4，因没有 S 沉积，钨回蚀较干净，但通孔中钨的损失可能也较大。由于 SF_6 提供 F 原子的效率高于 CF_4，刻蚀速率相应较大，所以工艺中较多的选择 SF_6 为刻蚀气体。

Ar 在钨回蚀中起着重要的作用，因为 Ar 可以对钨产生离子撞击，可有效去除刻蚀时在芯片表面沉积物而减少钨回蚀不净的现象。O_2 在刻蚀中只使用少量，主要是加强氟化物气体在等离子体中的解离效率及减少保护层的沉积量。但大量使用 O_2 时会产生相反的结果。

4.3.3　干法刻蚀的终点检测

和湿法刻蚀相比，干法刻蚀的选择比不高，如果刻蚀时间控制不好形成过度刻蚀，很有可能造成对下一层薄膜的损伤，因此必须对刻蚀过程进行监控，尤其是要进行终点检测，以便确定中止刻蚀时间。每种原子都有自己的光波，不同的薄膜刻蚀时等离子体发出不同的颜色。所以刻蚀的最后阶段，等离子体的化学成分将发生改变，从而引起等离子体发光的颜色和强度改变，利用光谱仪监测光的特定波长并检测信号的改变，光学系统就传送一个电信号到电脑以控制刻蚀系统终止刻蚀工艺。

目前终点检测主要有三种方法：发射光谱分析法，激光干涉测量法，质谱分析法。

1．发射光谱分析法（Optical Emission Spectroscopy，OES）

原子或分子受到外场激发后从基态跃迁到激发态，由于激发态的不稳定性，在极短的

时间内（10^{-9}～10^{-7} s）又会迅速地回到基态，同时将吸收的能量以光辐射的形式重新释放出来。不同的原子或分子从基态到不同的激发态所对应的能量各不相同，因此它们所对应的光辐射的波长也各不相同。各种粒子有它们各自的特征谱线，根据特征谱线的强弱变化可以确定对应粒子的浓度的变化。光强的变化可以通过反应室侧壁上的观测窗进行观测。在反应离子的刻蚀过程中，由于化学反应，一些粒子被消耗，同时会产生另一些新的粒子，在发射光谱中就表现为某些谱线的减弱，同时会产生一些新谱线。通过监控来自等离子体反应中一种反应物的某一特定发射光谱峰或波长，在预期的刻蚀终点可探测到发射光谱的改变，从而来推断刻蚀过程和终点，这就是发射光谱法的最基本原理。

表 4-1 为发射光谱分析常用的气体原子或分子的特征光波长。

表 4-1　发射光谱分析常用的气体原子或分子的特征光波长

被刻蚀物质	刻　蚀　物	被检测基团	波长（nm）
SiO_2	CF_4-CHF_3-Ar	CO	483
Si_3N_4	CF_4-CHF_3-Ar	N_2	452～650
Si_3N_4	CF_4-CHF_3-Br	宽范围可见光	
Si	CF_4-O_2	F	704
Al	Cl_2-CCl_4	Al	396
W	SF_6	F	704
多晶硅	Cl_2	Si	288
光刻胶	O_2	CO	483

发射光谱分析法是最常用的终点检测方法，因为它可以很容易地集成在刻蚀机上，且不影响刻蚀过程；对反应的细微变化可以进行非常灵敏地检测，可以实时地提供刻蚀过程中的许多有用信息。但这种方法也存在着一些不足：一是检测光波的强度与刻蚀速率成正比，因此当刻蚀速率较慢时，检测就变得较困难；二是当被刻蚀的薄膜面积较小时，得到的光强信号很弱，使终点检测失效。

2．激光干涉终点检测法（Interferometry End Point，IEP）

激光干涉终点检测法是用激光光源检测透明薄膜厚度变化的，当厚度变化停止时，意味着到达了刻蚀终点，基本原理如图 4-10 所示。厚度的测量是利用激光照射透明薄膜，在透明薄膜表面反射的光线与穿透薄膜被下一层材料反射的光线发生干涉。在Δd 满足 $\Delta d = \lambda / 2n$ 时，出现明暗相间的干涉条纹。其中Δd 为薄膜厚度的变化，λ为激光的波长，n 为薄膜的折射率。根据最亮的条纹数，可以得到薄膜厚度。

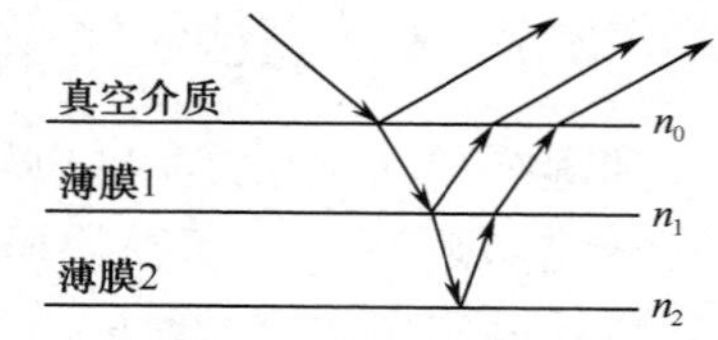

图 4-10　IEP 终点检测基本原理

此法不仅可以确定刻蚀的终点，也可以测出正在进行刻蚀的刻蚀速度，这种方法的缺点是只检查硅片表面非常有限的一小部分刻蚀状态，在被刻蚀表面粗糙时，从表面反射回来的光也是非常微弱的，这样可能产生误差。

3．质谱分析法

质谱分析法是通过分析刻蚀前后刻蚀腔内的成分来判断的。利用刻蚀腔壁上的洞来对等离子体中的物质成分进行取样，取得的中性粒子被电子束电离成离子，离子经过电磁场偏转，不同电荷/质量比的离子偏转程度不同，可借助改变电磁场而收集。当用在终点检测时，将电磁场固定在收集某种分析物质所需要的电磁场，观测计数的连续变化即可得知刻蚀终点。

这种方法对部分荷质比相同的物质如 N、CO、Si 等无法区分，因为如同时拥有这些成分的刻蚀，终点检测无法判断；此外取样的结果对终点检测有较大的影响，质谱分析设备不容易安装到各种刻蚀机上。

4.4　去胶

在图形制备的最后一道工序是要将硅片表面的光刻胶去除，这一工序称为去胶。常用的去胶方法有溶剂去胶，氧化去胶和等离子体去胶。

4.4.1　溶剂去胶

溶剂去胶是将带有光刻胶的硅片浸泡在适当的溶剂内，使聚合物膨胀，然后把胶擦去。去胶溶剂一般是含有氯的烃化物，如三氯乙烯。这种方法主要用于金属表面的光刻胶去除。由于溶剂中会含有较多的无机杂质，会在衬底表面留下微量杂质，在制备 MOS 器件时，可能会引起不良后果，故很少采用。此法的优点是在常温下进行，不会使铝层发生变化。

4.4.2　氧化剂去胶

对于无金属表面的光刻胶层，如二氧化硅、氮化硅和多晶硅表面的光刻胶，可以采用氧化剂去胶。目前常用的氧化剂为浓硫酸和双氧水的混合物（SPM 液），配比按照 $H_2SO_4:H_2O_2=3:1$，利用浓硫酸使光刻胶中的 C 被还原析出来，由于碳微粒的存在会影响硅片表面的质量，所以利用双氧水使碳氧化而析出。

工艺中将硅片放在氧化剂中加热到 100 ℃左右，光刻胶氧化成 CO_2 和 H_2O 而被去除。为了防止双氧水过早分解，从而使其功效最大化，在喷射到硅片前才将室温下的双氧水与预加热的硫酸混合在一起。此外，催化剂也是单独注入反应腔中，用于提高硅片温度和增强 SPM 液的反应活性。

对于 32 nm 及更高技术节点，在超浅结（USJ）源/漏（S/D）形成工艺中，离子注入的砷（As）和磷（P）的浓度通常超过 1×10^{15} 离子/cm^2，因此会在光刻胶表面形成坚硬的、碳化交联聚合物硬壳。由于这层碳化物硬壳通常无法通过标准的湿法清洗去除，例如，硫酸和双氧水的混合物（SPM）和 SC1，因此在湿法清洗前需要通过等离子体将硬壳打破。

以上两种去胶都采用溶剂，所以又称为湿法去胶。尽管湿法去胶目前仍有较广泛的使用，但湿法去除光刻胶存在难以控制、去除不彻底（总有残胶）、需要反复去除等缺点，尤其是湿法去除所带来的废酸池的处理和大量的去离子水的使用，给环境保护和节约能源造成了极大的困难。

4.4.3 等离子体去胶

干法去胶主要是等离子体去胶，就是用等离子体氧化或分解的方式将光刻胶剥除，干法去胶有着湿法去胶不可比拟的优点：刻蚀率高，对环境污染小，去胶过程易精确控制，在现代半导体工业中被广泛应用。

等离子体氧气去胶的原理是，将硅片置于真空系统中，通入少量氧气，加 1500 V 高压，使氧气电离成含有活化氧原子的等离子体。活化氧原子迅速将光刻胶氧化成 CO_2、H_2O、CO 和其他可挥发性的气体，由机械泵抽走，从而把光刻胶去除。

等离子体去胶可以和等离子体刻蚀连续进行，操作简单，去胶效率高，表面干净光洁，无划痕，成本低。

氧气流量的大小对去胶速率的影响非常大，随着氧气流量的增加，活化氧原子数增加，去胶速率明显加快。但如果氧气流量过大，电离十分剧烈，温度过高，会对金属造成不良影响。因此为了保证衬底温度不超过 150 ℃，此时氧气流量定在 8～30 ml/min 范围内。

随着集成电中路芯片特征尺寸不断减小，单位面积内的器件数量不断增加。半导体工业进入深亚微米时代（特征尺寸<0.25 μm）后，互连问题成为影响电路性能提高的主要因素之一，RC 延迟超过门延迟成为限制电路工作速度的最大障碍。铜镶嵌工艺与低 *K* 介质材料集成的新互连方案有效解决了上述问题。采用电阻率更小的 Cu 代替 Al 作为互连线材料（Cu 的电阻率是 1.67 μΩ · cm，Al 的电阻率是 2.65 μΩ · cm，Cu 比 Al 约低 35%）能有效减小互连线电阻；采用低 *K* 介质材料（K<3.0）替代 SiO_2（K=3.9）作为互连线线间和层间介质可以有效降低互连电容。去胶过程中，在等离子体的作用下，低 *K* 介质薄膜中的碳元素被消耗，薄膜的孔隙率下降、密度增大，薄膜表面由疏水性变成亲水性，吸收水汽之后 *K* 值上升，低 *K* 介质薄膜的这种退化过程叫做等离子体损伤。

图 4-11 是采用 O_2 等离子体去胶时的等离子体损伤示意图。O_2 等离子体具有强氧化性，能够和碳、氢元素反应生成挥发性气体。从图中可以看出，去胶过程中 O 自由基扩散进入到沟槽和通孔侧壁，在低 *K* 介质薄膜 Si-OH 表面形成了一层亲水的类 SiO_2 薄层。而经过稀释的 HF 漂洗之后，受损的类 SiO_2 薄层消失，使沟槽和通孔的尺寸都发生了变化。

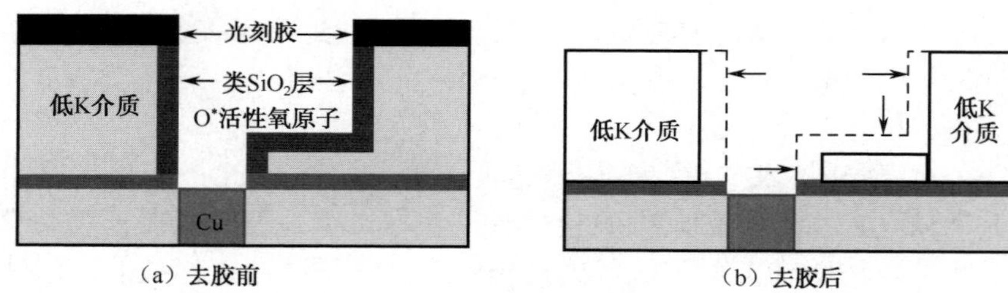

（a）去胶前　　（b）去胶后

图 4-11　等离子体损伤示意图

为了评价去胶的效果，引入灰化效率这个量，其定义为去除的光刻胶厚度与受损的低 *K* 介质薄膜厚度的比值。灰化效率的大小可以反映去胶工艺中不同气体带来的等离子体损伤程度。合适的气体组成及流量比可以实现低损伤的等离子体去胶工艺。在 65 nm 和 45 nm 节点，应用于低 *K* 介质薄膜的去胶工艺气体已从纯氧等离子体转变到采用还原性气体为主的远程等离子体，如 CO_2、NH_3、H_2/N_2 混合气体或者是中性粒子束。CO_2 等离子体可以补

偿低 K 介质材料中损耗的 C，带来的等离子体损伤比 O_2 等离子体的要低很多；在 CO/O_2 的混合气体中，增加 CO 的比例时等离子体损伤会降低；在 CO_2/N_2 的混合气体中，增加 N_2 的比例也可以降低等离子体损伤，这是由于去胶过程中在低 K 介质材料图形的侧壁形成了富含 C 和 N 的钝化层。由此可见，以 CO_2 为主要工艺气氛，以 Ar 或 N_2 作为辅助气体的去胶工艺被证明可以降低等离子体损伤。

本章小结

本章主要介绍了刻蚀工艺的作用、工艺要求、刻蚀和去胶方法。重点介绍了湿法刻蚀和干法刻蚀的原理、常用薄膜（硅、铝、二氧化硅等）材料的湿法和干法刻蚀工艺。通过本章的学习，使学生掌握干法刻蚀和湿法刻蚀的不同及常见薄膜材料的刻蚀方法。

思考与习题 4

1．叙述二氧化硅、铝的湿法腐蚀的原理。
2．说明湿法腐蚀的特点。
3．叙述含硅化合物，铝的干法刻蚀的原理。
4．说明干法刻蚀的特点。
5．说明干法去胶的方法及特点。
6．干法刻蚀的终点检测有哪些方法？简述发射光谱分析法进行终点检测的原理。

第5章 掺杂

本章要点

（1）扩散的基本原理；
（2）影响扩散的因素；
（3）几种不同扩散方法的原理及特点；
（4）扩散层的质量参数及检测；
（5）离子注入的基本原理；
（6）离子注入的设备；
（7）离子注入的损伤与退火。

掺杂是指用人为的方法，按照一定的方式将杂质掺入到半导体等材料中，使其数量和浓度分布均符合要求，改变材料电学性质或机械性能，达到形成半导体器件的目的。通过掺杂可以形成PN结，如NPN晶体管基区、发射区形成，MOS源漏的形成等；改变材料的电阻率，如多晶硅的掺杂，减小栅极的电阻；改变材料的某些特性，如掺杂的二氧化硅BSG，PSG，FSG等。

掺杂工艺是制作半导体器件和集成电路必不可少的工艺。通常，控制杂质进入半导体体内有两种方式，一种是以热平衡为基础的热扩散，另一种是以动能守衡为基础的离子注入技术。

5.1　热扩散的基本原理

所谓扩散是指杂质原子在高温下，在浓度梯度的驱使下渗透进半导体体内，并形成一定的分布，从而改变导电类型或掺杂浓度。在双极型器件和集成电路制造技术中，采用扩散形成基区、发射区和电阻，在 MOS 器件技术中则利用扩散形成源区和漏区，以及对多晶硅掺杂。

5.1.1　扩散机构

高温下，杂质原子具有一定的能量，能够克服某种阻力进入半导体，并且在其中做缓慢的迁移运动。这些杂质原子不是代替硅原子的位置，就是处在晶体的间隙中，因此扩散也就有替位式扩散和间隙式扩散两种方式。

1．替位式扩散

当杂质原子进入半导体后，如果在它周围的某一晶格格点上出现空位，则该杂质原子将会填充到空位上去，从而占据正常的晶格格点，这种方式就是替位式扩散，如图 5-1 所示。进行替位式扩散的条件首先杂质原子周围要有空位，其次振动能量大于晶格激活能 E_a。如果没有空位，就必须和邻近原子交换位置，此时所需的能量更大。

2．间隙式扩散

杂质原子进入半导体后，从一个原子间隙到另一个原子间隙逐级跳跃前进，这就是间隙式扩散，如图 5-2 所示。间隙式扩散的条件是振动能大于晶格激活能 Ea。

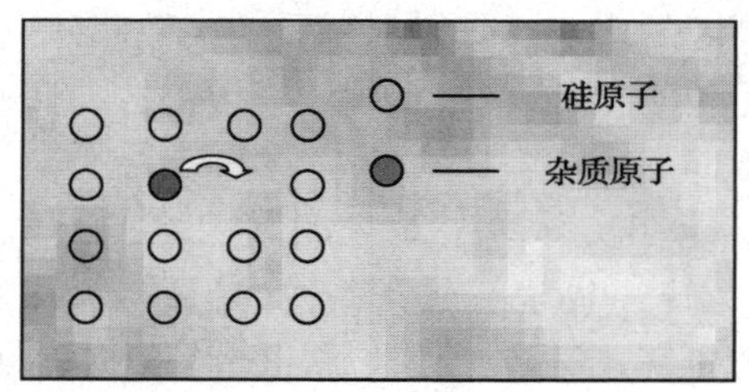

图 5-1　替位式扩散

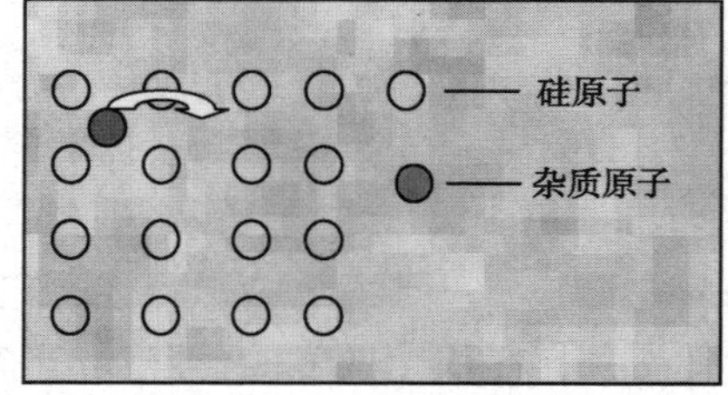

图 5-2　间隙式扩散

对间隙式扩散而言，Ea 是掺杂原子从一个间隙移动到另一个间隙所需的能量，在硅与砷化镓中，Ea 的值介于 0.5～2 eV。对替位式扩散而言，Ea 为杂质原子移动所需能量与形成空位所需能量之和，替位式扩散的 Ea 的值大于间隙式扩散 Ea 的值，通常介于 3～5 eV。实验测得铜、金、银等杂质的扩散激活能一般小于 2 eV，所以间隙式是其主要的扩散机构，这些杂质称为快扩散杂质；而像硼、磷、砷、锑等杂质的扩散激活能大于 3 eV，所以替位扩散是主要的扩散机制，这些杂质称为慢扩散杂质。为了要对掺杂杂质的数量和掺杂深度进行较好地控制，用于掺杂的主要选择慢扩散杂质。

5.1.2　扩散规律

扩散规律是杂质在半导体材料中分布时遵循的规律，即杂质分布与扩散温度、时间、

衬底浓度、掺杂源等因素之间有什么样的关系。掌握扩散规律，就可以通过调整外界的工艺条件来控制杂质分布，从而得到所要求的器件或电路的工艺参数。

慢、快扩散杂质的扩散系数如图 5-3、图 5-4 所示。

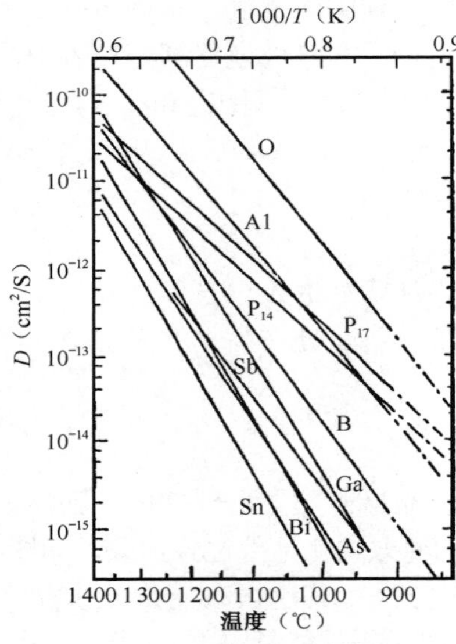

图 5-3 慢扩散杂质的扩散系数

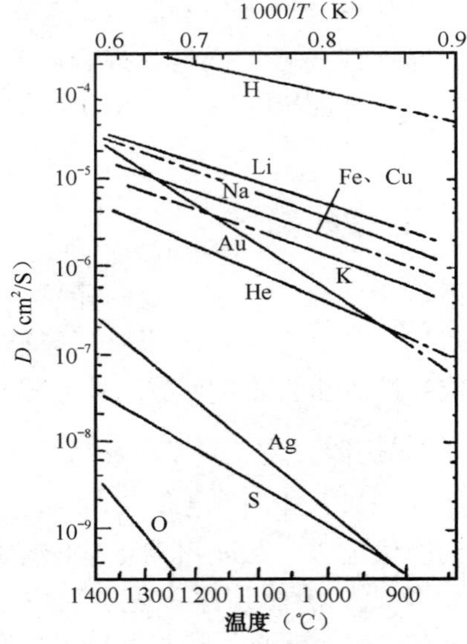

图 5-4 快扩散杂质的扩散系数

描述扩散运动的基本方程是菲克第一定律：

$$J = -D\frac{\partial C(x,t)}{\partial x} \tag{5-1}$$

式中，C 是杂质浓度；D 是在扩散温度下杂质的扩散系数；J 是掺杂杂质的扩散流密度，表示单位时间内单位面积上流过的杂质原子个数，单位为个/$\text{cm}^2 \cdot \text{s}$；$x$ 是从硅片表面到硅片体内的距离。负号表示净杂质移动是沿着浓度降低方向的。

虽然菲克第一定律精确地描述了扩散过程，但在实际中很难去测量杂质的扩散流密度。为此在菲克第一定律的基础上推出菲克第二定律，也就是通常所说的扩散方程。它的物理意义为：存在浓度梯度的情况下，随着时间的推移，某点 x 处杂质原子浓度的增加（或减少）是扩散杂质粒子在该点积累的结果。对于硅平面工艺中的杂质扩散来说，它描述了扩散过程中，硅片各点的杂质浓度随时间变化的规律。

$$\frac{\partial C(x,t)}{\partial t} = D\frac{\partial^2 C(x,t)}{\partial x^2} \tag{5-2}$$

要求解这样一个二阶微分方程，至少必须知道两个独立的边界条件，称为时间边界条件和位置边界条件。如果边界条件不同，得到的方程解也不同，为此就有两种不同形式的扩散规律。

1. 恒定表面浓度扩散

恒定表面浓度扩散是指在扩散过程中外界始终提供杂质源，硅片表面浓度始终保持在恒定的值，该值可达到硅片在扩散温度下杂质在硅中的最大固溶度。在此情况下，边界条件如下。

时间边界条件，即 t=0 时，$C(x,0) = 0$。

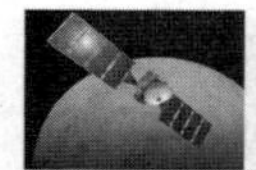

位置边界条件，即 x=0 时，$C(0,t)=C_s, C(\infty,t)=0$，其中 C_s 为固定的表面浓度，最大值为扩散温度下杂质在硅中的最大固溶度，可以通过图 5-5 查出。

在此边界条件下，求解菲克第二定律得到的解为

$$C(x,t)=C_s \mathrm{erfc}\left(\frac{x}{2\sqrt{Dt}}\right) \qquad t>0 \tag{5-3}$$

式中，erfc 为余误差函数；$\sqrt{Dt}$ 是扩散方程的解中的共用项，称为特征扩散长度。

单位面积扩散进去的杂质总量称为杂质剂量。恒定表面源扩散的杂质剂量随扩散时间的变化而变化，要求出此剂量，可对杂质分布进行 x 方向的积分

$$Q_T(t)=\int_0^{\infty} C(x,t)\mathrm{d}x=\frac{2}{\pi}C(0,t)\sqrt{Dt}\approx 1.13C_s\sqrt{Dt} \tag{5-4}$$

式中，Q_T 的单位为个/cm^2。

由恒定源扩散的解可以看出，杂质分布满足余误差函数分布（如图 5-6 所示），恒定源扩散的特点是表面浓度 C_s 始终固定不可调节，但单位面积的杂质总量 Q_T 随着时间的变化而变化，是可调节的。

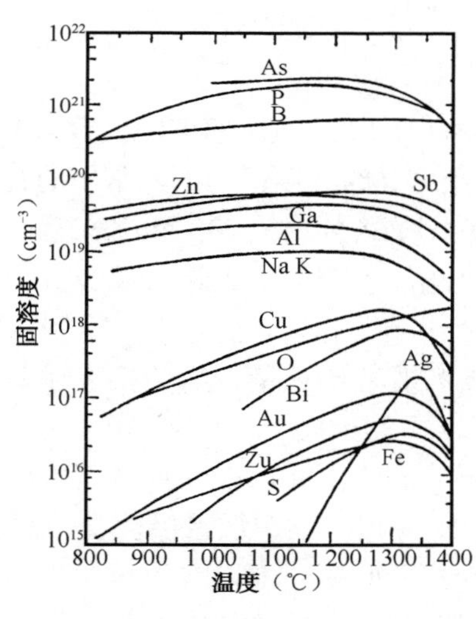

图 5-5　固溶度曲线

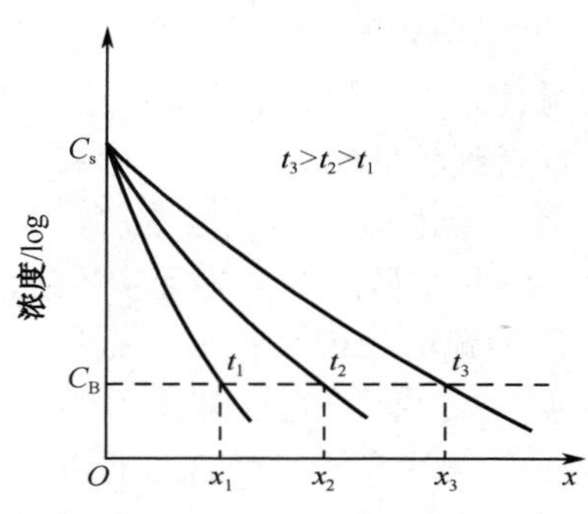

图 5-6　恒定表面源扩散杂质分布

2．恒定杂质总量的扩散（有限源扩散）

在这种扩散中，恒定总量的杂质以一层薄膜的形式预先淀积在硅片表面，接着杂质便扩散进入半导体，在以后的扩散中外界不再提供杂质源。这种情况下，边界条件如下。

时间边界条件：$C(x,0)=0$，$x\neq 0$

位置边界条件：$\int_0^{\infty} C(x,t)\mathrm{d}x=Q_T=$常数

$\frac{\mathrm{d}C(0,t)}{\mathrm{d}x}=0$（即在 x=0 处，杂质流密度 J=0，外界不再有杂质流入）

在此边界条件下，得到菲克第二定律的解为

$$C(x,t)=\frac{Q_T}{\sqrt{\pi Dt}}\mathrm{e}^{-\frac{x^2}{4Dt}},\quad t>0 \tag{5-5}$$

此时表面浓度为

$$C_s = C(0,t) = \frac{Q_T}{\sqrt{\pi Dt}} \tag{5-6}$$

由恒定杂质总量扩散的解可以看出，杂质分布满足高斯分布，如图 5-7 所示。有限源扩散的特点为表面浓度 C_s 随着时间的改变而改变，是可调节的，但单位面积杂质总量 Q_T 不可调节。

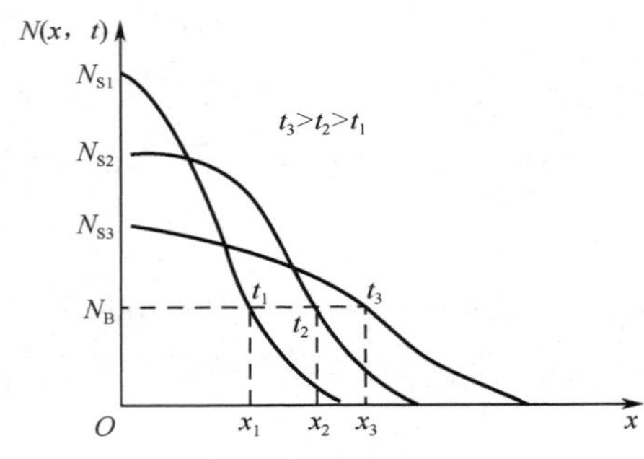

图 5-7　有限表面源扩散分布图

3．两步扩散法

实际生产中，常常需要表面浓度 C_s 和单位面积的杂质总量 Q_T 都可以调整。但由于扩散温度通常在 900～1 200 ℃之间，由图 5-5 可知，在这样的温度范围内，常用的几种杂质如硼、磷、砷和锑在硅中的固溶度变化不大，硼的固溶度基本为 $5\times10^{20}\ \text{cm}^{-3}$ 左右，而一般小功率硅平面晶体管，基区硼扩散的表面浓度在 $10^{18}\ \text{cm}^{-3}$ 数量级。所以，无论怎样调整扩散温度，都很难得到较低的表面浓度。

因此，为了要既能控制表面浓度，又能控制扩散的杂质总量，需要将上述两种扩散方式结合起来，这种扩散工艺称为两步扩散法。

第一步称为预淀积或预扩散，采用恒定表面源扩散的方式，在硅片表面薄层内淀积一定数量的杂质 Q_T，目的是控制掺入的杂质总量。预淀积一般扩散温度较低，扩散时间较短，杂质原子在硅片表面扩散深度很浅，如同在硅片表面薄层内，这为第二步的扩散提供了杂质源。第二步利用有限源扩散的方式使薄层内的杂质向硅片体内推进，形成一定的结深和杂质分布，称为再分布，也称主扩散。在再分布过程中，随着扩散时间的增加，表面浓度不断下降，扩散深度不断增加，因此能进行较好地控制，但杂质总量不变。同时在再分布过程中通入氧气，在硅片表面形成下一次扩散所需要的二氧化硅掩蔽层。

如果再分布的特征扩散长度远大于预淀积的特征扩散长度，最终杂质分布近似于高斯分布，反之，最终杂质分布接近于余误差函数分布

5.1.3　影响杂质扩散的其他因素

以上扩散方程的推导都是对扩散模型作了理想化的假设，例如假设扩散系数为一个常数，同时也忽略了实际扩散过程中所出现的各种效应，内建电场效应、基区陷落效应、氧化增强扩散效应、衬底的晶向等，所以实际分布往往偏离理想分布。以下将讨论几种对杂质分布的影响因素。

1．内建电场影响

杂质原子在硅中扩散时，是以电离的杂质离子和载流子的形式向硅片内自行扩散运动的。以 N 型杂质磷原子为例，磷原子电离为带正电荷的磷离子和带负电荷的电子。由于杂质离子的扩散速度远远小于电子的扩散速度，所以经过一段时间扩散后，由于杂质离子和电子浓度的不同，形成了从硅片表面向体内的内建电场（见图 5-8），该电场有助于杂质离子的扩散，从而使扩散系数不再是常数，会产生一个电场增强因子，这种影响也称为场助扩散效应。

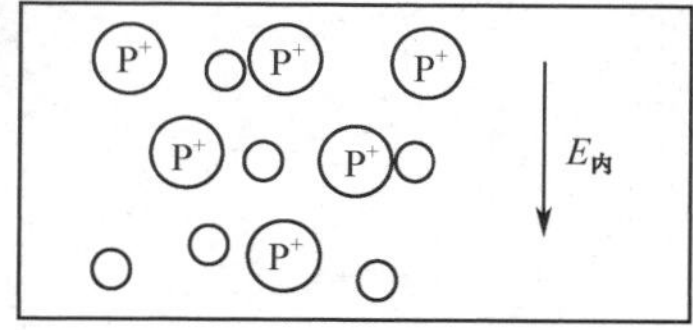

图 5-8　内建电场的产生

$$D_{eff} = D_i \left[1 + \frac{1}{\sqrt{1 + 4(n_i / N)^2}} \right] = h_E D_i \tag{5-7}$$

式中，D_{eff} 为有效扩散系数；D_i 为本征扩散系数；n_i 为扩散温度下本征载流子浓度；N 为掺杂浓度；h_E 为电场增强因子。

从上式可以看出，当掺杂浓度较小时，电场增强效应相对较小，但当掺杂浓度远远大于本征载流子浓度，即 $n_i/N \ll 1$ 时，$h_E \approx 2$，有效扩散系数是本征扩散系数的 2 倍，电场增强效应就会越来越明显。图 5-9 表示磷在 900 ℃时在硅中的扩散情形，掺杂浓度 N 比本征 n_i 高出很多时，h_E 趋于 2。

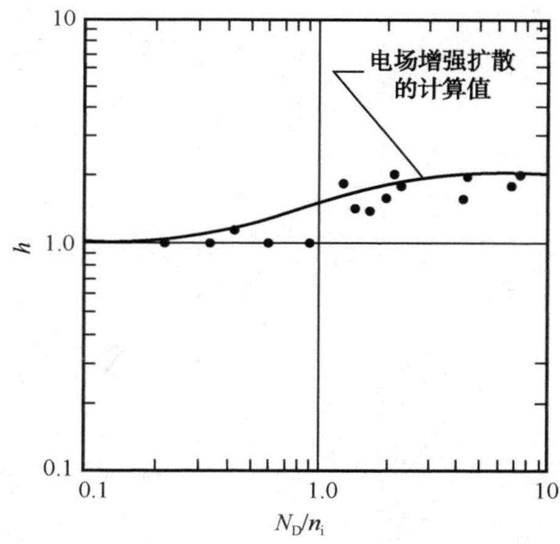

图 5-9　磷在硅单晶中因电场所引发的加速扩散

2．基区陷落效应

所谓基区陷落效应是指在基区中进行发射区扩散时，发射区下的基区推进深度较发射区外的基区推进深度大，造成基区陷落（如图 5-10 所示），这种效应称为基区陷落效应，也叫发射区推进效应。

造成基区陷落效应的原因是因为发射区磷扩散时，大量的磷原子以替位式扩散进入硅晶体。由于磷原子与硅原子的半径不同，在磷扩散区内形成较大的内应力，产生原子与空位对的分离，增加了空位的浓度，因而加快了基区硼的扩散速率。另有实验也显示

如果在基区中有氧化诱生缺陷的存在，也会导致空位向这些缺陷处汇聚，使硼原子扩散加速。

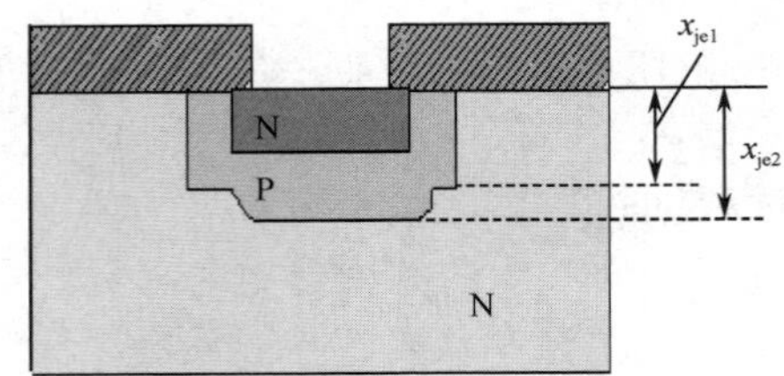

图 5-10　基区陷落效应示意图

基区陷落效应的发生，使基区有效宽度增加，从而影响放大倍数、特征频率、速度的提高。正因为基区陷落效应的存在，所以在双极型器件制造的纵向参数设计过程中，就应考虑基区陷落效应的因素，以降低基区陷落效应对基区宽度的影响。

3．氧化增强扩散效应（OED 效应）

氧化增强扩散效应（Oxidation Enhanced Diffusion，OED）是指在氧化性气氛中，某些掺杂原子的扩散存在明显增强。如杂质硼和磷在氧化性气氛中比在中性气氛中的扩散要快。图 5-11 为硼和磷的扩散系数与晶向和扩散气氛的关系曲线。从图中可以看出，在有氧化气氛的条件下，硼和磷的扩散系数明显增强。

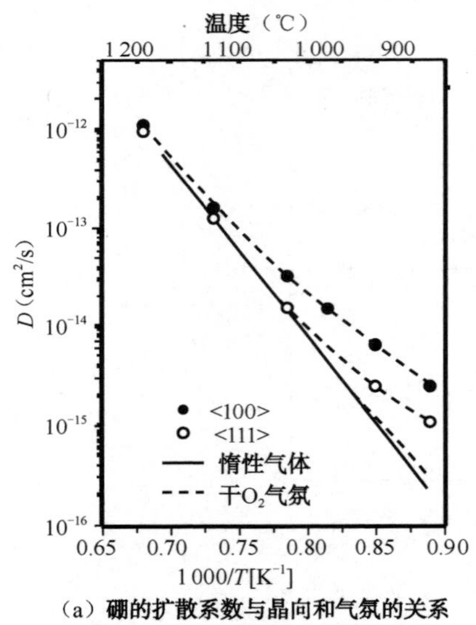

（a）硼的扩散系数与晶向和气氛的关系

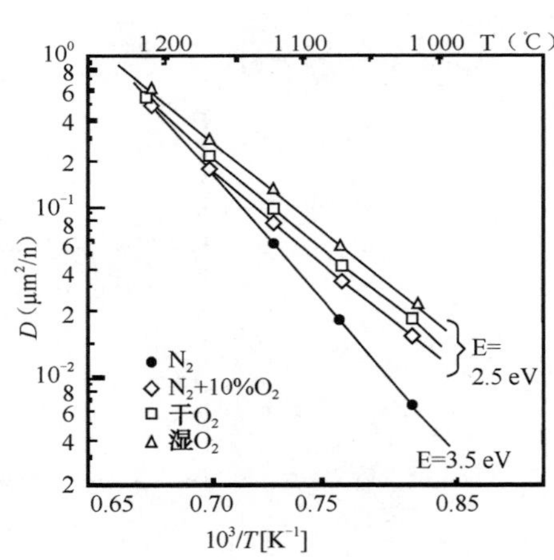

（b）磷的扩散系数与晶向和气氛的关系

图 5-11　硼和磷的扩散系数与晶向和气氛的关系

产生 OED 效应的原因，目前认为是由于在氧化性气氛中，硼和磷的扩散存在双扩散机制，也就是杂质可以通过替位和间隙两种方式实现扩散。以硼扩散为例，因为在氧化气氛中，Si/SiO_2 界面附近产生了大量的间隙硅原子，这些过剩的间隙硅原子在表面可以和替位式的硼原子相互作用，使原来处于替位式的硼原子变成间隙硼原子。当间隙硼原子周围没有空位时，间隙硼原子就以间隙方式向硅片体内扩散，所以硼原子的扩散既有常规的替位式扩散，又有间隙式扩散，可以交替进行。由于间隙式扩散速率快，所以在氧化性气氛中硼原子的扩散比单纯的替位式扩散要快。磷扩散也同样如此。砷扩散也存在 OED 效应，但砷扩散速率的变化没有硼和磷明显。锑的扩散主要还是以替位式扩散为主，所以在氧化性气氛中，间隙锑原子不断和空位复合，使空位浓度减小，反而降低了扩散速率，因此锑在有氧化性气氛中的扩散是被阻滞的。

4．高浓度磷扩散

磷在半导体制造中是不可或缺的元素之一。在超大规模集成电路中磷多用于 N 型多晶硅的栅极，PNP 的基极或金属吸除等。一般磷扩散以空位机制来描述。图 5-12 表示磷在不同表面浓度下，在 1000 ℃下扩散 1 h 后的分布。从图中可以看出，当表面浓度较低时，相当于本征扩散，扩散分布满足余误差函数（曲线（a））。随着表面浓度增加，分布开始与理论函数曲线有些差异（曲线（b）和（c））。在浓度非常高时，曲线偏离了余误差或高斯分布，说明此时扩散系数不仅是温度的函数，还和浓度有关。这时曲线分成了三部分（曲线（d）），第一部分在靠近表面的地方，为高浓度区，随深度的增加，浓度基本上是不变的。第三部分为低浓度区，也称为尾部区，杂质有一个快速扩散。中间为过渡区，出现了一个拐点。在高浓度区，部分磷与空位结合而成磷-空位复合体，该复合体的浓度较高，大于 P^+并保持恒定值，这就是表面区域。当浓度下降时，磷-空位复合体将发生分解，放出电子给导带，扩散加速，表面区域转变为过渡区。随着磷浓度的继续下降，大部分磷-空位复合体分解，产生过饱和空位，空位浓度的增加，使扩散显著增强，形成了低浓度的尾部区域。

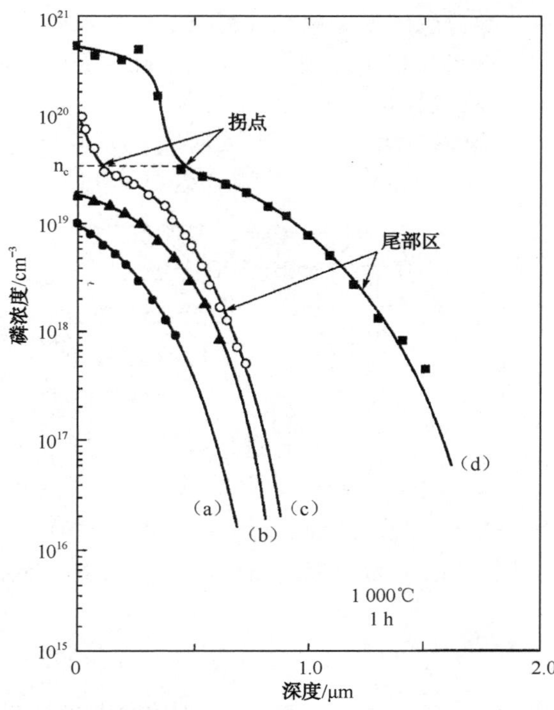

图 5-12　不同表面浓度的磷在硅中经 1 000 ℃、1 h 后的扩散分布

5.2 热扩散的方法

扩散的目的是要将杂质掺杂到硅片中。根据杂质到达硅片表面的方式不同，可分为气-固扩散和固-固扩散。所谓气-固扩散是指杂质以气体分子的形式到达硅片表面进行掺杂，固-固扩散是指杂质原子是从硅片表面的固体薄层中向硅片体内扩散。

在气-固扩散中，根据杂质源的状态又可以分液态源扩散、气态源扩散和固态源扩散。固-固扩散又可分为 CVD 二氧化硅固-固扩散和乳胶源固-固扩散。

5.2.1 液态源扩散

液态源扩散是一种较早、较成熟的工艺，它具有工艺简单，操作方便，均匀性、重复性较好，适于批量生产的优点。

液态源扩散是利用保护气体通过源瓶携带杂质蒸汽进入反应室，在高温下分解并与硅表面发生反应产生杂质原子，杂质原子向硅片内部扩散的一种方法。

1. 液态源硼扩散

硼扩散用的液态源主要有硼酸三甲酯 $B(OCH_3)_3$，它是一种无色透明的液体，在室温下挥发性强，具有较高的蒸汽压。预淀积中，用 N_2 携带了硼酸三甲酯的蒸汽进入扩散炉，硼预淀积的装置如图 5-13 所示。硼酸三甲酯在 500 ℃以上能分解出三氧化二硼，三氧化二硼在 900 ℃左右能与硅发生化学反应生成硼原子并淀积于硅片表面，形成一层含有大量硼原子的 SiO_2，称为硼硅玻璃。硼硅玻璃中的硼原子继续向硅片表面扩散，在硅表面形成一层高浓度的杂质层，这就是预淀积过程。其化学反应式为

$$B(OCH_3)_3 \xrightarrow{500\,℃} B_2O_3 + CO_2\uparrow + H_2O\uparrow + C \tag{5-8}$$

$$2B_2O_3 + 3Si \xrightarrow{900\,℃} 3SiO_2 + 4B \tag{5-9}$$

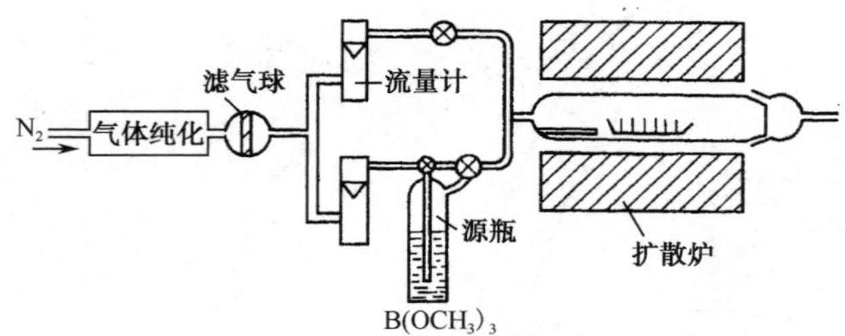

图 5-13 硼预淀积装置示意图

经预淀积的硅片，漂去硼硅玻璃，放到高温扩散炉中，在氧气气氛中扩散，使杂质扩散到预定的结深，并在硅表面生长一定厚度的氧化层，作为下一次扩散的掩蔽膜，这就是再分布过程。

2. 液态源磷扩散

磷扩散用的液态源主要有 $POCl_3$、PCl_3、PBr_3 等。磷预淀积的装置如图 5-14 所示。其中 $POCl_3$ 在室温下有很高的蒸汽压，极易挥发，常用作发射区磷扩散源，三氯氧磷在 600 ℃以上发生分解反应，其反应方程式为

$$5POCl_3 \xrightarrow{>600\ ℃} 3PCl_5 + P_2O_5 \tag{5-10}$$

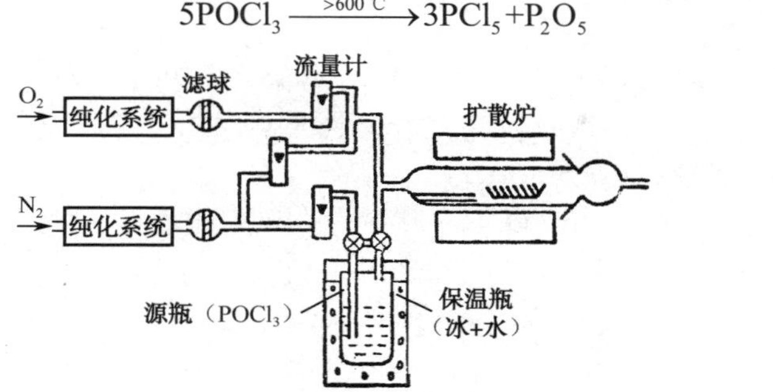

图 5-14　磷预淀积装置示意图

生成的 P_2O_5 在高温下与硅反应生成 SiO_2 和磷原子，磷原子和二氧化硅一起附着在硅表面形成磷硅玻璃，其中磷原子继续向硅中扩散，形成一定的杂质分布和结深。其反应原理为

$$4P_2O_5 + 5Si \xrightarrow{>900\ ℃} 5SiO_2 + 4P\downarrow \tag{5-11}$$

热分解产生的 PCl_5 不易分解，对硅片有腐蚀作用，但它能与外来氧气反应，生成五氧化二磷和氯气，因此磷扩散要通入少量的氧气，以促进五氯化磷的分解，防止硅片被腐蚀，并增加杂质源 P_2O_5。其反应方程式为

$$4POCl_3 + 3O_2 \xrightarrow{>600\ ℃} 6Cl_2 + 2P_2O_5 \tag{5-12}$$

5.2.2　固态源扩散

固态源扩散在源的保存、扩散均匀性等方面有它的优越性。固态源主要有片状源和粉状源。

1. 片状源硼扩散

1）片状氮化硼扩散

将氮化硼片在 900～1 050 ℃温度下用氧气活化 0.5～1 h，使表面稳定的 BN 表面转变成 B_2O_3。在扩散温度下，源片表面的 B_2O_3 挥发出来，靠着杂质蒸汽的浓度梯度扩散到硅片表面并与硅反应生成二氧化硅与硼原子，硼原子向硅片体内扩散。这样完成预淀积。其反应原理为

$$\begin{aligned} &4BN + 3O_2 \xrightarrow{900\sim1\,000\ ℃} 2B_2O_3 + 2N_2 \\ &2B_2O_3 + 3Si \xrightarrow{900\ ℃} 3SiO_2 + 4B \end{aligned} \tag{5-13}$$

预淀积后，扩散窗口表面有一层硼硅玻璃，应在 10%HF 中漂约 10 s，去除这层硼硅玻璃，然后进行再分布。再分布的目的是使杂质在硅中具有一定的分布，形成一定的结深，不再需要硼源。同时再分布时通入氧气进行二次氧化，作为下一次光刻的掩蔽膜。典型的工艺条件为干氧 10 min→湿氧 30 min→干氧 10 min。当然再分布的时间主要由形成一定结深和方块电阻所需要的时间而定，可以先通过陪片进行测量再决定。

2）硼微晶玻璃（PWB）片状源扩散

硼微晶玻璃是由 B_2O_3、SiO_2、Al_2O_3、MgO、BaO 等氧化物组成的混合物，其中主要成分为 B_2O_3（约占 50%），在扩散温度下除了 B_2O_3 能较好地挥发以外，其余的氧化物的蒸汽压非常低，一般不挥发出来，即使有少量挥发，也不容易还原成元素，只能存在于硅片表面而被后来的 HF 去除，因此它是一种较好的扩散源。它的扩散原理和扩散系统都与 BN 片状源扩散相似。

2. 片状源磷扩散

陶瓷片状磷扩散源是由偏磷酸铝 $Al(PO_3)_3$ 和焦磷酸硅 SiP_2O_7 组成，这两种化合物在高温下释放出 P_2O_5，并沉积于硅片表面上，而且与硅反应产生磷原子，磷原子向硅中扩散达到掺杂的目的。其化学反应方程形式为

$$\begin{gathered} Al(PO_3)_3 \xrightarrow{\geqslant 800\,℃} AlPO_4 + P_2O_5 \\ SiP_2O_7 \xrightarrow{\geqslant 700\,℃} SiO_2 + P_2O_5 \\ 5Si + 2P_2O_5 \rightarrow 5SiO_2 + 4P \end{gathered} \tag{5-14}$$

3. 粉状源锑扩散

由于锑的扩散系数较小，约为磷的十分之一，所以在集成电路的埋层扩散中常选择锑作为杂质源，以减小在外延过程中埋层的外扩散现象。常用的锑杂质源为粉末状的三氧化二锑，其扩散原理为

$$2Sb_2O_3 + 3Si \xrightarrow{\Delta} 3SiO_2 + 4Sb \tag{5-15}$$

扩散采用双温区锑扩，杂质源和硅片分别放在两个恒温区中，用携带气体携带了辅炉区的杂质源蒸汽进入主炉区，和硅片反应，在硅片表面淀积一定数量的杂质，完成预淀积。预淀积结束后将盛放杂质源的小舟取出，在一定的温度下使杂质向里扩散，进行再分布。双温区锑扩预沉积设备示意图如图 5-15 所示。

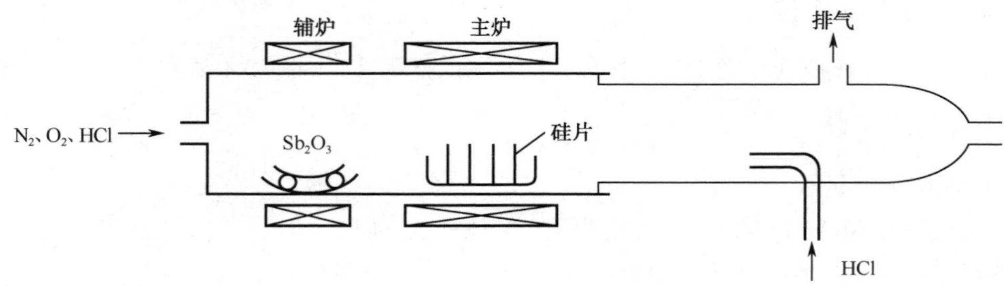

图 5-15　双温区锑扩预沉积设备示意图

5.2.3　掺杂氧化物固-固扩散

第一步在硅片表面淀积含有一定数量杂质的二氧化硅层，第二步杂质由这层薄层向硅片体内扩散。常用的有硅烷热分解淀积二氧化硅，同时用氮气携带杂质气体进入反应室进行掺杂。进行硼和磷固-固扩散的原理分别如下：

$$SiH_4 + B_2H_6 + O_2 \xrightarrow{300\sim400\,℃} B_2O_3 + SiO_2 + H_2O \tag{5-16}$$

$$4PH_3 + SiH_4 + 10O_2 \xrightarrow{450\,℃} P_2O_5 + SiO_2 + H_2O\uparrow \tag{5-17}$$

5.2.4　掺杂乳胶源扩散

SiO_2 乳胶扩散源的出现，开辟了氧化扩散工艺的新领域，与一般液态、固态扩散源相比，它有许多独特的优点，如掺杂的元素种类多（As，P，B，Al，Au，Sb，Ge），浓度范围宽，高温处理时间短，离子沾污少和晶格完整性好等。尤其是对扩散系数小，杂质分布陡，适于浅结器件的砷扩散来讲，前面介绍的几种方法都存在砷的毒性问题，使用该法，

能方便、安全、低成本地进行砷扩散。

SiO_2 乳胶源分纯乳胶和掺杂乳胶两种，纯乳胶是一种烷氧基硅烷的水解聚合物，其化学结构式为

$$\begin{array}{ccccc} & OR & & OR & \\ RO- & \overset{|}{\underset{|}{Si}} & -O- & \overset{|}{\underset{|}{Si}} & -OR \\ & OR & & OR & \end{array} \tag{5-18}$$

其中烷基 $R=C_2H_5$，乳胶中掺入 B，P，As 等杂质元素便成为掺杂 SiO_2 乳胶源。掺杂乳胶源根据杂质与乳胶结合方式的不同分为混合型掺杂乳胶和共聚型掺杂乳胶，一般这两种乳胶源也同时存在。以掺硼乳胶源为例，其化学结构式为

$$\begin{array}{ccccccccc} & OR & & OR & & OR & & OR & \\ RO- & \overset{|}{\underset{|}{Si}} & -O- & \overset{|}{\underset{|}{Si}} & -OR+C_2H_5OH+B_2O_3+RO- & \overset{|}{\underset{|}{Si}} & -O-B-O- & \overset{|}{\underset{|}{Si}} & -OR \\ & OR & & OR & & OR & & OR & \end{array} \tag{5-19}$$

上式前三项分别为纯乳胶、无水乙醇和三氧化二硼，它们混合形成混合型掺硼乳胶，最后一项为共聚型掺硼乳胶。

扩散时除了混合型掺硼乳胶中的三氧化二硼与硅反应，析出来的硼原子向体内扩散之外，共聚型掺硼乳胶中的硼原子在高温作用下也能获得足够的激活能，打破化学键的束缚，成为游离态硼，挥发并向硅体内扩散起掺杂作用。

5.2.5　金扩散

金扩散虽然也是杂质扩散，但在扩散目的，扩散机构，扩散方法等方面都和一般的杂质扩散不同。金在硅中主要起复合中心的作用，能减少少子寿命，缩短存储时间，提高开关速度。当外延层中缺陷较多，重金属沾污严重时，金还可以吸收积聚在层错、位错等缺陷处的重金属，从而减小晶体管的反向漏电流。当然金对硅中杂质起补偿作用而使硅电阻率提高，产生使晶体管的集电极串联电阻升高，饱和压降增加，电流放大系数下降等问题。金扩散常用于开关晶体管，开关二极管和双极型数字集成电路中。

金扩散一般先在硅片背面蒸发 50 nm 左右的金层，然后放在高温下进行金扩散。一般金扩散与基区再分布同时进行。金扩散应注意以下两点。

（1）由于金在硅中的固溶度明显地受温度的影响，所以金扩散后要采用淬火步骤，即快速冷却，否则会在降温过程中金由于过饱和而在硅表面析出或凝成团，减少复合中心。

（2）由于金在硅中既有间隙式扩散又有替位式扩散，所以它的扩散很快，是快扩散杂质。它的扩散时间应由扩透整个硅片的时间来确定，扩散温度由掺金浓度来确定。

5.3　扩散层的质量参数与检测

表征扩散质量的主要参量是：扩散结深、方块电阻、表面质量和表面浓度等。

5.3.1　结深

1．结深的定义

当用和衬底导电类型相反的杂质进行扩散时，在硅片内扩散杂质浓度与衬底浓度相等

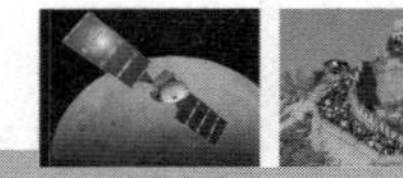

的地方就形成 PN 结。结深是指 PN 结所在的几何面到硅片表面的距离，用 X_j 表示，如图 5-16 所示。

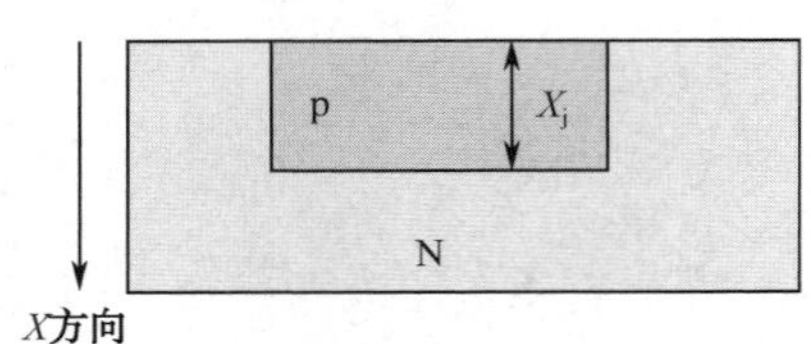

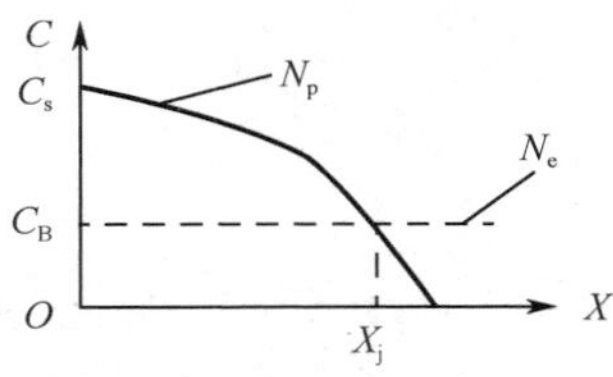

图 5-16　结深示意图

2．结深的计算

根据结深的定义，可知

$$C(X_j) = C_B \tag{5-20}$$

不同的杂质浓度分布表达式，得到的结深公式不同。

对于恒定源扩散

$$X_j = 2\sqrt{Dt}\,\mathrm{erfc}^{-1}\frac{C_B}{C_s} \tag{5-21}$$

对于有限源扩散

$$X_j = 2\sqrt{Dt}\left(\ln\frac{C_s}{C_B}\right)^{\frac{1}{2}} \tag{5-22}$$

综合上面两式，结深的计算公式可概括为

$$X_j = A\sqrt{Dt} \tag{5-23}$$

式中，A 是与杂质分布类型、衬底杂质浓度和表面杂质浓度有关的量，可以通过查曲线（见图 5-17），在实际工作中常根据衬底浓度和表面浓度的比值情况，进行粗略的取值估算。当 $\frac{C_B}{C_s}\approx 10^2$ 时，A 取 4.8；当 $\frac{C_B}{C_s}\approx 10^3$ 时，A 取 5.4。

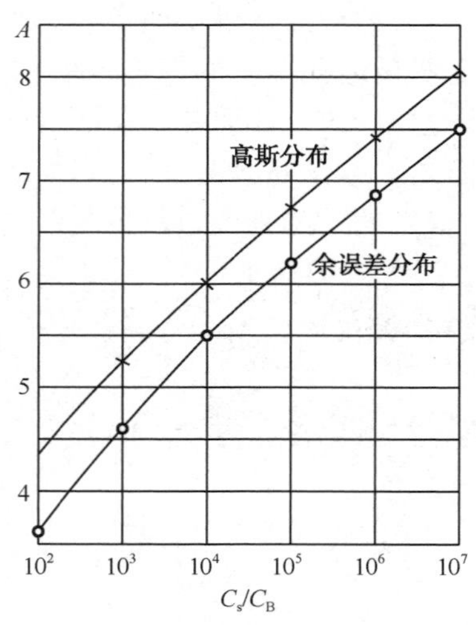

图 5-17　两种分布的 A 值与 C_s/C_B 的关系

3. 结深的测量

1）磨角染色法

测量原理：利用磨角器将 PN 结磨出一个斜面，利用染色液与不同导电类型的半导体材料化学反应速度不同，在斜面上将 P 区和 N 区区分开，从而显示 PN 结。原理如图 5-18 所示。

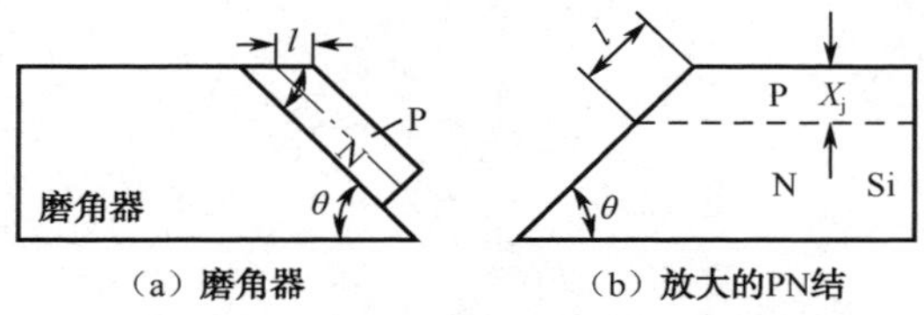

（a）磨角器　　（b）放大的PN结

图 5-18　磨角器与放大的 PN 结

具体操作：将扩散过的硅片或陪片用石蜡粘在磨角器上，磨出一个斜面。磨好后通过加热使石蜡熔化取下硅片，清洗后，用硫酸铜染色液进行染色，染色液的配方为，$CuSO_4 \cdot 5H_2O$: HF : H_2O=5 g : 2 ml : 50 ml。由于 N 型硅的电化学势比 P 型硅高，所以掌握好染色时间，就能在 N 型硅上染上铜红色，而 P 型硅上没有。加入少量的 HF 是将硅片表面的氧化层去掉，使染色效果更好。对染色后的硅片利用测距显微镜进行测量和计算。假设磨角器的角度为θ，则结深为

$$X_j = l\sin\theta \tag{5-24}$$

式中，l 为显微镜中测出的斜面长度。如果θ越小，斜面越长，测量越精确。一般磨角器的角度为 3°～5°。

2）滚槽法

测量原理：利用圆柱体在硅片表面磨出一个凹槽（如图 5-19（a）所示），使 PN 结在凹槽面上展开，利用染色液与两种不同导电类型的半导体材料化学反应速度不同的原理，使 PN 结在凹槽上显示出来。利用凹槽的尺寸与 PN 结深之间的几何关系就可以计算出结深（如图 5-19（b）所示）。

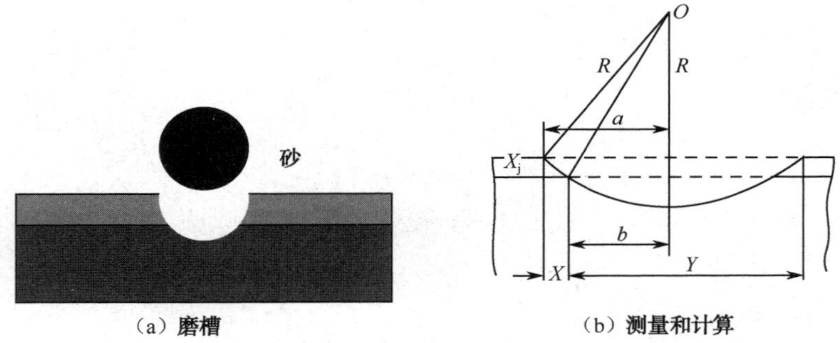

（a）磨槽　　（b）测量和计算

图 5-19　滚槽法示意图

根据测量原理图，R 为圆柱体的半径，根据勾股定律，结深可写为

$$X_j = \sqrt{R^2 - b^2} - \sqrt{R^2 - a_2} = R\left(\sqrt{1-\frac{b^2}{R^2}} - \sqrt{1-\frac{a^2}{R^2}}\right) \tag{5-25}$$

由于 $R \gg a$ 和 b，所以 $\frac{a_2}{R_2} \ll 1, \frac{b_2}{R_2} \ll 1$

所以，利用近似公式，

$$X_j = R\left[1 - \frac{1}{2}\frac{b^2}{R^2} - 1 + \frac{1}{2}\frac{a^2}{R^2}\right] = \frac{a^2 - b^2}{2R} = \frac{(a+b)(a-b)}{2R} \tag{5-26}$$

设 $a+b=Y$，$a-b=X$，$2R=D$，则式（5-26）变为

$$X_j = \frac{XY}{D} \tag{5-27}$$

5.3.2 薄层电阻

薄层电阻也叫方块电阻，它的大小反映了扩散进硅片中的单位面积杂质总量的多少，是器件生产中重点控制和检验的参量之一。

1．方块电阻的定义

薄层电阻是指电流流经一个长宽相等，厚为 X_j 的扩散薄层时所显示出来的电阻（见图 5-20），用 R_s 或 $R_\square$ 来表示，它的单位为Ω/□。

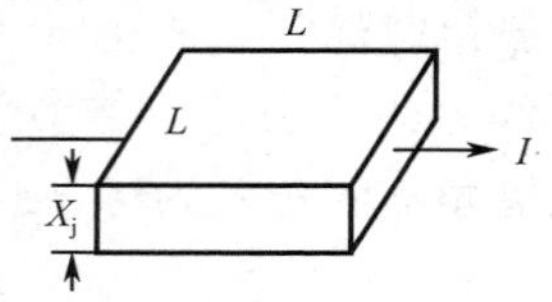

2．方块电阻的计算公式

借用均匀长直导体的电阻公式为

$$R = \rho\frac{l}{S} \tag{5-28}$$

图 5-20　薄层电阻示意图

式中，ρ 为电阻率；l 为导体长度；S 为导体的截面积。对于方块电阻来说，由于长和宽都为 L，厚度为 X_j，代入式（5-28），得到方块电阻的计算公式为

$$R_\square = \bar{\rho}\frac{L}{L \cdot X_j} = \frac{\bar{\rho}}{X_j} \tag{5-29}$$

由上式可以看出，方块电阻与扩散薄层的尺寸无关，只与结深和掺杂浓度有关。

根据半导体材料的电阻率与掺杂浓度之间的关系，对于 N 型半导体和 P 型半导体，电阻率分别为

$$\begin{aligned} \bar{\rho}_N &= \frac{1}{q\mu_N \bar{N}_D} \\ \bar{\rho}_P &= \frac{1}{q\mu_P \bar{N}_A} \end{aligned} \tag{5-30}$$

式中，μ_N 和 μ_P 分别为电子和空穴的迁移率；N_D 和 N_A 分别为施主和受主的掺杂浓度。将式（5-30）代入式（5-29）得

$$R_\square = \bar{\rho}\frac{L}{L \cdot X_j} = \frac{1}{q\mu\bar{N}X_j} = \frac{1}{q\mu Q} \tag{5-31}$$

式中，q 为电荷量；μ为扩散层中的载流子的平均迁移率；Q 为单位面积扩散进硅片的杂质总量。从式（5-31）可以看出方块电阻的物理意义为：方块电阻反映了单位面积扩散进硅片的杂质总量，方块电阻越大，说明扩散进去的杂质总量越少。利用这一关系式可以在试片时通过测量方块电阻来调整工艺参量，从而调节进入硅片的杂质量。方块电阻与正方形的大小无

关。如果已知方块电阻，对于其他等厚度的任意方形的薄层就能算出其电阻（见图 5-21）。

$$R = R_{\square}\frac{L'}{L} \tag{5-32}$$

上式还用于电路设计中，已知方块电阻进行电阻条尺寸的设计，以实现一定的电阻阻值。

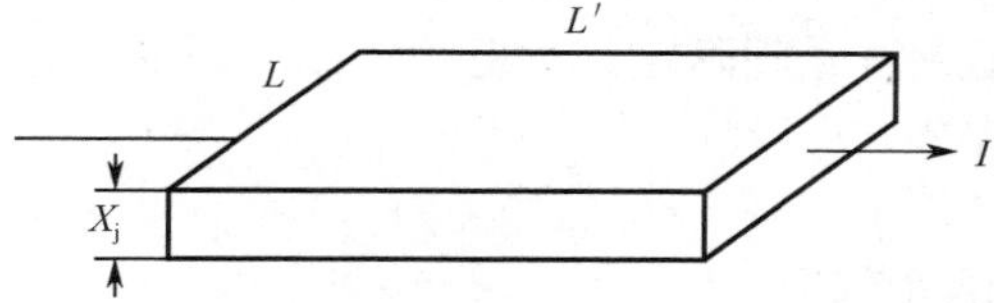

图 5-21　任意长方体的扩散薄层的电阻

3. 方块电阻的测量

方块电阻的测量可用四探针法和范德堡法。

1）四探针法

四探针法是利用四根探针分别测出电流和电压来测量薄层电阻的（见图 5-22）。四探针可以排成不同的几何形状，最常见的是排成一条直线。在这种排列方式下，1、4 两根为电流探针，2、3 两根探针为电压探针。计算测量得到的电压降 $V_{2,3}$ 与所加的电流 $I_{1,4}$ 之间的比，就可得到薄层电阻。最后的结果还要乘上一个几何修正因子，这个因子与探针排列形状以及探针间距与扩散区深度之间的比值有关。对于排成直线的探针，当探针间距远远大于结深时，几何修正因子的值为 4.532 5，所以

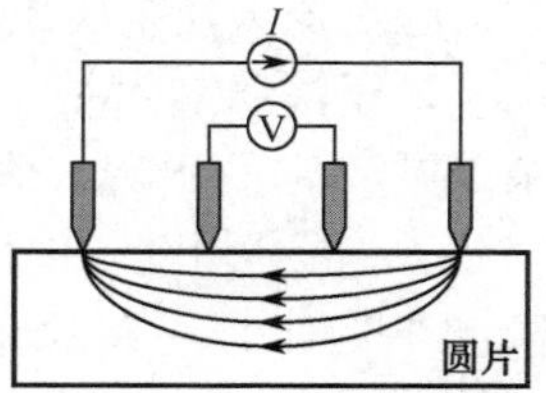

图 5-22　用四探针法测薄层电阻

$$R_s = 4.532\,5\frac{V_{2,3}}{I_{1,4}} \tag{5-33}$$

如果慎重地选择仪表并且确定探针的压力及电流范围，用四探针法测量电阻率重复性就能控制在 2%以内。四探针法是非破坏的技术，但由于从探针触点到硅片间存在损伤可能，半导体产业已向非接触探针发展。一种非接触法是使用漩涡电流。流经线圈的高频交流电流在放置于线圈下的导电薄膜中产生漩涡电流。漩涡电流将产生能量损失，可归结于导电膜电阻产生的负载效应。电能的最终变化值可用于计算被测薄膜的方块电阻的值。

2）范德堡法

四探针法的一种修正是范德堡法。这种测量方法是通过接触样品边缘的四个位置进行的（见图 5-23）。在一对相邻的接触点之间施加电流，并在另一对接触点之间测量电压。为提高精度，将探针接法旋转九十度，并这样重复测量三次，因此平均电阻可由下式算出

$$R = \frac{1}{4}\left[\frac{V_{1,2}}{I_{3,4}} + \frac{V_{2,3}}{I_{4,1}} + \frac{V_{3,4}}{I_{1,2}} + \frac{V_{4,1}}{I_{2,3}}\right] \tag{5-34}$$

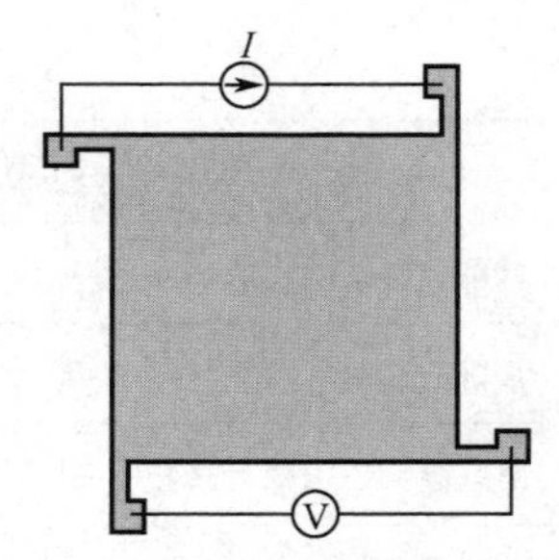

图 5-23　范德堡法测薄层电阻

$$R_{\square} = \frac{\pi}{\ln 2} F(Q) R \tag{5-35}$$

式中，$F(Q)$ 是一个与探针排列形状有关的修正因子。一个正方形的探针排列，$F(Q)=1$。在这种测量中必须准确测量样品的几何尺寸。如果采用了正方形样品，接触点就必须做在样品的四个侧壁上。这可以通过将圆片划割成正方形小片，并在其四个侧面制作欧姆接触来实现。但更常用的方法是通过光刻确定一个范德堡结构图形，并用氧化层隔离或 PN 结隔离来限制扩散区的几何形状。

5.4　离子注入的基本原理

5.4.1　离子注入的定义及特点

1．离子注入的定义

所谓离子注入，是先使待掺杂的原子或分子电离，再加速到一定的能量，使之注入晶体中，经过退火使杂质激活，从而达到掺杂目的。它是一个物理过程，即不发生化学反应。

离子注入技术是 20 世纪 60 年代开始发展起来的一种在很多方面都优于扩散方法的掺杂工艺。它的出现，大大推动了半导体器件和集成电路的发展，从而使集成电路的生产进入超大规模时代。由于离子注入可以严格地控制掺杂量及其分布，而且具有掺杂温度低，横向扩散小，可掺杂的元素多，可对各种材料进行掺杂，杂质浓度不受材料固溶度的限制，所以离子注入目前已被广泛地采用，尤其是对于 MOS 超大规模集成电路来说，需要严格控制开启电压，负载电阻等，一般的热扩散技术已不适用，必须采用离子注入。它已经成为满足 0.25 μm 特征尺寸和大直径硅片制作要求的标准工艺。一般讲高浓度、深结掺杂采用热扩散，而浅结高精度掺杂采用离子注入。

2．离子注入的特点

利用扩散进行掺杂，杂质从圆片表面的一个无限源扩散到半导体内，表面浓度受到固溶度的限制，扩散的深度由时间和杂质的扩散速率决定，轻掺杂的掺杂分布较难控制，而双极晶体管的基极和 MOSFET 的沟道就是两个必须很好控制适度掺杂的例子，因为它们分别决定了增益和阈值电压。此外横向扩散严重，使 MOS 器件的沟道变短，影响了集成度的提高。

和热扩散相比，离子注入具有很多的优越性，与热扩散相比较优点如表 5-1 所示。

表 5-1　热扩散和离子注入的比较

优　点	描　述
1．精确控制杂质含量	能在很大范围内精确控制注入杂质浓度，10^{10}～10^{17} 个/cm^3，误差±2%
2．很好的杂质均匀性	用扫描的方式控制杂质的均匀性
3．对杂质穿透深度有很好地控制	通过控制注入能量控制注入深度，增大了设计的灵活性
4．注入杂质纯度高	经过磁分析器进行筛选，使注入纯度得到提高

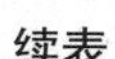
续表

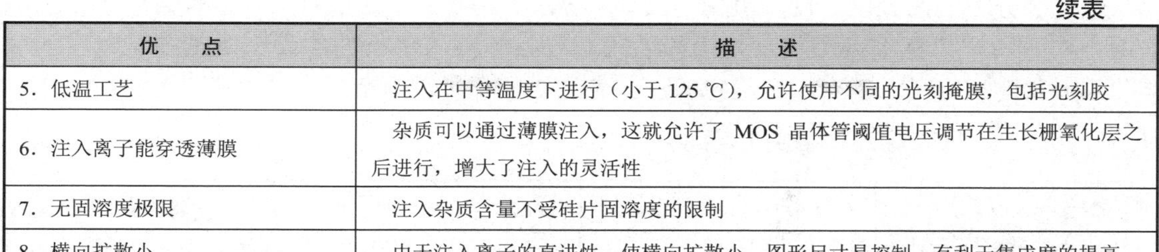

优　　点	描　　述
5．低温工艺	注入在中等温度下进行（小于 125 ℃），允许使用不同的光刻掩膜，包括光刻胶
6．注入离子能穿透薄膜	杂质可以通过薄膜注入，这就允许了 MOS 晶体管阈值电压调节在生长栅氧化层之后进行，增大了注入的灵活性
7．无固溶度极限	注入杂质含量不受硅片固溶度的限制
8．横向扩散小	由于注入离子的直进性，使横向扩散小，图形尺寸易控制，有利于集成度的提高。

3．离子注入的缺点

当然离子注入也有一定的缺点。主要缺点是：高能杂质离子轰击硅原子将对晶体结构产生损伤，此外注入过程中的“通道效应”也会导致对注入离子在深度控制上的困难。但经过一定的措施，损伤和“通道效应”可以得到改善。对高剂量注入，与通常能同时运行 200 片圆片的扩散工艺相比，离子注入的产率受到限制。离子注入的另一个缺点是注入设备的复杂性和昂贵。一台最新的系统超过 2 000 000 美元。

5.4.2　离子注入的 LSS 理论

杂质离子获得足够的能量后射向靶材料表面，有一部分会从表面反射，其余地将进入硅片，成为注入离子。

1．离子注入的相关参数

射程：离子射程是指注入过程中，离子穿入硅片的总距离，用 X 来表示，如图 5-24 所示。

投影射程：射程在注入方向上的投影称为投影射程，用 X_p 来表示。

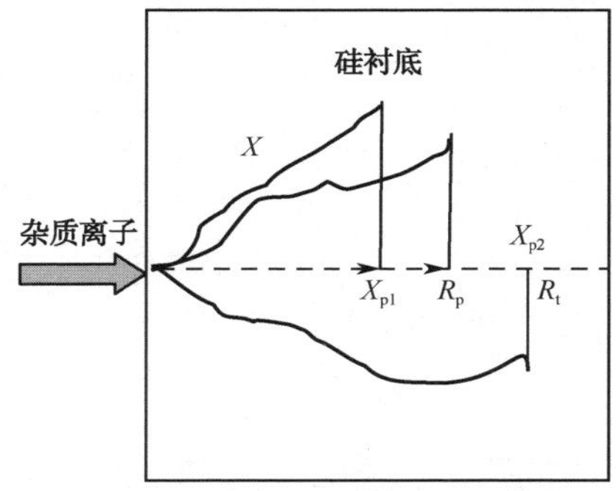

图 5-24　杂质离子的射程和投影射程

平均投影射程：对单个离子来讲，它进入靶材料后会和晶格原子发生弹性碰撞，导致能量损失，最终停留在硅片的某一位置。由于碰撞是一个随机过程，所以能量损失也是随机的，因此它们在靶中停留的位置也是一个随机量，X_p 有大有小。各个离子的 X_p 的平均值称为平均投影射程，用 R_p 来表示。

对于大量的以相同能量注入靶材料中的同一种杂质原子来说，它们停留在硅片中的位置有一个统计分布。所以 R_p 有一个确定的值。R_p 取决于离子质量和能量、靶的质量和离子束相对于衬底晶体结构的方向。

标准偏差：由于入射离子不一定恰好停止在投影射程上，分散在投影射程的附近，就存在着一个分布的离散度，用标准偏差ΔR_p来表示。ΔR_p为投影射程与平均投影射程偏离值的均方根。同样，标准偏差与平均投影射程一样，当注入离子的能量，质量及靶材料的质量和入射角度一定时，也有一个确定的值。表 5-2 是几种常用杂质在硅材料中的R_p和ΔR_p。

表 5-2　硅靶中各种离子的 R_p，ΔR_p 值（单位：$\times 10^{-4}$ μm）

能量（keV）		20	40	60	80	100	120	140	160	180	200
B	R_p	765	1 566	2 337	3 081	3 810	4 502	5 162	5 800	6 417	7 014
	ΔR_p	346	580	752	889	1 007	1 106	1 190	1 262	1 327	1 386
N	R_p	535	1 089	1 653	2 199	2 728	3 246	3 759	4 259	4 740	5 207
	ΔR_p	246	430	579	702	802	891	972	1 047	1 112	1 171
Al	R_p	288	563	846	1 137	1 430	1724	2 023	2 323	2 617	2 907
	ΔR_p	129	234	329	422	504	578	650	720	783	840
P	R_p	253	488	729	974	1 227	1 479	1 732	1 488	2 247	2 506
	ΔR_p	114	201	288	367	445	516	581	642	702	762
Ga	R_p	154	271	384	494	606	718	831	944	1 059	1 115
	ΔR_p	59	102	142	180	217	252	287	323	359	395
As	R_p	150	262	368	473	577	682	788	894	1 001	1 109
	ΔR_p	56	96	133	169	204	237	269	302	334	368
In	R_p	131	222	303	381	456	530	604	677	750	822
	ΔR_p	41	70	95	119	142	164	186	207	229	250
Sb	R_p	130	220	299	375	448	520	592	663	733	803
	ΔR_p	39	68	92	115	137	158	179	200	220	240

注入剂量：单位面积靶材料表面注入的离子数，用ϕ表示，单位为原子每平方厘米。

2．注入离子的分布

在非晶靶中典型的杂质分布如图 5-25 所示，它的浓度在最大值两边对称下降，最大值为平均投影射程外，离开平均投影射程越远，浓度下降得越快，它近似于高斯分布，杂质分布用下式来表示：

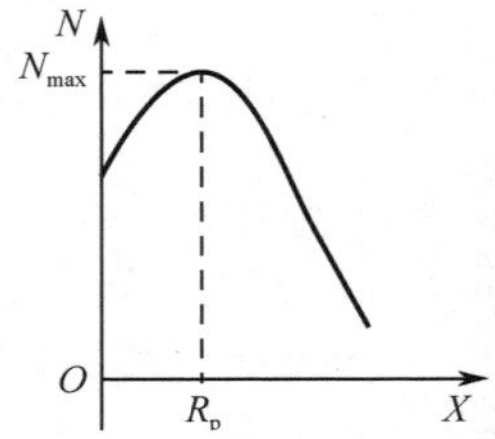

$$N(X_p) = N_{max} \exp\left[-\frac{(X_p - R_p)^2}{2\Delta R_p^2}\right] \quad (5\text{-}35)$$

$$N_{max} = \frac{\phi}{\sqrt{2\pi}\Delta R_p} \approx \frac{0.4\phi}{\Delta R_p} \quad (5\text{-}36)$$

图 5-25　离子注入杂质分布

式中，N_{max}为峰值浓度。

因此当注入杂质的种类、注入能量、靶材料及注入剂量确定后，就能基本确定注入杂质的纵向分布。

3．沟道效应

沟道效应又称“通道效应”。在半导体工艺中，离子注入的固体靶是有固定结晶结构的硅。因为所有的结晶物质，都是由周期性排列的特定原子所组合而成的，所以假如离子进行注入时的运动路径刚好在硅的周期排列中，不会有硅原子“挡”住的方向，则注入的离子，因为不会与任何的硅原子发生上述的弹性碰撞，可以“长驱直入”地打入硅衬底内相当深的地方，也就是说，因为硅的结晶排列的特性，使得某些角度上，硅衬底将有长距离的开口，假如注入离子的运动方向与这些像隧道一样的开口相平行的话，这些注入的离子将不会与硅原子发生碰撞，而将深深地注入硅衬底之中，这种现象称为“通道效应”。

当“通道效应”发生后，阻挡高能离子往内注入的阻挡源，将来自于离子与电子的非弹性碰撞，或硅底材内的外来杂质与本身的缺陷。“通道效应”发生后，离子注入的深度比理论分布深，即产生一个较长的拖尾。这将导致注入离子在深度控制上的困难。尤其是对超大规模集成电路中的元件。因为 MOS 管的结深通常只有 4 000 Å 左右，任何离子注入的通道现象，将使得离子注入距离超过预期的深度，使元件的功能受损。因此在执行离子注入时，必须预先做好一些准备，来降低并抑制通道现象的发生。

现在比较常用的“通道现象”抑制方式，主要有三种方法。最直接的方法，就是把晶片对离子注入的运动方向倾斜一个角度，来减少开口。通常所使用的角度在 0°～15° 之间。比较常见的是 7°（见图 5-26（a））。另一种常用的“通道现象”抑制法，是在结晶硅表面铺上一层非结晶系的材质，使入射的注入离子在进入硅衬底之前，在非晶系层里与无固定排列方式的非晶系原子产生碰撞而散射，如此便可减少“通道效应”的程度。晶片表面经氧化之后所产生的 SiO_2，是现在常用的这种非晶系层，来减少注入离子能顺着通道进行运动的能力（见图 5-26（b））。第三种方法是先利用一次轻微的离子注入，把晶片表面的结晶硅结构破坏成非晶硅，然后才接着进行真正的杂质注入（见图 5-26（c））。原则上这三种方法运用的概念基本是一致的，都是利用增加注入离子与其他原子间的碰撞来降低通道效应的程度，工业界比较常用的是同时使用第一及第二种方法，来进行通道效应的抑制。

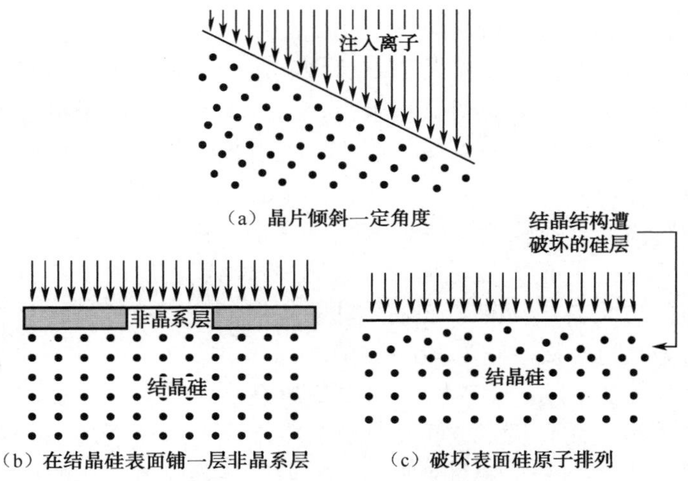

图 5-26　抑制“通道现象”三种措施

5.5 离子注入机的组成及工作原理

结深与注入剂量是离子注入中的两个重要的参量。结深与注入能量有关，为了获得不同的结深，可以调节注入离子的能量来实现，为此出现了高能离子注入机，低能离子注入机。比如 Axcelis 生产的 GDS/VHE 高能注入机的能量：P^+10～1 400 keV，B^+10～1 600 keV，而 Axcelis 生产的 GDSIII/LED 低能量注入机的能量为 0.2～80 keV。

但仅有结深还不够，还需要对注入剂量作一定要求。一般注入剂量与输出离子束束流有关，为了获得不同的剂量，就可通过调整束流来实现，由此就出现了高电流注入机、中电流注入机。比如 Axcelis 生产的 GSD/200E2 高电流注入机，在 50～160 keV 情况下都能提供 20 mA 束流。Axcelis 的 8250HT 中电流注入机，在 3～750 keV 情况下其束流在 0.12～3.0 mA 可调。

虽然注入机的种类较多，但它们的工作原理基本相同，因而离子注入机的基本部件大体相同。离子注入机主要包括离子源、磁分析器、聚焦阳极、加速管、收集板、*X*/*Y* 轴偏转板等，如图 5-27 所示。

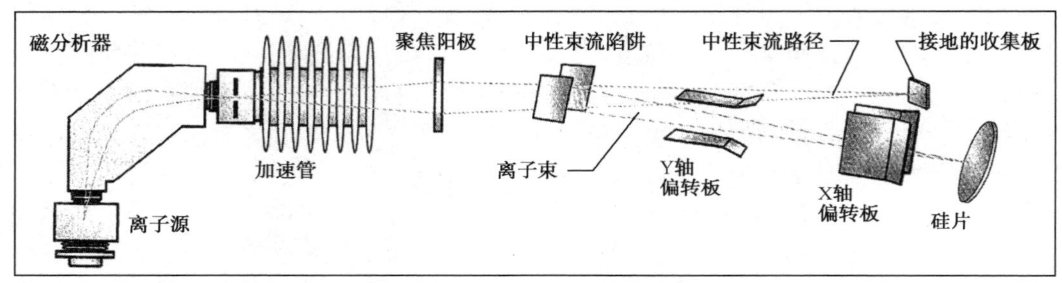

图 5-27 离子注入机结构组成

5.5.1 离子源和吸极

离子源是注入离子的发生器，其作用是使所需要的杂质原子电离成正离子，并通过吸出系统形成离子束。常用的离子源有电子轰击电离型。它的基本原理是利用等离子体，即自由电子在电场和磁场的共同作用下，作高速螺旋运动，获得足够的能量后去撞击掺杂气体分子或原子使之电离成离子，再经吸极吸出，通过聚焦成为离子束进入磁分析器。具体离化是在起弧室发生。起弧室内有灯丝，阴极，反射板。灯丝加热后会发射电子，电子去撞击气体分子使其电离。

通常用到的杂质离子有 B^+、P^+、As^+、Sb^+，最常用的杂质源物质有 B_2H_6、BF_3、PH_3、AsH_3。另一种供应杂质材料的方法是加热并气化固态材料。这种方法有时被用来从固态小球中获得砷和磷。固态材料在 900 ℃左右气化，挥发的杂质原子被转移到离子源室。固态源的一个缺点是所需时间太长，需要 40～180 min。其中大部分时间用来加热和稳定蒸汽。然而，从环境和安全角度出发，许多 IC 制造商更愿意使用固态离子源。

当产生杂质离子后，需吸极系统收集离子源中产生的所有正离子，并使它们形成离子束。离子通过离子源上的一个窄缝得到吸引。它们受到起弧室正压的排斥，也受到吸极负压的吸引。负压偏置还能阻止等离子体中的电子，使正离子形成离子束。负压偏置的抑制

电极可以把离子束聚束成一个平行束流，使其通过注入机。图 5-28 是离子源和吸极交互作用的示意图。

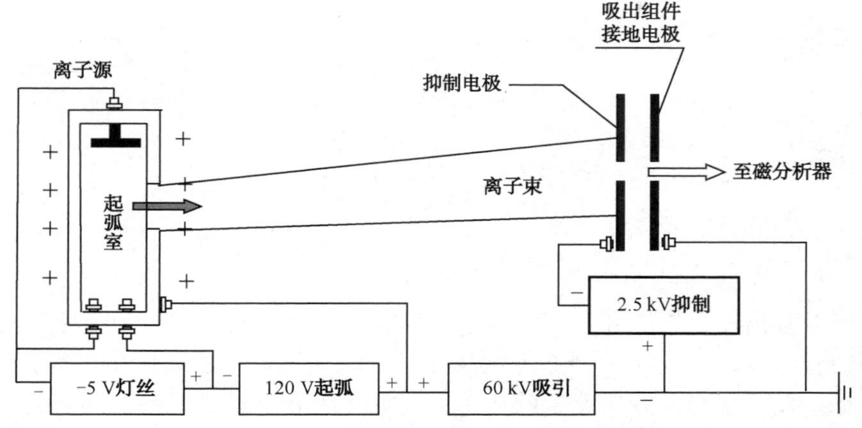

图 5-28　离子源和吸极交互作用的示意图

5.5.2 磁分析器

从离子源中引出的离子可能包含许多不同离子。它们在吸极电压的加速下，以很高的速度运动。离子束中的不同离子有着不同的原子质量单位。磁分析器需将所需要的杂质离子从混合的离子束中分离出来。

选择的原理是利用带电粒子在磁场作用下做洛伦兹运动，运动半径与粒子的荷质比有关。

图 5-29 表示带电粒子在磁场中受洛伦兹力的作用做圆周运动，由于洛伦兹力与粒子运动方向始终垂直。所以洛伦兹力提供圆周运动的向心力。

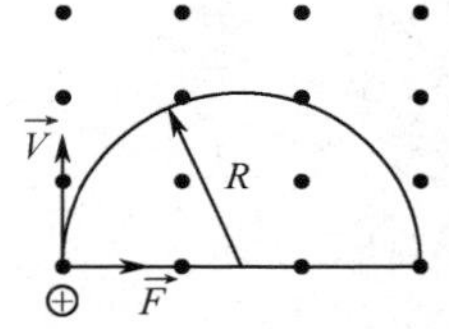

图 5- 29　带电粒子在磁场中的运动

根据洛伦兹力的公式

$$F = qvB \tag{5-37}$$

根据向心力公式

$$F = \frac{mv^2}{R} \tag{5-38}$$

式中，v 是离子的速度；q 是离子所带的电荷量；m 是离子质量；B 是磁场强度；R 是曲率半径。因为洛伦兹力提供向心力，两个力相等，所以有

$$qvB = \frac{mv^2}{R} \tag{5-39}$$

将其整理得

$$v = BqR/m \tag{5-40}$$

根据动能守恒定理，离子的能量来自于吸极的电场，即

$$E = qU$$

$$E = \frac{1}{2}mv^2$$

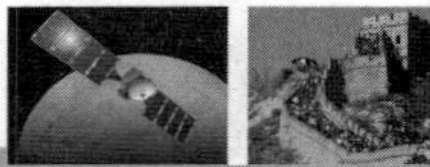

式中，U 为吸极电位差；E 为能量。因为电场能量转化为动能，所以

$$\frac{1}{2}mv^2 = qU$$

将其整理得

$$v = \sqrt{\frac{2qU}{m}} \tag{5-41}$$

将式（5-40）和式（5-41）合并得 $\frac{BqR}{m} = \sqrt{\frac{2qU}{m}}$

得

$$R = \frac{1}{B}\sqrt{\frac{2mU}{q}} \tag{5-42}$$

由此式可以看出：当磁场强度和吸极电压确定后，杂质离子的运动半径与离子的荷质比（q/m）有关，而对于一定荷质比的杂质离子，可以通过调节磁场强度的大小来调节它的运动曲率半径，使所选择的杂质离子的曲率半径等于磁分析器的圆弧半径，从而离子流能顺利通过磁分析器的圆弧轨道进入后续部分。而不符合该荷质比的杂质离子，其曲率半径将偏离 R，从而被磁分析器的内撞击板和外撞击板挡住而过滤掉。

图 5-30 中，在一定的磁场强度下，不同荷质比的杂质离子由于运动的曲率半径不同，a 和 c 两种荷质比的离子分别被撞击板挡住，只有 b 种荷质比的杂质离子运动半径与磁分析器的曲率半径相吻合，将从出口端孔隙中射出。当然用此种方法不能筛选相同荷质比的杂质离子。

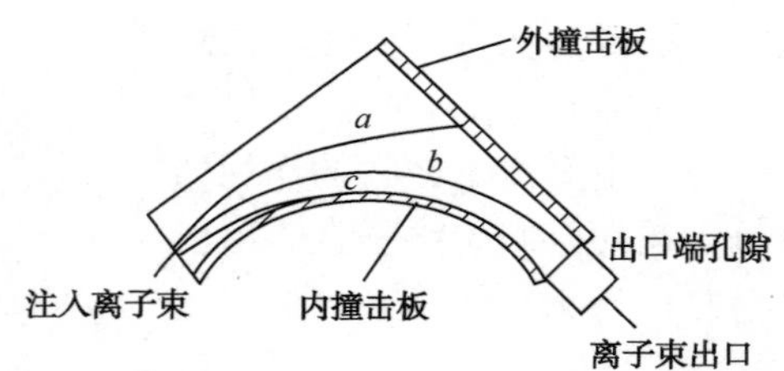

图 5-30　不同荷质比的离子在磁分析器中的运动情况

5.5.3　加速管

通过加速管，把经磁分器筛选后的离子能量，提高到所需要的数值，以便有足够的动能注入靶材料中。在一般商用的离子注入机里，通常都具备一组加速管。

加速管是利用电压降的方式来使正离子加速的。加速管采用的是一种线性设计，由一系列被介质隔离的电极组成，电极上的负电压依次增大，如图 5-31 所示。当正离子进入加速管时，它们就开始加速，电场能量转变为离子动能，离子的动能增加。电极间总的电压差将叠加在一起，总电压越高，离子的速度越大，即能量越大。高能量意味着杂质离子能够被注入硅片更深处，而低能量可以被用来进行超浅结注入。

5.5.4　中性束流陷阱

正电荷离子束在小于 10^{-6} Torr 的真空下形成，但仍然有残余的气体分子。当杂质离子与残留气体分子碰撞而获得一个电子时，就形成了中性原子。它们没有电荷，因而不能在

电场力的作用下发生偏转，如果不能去除，将会被同时集中注入在靶材料的某一点，形成热斑。中性束流陷阱就是利用偏转电极，使离子束在进入靶室前一段距离内发生偏转。由于中性原子不能被电极偏转，它们将继续直行，撞击到接地的收集板上。

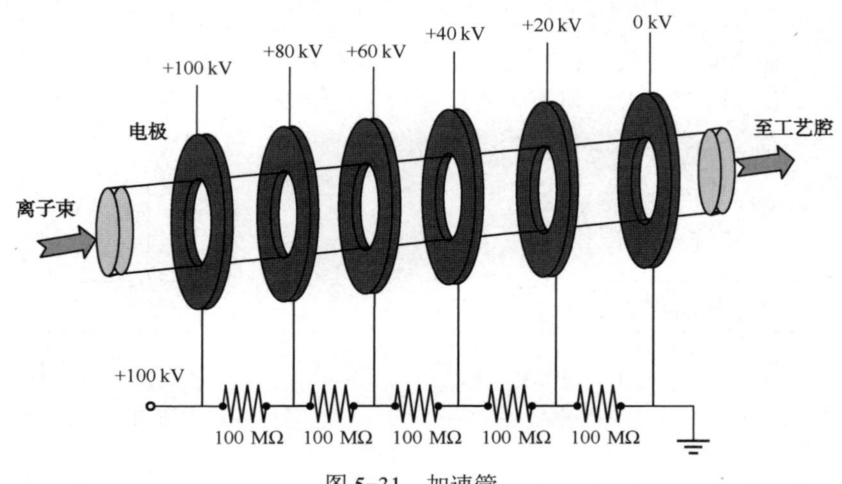

图 5-31　加速管

5.5.5　扫描系统

由于聚焦离子束束斑通常很小，中等电流的注入机束斑约 1 cm²，大电流的约为 3 cm²，所以必须通过扫描覆盖整个硅片。

扫描方式有两种：固定硅片，移动束斑；固定束斑，移动硅片。一般说来，中低电流注入机使用的是固定硅片的方法，大电流注入机使用的固定束斑的方法。扫描系统直接关系到注入剂量的均匀性和重复性。具体注入机中的扫描有以下几种。

1. 静电扫描

静电扫描采用的是固定硅片，移动束斑的方法。在一套 X-Y 电极上加特定的电压，使离子束发生偏转，注入固定的硅片上。当一边电极设为负压时，正离子束就会向此电极方向偏。把两组电极放于合适的位置并连续调整电压，偏转的离子束就能扫描整个硅片。这种扫描方式就像在一个表面上喷油漆，需要来回喷几次才能均匀覆盖整个表面。静电扫描使束斑每秒在横向移动 15 000 次，在纵向移动 1 200 次。硅片边缘的均匀性必须特别注意。因为在边缘处扫描实际上是停止后折回的。在静电扫描系统中，可以旋转硅片，并使其相对于离子束有一定倾斜，以获得所需的结特性并减少沟道效应。

中低电流的注入设备通常一次注入一个硅片。低电流注入中，为了得到一致的剂量，硅片能被扫描 7～10 s。

由于在静电扫描过程中硅片是固定的，颗粒沾污发生的机会大大降低。这种扫描的另一个优点是电子和中性离子不会发生偏转，能够从束流中消除。主要缺点是离子束不能垂直轰击硅片，会导致光刻材料的阴影效应，阻碍离子束的注入（见图 5-32）。

2. 机械扫描

在机械扫描中，离子束固定，硅片机械移动。此方法一般用于大电流注入机中，因为

静电很难使大电流高能离子束偏移。束流固定，可以无须浪费时间扭转束流，同时束流速度恒定。无倾斜的机械扫描如图 5-33 所示。束斑尺寸约为 1 cm 宽，3 cm 高，机械扫描过程中，一批硅片（200 mm 硅片最多 25 片）固定在一个大轮盘的外沿，大轮盘以 1 000～1 500 rpm 的速度旋转，同时上下移动，使离子束能均匀扫过硅片的内沿和外沿（见图 5-34）。轮盘也能相对于离子束方向倾斜一定角度，防止发生穿过硅晶格间隙的沟道效应。机械扫描每次注入一批硅片，在很大面积上有效地平均了离子束能量，减弱了硅片由于吸收离子能量而加热。但是机械装置可能产生较多的颗粒。

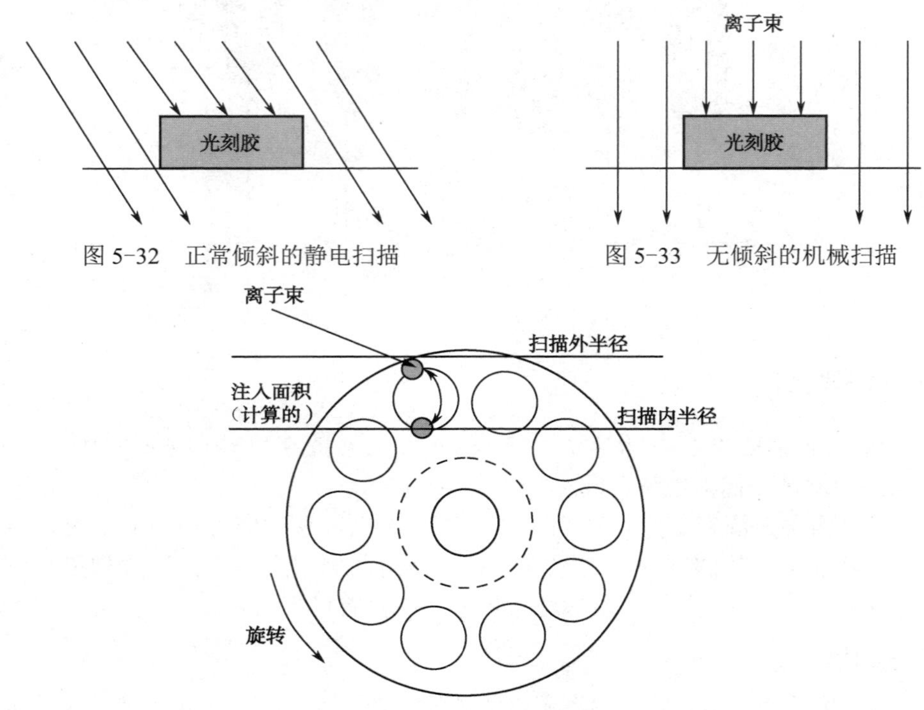

图 5-32　正常倾斜的静电扫描　　图 5-33　无倾斜的机械扫描

图 5-34　离子注入硅片的机械扫描

3．混合扫描

混合扫描系统中，硅片放置在轮盘上旋转，并沿 Y 轴方向扫描。离子束在静电的作用下沿 X 轴方向扫描。这种方法常用于中低电流注入。每次注入一个硅片。

4．平行扫描

静电扫描的离子束与硅片表面不垂直，容易导致阴影效应。平行扫描的离子束与硅片表面的角度小于 0.5°，因而能够减小阴影效应。平行扫描中，离子束先静电扫描，然后通过一组磁铁，调整它的角度，使其垂直注入硅片表面。

5．扫描中需解决的问题

不管哪种方式扫描，需注意解决以下两个问题。

1）硅片冷却

离子束轰击硅片的能量转化为热，导致硅片温度升高。以一个典型的 FET 源漏注入为例，它的注入能量为 60 keV，剂量为 5×10^{15} atoms/cm^2，通常用光刻胶作为注入掩蔽膜，一个 200 mm 圆片上吸收的能量大约是 20 kJ，这足以使硅片的温度上升超过 500 ℃，此外能量并非均匀地被整个硅片吸收，而是集中在表面 1 000 Å 左右。由于光刻胶是一种不良热导体，所以注入过程会变得非常热，光刻胶可能会流动或被烘烤后难于去除。所以需要冷却系统来控制温度，防止因硅片温度过高引发一些问题。如果温度超过 100 ℃，光刻胶就会起泡脱落，在去胶的时候很难清洗干净。如果硅片温度超过 300 ℃，器件的电学特性会受到影响，同时会发生部分退火，改变硅片的方块电阻。通常硅片的温度控制在 50 ℃以下。

硅片的冷却广泛应用两种技术：气冷和橡胶冷却。气冷的硅片被封在压板上（一种冷却板，通常有内部冷却水），气体（如氦气）被送到硅片的后面，成为热传导通道，把热量从硅片传到压板。橡胶冷却的金属压板上覆盖了一薄层橡胶材料，它与硅片的背面接触，最大限度地在硅片和压板之间传热。

2）硅片充电

在离子注入过程中，离子束撞击硅片导致正离子在掩蔽层上的积累，即硅片表面充电。这种情况下，硅表面能形成大量电荷，特别是大电流注入机更加严重。形成的电荷会改变离子束中的电荷平衡，使束班扩大，产生所谓的“离子束膨大”的现象。这将造成注入离子均匀度变差。硅片表面充电，还会导致晶片上 MOS 晶体管栅极氧化层绝缘能力降低，甚至发生击穿现象。

解决硅片表面充电的途径是要把硅片表面积累的正电荷减少。方法有二次电子喷淋法和等离子喷淋法。二次电子喷淋装置又叫作“电子簇射器”（见图 5-35），它是利用电子枪发射能量为几百电子伏特的一次电子直接打向离子束路径附近的金属靶上，产生一团低能（小于 20 eV）的二次电子，这些二次电子融入离子束，能够中和硅片表面形成的正电荷。采用此法特别注意不能有高能的一次电子到达硅片表面，否则会损害氧化层。

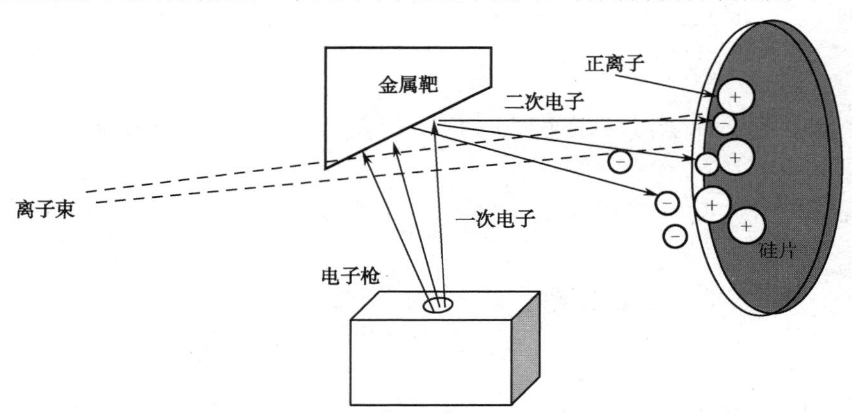

图 5-35　抑制硅片充电的二次电子喷淋装置

等离子喷淋抑制硅片是将硅片和离子束置于一种被称为等离子电子喷淋系统的稳定的高密度等离子环境中。从位于离子束路径和硅片附近的一个电弧室中的等离子体提取电子。等离子体被过滤，只有二次电子能够到达硅片表面，中和形成的正电荷。等离子喷淋比起电子喷淋的优点是等离子体中不产生高能电子，只利用了低能电子，有效地减少了硅片形成的电荷和损害。

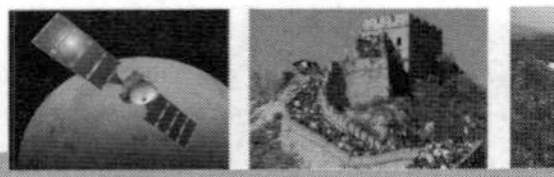

5.5.6 靶室

靶室又称终端舱室，是离子注入机的重要组成部分，它的功能是接收注入离子同时要监控注入剂量。靶室必须保持真空，以免杂质污染硅片，同时要配有良好的装卸硅片的机械装置在进样室和靶室的扫描盘间传送硅片。

靶室的一个重要任务是要监控离子注入剂量，它是通过测量到达硅片的离子束来完成的。用一种称为法拉第杯的传感器测量离子束电流（见图 5-36）。

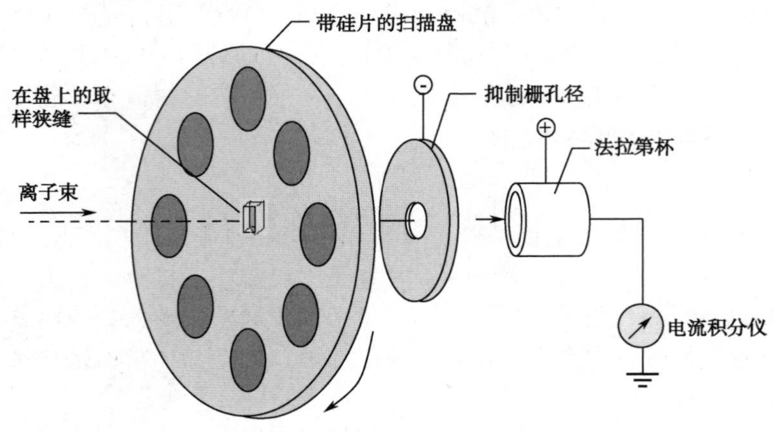

图 5-36 法拉第杯电流

简单的法拉第杯系统中，离子束路径上有一个电流感应器测量电流。在法拉第杯和地之间连接一个安培表就可以直接测量打在圆片上的离子流。剂量就是电流与时间的积分并除以圆片面积。

设单位面积注入的电量为 Q 则

$$Q=\frac{1}{A}\int I\mathrm{d}t \tag{5-43}$$

式中，I 为束流强度；A 为硅片的面积；t 为注入时间。设每个粒子带有的电量为 q，则注入剂量为

$$\phi=\frac{Q}{q}=\frac{\int I\mathrm{d}t}{Aq} \tag{5-44}$$

如果束流强度 I 为常数，则注入剂量为

$$\phi=\frac{Q}{q}=\frac{It}{Aq} \tag{5-45}$$

当每个杂质所带电荷数为 n 时，则注入剂量为

$$\phi=\frac{Q}{q}=\frac{It}{nAq} \tag{5-46}$$

利用上述公式，对于一定注入能量和注入剂量要求，可以初步确定所需离子束流的大小。

例 5–1 假设硼以 100 keV，每平方厘米 5×10^{14} 个离子的剂量注入进入 200 mm 的硅晶片，试计算峰值浓度，如果注入在 1 min 内完成，求离子束电流。

解： 根据表 5-2 可查得在 100 keV 注入能量下，硼在硅中的平均投影射程和射程标准偏差为

$$R_p = 0.31\ \mu m, \Delta R_p = 0.07\ \mu m$$

据注入离子分布的公式，峰值浓度位于 $X=R_p$ 处，则

$$N_{max} = \frac{\phi}{\sqrt{2\pi}\Delta R_p} \approx \frac{0.4\phi}{\Delta R_p} = \frac{0.4\times5\times10^{14}}{0.07\times10^{-4}} = 2.85\times10^{19}\ \text{atoms/cm}^3$$

注入离子的总剂量 $\phi_{总} = 5\times10^{14}\times\pi\times\left(\frac{20}{2}\right)^2 = 1.57\times10^{17}$ atoms

所需的离子电流为 $I = \frac{q\phi_{总}}{t} = \frac{1.6\times10^{-19}\times1.57\times10^{17}}{60} = 4.19\times10^{-4}\ A \approx 0.42\ mA$

为了准确地测量剂量，必须防止由二次电子逸出引起的误差，其中多数电子是当高能离子打在圆片上时获得足够的能量而从圆片上逸出的。为了防止二次电子造成剂量误差，圆片上加了一个小的正偏压，该偏压通常不过几十伏，足以将电子吸引回圆片表面并在那里被圆片再次吸收。

5.6　离子注入的损伤与退火

5.6.1　注入损伤

当高能离子进入圆片，一部分能量传递是由入射离子与晶格原子核碰撞产生的，在此过程中，许多晶格原子离开晶格位置。一部分移位的衬底原子有足够的能量与其他衬底原子碰撞并产生额外的移位原子。结果是注入过程产生大量的衬底损伤，需要在后面工艺中加以消除。如果注入剂量很大，被注入层将变成非晶体。轻离子大多数能量损失起因于电子损伤，这些离子在更深入衬底时才会失去能量。因此轻离子注入时要形成非晶层，需要非常大的剂量。对重离子而言，能量损失主要是原子核碰撞，因此将有大量的损伤。

此外，如果注入物质是作为掺杂剂，则必须占据晶格位置，才有电活性。将大部分注入杂质移到晶格位置的过程称为杂质激活。

因此注入之后一般要采取加热硅片（退火）的方法，来消除晶格损伤和激活杂质。退火的方法有传统的高温热退火和快速热退火。

5.6.2　退火的方法

1．传统热退火

在传统热退火中，使用类似于热氧化的整批式开放炉管系统，把硅片加热到 800～1 000 ℃并保持 30 min。在此温度下，硅原子重新回到晶格位置，杂质原子也能替代硅原子位置进入晶格。

退火的特性与掺杂种类及所含剂量有关。退火温度定义为在传统退火炉管中，退火 30 min，可有 90%掺杂原子被激活的温度。如图 5-37 所示为 90%硼和磷离子被激活所需的退火温度与注入剂量的关系。由图可见，对硼注入而言，较高的剂量需要较高的退火温度，对磷来讲，在较低剂量时，退火特性类似于硼，然而当剂量大于 $10^{15}\ cm^{-2}$ 时，退火

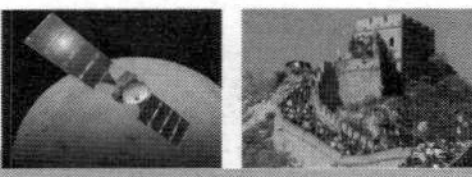

温度降到约 600 ℃，这种现象和固相外延（Solid-Phase Epitaxy，SPE）过程有关。当磷的剂量大于 6×10^{14} cm^{-2} 时，硅的表面变成非晶体。在非晶硅层下方的单晶硅可作为非晶硅再结晶的籽晶，沿[100]方向的外延生长速率在 550 ℃为 10 nm/min，而在 600 ℃为 50 nm/min。因此，100～500 nm 的非晶体层可在几分钟内被再结晶，掺杂原子随着硅原子进入晶格位置，所以在相对很低的温度下，杂质可被完全激活。

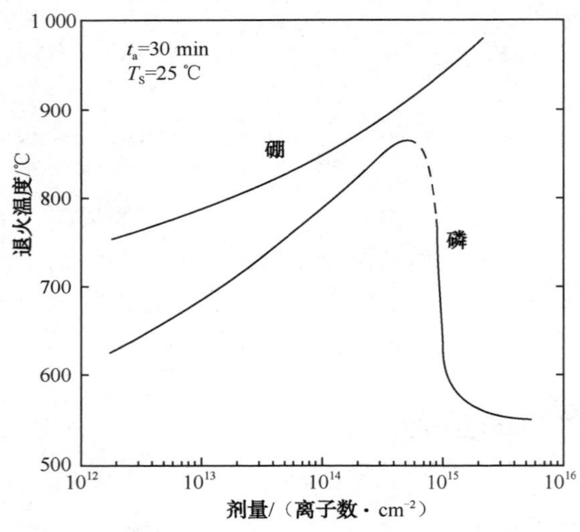

图 5-37　90%硼和磷离子被激活所需的退火温度与注入剂量的关系

总的说来，传统热退火需要长时间的高温来消除注入损伤和激活杂质，将会造成大量的杂质再扩散而无法符合浅结和窄杂质分布的需求。

2．快速热退火（rapid thermal annealing，RTA）

快速热退火用极快的升温和在目标温度（一般是 1 000 ℃）短暂的持续时间对硅片进行处理。注入硅片的退火通常在通入 Ar_2 或 N_2 的快速热处理机中进行。RTA 系统中常用钨丝或弧光灯作为光源，工艺腔可用石英、碳化硅，不锈钢或铝做成并有一个石英窗户，光通过它照射硅片。硅晶片支撑架通常以石英做成并以少量的接触点与硅晶片接触。由光加热的快速热退火系统如图 5-38 所示。

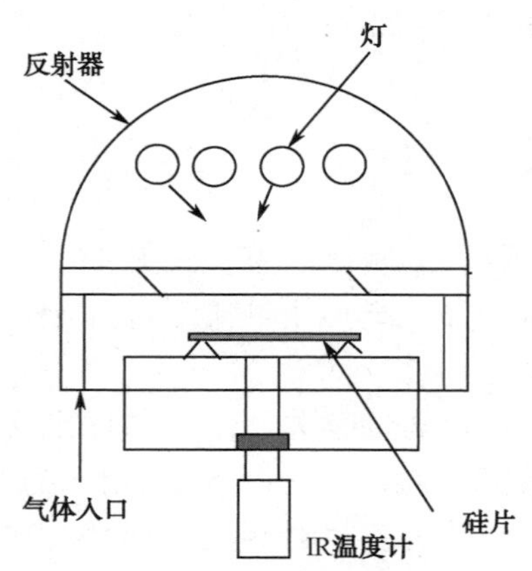

图 5-38　由光加热的快速热退火系统

和传统热退火相比，RTA 采用的能源品种多，且能够快速使晶圆温度上升和下降。一般情况下，RTP 系统只需要不到 10 s 的时间就能使晶圆达到所需的退火温度，即 1 000～1 150 ℃之间。由于在高温下时间短，杂质的再分布现象得到了抑制。当元器件的关键尺寸小于 0.1 μm 时，升温速率可能必须高达 250 ℃/s，才能在低掺杂物扩散的同时获得所需的退火要求。此外 RTA 工艺最具吸引力的特点之一是圆片不用达到热平衡状态。这意味着具有电活性的有效掺杂分布实际上可以超过固溶度限制。特别是对于砷，人们发现，只需极短时间的退火就可以获得高的激活水平。特别是对砷进行数毫秒的退火后，它的激活浓度可达到 $3\times10^{21}/cm^3$ 左右，这大约是其固浓度的 10 倍。RTA 已成为目前工艺中主要的退火方式。但也需要考虑快速的温度升降（100～300 ℃/s）可能引入的硅晶片缺陷，因为快速加热而造成硅晶片中的温度梯度，进而产生热应力，导致滑移位错形式的硅晶片损伤。

本章小结

本章主要介绍了掺杂的目的和方法，重点介绍了扩散原理，不同的扩散方法及常用的杂质源，扩散层主要参数的测定，离子注入的原理，离子注入机的设备组成，退火的目的及方法。通过本课的学习，使学生掌握扩散和离子注入两种掺杂的方法。

思考与习题 5

1．什么是掺杂，掺杂在半导体生产中有何作用？掺杂有哪两大类？
2．什么叫热扩散？
3．热扩散有哪两种机构？分别举例说明什么是慢扩散杂质和快扩散杂质。
4．什么是恒定表面源扩散？杂质分布满足什么规律？它有何特点？
5．什么是有限杂质源扩散？杂质分布满足什么规律？它有何特点？
6．解释扩散系数，单位面积杂质总量，表面浓度，固溶度概念。
7．什么是两步扩散法？它在半导体生产中有何作用？
8．内建电场对杂质扩散有何影响？
9．什么是基区陷落效应？对器件或电路有何影响？如何改进？
10．简述液态源硼扩和磷扩的杂质源与扩散原理。
11．简述片状源硼扩和磷扩的杂质源与扩散原理。
12．写出双温区锑扩的扩散原理及特点。
13．什么叫结深？写出结深的计算公式。
14．什么叫方块电阻？有何物理意义？如何计算任何长方形的电阻？
15．如何测量结深和方块电阻？
16．什么叫离子注入？和热扩散相比，离子注入有何优点？
17．什么是射程和射程的标准偏差？它们由哪些因素决定？
18．电荷数为 1 的正离子在电势差为 200 keV 的电场中运动，它的能量是多少？
19．注入离子的分布有何规律？

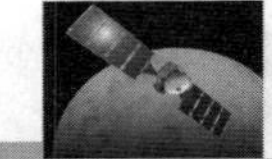

20．离子注入机有哪几部分组成？各部分有何主要作用？

21．磁分析器的工作原理是什么？

22．靶室的作用是什么？它是如何计算注入剂量的？

23．设衬底直径为 75 mm，用 80 kV 高压进行 B+注入，束流直径 I=10 μA，注入时间为 10 min，求注入离子的分布。

24．离子注入后为何要进行退火？退火的方法有哪些？

第6章　平坦化

本章要点

（1）平坦化的意义；
（2）常见的平坦化方法；
（3）旋涂玻璃法平坦化的原理及应用；
（4）化学机械抛光平坦化的原理及应用；
（5）化学机械抛光平坦化的工艺参数；
（6）化学机械抛光质量的影响因素；
（7）双大马士革工艺原理及工艺流程。

随着半导体工业的飞速发展，为满足现代微处理器和其他逻辑芯片的要求，硅片的刻线宽度越来越细。集成电路制造技术已经跨入 0.045 μm 和 450 mm 时代，硅片表面局部平整度要求为设计线宽的 2/3，硅片表面粗糙度要求已达到纳米和亚纳米级，因此如何使硅片表面能够更加平整，达到表面粗糙要求的平坦化工艺就成为集成电路制造中一道重要的工序。

目前最常见的是在低处填充掺杂的二氧化硅，如 BSG、PSG、BPSG、FSG 等，或者采用化学机械抛光 CMP 去除表面凸起的部分。不同的工艺方法应用也不同。

6.1 平坦化的基本原理

当集成电路不断向高速化、高集成化、高密度化和高性能化的方向发展时，特征尺寸也在不断缩小，金属互连结构布线层数不断增加。这样硅片表面的起伏（如图 6-1 所示）就会使光刻过程失去对线宽的控制，造成集成电路的布线图形发生变形、扭曲，导致绝缘层的绝缘能力达不到要求或者金属连线错乱，例如金属膜在较薄的地方电阻值增高，在台阶明显的地方易断裂，发生断路等。另外，高低不平的表面也不利于后续光刻图形的精细加工，因此要求在制造过程中消除各部分的高度差，使硅片变得平整。

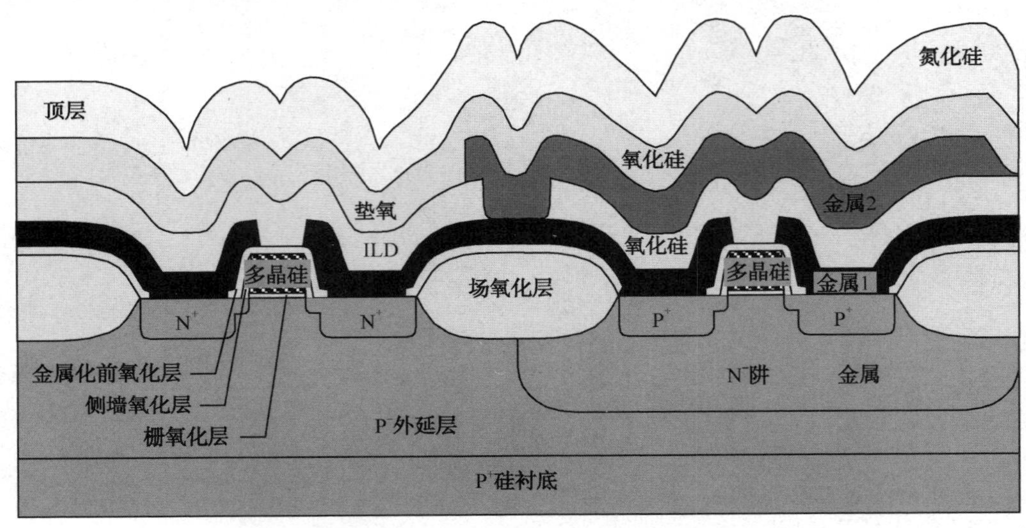

图 6-1　集成电路高低不平的表面结构

平坦化就是一种移除表面凹凸，使晶片表面保持平整平坦的工艺。它是集成电路制造中一道重要的工序。平坦化的表面可以允许光刻工艺采用更高的分辨率；可以消除由于 PVD 台阶覆盖性差引起的边墙减薄；消除介质层工艺中的厚光刻胶区域，不再需要过度曝光和显影，改善金属图形工艺和通孔工艺的分辨率；可以使薄膜淀积均匀化，消除了过刻蚀的必要性，减小了衬底损伤和钻蚀的可能性；还可以减小缺陷密度，提高成品率。平坦化前后，硅片表面形貌发生了很大的变化，如图 6-2 所示。

实现平坦化的方法主要有两种，一种是去除高的部分，另一种是填充低的部分，即去高填低。不同的方法，平坦化程度亦有所不同，因此出现了一些不同的平坦化术语：平滑处理、部分平坦化、局部平坦化和全局平坦化，如图 6-3 所示。

（1）平滑处理：就是将硅片表面的尖角去除，台阶拐角处变得平滑，侧壁有一定程度的倾斜。

（2）部分平坦化：将硅片表面台阶高处部分磨除，台阶的高度部分降低，台阶更加平滑。

（3）局部平坦化：将硅片表面的局部进行平坦化处理，使其达到较高的平整度。

（4）全局平坦化：将整个硅片表面进行平坦化处理，使其没有显著的台阶，非常平整。

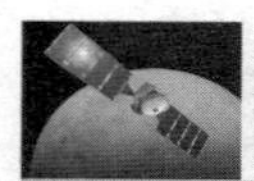

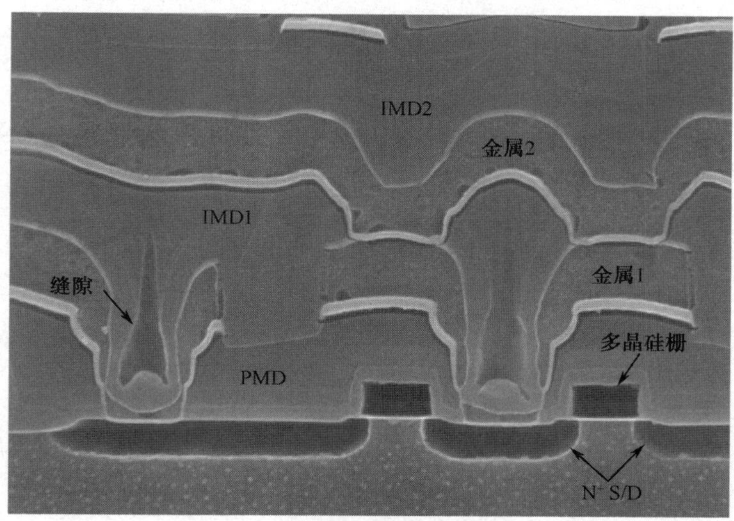

（a）非平坦化的IC剖面

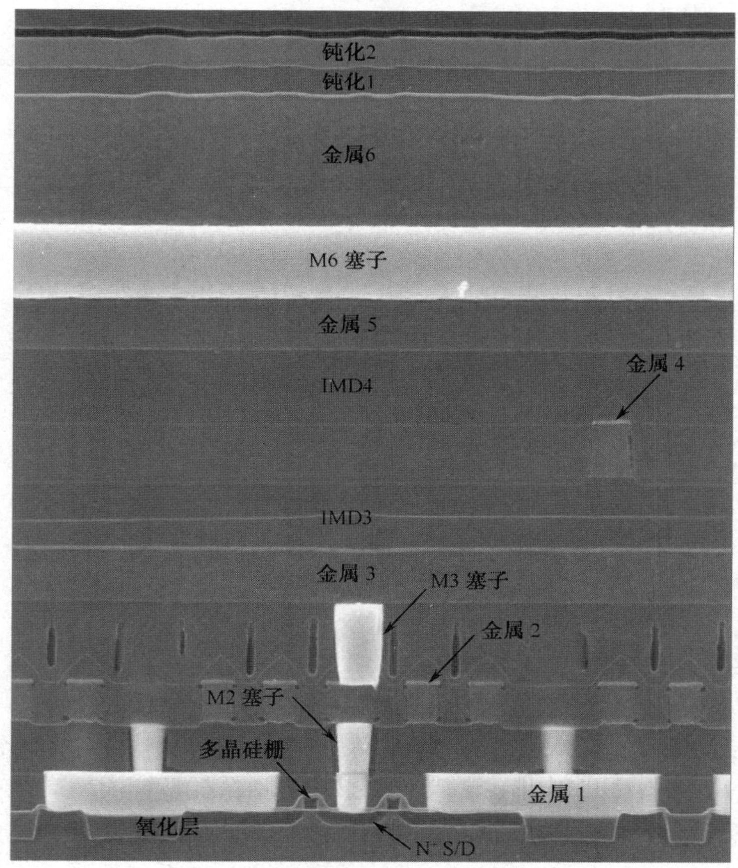

（b）平坦化的IC剖面

图 6-2　非平坦化与平坦化的 IC 剖面比较

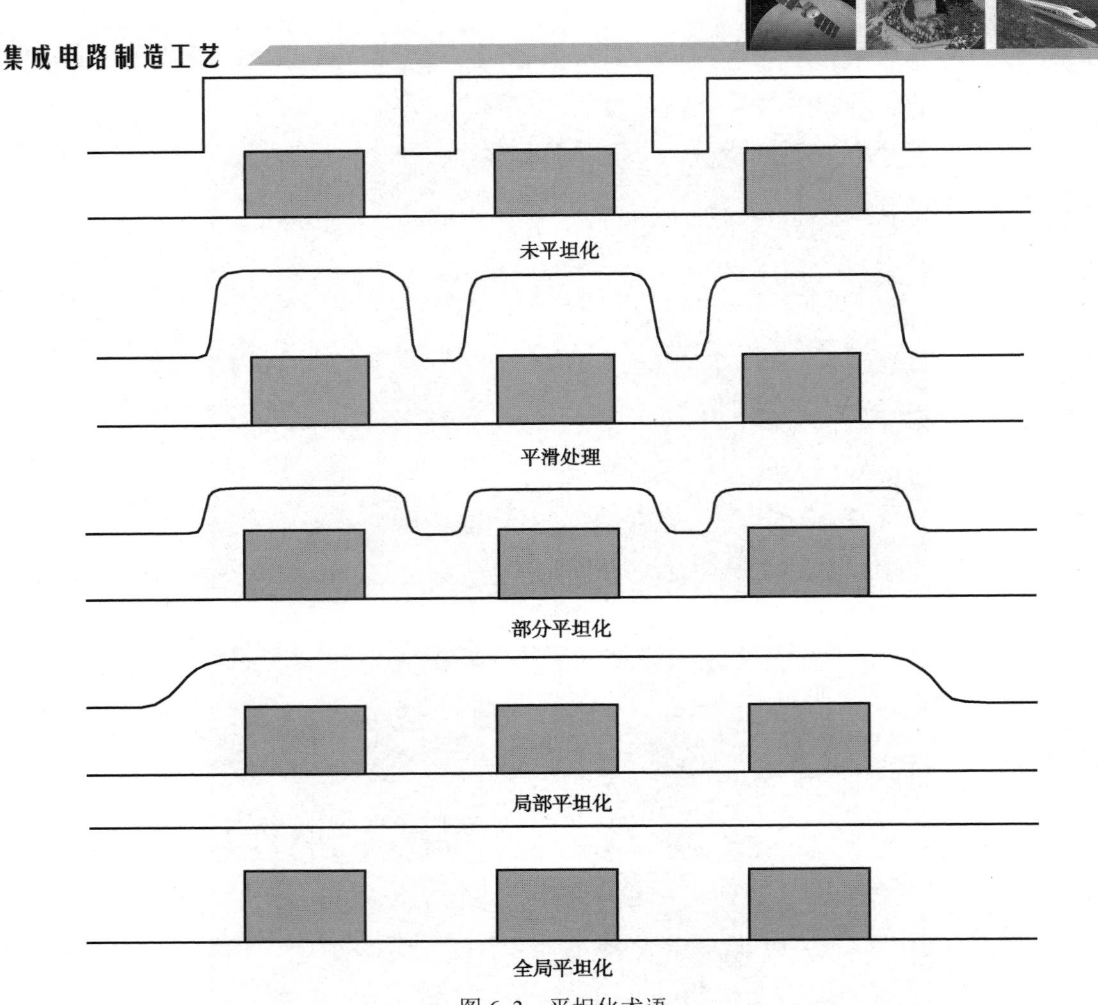

图 6-3　平坦化术语

6.2　传统的平坦化方法

传统平坦化技术很多，常见的有反刻、回流、旋涂玻璃法等方法，在半导体器件和集成电路制造中应用很广泛，它们可以实现局部平坦化。

6.2.1　反刻

反刻又称为回蚀、回刻。它是在表面起伏处用一层厚的介质或其他材料作为平坦化的牺牲层来进行平坦化，这一层牺牲材料填充空洞和表面的低处，然后选择合适的刻蚀方法来刻蚀这一层牺牲层，最后通过对高处的刻蚀及低处的保留来使表面平坦化，如图 6-4 所示。常用的刻蚀方法是干法刻蚀技术，要求高处图形的刻蚀速率大于低处图形的刻蚀速率。反刻不能实现全局的平坦化。为了提高平坦化程度，通常采用材料填充—刻蚀—再填充或者综合采用各种反刻方式。如图 6-5 所示，采用未掺杂的硅玻璃（USG）作为牺牲层，采用两次反刻技术，第一次是氩气溅射的刻蚀技术，对表面进行平滑处理，第二次是反应离子刻蚀技术，使表面进一步平坦化。图 6-6 则是利用光刻胶作为牺牲层，然后进行刻蚀。

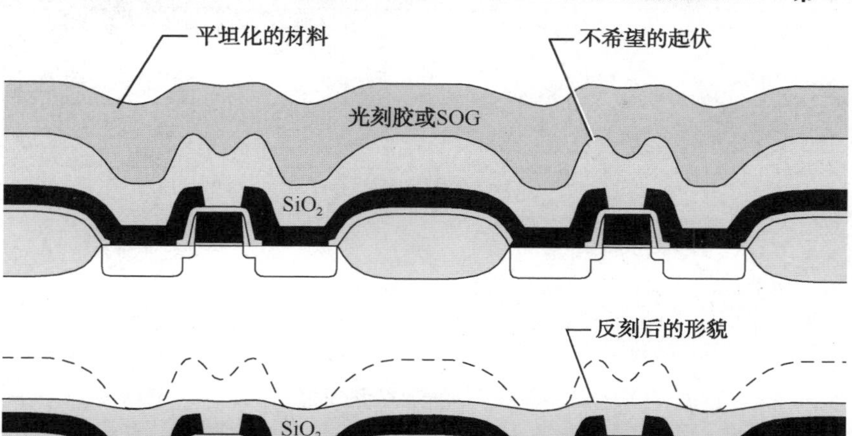

图 6-4　反刻平坦化

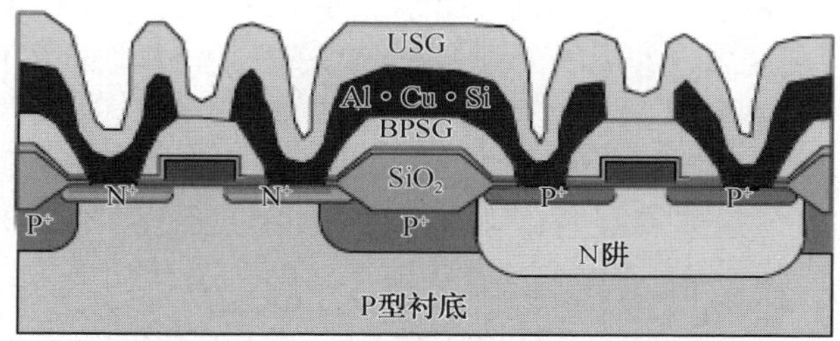

（a） 氩气溅射反刻可以切下间隙边角的介质层，并缩减凹坑尺寸

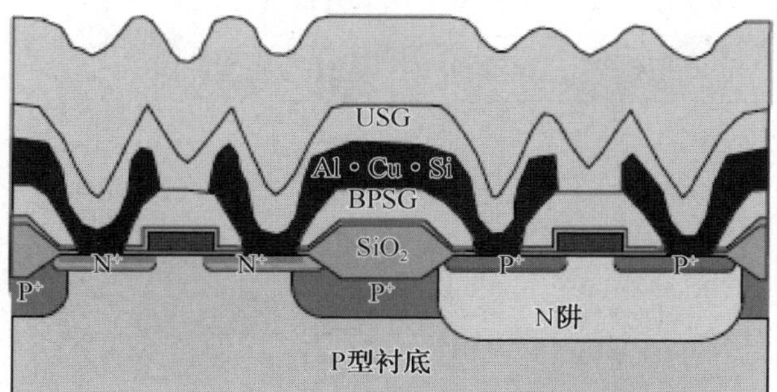

（b）CVD USG填平间隙，形成可接受的平坦表面

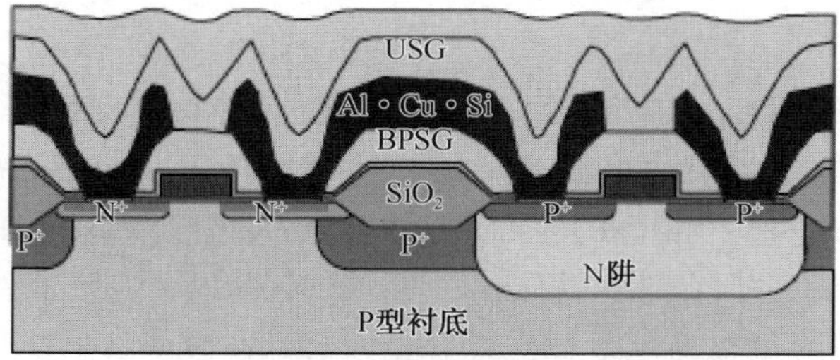

（c）以CF_4/O_2为基础的反应离子反刻进一步将表面平坦化

图 6-5　USG 回刻

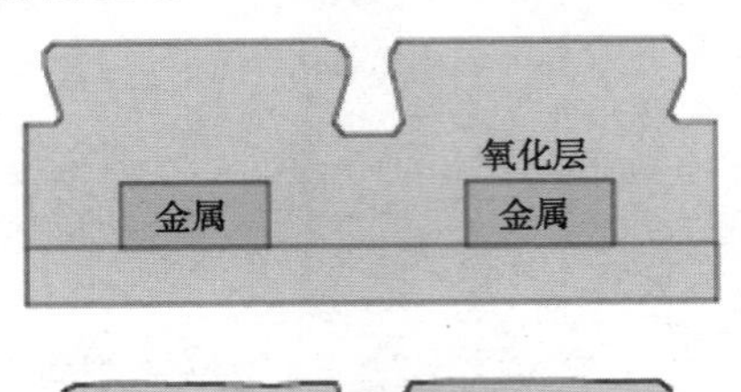

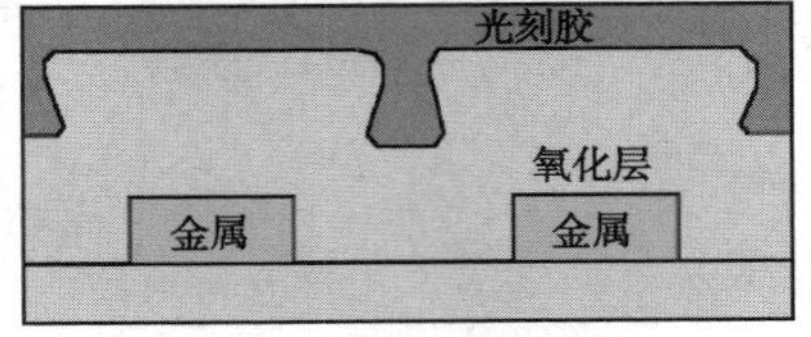

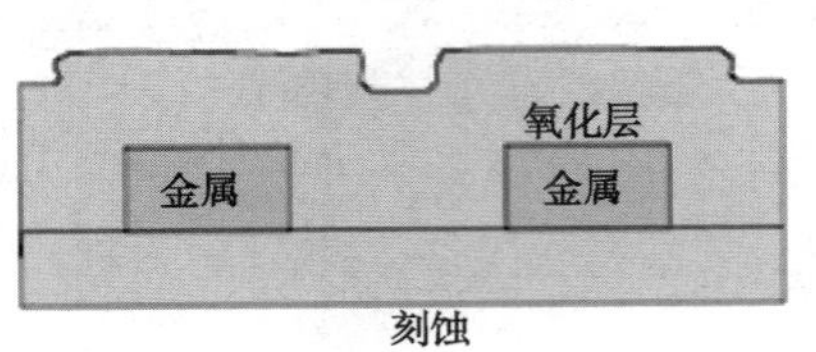

图 6-6　光刻胶回刻

6.2.2　高温回流

高温回流即在高温下利用材料具有较好的表面迁移和流动性进行低处填充。一般用于绝缘介质的平坦化，例如将掺杂的二氧化硅（BPSG，PSG）加热到 850 ℃，充入氮气，约 30 min，BPSG（PSG）慢慢变软，并在表面张力的作用下开始流向表面的低洼处。BPSG 的这种流动性能用来获得台阶覆盖处的平坦化或用来填充缝隙，实现表面的平滑处理或者部分平坦化（如图 6-7 所示），因此又称为玻璃回流。由于互连金属不耐高温，因此高温回流一般应用于金属前介质，不适合金属层间介质的平坦化，因此出现了低温平坦化的方式——旋涂玻璃法。

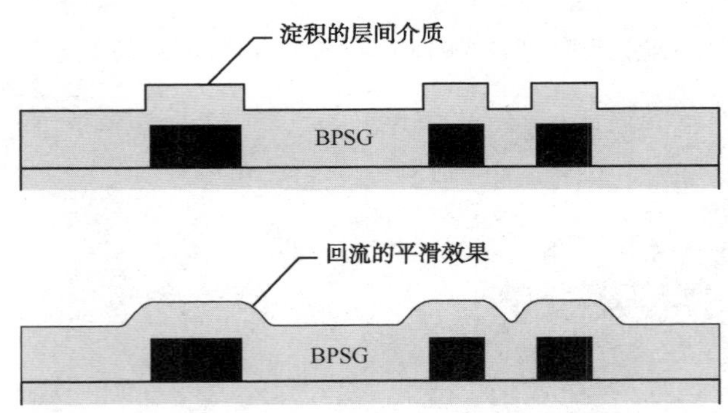

图 6-7　BPSG 回流平坦化

6.2.3　旋涂玻璃法

旋涂玻璃法（SOG）又称旋涂膜层，它是在硅片上旋涂不同的液体材料以获得平坦化的一种技术。具体来说，它是指将介电材料溶解在某些有机溶液中，然后以旋涂的方式涂抹在晶片表面，利用流态的介电材料有很好的台阶间隙填充能力，使晶片表面获得平坦化。

这种旋涂法的平坦化能力与许多因素有关，如溶液的化学组分、分子重量及黏滞度。

常用的介电材料主要有硅酸盐或硅氧烷等，首先将其溶解于醇、酮类溶剂中，然后将其旋转涂布在硅片表面，涂布的厚度一般为 2 000～5 000 Å，最后进行热处理（一般为 400 ℃），通过加热，去除介电材料中的有机溶剂，使其固化，形成类似于二氧化硅结构的

材料。旋涂玻璃法通常需要进行多次涂布，以获得均匀的厚度，如图 6-8 所示。

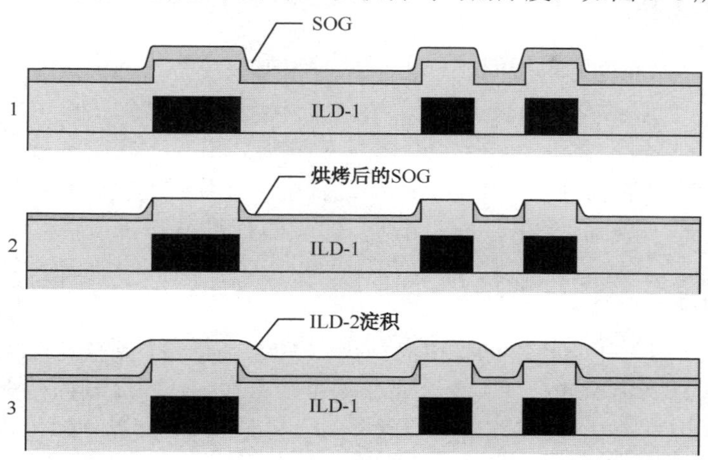

图 6-8 SOG 平坦化

旋涂玻璃法主要是利用离心力来填充图形低处，获得表面形貌的平滑效果。这种方法的平坦化程度与许多因素有关，如溶液的化学组分、分子重量以及黏滞度。旋涂后烘烤蒸发掉溶剂，留下氧化硅填充低处的间隙。为了进一步填充表面的间隙，用 PECVD 再淀积一层氧化硅。

在生产中常常采用“三明治结构”：首先采用 PECVD 淀积一层 SiO_2，然后进行 SOG 的涂布与固化，最后再利用 PECVD 淀积第二层 SiO_2。这样可以充分利用 SOG 固化前良好的流动特性、很好的台阶覆盖和间隙填充能力，避免单独使用 CVD 淀积 SiO_2 出现的空洞问题，获得一定的平坦化。它是一种局部平坦化。主要应用于层间介质，特别是在 0.35 μm 及以上器件的制造中得到普遍应用。

6.3 先进的平坦化技术 CMP

随着半导体工业飞速发展，电子器件尺寸缩小，要求晶片表面可接受的平整度达到纳米级，例如 0.25 μm 图形要求粗糙度<2000 Å。传统的平坦化技术，如反刻、回流、旋涂等，仅仅能够实现局部平坦化，但是对于微小特征尺寸的电子器件，很难达到需要的平整度要求，因此必须进行全局平坦化。20 世纪 90 年代兴起的化学机械抛光技术（CMP）则从加工性能和速度上同时满足硅片图形加工的要求，是目前唯一可以实现全局平坦化的技术，特别是对于特征尺寸小于 0.35 μm 的图形平坦化，也只能通过化学机械抛光实现。

1965 年，Walsh 和 Herzog 首次提出了化学机械抛光技术（CMP），之后逐渐被应用起来。1990 年，IBM 公司率先提出了 CMP 全局平面化技术，并于 1991 年成功应用于 64 Mb 的 DRAM 生产中，之后 CMP 技术得到了快速发展。

目前，CMP 技术已经发展成以化学机械抛光机为主体，集在线检测、终点检测、清洗、甩干等技术于一体的化学机械平坦化技术，是集成电路向微细化、多层化、薄型化、平坦化工艺发展的产物；是硅圆片由 200 mm 向 300 mm 乃至更大直径过渡、提高生产率、降低制造成本、衬底全局平坦化所必需的工艺技术。

6.3.1 CMP的原理

CMP 通过比去除低处图形快的速度去除高处图形来获得均匀的硅片表面，能够精确并均匀地把硅片抛光为需要的厚度和平坦度，有效地兼顾表面的全局和局部平坦化，成为制造主流 IC 芯片的关键技术之一。

CMP 是利用化学腐蚀及机械作用对加工过程中的硅片或其他衬底材料进行平坦化处理的一种技术。它包含两方面：一是化学腐蚀，即表面材料与磨料发生化学反应生成一层相对容易去除的物质；二是机械研磨，即在压力的作用下，软化的表面层在研磨颗粒与抛光垫的相对运动中机械地磨去。

CMP 的微观作用是化学和机械作用的结合，不能使用一个完全的机械过程，如用砂纸来磨一块板子，这样会损坏硅片的表面，带来沟槽和擦伤。经过 CMP 平坦化的硅片拥有平滑的表面，每层的厚度变化较小（表面起伏较小）。CMP 还可以去除硅片表面不希望存留的杂质材料，从而提高器件的成品率。

CMP 工作过程为：先将硅片固定在抛光头（又称磨头）的最下面，抛光垫放在抛光盘（又称研磨盘）上，然后旋转抛光头并向抛光垫施加压力，使硅片压在旋转的抛光垫上，喷头喷出的抛光液在硅片和抛光垫之间流动，抛光液中的物质与硅片表面材料发生化学反应，生成可溶物质或者将一些硬度高的物质软化，最后通过抛光液与抛光垫的研磨作用将反应产生的物质从硅片表面去除，进入流动的液体中排出（如图 6-9 所示）。最后还要经过清洗和测量，看抛光片是否符合要求。因此一个完整的 CMP 工艺流程主要由抛光、后清洗和计量测量等部分组成，其中抛光机、抛光液和抛光垫是 CMP 工艺的三大关键要素，其性能和相互匹配决定 CMP 能达到的表面平整水平。

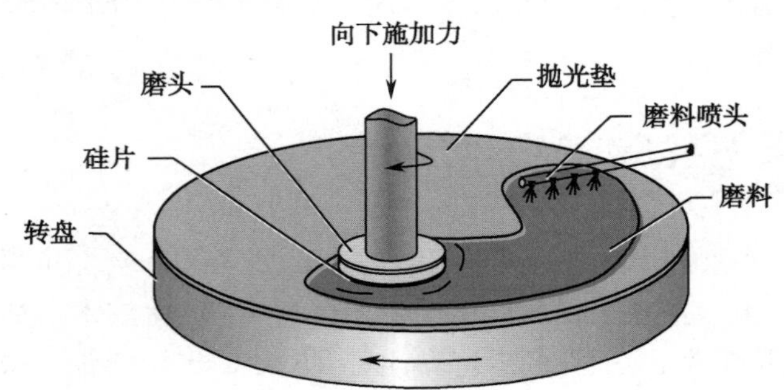

图 6-9　化学机械抛光原理图

6.3.2 CMP的特点

CMP 作为现代超精密加工的先进技术，在很多方面都比传统的平坦化技术具有优势，当然也有其缺点。

1. 优点

（1）能获得全局平坦化。在所有平坦化技术中，CMP 是唯一可以实现全局平坦化的技术，并且平坦化的程度可以达到纳米级。

（2）各种各样的硅片表面都能被平坦化。由于 CMP 采用化学反应和机械研磨的共同作

用来去除材料，不需高温，只需选择合适的抛光液和抛光条件即可，因此各种硅片、各种材料都可以进行平坦化。

（3）在同一次抛光过程中对平坦化多层材料有用。同一次抛光可以同时抛光各种材料，抛光后整个硅片表面的平整度都很高，因此对接下来淀积的材料也有重要的作用。

（4）允许制造中采用更严格的设计规则并采用更多的互连层。

（5）由于减小了表面起伏，从而能改善金属台阶覆盖。

（6）在平坦化的同时还可以去除硅片表面的缺陷。

（7）作为一种金属图形制备的新方法，例如大马士革工艺，借助 CMP，解决铜布线图形刻蚀困难的问题。

（8）不使用在干法刻蚀工艺中常用的危险气体，比较环保安全。

（9）适合自动化大批量生产，提高器件的可靠性和成品率。

2. 缺点

（1）CMP 技术是一种新技术，影响 CMP 质量的因素比较多，并且还会引入新的杂质和缺陷，工艺难以控制。

（2）CMP 技术需要开发额外的技术来进行工艺控制和测量。

（3）设备和消耗品费用昂贵，维护费用高。

6.3.3　CMP 主要工艺参数

1. 平整度

平整度（DP）是指相对于 CMP 之前的某处台阶高度，在做完 CMP 之后，这个特殊台阶位置处硅片表面的平整程度，即 CMP 抛光去除台阶的高度与抛光之前台阶的高度之比。它描述了硅片表面的起伏变化情况，表达式为

$$\mathrm{DP}(\%)=\left(\frac{\mathrm{SH}_{\mathrm{pre}}-\mathrm{SH}_{\mathrm{post}}}{\mathrm{SH}_{\mathrm{pre}}}\right)\times 100\%$$

$\mathrm{SH}_{\mathrm{post}}$ 是 CMP 之后在硅片表面的一个台阶高度，$\mathrm{SH}_{\mathrm{pre}}$ 是 CMP 之前在硅片表面的一个台阶高度（如图 6-10 所示）。

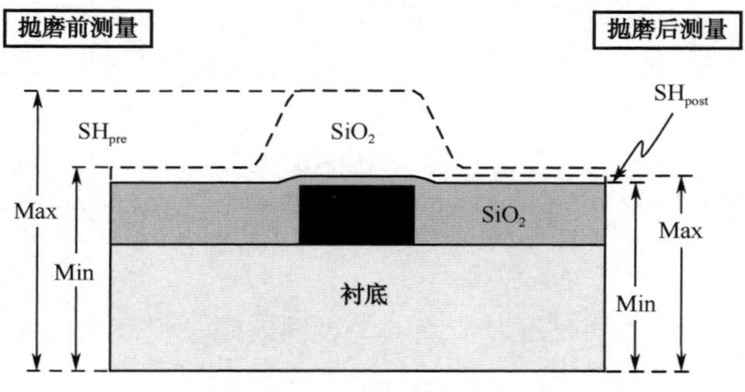

图 6-10　平整度的测量

如果 CMP 之后测得硅片表面起伏是完全平整的，则 $\mathrm{SH}_{\mathrm{post}}=0$ 并且 DP=100%。这意味着 CMP 的平坦化是完美的。$\mathrm{SH}_{\mathrm{post}}$ 越小，平整度越高，CMP 效果越好。

2．研磨均匀性

均匀性是在毫米到厘米尺度下测量的，反映整个硅片上膜层厚度的变化。有两种表达方法可以描述硅片的非均匀性：片内非均匀性和片间非均匀性。片内非均匀性用来衡量一个单独硅片上膜层厚度的变化量，通过测量硅片上的多个点而获得。片间非均匀性描述多个硅片之间的膜层厚度的变化。

影响平坦化均匀性的因素有抛光垫调节、下压力分布、相对速率和硅片形状等。通常CMP 工作时圆周运动，磨料从中心到边缘的运动速率逐渐加快；磨料浓度从中往外逐渐变大，为保持一致的磨除速率，抛光垫底施压从中心到边缘递增的向上压力，硅片除和抛光垫之间做相对的圆周运动外，还在磨头的作用下来回运动。另外偏硬的抛光垫和偏低的下压力，也有助于达到好的均匀性。

3．磨除速率

磨除速率是指 CMP 抛光时去除表面材料的速率。一般突出部分的磨除速率更高（如图 6-11 所示），这是因为突出部分的压力更大。生产中常常设定平均磨除速率，也就是在设定的时间里磨除设定的厚度。

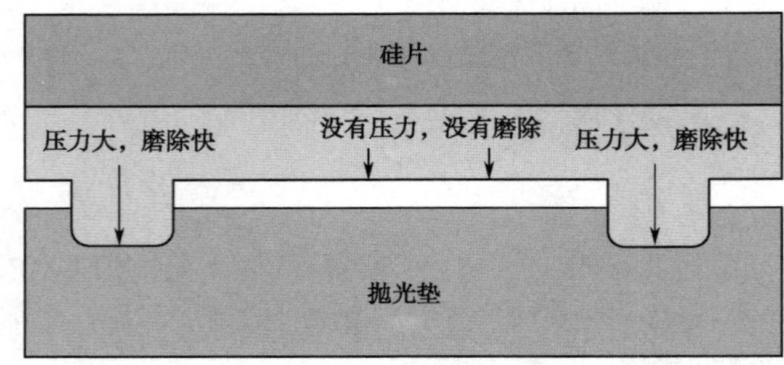

图 6-11　抛光压强更高的突出部分

4．选择比

在 CMP 中，对不同材料的抛光速率是影响硅片平整性和均匀性的重要因素，选择比是指在同样的条件下对两种无图形覆盖材料抛光速率的比值。即

选择比=磨除材料 1 的速率/磨除材料 2 的速率

通常如果需要磨除材料 1，保留材料 2，就必须使得磨除材料 1 的速率远远大于磨除材料 2 的速率，选择比较大，选择性就比较好。

抛光液化学成分是 CMP 工艺中影响磨除速率的主要因素，因此选择性也主要取决于抛光液。另外，选择性还与图形密度有关，图形密度越高，选择性越低。

5．缺陷

一方面 CMP 在平坦化的同时可以消除一些表面缺陷，提高成品率，另一方面也会引入一些新的缺陷，如划痕、残留抛光液、颗粒等，产生的原因有很多，具体如下。

（1）大的外来颗粒和硬的抛光垫容易导致划痕。

（2）氧化物表面划痕里残留的钨可能导致短路。

（3）不适当的下压力、抛光垫老旧、抛光垫调节不恰当、颗粒表面吸附和抛光液干燥。

（4）硅片表面的抛光液残留导致沾污。

最常见的缺陷是擦痕（如图 6-12 所示）和凹陷（如图 6-13 所示）。

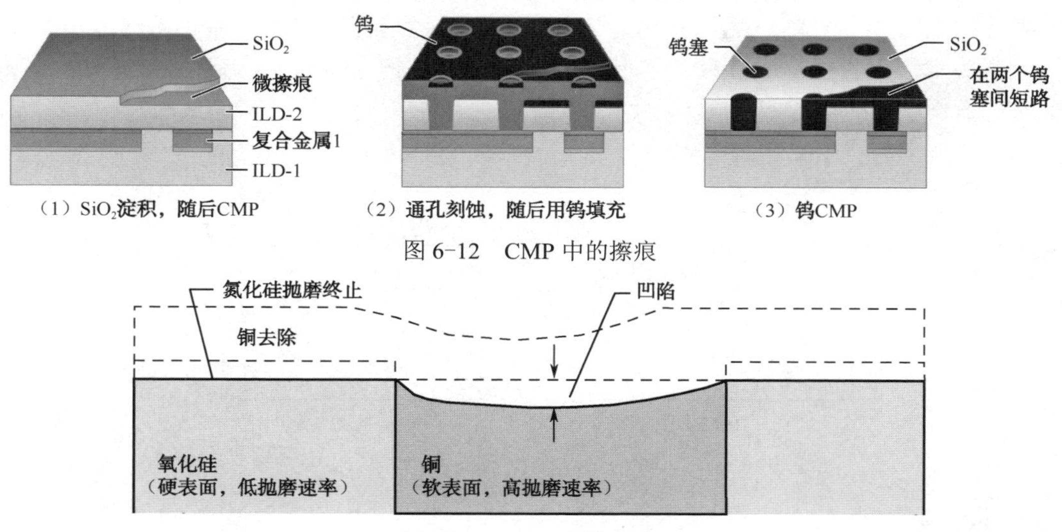

图 6-12　CMP 中的擦痕

图 6-13　CMP 中的凹陷

6.3.4　CMP 设备

CMP 技术所采用的设备主要包括：抛光机、后 CMP 清洗设备、抛光终点检测及工艺控制设备、废物处理和检测设备等。其中抛光机是最重要的设备，它的整个系统由三大部分组成：一个旋转的硅片夹持器（抛光头）、承载抛光垫的工作台（抛光盘）、抛光浆料供给装置（喷头）。

化学机械抛光时，抛光头夹持的硅片旋转并以一定的压力压在旋转的抛光垫上，而由亚微米或纳米磨粒和化学溶液组成的抛光液在硅片与抛光垫之间流动，在硅片表面产生化学反应，生成一层容易去除的物质。硅片表面产生的物质由磨粒和抛光垫机械作用去除。

1．抛光机

CMP 把一个抛光垫粘在转盘的表面来进行平坦化，在抛光的时候一个磨头装有一个硅片，大多数的生产性抛光机都有多个磨头和抛光垫，以适应抛光不同材料的需要（如图 6-14 所示）。

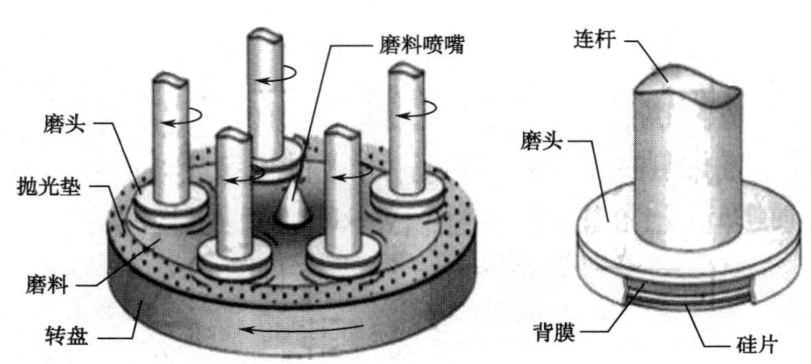

图 6-14　多磨头 CMP 机

1）磨头（抛光头）

磨头是用来吸附固定硅片并将硅片压在研磨垫上带动硅片旋转的装置。它使硅片保持在抛光垫的上方，磨头向下的力和相对于转盘的旋转运动会影响均匀性。在传送和抛光过程中，磨头常常用真空来吸住硅片。硅片背面有多层结构的背膜用来补偿硅片背面和颗粒带来的不平整，它的设计如图 6-15 所示。

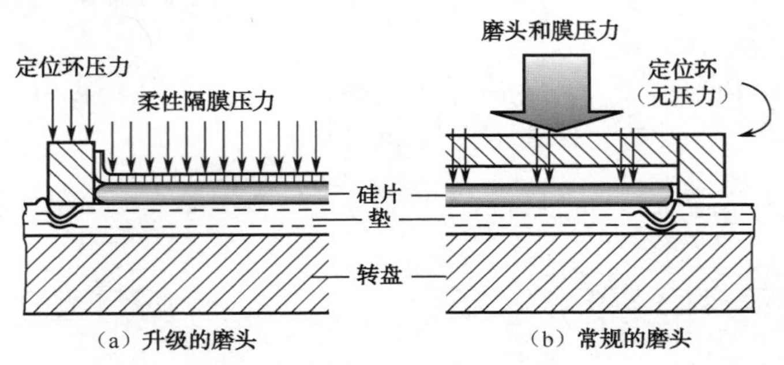

图 6-15　CMP 磨头设计

2）抛光垫

抛光垫可以存储抛光液，并把它均匀运送到工件的整个加工区域。它通常采用聚亚安酯材料制造，具有类似海绵的机械特性和多孔特性，表面有特殊的沟槽，可以提高抛光的均匀性。但同时抛光垫的多孔性和表面粗糙度也会影响抛光液的传输、材料去除率和接触面积，因此要求抛光垫具有高平整度和高强度。

抛光垫表面粗糙度决定保形范围。抛光垫越光滑，对抛光图形选择性越差，越不利于材料的去除，移除速率会降低，平坦化效果会较差，但却不易引起划痕。抛光垫越粗糙，越有利于材料的去除，抛光速率越高，抛光图形的选择性越高，平坦化抛光的效果也越好，但过于粗糙，易产生划痕，需要注意（如图 6-16 所示）。

抛光垫使用后会产生变形，表面变得光滑，孔隙减少和被堵塞，使抛光速率下降，必须进行修整来恢复其粗糙度，改善传输抛光液的能力，一般采用钻石修整器来修整。一个抛光垫虽不与晶圆直接接触，但使用寿命仅为 45～75 h。如果更换抛光垫，则同时需要添加新的抛光液。

3）抛光液

（1）抛光液的成分。

抛光液是 CMP 的关键要素之一。它的成分、pH 值、颗粒粒度及浓度、流速、流动途径对磨除速率都有影响，甚至直接影响抛光的效果。抛光液一般由超细固体粒子研磨剂（如纳米级 SiO_2、Al_2O_3 粒子等，俗称磨料）、表面活性剂、稳定剂、氧化剂等组成。

磨料的作用是借助于机械力，将硅片表面经化学反应后产生的物质去除。目前常用的磨料有胶体硅、SiO_2、Al_2O_3 及 CeO_2 等。磨料的种类决定了磨粒的硬度、尺寸，从而影响抛光效果。相对于 Al_2O_3，胶体 SiO_2 磨料能获得较好的表面平整度，表面刮痕数量少、尺寸小，应用广泛，这是因为胶体 SiO_2 磨粒尺寸小，抛光时磨料嵌入晶片表面的深度较小，并且在优选其他参数的情况下，也能获得很高的抛光效率。而 Al_2O_3 硬度比较大，容易擦伤硅片，多应用于金属 CMP。磨料的浓度也会影响抛光效果。通常随着磨料浓度的提高，抛光

效率提高；但磨料浓度过大时，抛光液的黏性增大，流动性降低，影响加工表面氧化层的有效形成，导致抛光效率降低。磨粒的尺寸也会对抛光效果产生影响。

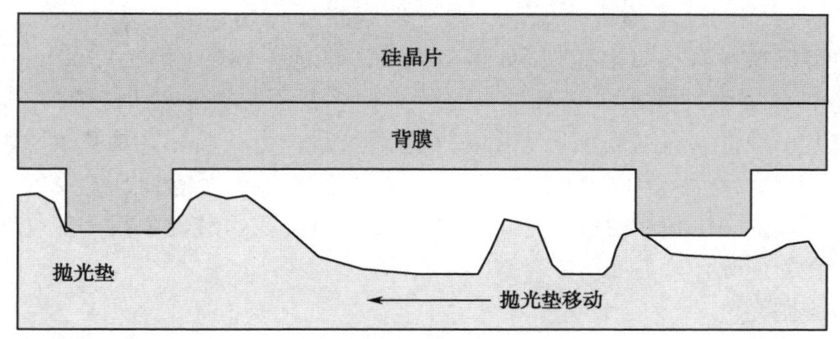

（a）硬而粗糙的抛光垫

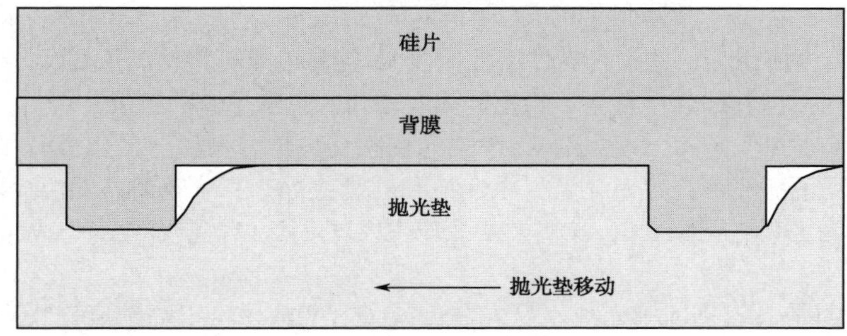

（b）软而光滑的抛光垫

图 6-16　抛光垫对比

为了能够快速地在表面形成一层软而脆的氧化膜，提高抛光效率和表面平整度，通常会在抛光液中加入一种或多种氧化剂。例如抛光金属钨时常用 H_2O_2、$Fe(NO_3)_3$ 及其混合物作为氧化剂，其中最常见的是 H_2O_2。但是 H_2O_2 的化学性质不稳定，容易发生分解，影响抛光效果，因此需要添加一些稳定剂。氧化剂的浓度也会对抛光效果产生影响。例如在铝抛光过程中，随着氧化剂（H_2O_2）浓度的增加，氧化层形成速度加快且被及时去除，抛光效率提高，表面刮痕尺寸减小；但当氧化剂浓度增加到一定值时，抛光效率反而降低，表面刮痕尺寸增大，其原因是化学反应速度大于机械去除速度，氧化层不能及时被去除，阻碍了氧化反应的进行，机械去除也使得表面容易产生较大尺寸的刮痕，所以氧化剂浓度应控制在 1%～3%（体积百分比）。而在铜抛光过程中，抛光液中氧化剂（H_2O_2）的浓度最好控制在 7%以下。

抛光液的磨料容易发生聚集，导致表面受力不均，缺陷增多，难以控制。为消除聚集现象，使磨料悬浮均匀，通常在抛光液（特别是离子浓度大且酸碱度很高的抛光液）中加入适量的分散剂，使磨料颗粒之间产生排斥力，防止磨料聚集，保证抛光液的稳定性。但随着分散剂的加入，磨料颗粒与加工表面之间会发生交互作用，形成表面活性分子，导致摩擦力减小，抛光效率降低。

（2）抛光液的分类。

抛光液分为酸性和碱性两大类。酸性抛光液常用于抛光金属，具有可溶性好、酸性范

围内氧化剂较多、抛光效率高等优点。缺点是腐蚀性大，对抛光设备要求高，选择性较差，可以添加抗蚀剂 $C_6H_5N_3$（BTA，苯并三氮唑）来提高选择性。酸性抛光液中，随 pH 值的增大，酸性减弱，化学反应降低，机械研磨起主要作用，抛光效率降低，表面刮痕尺寸增大，因此可以加入有机酸来控制 pH 值的大小，常选择 pH=4。

碱性抛光液具有腐蚀性小、选择性高等优点，多用于抛光非金属材料。碱性抛光液中随 pH 值的增大，碱性增强，表面原子、分子之间的结合力减弱，容易被去除，抛光效率提高，但表面刮痕尺寸增大；但当 pH>12.5 时，硅片表面亲水性增强，抛光效率开始降低。因此必须选择合适的 pH 值，pH 最优值为 10～12。但要在弱碱性中找到氧化势高的氧化剂却很难，因此它的抛光效率较低。

（3）常用的抛光液。

抛光氧化物的抛光液一般由 SiO_2 和碱性水溶液组成。SiO_2 为磨料，粒度范围为 1～100 nm，非常均匀。碱性溶液常采用 KOH 溶液或 NH_4OH 溶液。KOH 的悬浮特性比较好，是氧化物 CMP 中应用最广的一种碱性溶液，但 K^+容易造成可移动离子沾污。NH_4OH 虽不会造成离子沾污，但它的悬浮特性不稳定，成本较高，影响了它的应用。

为保持较高的磨除速率，金属的 CMP 常选用酸性环境。例如，在金属钨（W）的 CMP 工艺中，常使用的抛光液为过氧化氢（H_2O_2）和硅胶或 Al_2O_3 研磨颗粒的混合物。抛光过程中，H_2O_2 分解为水和溶于水的 O_2，O_2 与 W 反应生成氧化钨（WO_3）。WO_3 比 W 软，由此就可以将 W 去除了。

目前常用的是二氧化硅抛光液，呈乳白色或半透明液体，以高纯度硅粉为原料，是经特殊工艺生产的一种高纯度低金属离子型产品。它的优点很多，如具有高的抛光速率、可控的粒度（根据需要，可生产不同粒度的产品）、高的纯度（可减少沾污），可实现高度平坦化，不会对芯片造成损伤。

2．终点检测设备

CMP 的终点检测主要是测试一下 CMP 工艺是否把材料磨除到一个正确的厚度。早期主要采用利用样片估测时间，这种方法很不准确，不适合现在精细化的要求，因此出现了多种检测手段。

1）电动机电流 CMP 终点检测

当 CMP 工艺靠近终点时，抛光垫开始接触并抛光下一层结构，摩擦力开始发生变化，抛光盘上的旋转电动机工作电流发生变化（如图 6-17 所示），以保证抛光垫转速恒定，监控发动机工作电流，就可以发现 CMP 过程的终点。

电流 CMP 不适合进行层间介质（ILD）CMP 检测，这是因为要保留预定的氧化层厚度，没有能引起电流变化的材料露出来。

2）光学干涉法终点检测

光学干涉法是利用第一表面和第二表面反射形成的干涉来确定材料的厚度（如图 6-18 所示）。以厚度测量确定终点。利用单色光或者白光通过光纤传输，照射到膜层表面上发生反射，同时折射到膜层的折射光到薄膜的下表面时也会发生反射，两束反射光反射会发生干涉或者衍射。反射光反射的角度大小和膜层材料的厚度有关。因此可以根据干涉或衍射的

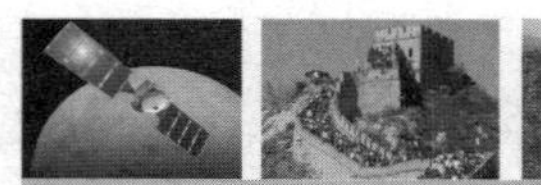

情况来判断膜层的厚度。

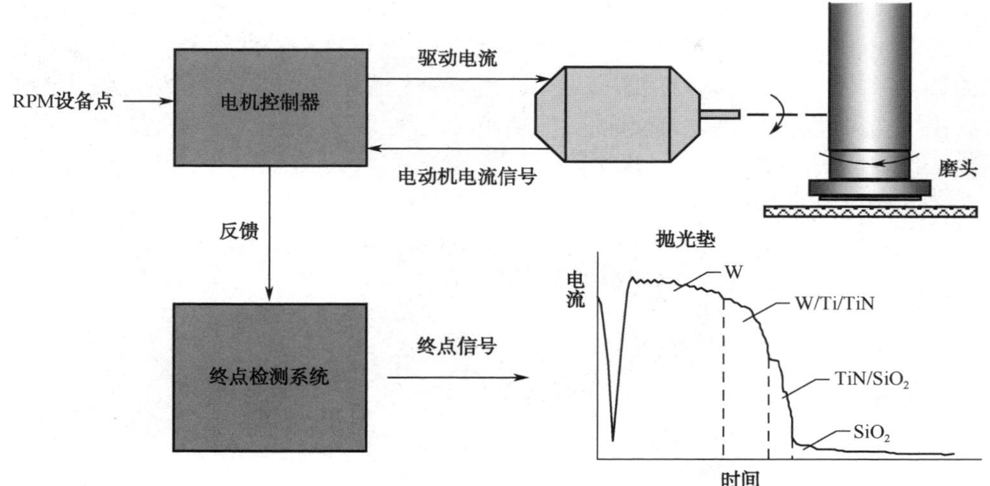

图 6-17　电动机电流 CMP 终点检测

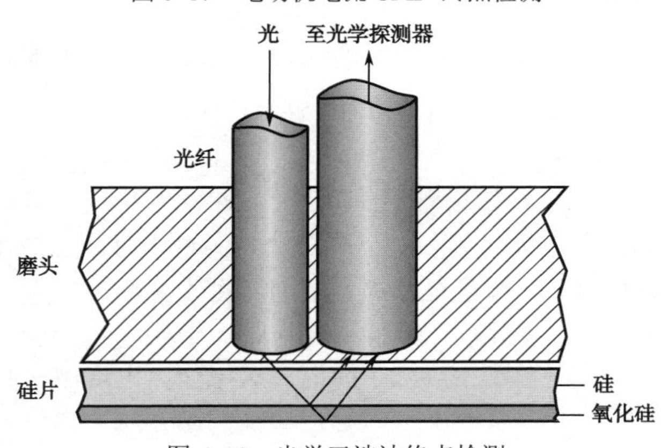

图 6-18　光学干涉法终点检测

3）红外终点检测

红外检测是根据不同介质及同种介质不同厚度的红外吸收和反射系数不同的原理精确地选择平坦化终点。几乎所有物体或者材料都会不断地发射红外线，不同强度、不同波长的红外线包含了不同物体、不同材料或者厚度的信息。因此检测安全可靠，无须接触，不影响工艺过程，适合在线检测。

3. CMP 后清洗

经过抛光之后，硅片表面会残留一些颗粒和化学沾污，因此需要进行 CMP 后清洗，否则会导致硅片表面产生缺陷，从而降低成品率。CMP 后清洗的重点是去除抛光工艺中带来的所有沾污物，这些沾污物包括磨料颗粒、被抛光材料带来的任何颗粒以及磨料中带来的化学沾污物。

CMP 后清洗主要是利用带有去离子水的机械净化清洗器，去离子水体积越大，刷洗压力越高，清洗效率越高。

从最初的用去离子水进行兆声波清洗，发展到用双面洗擦毛刷和去离子水对硅片进行物理洗擦，毛刷转动并压在硅片表面，机械地去除颗粒。然而对于用双面洗擦毛刷和只用去离子水进行清洗而言，毛刷很快就被颗粒沾污了。一个被颗粒沾污的毛刷很容易把颗粒传给别的硅片。为了解决毛刷沾污的问题，CMP 清洗通常使用带有稀释的氢氧化铵毛刷，这些氢氧化铵会流过毛刷中心，对毛刷进行冲洗（如图 6-19 所示），然后再利用去离子水进行漂洗，直到清洗干净后将硅片烘干。

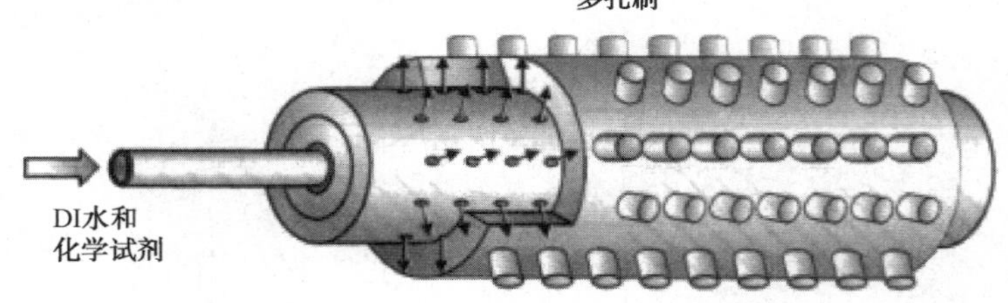

图 6-19　CMP 毛刷的化学药品传输

6.3.5　CMP 质量的影响因素

抛光质量的影响因素有很多，例如抛光的压力、抛光液的质量等都会直接影响抛光的速率和表面质量。

1. 抛光压力 *P*

抛光压力对抛光速率和抛光表面质量影响很大，通常抛光压力增加，机械作用增强，抛光磨除速率也增加（如图 6-20 所示），但当抛光压力过大时，虽然抛光后表面平整度提高，但会导致磨除速率不均匀，抛光垫磨损量增加，抛光区域温度升高且不易控制，使出现划痕的概率增加，甚至会出现碎片，降低抛光质量。当抛光压力较小时，会使硅片表面平整度下降，边缘腐蚀快，中间腐蚀慢，中间高，边缘低，出现橘皮状波纹和腐蚀坑，因此抛光压力是抛光过程中的一个重要变量。确定合适的抛光压力也就意味着得到合适的相对速度，使得抛光效果更好，不能过大，也不能过小。

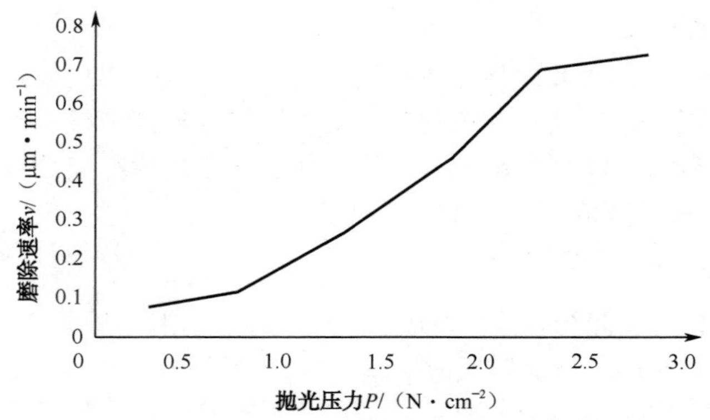

图 6-20　抛光压力与去除速率的关系

2. 转速

这里的转速指的是抛光头上硅片的转速、抛光垫的转速以及二者之差（相对速度）。抛

光垫的转速通常影响研磨的整体速率；而硅片的转速则可以用以调节研磨后的整体形貌。但直接影响抛光效果的主要因素还是相对速度。它和抛光压力的匹配决定了抛光操作区域。在一定条件下，相对速度增加，抛光速率会增加。相对速度减小，则抛光速率会减小。如果相对速度过高会使抛光液在抛光垫上分布不均匀、化学反应速率降低、机械作用增强，导致硅片表面损伤增大，质量下降。

3．抛光区域温度

CMP 在去除材料的过程中发生的多是放热反应，加之抛光头的压力、抛光头和抛光垫的旋转都会造成温度上升。当温度升高，化学反应速度加快，磨除速率提高。由于温度与抛光速率成指数关系，温度过高会引起抛光液的挥发及快速的化学反应，使表面腐蚀严重，抛光不均匀。温度过低，则会使反应速率降低、机械损伤严重。因此抛光区应选择合适的温度值。通常抛光区温度控制在 38～50 ℃（粗抛）和 20～30 ℃（精抛）。

此外，抛光液的黏度也容易受到温度的影响，随着抛光液温度的升高，抛光液的黏度降低。所以评价抛光液的性能时，应充分考虑温度的影响。

4．抛光液黏度

抛光液黏度影响抛光液的流动性和传热性。抛光液黏度增加，则流动性减小，传热性降低，抛光液分布不均匀，易造成材料去除率不均匀，降低表面质量。但在流体动力学模型中抛光液的黏度增加，则液体薄膜最小厚度增加，液体膜在硅片表面产生的应力增加，减少磨粒在硅片表面的划痕，从而使材料去除增加。

5．抛光液的 pH 值

如前所述，抛光液酸碱性直接影响到材料的去除，不同材料的抛光应选择不同的酸碱性溶液。即使选定酸性或者碱性溶液，pH 值的大小对被抛表面刻蚀及氧化膜的形成、磨料的分解与溶解度、悬浮度也有很大的影响，它甚至比抛光液的浓度、流量和抛光温度对抛光去除速率的影响更大。

如图 6-21 所示为氧化物 CMP 时，磨除速率与抛光液 pH 值的关系。从图中可以看出，随着抛光液 pH 值的增大，抛光去除速率逐步提高，但当 pH 值接近 13 时，去除速率迅速降低，而且抛光片表面质量下降。所以，抛光液 pH 值是硅片加工过程中重要的工艺参数之一。

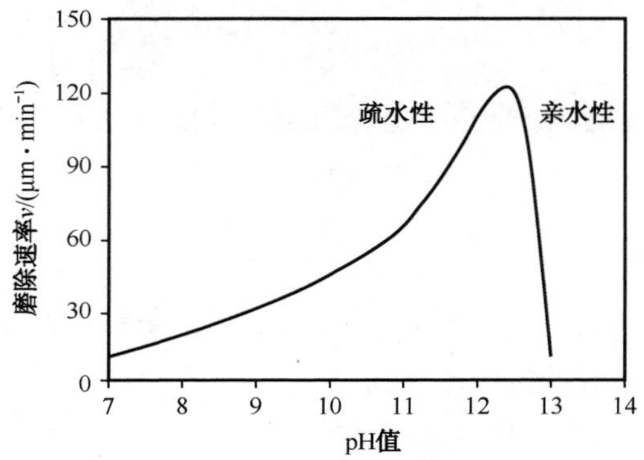

图 6-21　抛光去除速率与抛光液 pH 值的关系

6. 抛光液流速

当抛光液的流速较小时，硅片、磨料及抛光垫三者之间的摩擦力较大，温度升高，表面粗糙度增大，硅片表面平整度会降低；当流速较大时，反应速度较快，产生的反应产物能及时脱离表面，使得抛光表面温度相对一致，获得较好的抛光效果。但流速过大，又会破坏抛光表面平整度，降低抛光效率。因此，必须选择合适的流速。目前很多公司采用的一种方法是抛光开始阶段采用较小的流速，随着抛光区域温度的升高，流速逐渐提高至平均值，最后阶段采用较大的流速。

7. 磨粒尺寸、浓度及硬度

一般情况下，当磨粒尺寸增加，抛光速率增加，但磨粒尺寸过小易凝聚成团，使硅片表面划痕增加。磨粒硬度增加，抛光速率增加，但划痕增加，表面质量下降。磨粒的浓度增加时，材料去除率也随之增加，但当磨粒浓度超过某一值时，材料去除率将停止增加，维持一个常数值，这种现象可称为材料去除饱和，但磨粒浓度增加，硅片表面缺陷（划痕）增加，表面质量降低。

6.4 CMP 平坦化的应用

CMP 已经成为当前最重要的一种平坦化技术，它的应用很广泛，例如层间介质平坦化（ILD）、浅沟槽隔离（STI）、钨塞制作、双大马士革铜结构等，如图 6-22 所示。

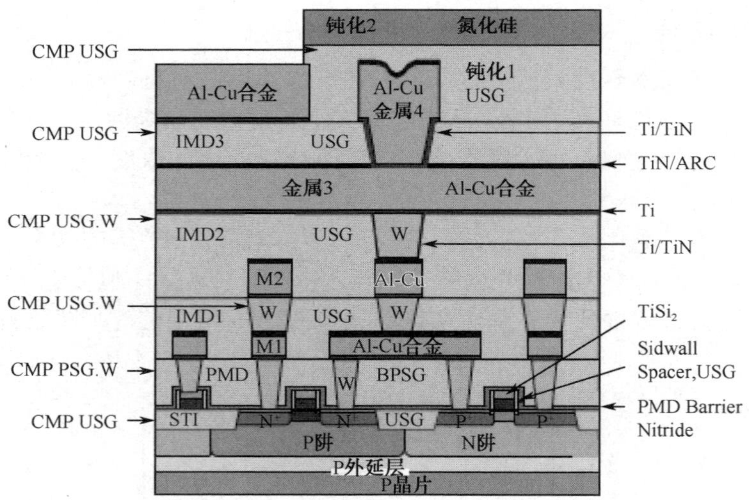

图 6-22　CMP 在集成电路中的应用

6.4.1 氧化硅 CMP

氧化硅抛光是集成电路制造中最先进和最广泛使用的平坦化工艺，主要应用于层间介质（ILD）CMP 和浅沟槽隔离（STI）CMP。

氧化硅 CMP 磨除速率受压力和运动速率的影响。

$$R=KP\cdot V$$

式中　R——磨除速率（单位时间内磨去的氧化硅厚度）；

P——所加压力；

V——硅片和抛光垫的相对速度；

K——与设备和工艺有关的参数，包括氧化硅的硬度、抛光液和抛光垫等参数。

磨料中的水与氧化硅发生表面水合反应，生成氢氧键，降低了氧化硅的硬度、机械强度和化学耐久性。在抛光过程中，在硅片表面会由于摩擦而产生热量，这也降低了氧化硅的硬度，这层含水的软表层氧化硅被磨料中的颗粒机械地去掉，如图 6-23 所示。

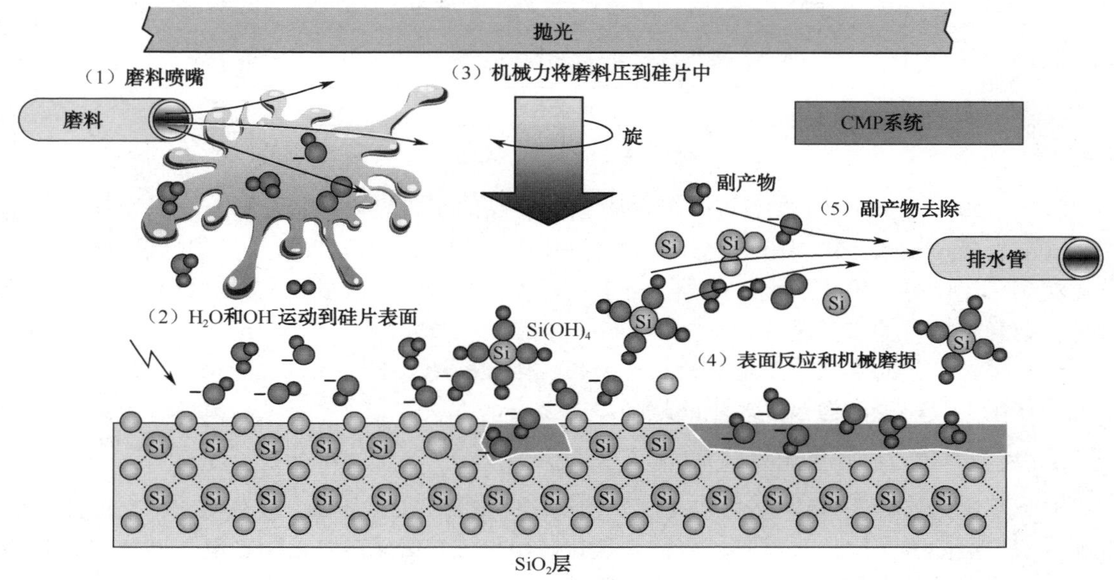

图 6-23　氧化硅抛光

1．层间介质 CMP

淀积在金属层之间的层间介质（ILD）用来对金属导体进行电绝缘。它通常是高密度等离子体 CVD 淀积后，紧接着进行 PECVD 淀积。这是因为 HDPCVD 氧化层具有优良的细缝隙填充特性，而 PECVD 可以提高产量和降低成本。氧化层用 CMP 抛光至特定厚度，不需要抛光停止层（如图 6-24 所示）。

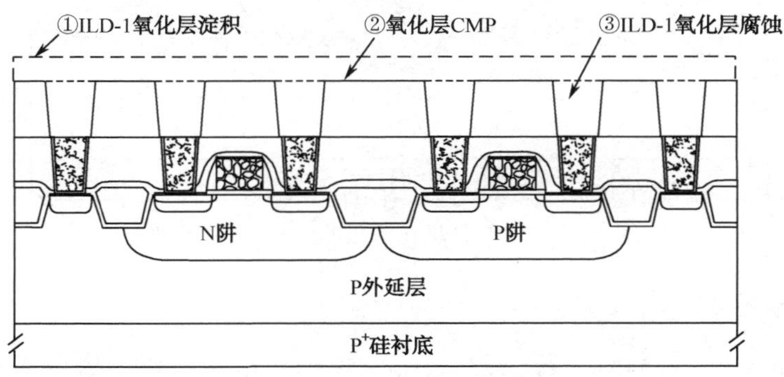

图 6-24　ILD 氧化层抛光

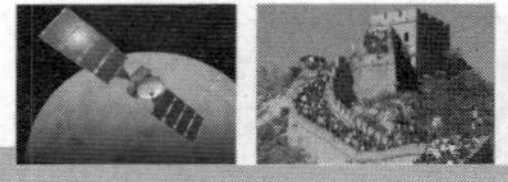

2．浅沟槽隔离 CMP

浅沟槽隔离（STI）已成为器件之间隔离的关键技术，主要步骤为：在硅片上刻蚀浅沟槽，淀积二氧化硅、最后用 CMP 技术进行表面平坦化（如图 6-25 所示）。

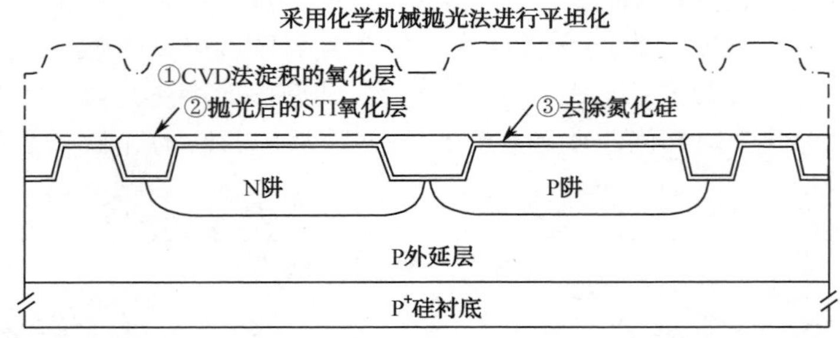

图 6-25　STI 氧化层 CMP

浅沟槽隔离 CMP 的工艺目标是磨掉比 SiN 层高的所有氧化层，否则 STI 抛光后就不能用热磷酸剥离掉 SiN，实现平坦化。在抛光过程中，SiN 作为阻挡层，当检测到研磨从氧化硅过渡到氮化硅时，停止抛光。另外，SiN 的厚度也决定了允许的 CMP 过抛光量，使抛光过程不会暴露器件的有源区并带来损伤。

STI 抛光工艺的难点主要是避免沟槽中的氧化硅减薄太多，或产生凹陷。它是抛光垫在压力的作用下，在宽的沟槽区产生的缺陷。

3．局部互连（LI）氧化硅抛光

局部互连为实际器件提供穿过 ILD-1 层的金属连线。LI 金属一般是钨，用来连接晶体管和衬底层上的各个端点。淀积一层掺杂氧化硅用作 LI 氧化硅。ILD-1 氧化硅把实际器件与 LI 金属在电学上隔离开来，并自然地把器件和可动离子沾污等污染源隔离开来。在淀积以后，LI 氧化硅层有多余的厚度并有与表面图形一致的表面形貌。LI 氧化层需要用 CMP 进行平坦化，使最终厚度达到 800 Å（如图 6-26 所示）。

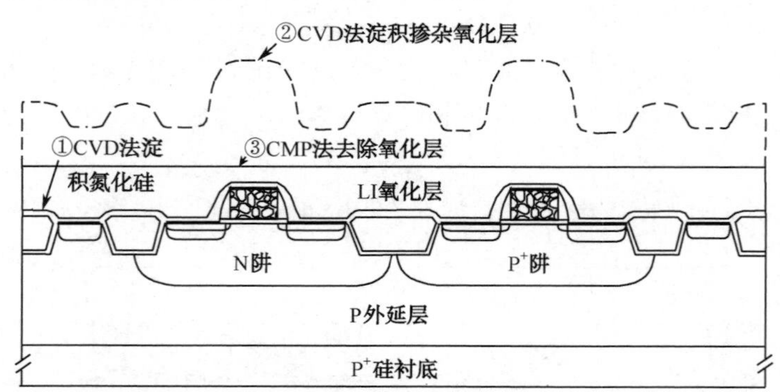

图 6-26　CMP 平坦化前后的 LI 氧化硅抛光

6.4.2　多晶硅 CMP

多晶硅层（Poly）广泛用于 DRAM 器件制造中的电容结构、栅结构或者多晶硅插塞（Plug）等。而 Poly CMP 工艺目前已广泛应用在生产实际中。对于 Poly CMP 而言，保证

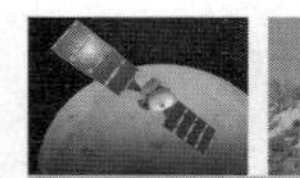

研磨速率的一致性和可重复性至关重要。早期的 Poly CMP 工艺的弱点就是较难达到这个良好的研磨速率，研磨后晶圆表面的平整度不稳定。这主要是因为这些工艺侧重于利用研磨液的化学作用以磨去多晶硅。殊不知，在这类研磨液作用下，多晶硅表面被反应生成氧化物，并因此阻碍硅表面研磨的继续进行。研磨终点的精确控制也是 Poly CMP 的重点。否则，对晶圆的过度研磨使得栅（Gate）、塞子（Plug）中的多晶硅严重磨损，这会影响将来器件的性能，因为它有可能改变器件中掺杂结构的电性能。另外，Poly CMP 要能够得到很低的缺陷率和掺杂物的损失。缺陷越少，则器件良好率就越高。

6.4.3　金属 CMP

金属抛光与氧化硅抛光机理有一定的区别，它是采用氧化的方法使金属氧化物在机械研磨中被去除。例如，在铜 CMP 中，铜会氧化生成氧化铜和氢氧化铜，然后这层金属氧化物被磨料中的颗粒机械地磨掉。一旦这层氧化物去掉，磨料中的化学成分就氧化新露出的金属表面，然后又机械地磨掉，这一过程重复进行直到得到相应厚度的金属，如图 6-27 所示。

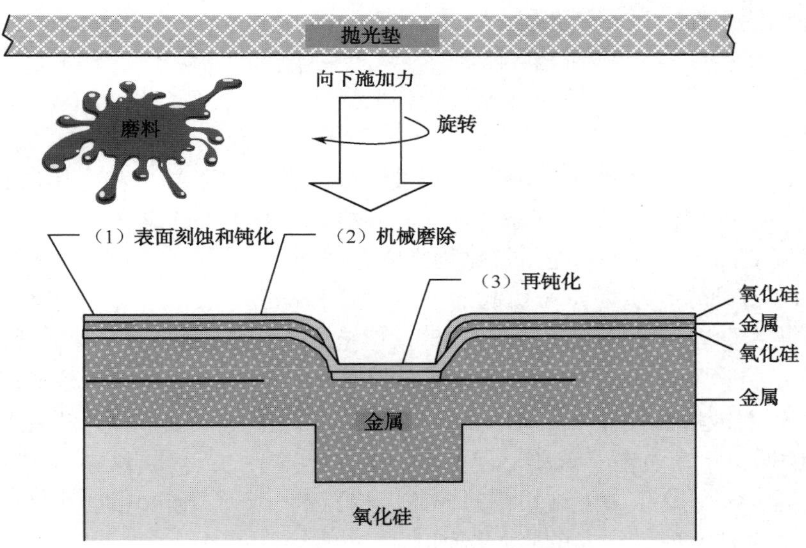

图 6-27　金属 CMP 机理

1．铜双大马士革工艺

铜已经取代铝成为硅片上多层布线的材料。CMP 是铜互连工艺中一道很重要的工序，一个 6 层布线的芯片在制备过程中需要至少 8 次 CMP 工艺，可以说 CMP 对布线质量和产品性能起着至关重要的作用。在多层布线立体结构中，要求保证每层全局平坦化，Cu-CMP 能够兼顾硅片全局和局部平坦化。

铜大马士革工艺流程如图 6-28 所示。首先用光刻技术在层间介质（ILD）中制作出通孔和沟槽图形并进行干法刻蚀，再淀积一层金属阻挡层和一层薄的铜种子层，然后用电镀工艺把铜淀积到高深宽比的图形中，最后采用 CMP 清除多余的铜实现平坦化，同时用介质做停止层。在铜大马士革工艺中，CMP 用来抛光通孔和双大马士革结构中用的细铜线。

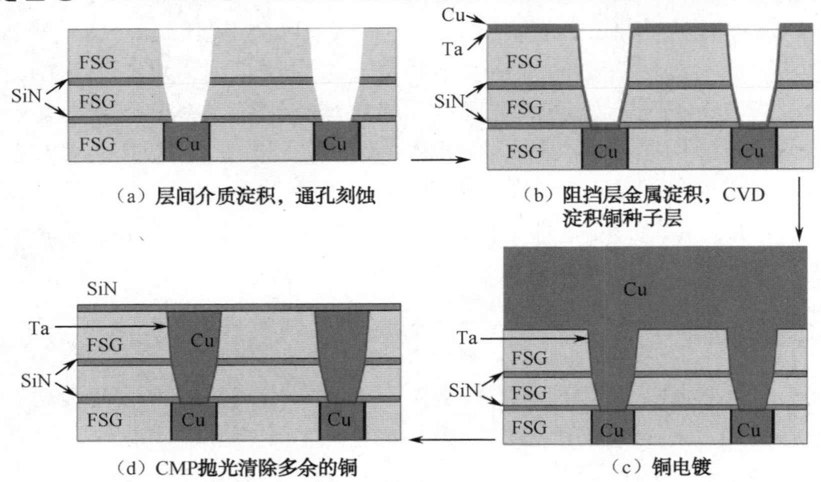

图 6-28　铜大马士革工艺

在 Cu CMP 工艺中，研磨通常包括以下三步：

（1）磨掉晶圆表面的大部分金属。

（2）降低研磨速率，精磨与阻挡层接触的金属，并通过终点检测使研磨停在阻挡层上。

（3）磨掉阻挡层以及少量的介质氧化物，并用大量的去离子水（DIW）清洗研磨垫和晶圆两侧表面。

第（1）步和第（2）步的研磨液通常是酸性的，使之对阻挡层和介质层具有高的选择性，而第（3）步的研磨液通常是偏碱性，对不同材料具有不同的选择性。

Cu CMP 工艺的一个棘手问题是氧化物上的金属残余物，这会导致电学短路。这种金属残留主要是由于介质层的表面不平引起的。尽管这种下陷厚度比较小，实践发现其表面的金属残留很难被去除，需要长时间的“过磨”，但是这会在连通孔的位置产生侵蚀。

铜的侵蚀是另一种常见的缺陷。引起侵蚀的原因可能有两个：一个是金属/介质界面处没有清洗掉的研磨液等化学物质，与附近铜发生化学反应形成的；另一个主要是器件中的 PN 结在光子的照射下产生电子流动，使 Cu 原子从 P 掺杂的连线转移到 N 掺杂的一端，在随后的清洗过程实现了这个 PN 结回路的导通，相当于一个太阳能电池。这种缺陷可以通过加入抑制剂或者在清洗时减少光的照射得到改善。

Cu CMP 工艺还会产生许多表面污染颗粒、表面铜残留和 BTA 的残余，会导致金属离子漂移而产生器件可靠性问题。因此，合适的 post-CMP 清洗顺序和工艺对布线工艺非常重要。大多数情况下，用于 Cu CMP 清洗的设备与介质 CMP 一样，都是由接触清洗、非接触清洗和晶圆甩干三部分组成，主要差别在于化学溶液选择的不同。

生产中，解决 Cu CMP 工艺缺陷的方法主要有两类：二抛法和在研磨液中添加特殊添加剂，添加剂的成分和比例与工艺的成功与否密切相关。

2. 钨的 CMP

局部互连是通过在层间介质中制作通孔和源漏接触孔的连线图形而成的。淀积在通孔中的金属钨形成钨塞，淀积在沟槽中的金属钨形成局部互连线。

先在层间介质氧化层上光刻出图形，然后刻蚀出通孔。为了黏附好，先淀积一层薄的

Ti/TiN 复合膜（Ti 改善金属钨与 SiO_2 的黏附，TiN 作为金属钨的扩散阻挡层并有助于改善源漏接触电阻），然后淀积钨覆盖所有的通孔和层间介质氧化层表面。最后利用 CMP 技术将钨抛光至层间介质氧化层表面，并利用氧化硅作为停止层，钨插塞完成，相邻的金属层实现电连接。

6.4.4　CMP 技术的发展

集成电路制造工艺对于 CMP 技术的这种依赖主要来自于器件加工尺寸的不断微细化而出现的多层布线和一些新型介质材料的引入，特别是进入 250 nm 节点以后的 Al 布线和进入 130 nm 节点以后的 Cu 布线之后，CMP 工艺的重要性便日显突出。130 nm 节点的多层金属互连为 7～8 层，90 nm 节点的多层金属互连为 8～9 层，金属互连的金属层间介质的增加，必然导致晶片表面严重的不平整，以致无法满足图形曝光的焦深要求。为解决这一矛盾并提高芯片的成品率，要求晶圆表面必须平整、光滑和洁净，CMP 工艺便是目前最有效、最成熟的平坦化技术。

CMP 技术发展历程可分为 3 个阶段：第一阶段在铜布线工艺之前，主要研磨对象为钨（W）和氧化物；第二阶段在 1997—2000 年进入铜双镶嵌工艺之后，研磨对象从二氧化硅拓展到氟硅酸盐玻璃（FSG），这个阶段对应于从 0.25 μm 进入 0.13 μm 节点；第三阶段目前是采用铜互连和低 *K*（介电常数）介质，研磨对象主要为铜互连层、层间绝缘膜和浅沟槽隔离（STI），这个阶段对应于 90～65 nm 节点。

虽然 CMP 技术发展很快，但还有很多理论和技术问题需要解决，还有太多的理论处于假设阶段，没有被人们所证实、所认同，CMP 材料去除机理还有待深入研究和理解，CMP 系统过程变量必须进行优化与控制，从而建立完善的 CMP 工艺，增加 CMP 技术的可靠性和在线性。相信不久的将来，CMP 技术会更加成熟和完善。

本章小结

本章主要介绍了为什么在集成电路中要实现平坦化，平坦化的作用及反刻、回流、SOG、CMP 四种常见的平坦化方法，重点是 SOG 和 CMP 工艺的原理、特点、方法和应用。通过本章的学习，使学生了解平坦化的四种方法，掌握 SOG 和 CMP 的原理、特点，掌握 CMP 工艺的应用。

思考与习题 6

1. 说明平坦化在 VLSI 中的作用及主要的平坦化方式。
2. 简要描述 SOG 工艺。
3. 什么是 CMP 平坦化工艺？它的平坦化机理是什么？
4. CMP 常见的工艺参数有哪些？
5. 简述影响 CMP 平坦化工艺质量的因素。
6. CMP 终点检测有哪些方法？
7. CMP 工艺在集成电路中有哪些应用？
8. 简述双大马士革铜互连工艺。

第7章 硅衬底制备

本章要点

（1）半导体材料的性质和种类；
（2）多晶硅的制备；
（3）直拉法制备单晶硅的原理和过程；
（4）悬浮区熔法制备单晶硅的原理；
（5）单晶硅的质量检验；
（6）硅圆片的制备流程。

半导体技术的发展离不开半导体材料，最早采用的半导体元素有锗、硅等，后来出现了砷化镓、磷化铟等化合物半导体。在这些半导体材料中，硅是最重要的一种，应用非常广泛。

硅的熔点比较高（1 420 ℃，锗 937 ℃）；工艺容限宽；器件工作温度高（250 ℃）；禁带宽度比锗大（1.11 eV，锗为 0.67 eV）；本征电阻率为 $2.3\times10^5\ \Omega\cdot\text{cm}$；掺杂范围宽；具有天然的氧化物，可作为高质量、稳定的绝缘层和保护层；硅的来源丰富（约占地壳 25%），成本低，工艺成熟稳定。因此，硅衬底的制备成为集成电路中一道很重要的工序，它直接影响器件性能的好坏。

7.1 硅单晶的制备

7.1.1 半导体材料的性质与种类

1. 半导体材料的性质

半导体材料最突出的性质是电阻率介于导体和绝缘体之间，为$10^{-3} \sim 10^{10}\Omega\cdot cm$，此外电阻率还具有以下明显的性质。

（1）电阻率的温度系数较大，且为负值；

（2）电阻率随杂质或缺陷的变化有显著的变化；

（3）霍尔效应及光电效应显著，与金属接触常出现整流效应；

（4）电压-电流往往呈非线性。

2. 半导体材料的种类

目前使用的半导体材料主要有两大类：元素半导体、化合物半导体。

1）元素半导体

元素半导体家族中最主要的材料是锗和硅，在 20 世纪 50 年代初，锗曾是最主要的半导体材料，1947 年用锗制成了世界上第一个锗二极管，但自 60 年代初期以来，硅已取而代之成为半导体器件或电路的最主要材料。

硅在自然界中以硅土和硅酸盐的形态出现，按重量计算，硅土占地壳的 25%，仅次于氧。硅器件占世界上出售的半导体器件的 98%以上。

2）化合物半导体

Ⅲ～Ⅴ族元素化合物半导体是人们主要研究的化合物半导体，其中以砷化镓（GaAs）为代表，由ⅢA 族的镓和ⅤA 族的砷结合而成。GaAs 具有比硅更高的电子迁移率，因此多数载流子也移动得比硅快。GaAs 也有减小寄生电容和信号损耗的特性，这些特性使集成电路的速度更快。速度的提高使 GaAs 电路在通信系统中能响应高频微波信号并将其转变为电信号。GaAs 的另一个优点是电阻率更大，高达$10^8\ \Omega\cdot cm$，这使得在 GaAs 衬底上制造的半导体器件之间很容易实现隔离，不会产生电学性能的损失。GaAs 也表现出比硅更高的抗辐射能力。GaAs 半导体材料的主要缺点是缺乏天然氧化物，妨碍了要求具有生长表面介质能力的标准 MOS 器件的发展。

300K 下半导体材料主要物理性质的比较如表 7-1 所示。

表 7-1 300K 下半导体材料主要物理性质的比较

性 质	锗	硅	砷化镓
密度（g/cm^3）	5.32	2.33	5.32
熔点（℃）	937	1412	1240
原子量	72.60	28.09	144.63
原子密度（原子/cm^3）	4.43×10^{22}	5×10^{22}	2.21×10^{22}

续表

禁带宽度（eV）	0.67	1.11	1.42
电子迁移率（cm^2/vs）	3900	1450	9200
器件最高工作温度（℃）	85～100	250	450

7.1.2 多晶硅的制备

半导体生产用的单晶硅棒是由多晶硅制备而成的。所谓单晶是指组成物质的原子、分子或离子沿三维方向按统一规则周期性排列组成的晶体。多晶是由若干个取向不同的小单晶构成的晶体。

多晶硅的制备可以采用三氯氢硅的氢还原法，其工艺流程如图 7-1 所示。

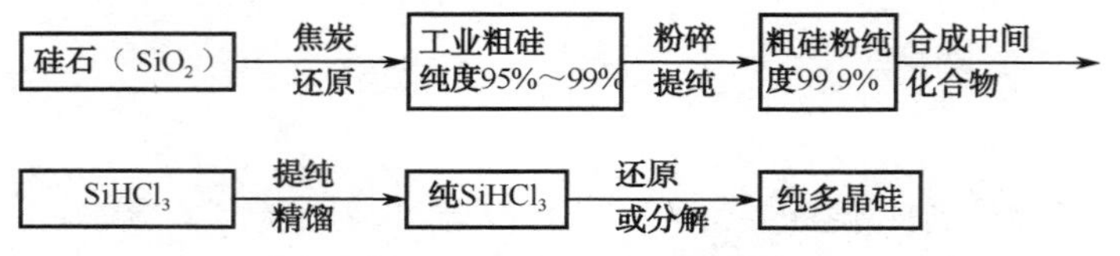

图 7-1　多晶硅制备流程图

三氯氢硅被还原为多晶硅的化学原理为

$$SiHCl_3 + H_2 \rightarrow Si + 3HCl \tag{7-1}$$

制得的多晶硅经过区域提纯法提纯使纯度达到电子级纯，即 99.999 999 9%，从而满足拉单晶的要求。

7.1.3 单晶硅的制备

1. 单晶硅的生长原理

晶体生长是把清洁的电子纯的多晶硅转换成单晶硅锭。从多晶硅转变成单晶硅的本质是原子按照晶向的要求进行统一的重新排列。不管用何种生长方法，要实现这一转变必须满足以下三个条件。

（1）原子具有一定的动能，以便重新排列；

（2）要有一个排列标准；

（3）排列好的原子能稳定下来。

为满足以上三个条件，在单晶生长中采用以下措施。

（1）加热使多晶硅熔融，提高原子的迁移能力，以便重新排列；

（2）提供籽晶作为排列标准；

（3）提供过冷温度（略低于熔点的温度）使原子稳定。

目前拉单晶的方法主要有直拉法和悬浮区熔法，其中 80%～90%的单晶硅都是由直拉法拉制而成的。

2. 直拉法（Czochralski 法）拉制单晶硅

直拉法（简称 CZ 法）是指把具有一定晶向的单晶——籽晶插入到熔融的硅中，控制一定的过冷温度，以一定的速度将籽晶缓慢提升并同时将籽晶轴旋转，新的晶体就在籽晶下

面生长出来了。

1）单晶生长炉

拉制单晶硅的设备称为单晶生长炉，其内部结构图如图 7-2 所示，实物图如图 7-3 所示。直拉法单晶生长炉大致可分为以下几个组成部分。

（1）炉体：包括炉腔及炉腔中的所有部件。

纯净的多晶硅被放在装有保护套的石英坩埚中，坩埚很大，要制备 300 英寸的硅片，坩埚的直径必须要达到 32 英寸或更大。这些坩埚必须能装下 150～300 kg 的硅，这样才能制得一定长度的硅棒。坩埚壁厚 0.25 cm 左右，在这种情况下，石英太软，因此在坩埚外有起支撑作用的高纯石墨坩埚托。外围是用于加热的石墨加热器及热屏蔽材料。

作为炉子外壳的炉腔壁必须满足一定条件，它应该为处理炉子的内部部件提供方便，以利于维护和清洁处理。炉子的结构必须气密以防止大气污染，必须要有特殊的设计，不允许炉腔的任何部分变得太热。通常炉腔的最热部分要进行水冷。

（2）机械传动机构：包括籽晶提拉和旋转机构及坩埚的升降和旋转机构。

籽晶提拉和旋转机构必须要以最小的振动和很高的精度控制生长工艺的两个参数：提拉速率和晶体转速。提拉装置有两种，用籽晶杆容易使单晶对准坩埚的中心，但是如果要生长很长的单晶，就需要很高的设备，因而可以采用钢绳提拉。当使用钢绳时，单晶和坩埚的中心对准较困难，且钢绳提拉速度较平稳但易引起摆动，然而由于钢绳可以绕到鼓轮上，设备的高度就可以比使用籽晶杆大大减小。

（3）气氛控制系统：包括气体源、流量控制、排气或真空系统。

硅的直拉法必须在惰性气体或真空中进行。因为热的石墨部件必须保护以防止氧的侵蚀，熔融的硅也不能与气体反应，因此首先要提供一个真空环境。在晶体生长时必须使用惰性气体，例如氦气或氩气。惰性气体的气压可以是大气压或低于大气压。采用常压对设备的要求稍低，但用气量大，成本高。工业规模的单晶生长中常采用低压氩气氛。

（4）电气控制系统：包括微处理机、传感器、输出部件。

控制系统主要需控制温度、气压、提拉速度和转速等工艺参数。

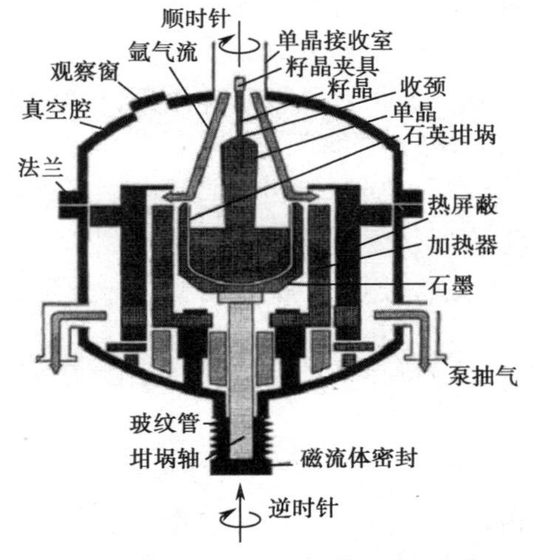

图 7-2　单晶生长炉内部结构图

图 7-3　直拉法拉单晶炉实物图

2）拉晶工艺

拉单晶的工艺过程大致可分为以下几个阶段，如图 7-4 所示。

熔硅→下种（引晶）→收颈→放肩→转肩→等径生长→收尾

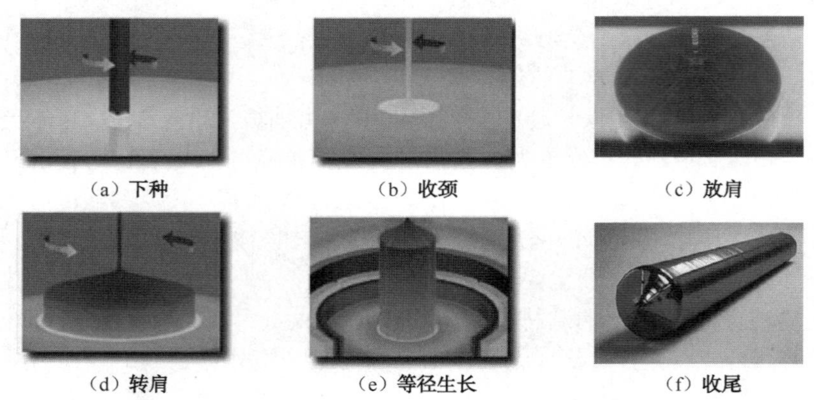
（a）下种　（b）收颈　（c）放肩
（d）转肩　（e）等径生长　（f）收尾

图 7-4　直拉法拉制单晶的过程

（1）熔硅。采用射频（感应加热）或电阻加热，将坩埚加热到 1 500 ℃左右，使多晶硅熔化成熔体以便重新结晶。高频感应加热用于小量熔体，但在大单晶只用电阻加热。熔硅时要注意从坩埚的底部开始加热，以便使熔硅时气体充分挥发，防止出现液封使熔体内留有气体出现“搭桥”现象，即上部熔硅与下部熔硅脱离。同时，熔硅时注意控制温度，防止产生“跳硅”现象，即熔硅在坩埚内沸腾似地跳跃并溅出坩埚外。

为了要形成一定导电类型和电阻率的半导体材料，还需在熔硅中掺入一定量的杂质，纯硅的电阻率大约为 $2.5\times10^5\ \Omega\cdot\text{cm}$，晶体生长中最常用的掺杂杂质是产生 P 型硅的三价硼或者产生 N 型硅的五价磷。通常杂质不直接加到熔体中，典型的过程是把高掺杂的多晶硅加入硅粉中进行掺杂。

（2）下种（引晶）。一个完美的籽晶硅接触到熔硅的表面，给熔硅一个晶核。当籽晶从熔融物中旋转且慢慢上升时，晶体开始生长了。它的旋转方向与坩埚的旋转方向相反。籽晶和熔融物间的表面张力致使一层熔融的表面薄膜附在籽晶上然后冷却，冷却时原子按照籽晶的原子排列规则进行排列。

下种过程要注意观察籽晶与熔硅的接触情况，如果籽晶被迅速熔断，说明熔硅的温度过高；如果熔硅迅速沿着籽晶壁攀沿，则说明熔硅温度过低。

（3）收颈。籽晶中不可避免会有一些晶格缺陷，如位错，同时与熔硅接触时也有可能产生位错。通过收颈，将位错终止于颈部的边缘，从而避免了位错延伸到单晶硅棒，提高单晶的质量。拉制过程中通过适当提高温度和提拉速度来减小直径。一般颈部的直径为 3 mm 左右。

（4）放肩。通过降低熔硅的温度和减低提拉速度，使直径增大直到所需的单晶硅棒直径。这一过程称为放肩。

（5）转肩。为了防止硅棒出现锋利的棱角，需要一定的缓冲，过渡到等径生长。

（6）等径生长。拉速和炉温通过反馈控制稳定下来，进入等径生长阶段。这是拉晶最关键的阶段，要求各项工艺参数能保持稳定，同时坩埚开始进行自动跟踪，以保持熔体液面与固定参考点之间的距离保持不变，这是自动控制晶体直径所必需的。

（7）收尾。当还剩不多的熔硅时，提高温度和提拉速度，慢慢收尾形成一个锥形的尾部。如有熔硅剩余，在冷却时，硅和石英之间的热膨胀系数失配常常会引起坩埚的破裂。

直拉法可以拉制大直径的单晶硅（如图 7-5 所示），目前最大直径可达 450 mm。

图 7-5　直拉法拉制的 300 mm（12 英寸）和 400 mm（16 英寸）硅单晶

直拉法拉制出的硅单晶中氧和碳的含量较大。这是因为在直拉法工艺中，用来装填熔料硅的坩埚，通常是用熔融石英（fused silica，也是一种 SiO_2）制成的，在 1 500 ℃下，这种材料会释放出数量可观的氧，融入到熔硅中，其中超过 95%的氧以 SiO 的形式从熔硅的表面逸出，一部分氧则混入生长着的单晶中。熔硅中的氧含量是不断补充的，所以沿晶锭长度方向的氧浓度大致相同。硅中氧浓度的典型值是 10～40 ppm 或者约等于 10^{18} cm^{-3}。同时从炉腔中的石墨部件中将会挥发出碳转移到硅熔体中去。

硅锭中少量的氧是有益的，因为氧作为吸附中心可以束缚在硅片制备过程中引入的金属沾污。在晶体生长中产生的大多数氧在硅片表面，由于硅片制备过程中有许多加热工艺，所以这些氧会脱离表面，使氧密度高的地方更深入硅片。这些氧作为俘获中心吸引能引起沾污的杂质离开器件的表面，从而改善硅片表面性能。但过多的氧会造成氧从晶体中淀积出来形成三维缺陷，过量氧掺入会限制生长出的单晶电阻率的上限值。单晶中的碳有助于缺陷的形成，碳的存在使石英的熔解速度增大一倍。

3．悬浮区熔法拉制单晶硅

悬浮区熔法（简称 FZ 法）是 20 世纪 50 年代发展起来的，并且能生产到目前为止最纯的硅单晶。悬浮区熔法拉制的原理图如图 7-6 所示。

悬浮区熔法利用高频感应线圈对多晶锭逐段熔化，在多晶锭下端装置籽晶，熔区从籽晶和多晶锭界面开始，当熔区推进时，单晶锭也拉制成功了。

为确保单晶生长沿所要求的晶向进行，也需要使用籽晶，采用与直拉单晶类似的方法，将一个很细的籽晶快速插入熔融晶体的顶部，先拉出一个直径约 3 mm，长 10～20 mm 的细颈，然后放慢拉速，降低温度放肩到较大直径。悬浮区熔法的基本特点是熔融的硅是由下面的固体部分支撑，不需要坩埚，而上面的多晶硅是靠熔硅的表面张力支撑的，因此悬浮区熔法拉制的单晶硅氧碳含量少，纯度高，但因为靠熔硅的表面张力来支撑多晶棒，这就使得该技术仅限于生产不超过几千克的晶锭，拉制的直径不能大。悬浮区熔法的另一缺点是因为杂质分凝效应的存在，难引入浓度均匀的掺杂。

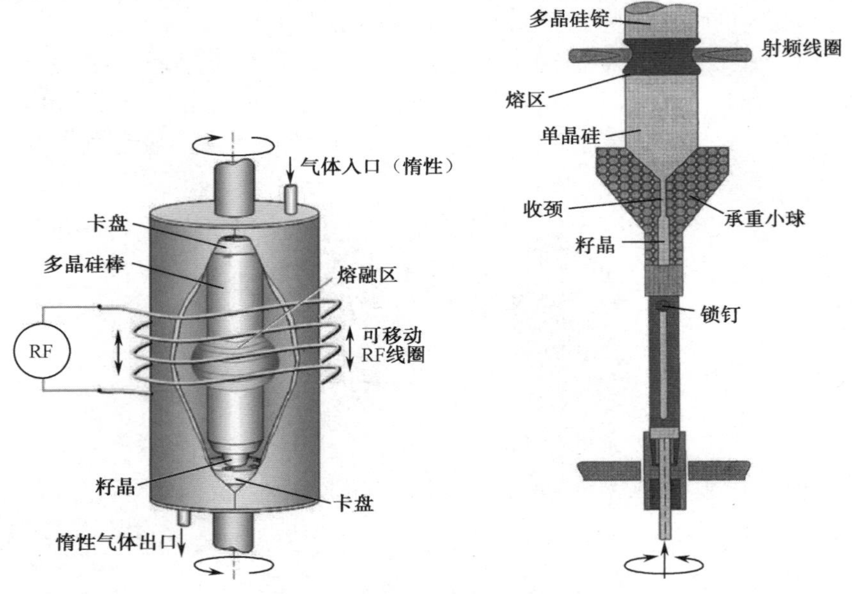

图 7-6　悬浮区熔法制单晶硅的原理图

硅锭的直径从 20 世纪 50 年代初期不到 25 mm 增加到现在的大直径硅片，直径大小的比较示意图如图 7-7 所示。

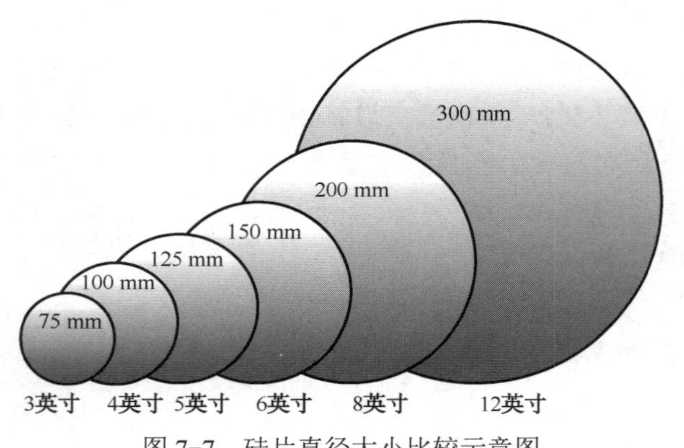

图 7-7　硅片直径大小比较示意图

7.2　单晶硅的质量检验

单晶硅的质量检验包括物理性能、电学参数及晶格结构完整性检验。

7.2.1　物理性能的检验

物理性能检验包括硅片尺寸、重量的检验。单晶生长完之后，通常要称晶锭的重量。

7.2.2　电学参数的检验

电学参数的检验主要有导电类型、电阻率的测量，对某些特殊要求的材料还要测氧、

碳含量，少数载流子的寿命。

1．导电类型的测量

确定单晶硅棒的导电类型主要采用热探针法，其原理图如图 7-8 所示。

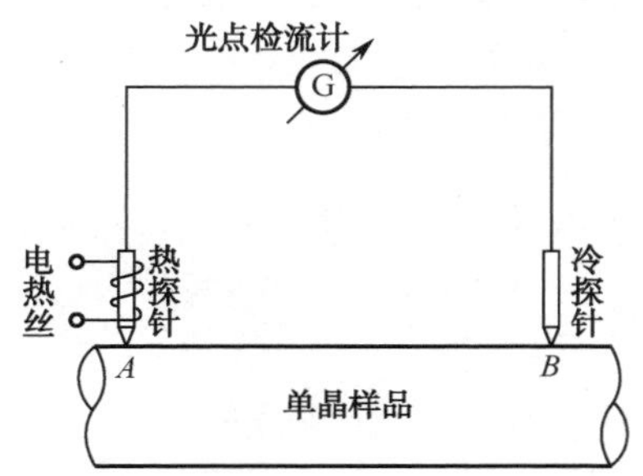

图 7-8　热探针法确定单晶硅导电类型示意图

在单晶硅样品上放置两根金属探针，其中一根为冷探针，另一根探针通过电热丝进行加热，形成热探针。两根探针与单晶硅的接触点设为 A 和 B。两探针外接光点检流计。由于半导体的热电效应，在热探针与半导体硅单晶接触处 A 点由于热激发产生大量的非平衡载流子，即电子-空穴对，而冷探针处的非平衡载流子较少。非平衡载流子中的少子由于金-半接触引起的电位差而被扫入金属探针处，而多子则在浓度梯度的驱使下，由 A 点向 B 点扩散。如果硅片是 P 型半导体，则在 A 点多数载流子为空穴，当较多的空穴向 B 点扩散后，造成 B 点电位升高，A 点电位降低，在外电路就会形成从 B 到 A 的电流，光点检流计指针发生偏转。如果样品材料为 N 型硅，则检流计指针方向反向偏转。所以利用检流计指针偏转方向的不同可确定被测样品是 N 型半导体材料还是 P 型半导体材料。

2．电阻率的测量

电阻率的测量可采用四探针技术进行测量。测量原理如图 7-9 所示。

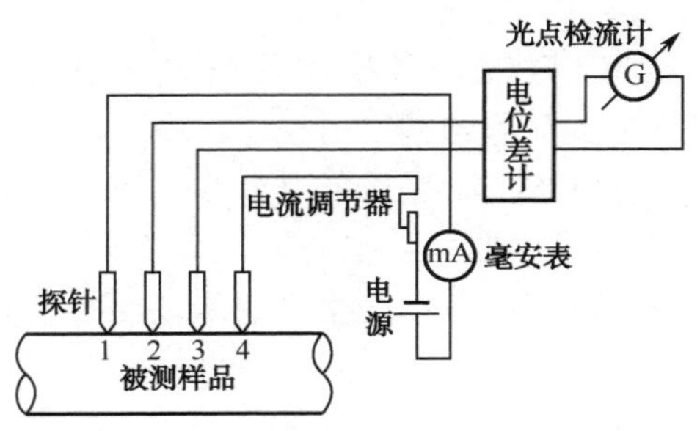

图 7-9　四探针法测电阻率

设四根探针等间距地放置在硅材料表面，探针之间的间距为 S，样品为半无限大样品，即样品边缘与探针距离大于 $4S$ 且厚度大于 $5S$。四根探针分为两组，其中 1，4 两根探针中通电流并测出电流 $I_{1,4}$ 大小，称为电流探针，2，3 两根探针测出电压 $V_{2,3}$，称电压探针。电阻率由以下公式进行测算：

$$\rho = \left(\frac{V_{2,3}}{I_{1,4}}\right) \times 2\pi S \tag{7-2}$$

式中，ρ为材料电阻率；S为两探针间距。

之所以要把电压探针和电流探针分开，是因为如果不分开，电流探针既有电流通过，又要测电压，会因为探针和半导体之间的接触电阻的存在导致测量出的电压既有半导体材料上的电压，又有两个接触电阻上的压降，造成测量值的偏差。所以测量时要确保 2，3 两根探针之间不能有电流通过，可以接入一个检流计，使检流计的指针零偏。

3．少数载流子寿命的测量

少数载流子的寿命是非平衡载流子在半导体材料中平均存在的时间，即从产生到复合平均需要的时间，用τ表示。样品中的非平衡少数载流子可用光电导衰减法进行测量。测量原理如图 7-10 所示。

在没有光照的热平衡情况下，硅样品的电压降为 V_O，光照后，由于光注入产生非平衡载流子，使电导增加，电压降减小，设其减小量最大值为ΔV_O。光照停止后，由于复合作用，电导按指数下降，样品的电压降与 V_O 差的绝对值ΔV 也按指数下降，ΔV 下降到最大值的 1/e 所对应的时间定义为少子寿命τ，即

$$\Delta V = \Delta V_O e^{-\frac{t}{\tau}} \tag{7-3}$$

由示波器上可以看到$\Delta V - t$ 的曲线如图 7-11 所示，从而求出τ。

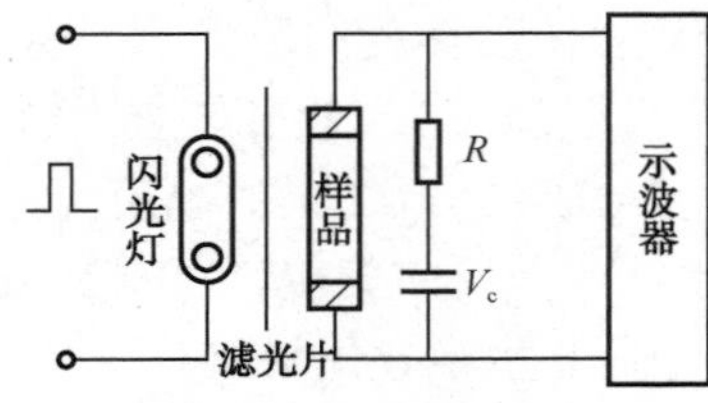

图 7-10　光电导衰减法原理图

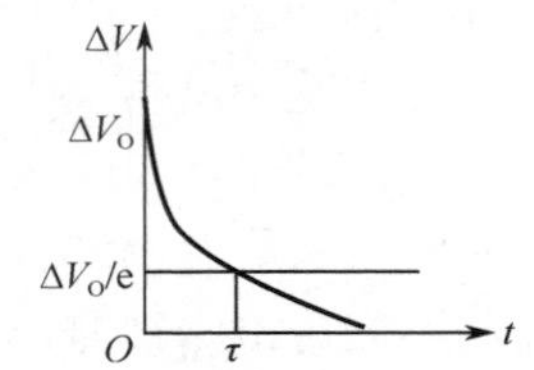

图 7-11　电压变化ΔV 与 t 的关系

7.2.3　晶体缺陷的观察和检测

为了很好地实现先进的 IC 功能，半导体要求有近乎完美的晶体结构。晶体缺陷（crystal defect）就是在重复排列的晶胞结构中出现任何中断。研究硅晶体的缺陷非常重要，因为它对半导体的电学特性有破坏作用，是降低硅片成品率的重要因素。

硅中的缺陷从结构特点上可分为四类：点缺陷（间隙原子、空位）、线缺陷（位错）、面缺陷（层错）和微缺陷。在硅材料制备中产生的缺陷主要有点缺陷、线缺陷和微缺陷。

1．点缺陷

点缺陷存在于晶格的特定位置。主要的点缺陷有空位、间隙原子或间隙原子-空位对（又称 Frenkel 缺陷）。图 7-12 表示了三种在硅晶格中的点缺陷。

1）间隙原子

间隙原子是晶体中最简单的点缺陷，它是指存在于晶格间隙中的硅原子。在室温下，晶格上的原子热振动平均能量仅为 0.026 eV，即使在 2 000 K 的高温下也只有 0.17 eV。对于密堆积的晶体来说，格点位置上的原子，要跑到间隙中大约需要几个电子伏特的能量，所以，晶格原子要靠热振动或辐射所得到的平均能量是很难离开格点位置的。但是，晶格

振动能量存在着涨落现象，因而晶格中仍会有少量原子能获得足够的能量，离开正常的格点进入间隙之中，就是表面上的原子也可以进入附近的间隙中，形成间隙原子。

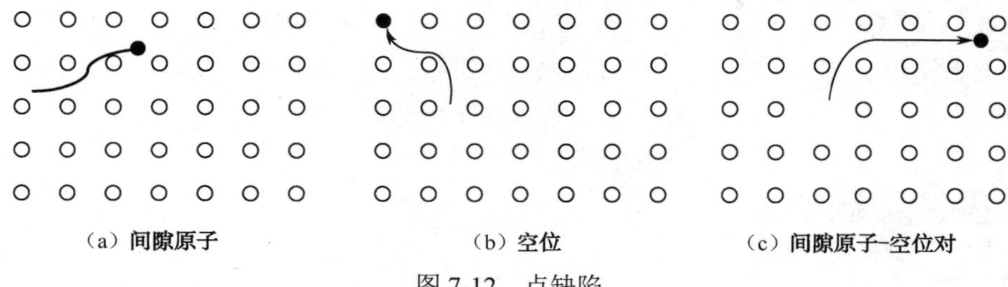

图 7-12 点缺陷

2）空位

在晶格上的硅原子进入间隙变成间隙原子的同时，它原来的晶格位置上就没有原子占据了，留下了一个空格点，这就是空位。如果一个晶格正常位置上的原子跑到表面去，在体内产生一个晶格空位，这种缺陷又称为肖特基缺陷。如果一个晶格原子进入间隙并产生一个空位，即间隙原子和空位同时产生，这种缺陷又称为弗仑克尔缺陷。

在晶体生长中影响点缺陷产生的因素是生长速率和晶体熔体界面间的温度梯度。如果晶体冷却速度得到控制，就会有效地减少点缺陷的产生。杂质原子的引入也是产生点缺陷的一种因素。

2. 位错

在单晶中，晶胞形成重复性的排列结构，如果晶胞错位就形成位错。位错是由于机械应力或热应力产生范性形变引起的。形变时，晶面与晶面之间会产生相对运动——滑移，滑移面一般是原子面密度较大的面。根据滑移方向和位错线的关系，位错分为刃位错和螺旋位错。如果位错线与滑移矢量垂直，这样的位错称为刃位错；如果位错线与滑移矢量平行，则称为螺旋位错，如图 7-13 所示。

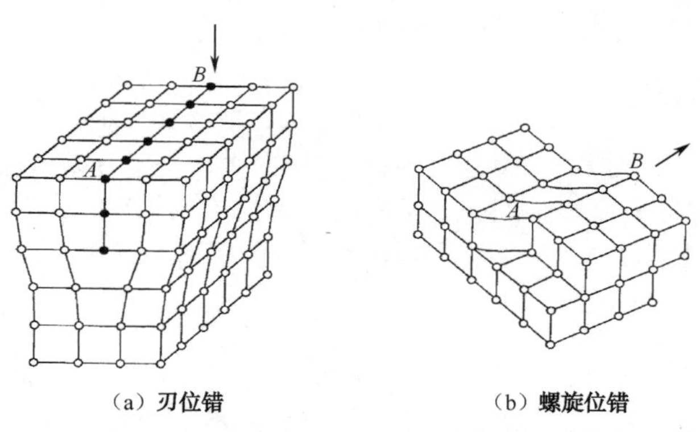

图 7-13 硅晶体中的刃位错和螺旋位错示意图

用位错密度（即每平方厘米的硅片上产生的位错数）来反映材料上位错的情况，一般用化学腐蚀法来显示位错，常用的腐蚀液有铬酸腐蚀液，配比为 HF : CrO_3 : H_2O= 100 ml : 50 g : 100 ml。由于位错处原子能量大，在腐蚀过程中，位错处的原子优先被腐蚀出来，显示出腐蚀坑。晶面为（111）、（100）、（110）的腐蚀坑形状，分别为正三角形、正方形和菱形。

3．微缺陷

微缺陷是指线度在微米级以下的各种缺陷结构。目前对微缺陷的起因一般解释为由氧、碳形成的原子团。氧和碳在硅中有一定的固溶度，该固溶度与温度有关，一般随着温度的下降，固溶度也下降。如果在较高温度下氧、碳的溶解度达到饱和，在温度冷却时就会有部分氧、碳析出，形成沉积团，进而形成核化中心，形成微缺陷。

7.3 硅圆片的制备

硅单晶制备并检验合格后，就可以进行抛光片的制备了，也就是常说的衬底制备。从单晶硅棒到抛光片需经过以下一些工序。

整形处理→基准面研磨→定向→切片→磨片→倒角→刻蚀→抛光→清洗→检查→包装

7.3.1 整形处理

因为单晶锭的两端是圆锥形的材料，同时单晶棒又长达 1～2 m，所以整形处理的第一步包括单晶锭的头尾切割及分段切割。由于在晶体生长中直径和圆度的控制不可能很精确，所以单晶锭都要长得稍大一点，通过滚磨外圆来产生精确的材料直径，这对半导体制造中流水线的硅片自动传送是非常重要的。滚磨外圆示意图如图 7-14 所示。

图 7-14 滚磨外圆示意图

7.3.2 基准面研磨

对于 200 mm 以下的硅片，在滚磨外圆后传统的做法是进行基准面研磨（如图 7-15 所示），即沿着硅锭长度方向磨出一到两个基准面，大的称为主平面，主要用于硅片上芯片图形的定位和机械加工的定位；小的称为次平面，与主平面一起用于判定晶片的导电类型和晶向。硅片定位面如图 7-16 所示

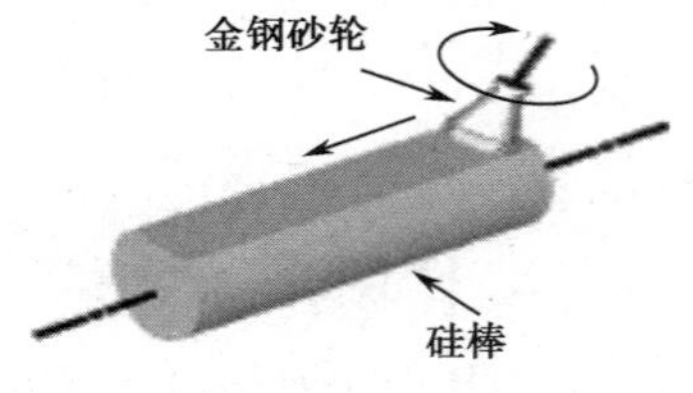

图 7-15 基准面研磨

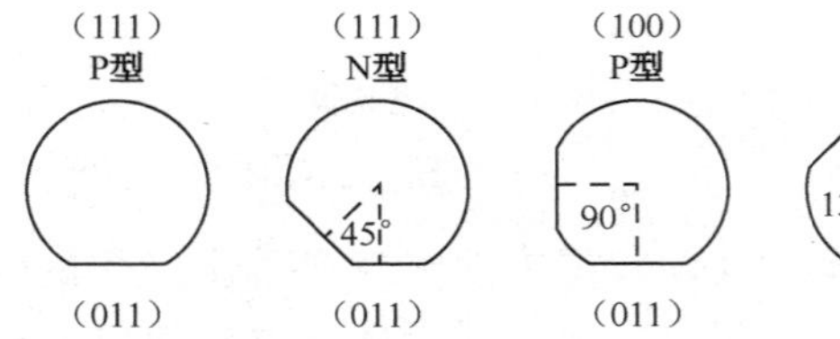

图 7-16 硅片定位面（SEMI 标准）

当硅片直径等于或大于 200 mm 时，往往不再研磨基准面，而是沿着晶锭长度方向磨出

一小沟作为定位槽。具有定位槽的硅片在硅片上的一小片区域有激光刻上的关于硅片的信息。图 7-17 给出了硅片定位槽和激光刻印示意图。

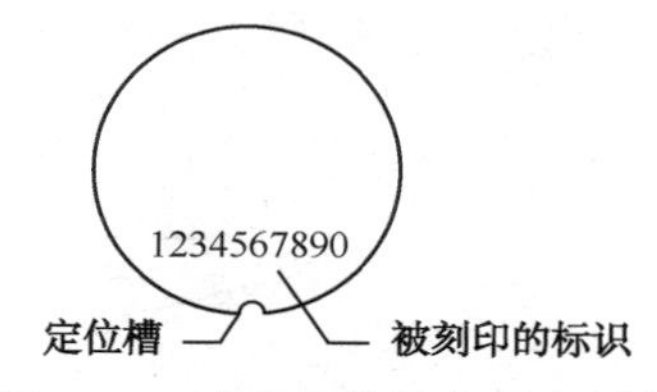

图 7-17　硅片定位槽和激光刻印

7.3.3　定向

晶体硅、锗都是金刚石结构，具有容易沿某个晶面裂开的特点，即具有解理性，这些晶面为解理面。在切片时，为了提高切片的成品率，需使硅片沿着解理面裂开。通过定向来确定切片的方向，从而减少碎片的产生。

定向采用光点定向法。用腐蚀液腐蚀单晶锭的端面，形成腐蚀图形。用光照射到端面将会在屏幕上产生光点图，调节单晶锭的取向，使光点对称，便得到了准确的方向。图 7-18 和图 7-19 分别列出了激光定向仪的原理和各种晶向的光点图。

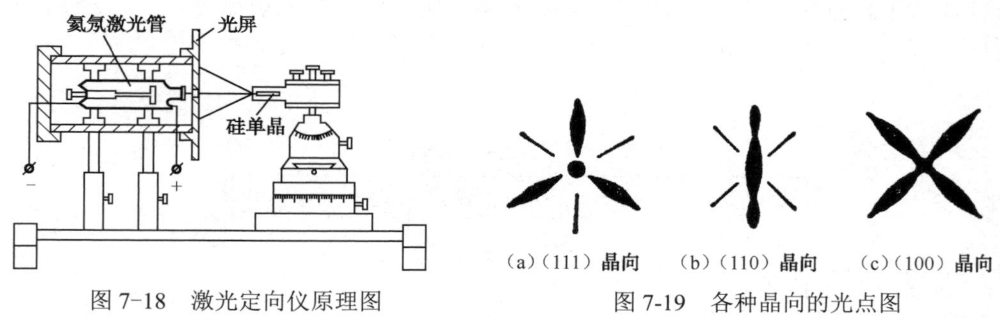

图 7-18　激光定向仪原理图　　图 7-19　各种晶向的光点图

7.3.4　切片

切片是抛光片制备中一道重要的工序，因为这一工序基本上决定了硅片的四个重要参数，即晶向、厚度、平行度和翘度。

目前直径为 300 mm 以下的硅片主要采用内圆切割机进行切片。刀片的基片是环形的不锈钢薄片（325 μm），刀片的厚度决定了切口的损耗。内圆是带有金刚石的刀刃。刀片张紧在圆环上，随后装到鼓轮上。鼓轮以 2 000 r/min 的速度在切片机上高速旋转，切片速度一般为 0.05 cm/s。切完一片，刀片相对固定的晶锭运动一间距，直接影响切片质量和设备能否正常运行。最常见的问题是刀片未张紧或刀片内张力不均匀。切割过程用水冷却。图 7-20 表示了内圆切割的过程。

用于大规模集成电路生产的硅片，切割时要保证一定的硅片厚度，以便给以后研磨、刻蚀、抛光等工序留下余量，也确保硅片能承受随后的热处理，减小产生弹性或塑性形变的可能。

对于直径等于或大于 300 mm 的硅片来说，目前都采用多线切割（简称线锯）来切片。

多线切割以其极高的生产效率和出片率在大直径硅片加工领域越来越受到重视。多线切割机利用ϕ0.08～0.18 mm 的金属丝代替内圆刀片，将金属丝缠绕在导线轮上，驱动导线轮和单晶棒做相对运动，用砂浆磨削和冷却，达到磨切晶片的目的。多线切割原理图如图 7-21 所示。

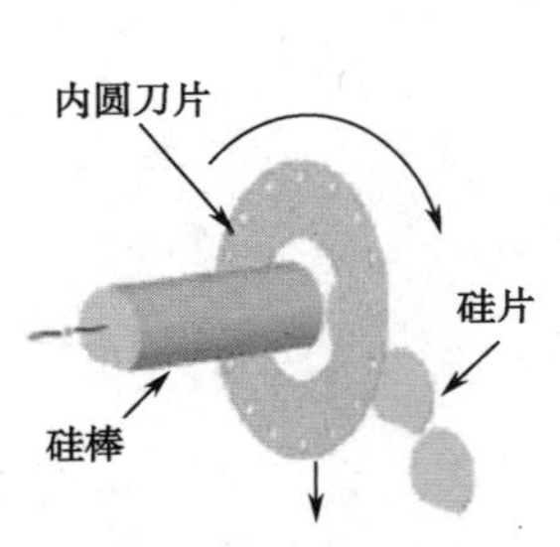

图 7-20　内圆切割示意图

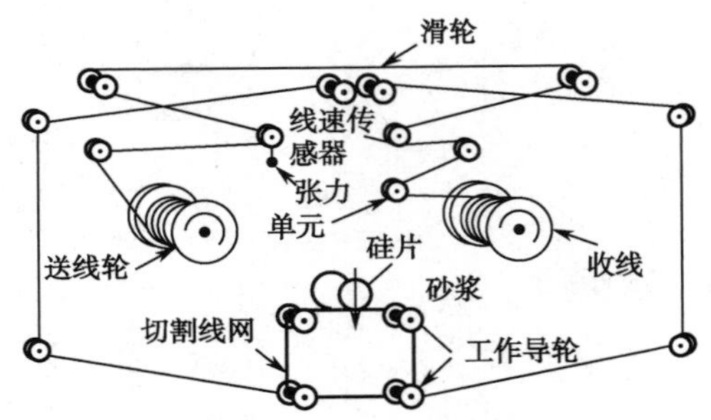

图 7-21　多线切割原理

和常规的内圆切割工艺相比，线锯切割具有弯曲度小，翘曲度小，平行度好，总厚度公差离散性小，刃口切割损耗小，表面损伤度浅，晶片表面粗糙度小等特性。但线锯切割的主要问题在于对硅片表面平整度的控制。

在硅片加工过程中，必须要有一定厚度来承受加工过程中的机械处理，直径越大的硅片所需的厚度越厚，所以不同尺寸硅片所需的厚度不同，硅片尺寸与厚度之间的关系列于表 7-2 中。

表 7-2　不同硅片尺寸的厚度

硅片尺寸（mm）	厚度（μm）	面积（cm^2）	重量（g）
50.8（2 英寸）	279	20.26	1.32
76.2（3 英寸）	381	45.61	4.05
100	525	78.65	9.67
125	625	112.72	17.87
150	675	176.72	27.82
200	725	314.16	52.98
300	775	706.21	127.62
450	925±25	1 590.43	342.77

7.3.5　磨片

硅片经过切割后表面产生大量的机械损伤，若损伤残留在硅片表面，则在后来的工艺中产生诱生缺陷。通过磨片来去除硅片表面的损伤层，达到硅片两面高度的平行及平坦。目前广泛采用双面行星式磨片机进行抛光，用抛光垫和带有磨料的浆料利用旋转的压力来完成，典型的浆料包括氧化铝和甘油的混合物。平整度是磨片质量的关键参数。

7.3.6　倒角

研磨后硅片周围有锋利的棱角，这些棱角会给后序加工带来危害。硅片在加工和夹持

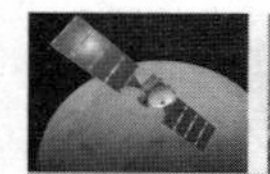

过程中易产生碎屑，这些碎屑擦伤硅片，损坏光刻掩膜，或滞留在光刻掩膜中产生针孔。同时硅片热加工过程中棱角损伤可能会产生位错，这些位错通过滑移或增殖，会向晶体内部传播。通过倒角去除硅片边缘锋利的棱角，使硅片边缘获得平滑的半径周线。

倒角工艺（示意图如图 7-22 所示）是利用具有一定刃部轮廓的砂轮磨掉片子边缘的棱角，使之变得光滑，效果如图 7-23 所示。

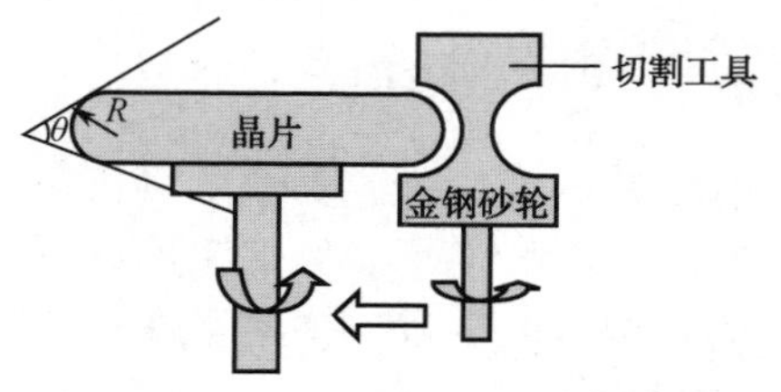

图 7-22　倒角工艺示意图

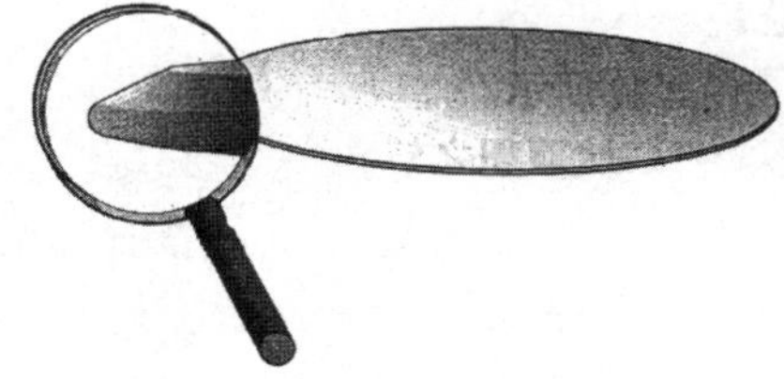
图 7-23　倒角效果图

θ为倒角规格，国际上通用有两种：θ=20° 和θ=40° 。

7.3.7　刻蚀

硅片经过湿法化学刻蚀工艺消除硅片表面的损伤和沾污。在刻蚀工艺中，通常需要腐蚀掉硅片表面约 20 μm 的硅以保证所有的损伤都被去掉。刻蚀可以用酸性或碱性化学物质进行。

7.3.8　抛光

衬底制备的最后一道工序是化学机械抛光，以进一步去除硅片表面微量的损伤层。对 200 mm 以内的硅片，一般仅进行单面磨片，背面保留化学刻蚀后的硅片表面，以方便器件传送。对 300 mm 的硅片来说，一般进行双面抛光，以保证大直径硅片的平整度。抛光是在抛光盘之间行星式地运动，在改善表面粗糙度的同时也使硅片表面平坦且两面平行。最后硅片两面都会明亮如镜。双面抛光硅片如图 7-24 所示。

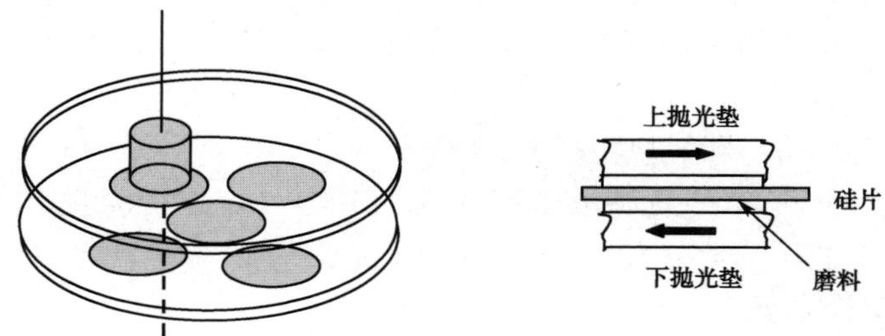

图 7-24　双面抛光硅片

化学机械抛光的典型工艺是二氧化硅乳胶抛光，抛光液用的乳胶是 SiO_2 细颗粒（直径 100 Å ）的胶体悬浮在氢氧化钠水溶液中，溶液的 pH 值为 9.5～11。起化学腐蚀作用的是 NaOH，反应方程式如下

$$Si + NaOH + H_2O \rightarrow Na_2SiO_3 + H_2 \tag{7-4}$$

机械作用是用悬浮液中的氧化硅颗粒把生成物磨掉，从而实现化学机械抛光。在此工

艺中由于二氧化硅胶体粒度为 10～50 nm，且硬度与硅相当，所以对硅片的机械损伤较小，在硅中留下的机械应力较小。

为了获得较好的抛光表面，要注意控制化学腐蚀速率和机械磨削速率相平衡，为此要控制好溶液的 pH 值，抛光盘的压力、转速，衬垫材料的特性等参数。

本章小结

本章主要介绍了半导体材料的特性，半导体的分类，直拉法和悬浮区熔法制备单晶硅的方法，硅圆片的制备流程；重点是单晶硅制备的工艺流程，单晶硅电阻率的测量、抛光片制备的工艺流程及各步工艺原理及操作方法。通过本章的学习，使学生掌握直拉法制备单晶硅和硅圆片制备的过程，学会使用四探针法测量电阻率。

思考与习题 7

1．半导体材料电阻率有哪些特性？

2．半导体材料主要有哪几种？

3．什么是多晶和单晶？

4．简述多晶硅的制备方法。

5．从多晶拉制单晶必须满足哪些条件？

6．单晶硅拉制有哪两种方法？

7．叙述用直拉法拉制单晶硅的原理、拉制过程。

8．叙述用悬浮区熔法拉制硅单晶的原理。

9．说明直拉法和悬浮区熔法拉制硅单晶的特点。

10．说明目前硅直径的发展状况。

11．如何检验单晶硅的导电类型？

12．叙述用四探针法测单晶硅电阻率的原理，并说明为什么测量时检流计的指针要零偏。

13．从硅单晶到抛光片要经过哪些加工工序？

14．对硅单晶锭为什么要进行基准面的研磨？SEMI 规定的常用的几种硅片的定位面形状如何？200 mm 以上的硅片用什么代替定位面？

15．为什么在切片前要进行定向？如何定向？

16．目前切片主要采用何种方法？

17．为什么要倒角？给出它有益于硅片质量的三个原因。

18．磨片的目的是什么？目前采用何种磨片方式？

19．化学机械抛光的原理是什么？

20．对抛光片的质量有哪些要求？

第8章 组装工艺

本章要点

（1）组装工艺流程及每步工序的作用；
（2）引线键合的要求、分类及工艺过程；
（3）引线键合的质量分析；
（4）封装的目的和要求；
（5）DIP、QPF、LCC、BGA、CSP、MCM、WLP、SMT 封装的特点；
（6）集成电路芯片发展趋势。

组装工艺是指将经过前道工序后的硅片划片后粘贴到引线框上，最后加以外壳进行保护。组装工艺的步骤比较多，其中最核心的是键合和封装，因此有时又直接称为封装技术。

自从 1947 年世界上第一只晶体管出现，特别是自大规模集成电路、超大规模集成电路及专用集成电路飞速发展以来，形成了各种先进微电子封装技术，如载带自动键合（TAB）、倒装焊（FCB）、方形扁平封装（QFP）、球栅阵列封装（BGA）、芯片尺寸封装（CSP）、多芯片组装（MCM）等。这极大地影响并推动了以电子计算机为核心，以集成电路产业为基础的现代信息产业的发展。当前集成电路及封装产业已成为衡量一国国力强盛的重要标志之一，直接影响着一个国家国民经济的进步与发展。如今，集成电路的设计、工艺制作及封装三者密不可分，相互促进，协同发展。

8.1 芯片组装工艺流程

8.1.1 组装工艺流程

经过氧化、光刻、扩散、离子注入、薄膜制备、金属化、平坦化等各道工序之后，集成电路层已经完成。但为了提高器件的可靠性和实用性，更好地作为产品实现其应用价值，还需要经过组装工艺。

组装工艺就是将来自前道工艺的硅片通过划片工艺后，被切割为小的芯片，并将切割好的芯片粘贴到对应的引线框架（或基板）上，利用超细的金属（金、锡、铜、铝）导线或者导电性树脂将芯片焊接到引线框（或基板）的引脚上，构成所要求的电路；再对独立的芯片用塑料（陶瓷或金属）外壳加以封装保护。塑封之后，还要进行一系列操作，如后固化、切筋成型、电镀及打码测试工艺。经过入检、测试和包装等，最后入库出货。

简言之，组装工艺流程为：背面减薄、划片、贴片、键合、塑封、去飞边毛刺、电镀、切筋和成型、打码、外观检查、成品测试、包装出货。其中最关键的步骤是键合和封装（如图 8-1 所示），因此人们有时又将其称为封装技术。

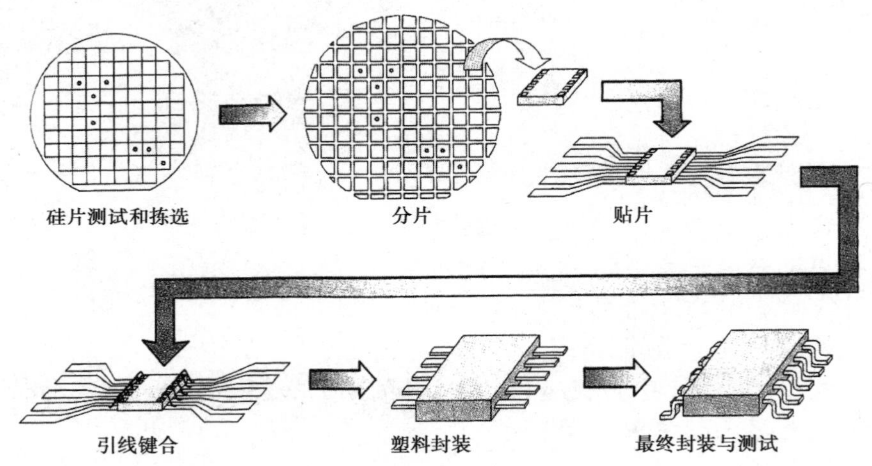

图 8-1　芯片组装工艺流程

在组装工艺之前，需要对硅片的电路层进行测试。经过测试，将不合格的芯片打上墨点，做好记号，后面划片的时候可以直接进行挑选。

8.1.2 背面减薄

在集成电路制造过程中，为提高硅片的机械强度，防止翘曲，减少传递过程的碎片，需要一个比较厚的衬底。若再加上电路层的厚度，整个硅片的厚度会更大。以薄型小外形尺寸封装为例，硅片电路层厚度为 300 μm，晶圆片厚度为 900 μm。这不仅会增加器件的重量和尺寸，也不利于芯片的散热和后续加工，同时还会增大体硅的串联电阻。因此当电路层制作完成后，为便于划片，减少体硅的串联电阻，并利于散热，需要磨去硅片背面非有源区的部分，减小多余的厚度。一般需要减薄到 200～500 μm，减薄之后再用三氯乙烯去除

白蜡。

常见的背面减薄方法有磨削法、研磨法、化学机械抛光法、干式抛光法、电化学腐蚀法、湿法腐蚀法、等离子增强化学腐蚀法、常压等离子腐蚀法等，它们各有特点。磨削法是直接采用砂轮进行磨削，一致性好，但是效率比较低。研磨法是先将硅片的正面涂抹一层白蜡，粘贴到片盘上，然后用金刚砂加水进行研磨（白蜡不仅起到粘贴的作用，还可以保护硅片的正面不受到损伤）。研磨法减薄的一致性比较好，效率高，适合于大规模生产。化学腐蚀法是正面用树脂、石蜡、塑料薄膜等进行保护，反面用酸或者其他腐蚀液进行腐蚀，设备比较简单，易引入新的杂质，效率比较低。

8.1.3 划片

划片是将晶圆片上的芯片独立分割出来，挑出合格的芯片。划片的流程为：背面贴膜、金刚石刀锯或激光切割（切透 90%）、裂片、挑片、镜检分类。

背面贴膜是指在晶圆背面贴上一层薄膜，称为蓝膜，起保护硅片表面电路的作用。贴膜之后进行切割。当切割至 90%以上时，利用蓝膜的热胀冷缩将芯片裂开，挑出合格的芯片将其进行分类。

划片通常有两种形式：一种是局部划片，即在硅片表面划线，其划痕没能穿过全部硅片；另一种是将硅片划穿，直接分离成各自独立的芯片。

划片常采用金刚刀或者激光。金刚刀划片需要调整好硅片的晶向，不能随意划片，划片时刀痕要深而细，一次定刀，减少碎片，常应用于一些简单的半导体器件。激光划片不受晶向限定。它是利用高能量的激光束，在硅片背面整整齐齐地打出小孔，连成一条完整的连续线，然后进行裂片、分片等。激光划片需要借助显微镜，对准硅片的划线槽，不能有偏差。激光的作用时间很短，减少了划片对硅片的损伤，因此得到了广泛的应用。

正常划片时，边缘比较整齐，很少有裂口。但若划片时没有划到底，依靠顶针的顶力将芯片分离，则端口会出现不规则的状态，划片槽也会有少量的微裂纹和凹槽存在，为此开发了先划片再减薄工艺、减薄划片工艺。先划片后减薄是指先将硅片的正面切割到一定的深度，然后再进行背面减薄。减薄划片是指先用机械或者化学作用切割出刀口，然后用磨削法减薄到一定厚度后再采用常压等离子体刻蚀技术取消剩余的加工量，实现裸芯片的自动分离。

8.1.4 贴片

贴片又称芯片贴装，是指将镜检好的芯片放在基板（或引线框架）上的指定位置，并且粘贴固定到基板（或引线框架）上。注意芯片应贴装到引线框架的中间焊盘上，焊盘尺寸要与芯片大小相匹配。贴片包括装片和粘贴（烧结）两部分。

贴片有很多要求，如导热和导电性能好；芯片和管壳底座连接的机械强度高，可靠性高，能承受键合和封装时的高温和机械振动，有一定的机械强度；化学稳定性好，不受外界环境影响；装配定位准确，能满足自动键合的需要。

对于硅平面管，很多衬底当成集电极，因此管芯与底座要形成良好的欧姆接触，通常用合金材料进行烧结。选择的合金要求有：在硅片中的溶解度高；具有较低蒸汽压，不能大量挥发；具有良好的机械性能；价格低廉；纯度高；合金材料的熔点应低于芯片表面的

铝与半导体的合金温度，否则，会影响器件的电学性能。在生产中，小功率晶体管常采用银浆烧结；大功率晶体管则经常采用铅锡合金烧结。

贴片的方式主要有四种：共晶粘贴法、焊接粘贴法、导电胶粘贴法、玻璃胶粘贴法，如表 8-1 所示。

表 8-1　四种贴片方式

贴片方式	粘贴方式	技术要点	技术优缺点
共晶粘贴法	金属共晶化合物：扩散	预型片和芯片背面镀膜	高温工艺、CTE 失配严重，芯片易开裂
焊接粘贴法	锡铅焊料，合金反应	背面镀金或镍，焊盘淀积金属层	导热好，工艺复杂，焊料易氧化
导电胶粘贴法	环氧树脂（填充银），化学结合	芯片不需预处理，粘贴后固化处理，或热压结合	热稳定性不好，吸潮形成空洞、开裂
玻璃胶粘贴法	绝缘玻璃胶，物理结合	上胶加热至玻璃熔融温度	成本低，去除有机成分和溶剂需完全

1. 共晶粘贴法

共晶粘贴是利用金-硅合金，先将硅片置于已镀金膜的陶瓷基板芯片底座上，再加热到约 425 ℃，借助金-硅共晶反应，液面的移动使硅逐渐扩散至金中并紧密结合，如图 8-2 所示。

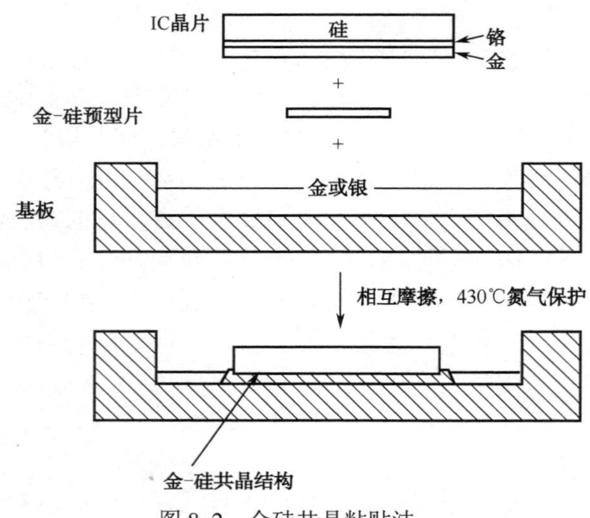

图 8-2　金硅共晶粘贴法

共晶粘贴前，一般封装基板会与芯片摩擦，以去除芯片背面的氧化层。反应需在热氮气氛中进行，以防止硅的高温氧化，避免反应液面润湿性降低。为获得最佳的共晶贴装，芯片背面会先镀上一层金膜或在基板的芯片承载座上植入预型片。利用预型片，可以降低芯片粘贴时因孔隙平整度不佳而造成的粘贴不完全，但却会使形成共晶粘贴所需温度升高。

金-硅共晶焊的生产效率较低，手工操作，不适合高速自动化生产，一般只在一些有特殊导电性要求的大功率管中使用。

2. 焊接粘贴法

焊接粘贴常用铅-锡合金做焊料在芯片背面淀积一定厚度的金或镍，同时在焊盘上淀积金-钯-银和铜的金属层，这样就可以用铅-锡合金制作的焊料将芯片很好地焊接在焊盘上。焊接要在热氮气或能防止氧化的气氛中进行，防止焊料的氧化和空洞的形成。焊接粘贴法热传导性好。

焊接粘贴法中的焊料常采用金-锡、金-硅、金-锗、铅-锡、铅-银、铅-银-铟合金等。

3. 导电胶粘贴法

贴片时常常采用环氧、聚酰亚胺、酚醛以及有机树脂作为粘贴剂。若在树脂中添加金、银粉，就成了导电胶；若添加氧化铝，则变成绝缘胶。常用的导电胶是添加银粉的环氧树脂。

首先用注射器将粘贴剂涂布到芯片焊盘上（注意避免银迁移现象），再用机械手将芯片精确旋转到焊盘上的粘贴剂上，然后按导电胶固化要求的温度和时间在烘箱中固化。

银迁移现象是指在存在直流电压梯度的潮湿环境中，水分子渗入含银导体表面电解形成氢离子和氢氧根离子，而银在电场及氢氧根离子的作用下，离解产生银离子。在电场的作用下，银离子从高电位向低电位迁移，并形成絮状或枝蔓状扩展。在高低电位相连的边界上形成黑色氧化银，会造成无电气连接的导体间形成旁路，造成绝缘下降乃至短路。

导电胶使用过程中会产生一些问题，例如，高温存储时的长期降解，界面处形成空洞引起芯片开裂，空洞处热阻会造成局部温度升高，引起电路参数漂移；吸潮性导致模块焊接到基板时会产生水平方向的模块开裂问题。

导电胶粘贴法操作简便，是塑料封装常用的芯片粘贴法，但缺点是热稳定性不好。它容易在高温时发生劣化及引发粘贴剂中有机物气体泄漏，使产品可靠性降低，因此不适用于高可靠度的封装。

对于集成电路，特别是 MOS 集成电路，贴片时大多采用聚合物粘贴。环氧树脂因其具有良好的传导和散热性能，粘贴牢固，得到了广泛的应用。

4. 玻璃胶粘贴法

玻璃胶粘贴法是先用玻璃胶涂布在基板的芯片底座上，再将芯片放在玻璃胶上，最后把封装基板加热到玻璃熔融温度以上，即可完成粘贴。注意冷却过程要控制降温速度以免造成应力破裂。该法适用于陶瓷封装。

8.1.5 键合

键合是指将芯片焊区与电子封装外壳的 I/O 引线或基板上的金属布线焊区连接，实现芯片与封装结构的电路连接。主要有引线键合（WB）、带式自动键合（TAB）、倒装芯片键合（FCB）三种。

1. 引线键合

引线键合是指在一定温度下，采用超声加压的方式，将引线两端分别焊接在芯片焊盘上和引线框架或 PCB 上，实现芯片内部电路与外部电路的连接，确保芯片和外界之间的输入输出通畅的重要作用。引线键合是一种传统的键合方式，比较简单，应用非常广泛。

2. 带式自动键合

带式自动键合（TAB）又称载带自动焊，是一种将集成电路（IC）安装和互连到柔性金属化聚合物载带上的一种 IC 组装技术。载带内引线键合到 IC 上，外引线键合到常规封装或 PCB 上，整个过程均自动完成。

首先在高聚物（聚酰亚胺薄膜）载带表面覆盖上铜箔后，用化学法腐蚀出精细的引线图形；然后在芯片的焊区上镀 Au、Cu 或 Sn/Pb 合金，形成高度为 20～30 μm 的凸点电极；最后芯片粘贴在载带上，将凸点电极与载带的引线连接，用树脂粘贴，实现了芯片与基板间的互连。

虽然载带价格较贵，但引线间距最小可达到 150 μm，而且 TAB 技术比较成熟，自动化程度相对较高，是一种高生产效率的内引线键合技术。它适用于大批量自动化生产。TAB 的引线间距可较 QFP 进一步缩小至 0.2 mm 或更细。

3. 倒装芯片键合

多数键合技术都是将芯片的有源区面朝上，背对基板粘贴后键合。倒装芯片键合（FCB）则是将芯片有源区面对基板进行键合。它是在芯片和基板上分别制备焊盘，然后面对面键合。键合材料可以是金属引线，也可以是合金焊料或有机导电聚合物制成的凸焊点。它可以利用芯片上所有面积来获得 I/O 端，使硅片利用效率得到提高。

FCB 的优点是：键合引线短；焊凸点直接与印刷线路或其他基板焊接；引线电感小；信号间串扰小；信号传输延时短；电性能好；互连中延时最短、寄生效应最小。因此它能提供最高的封装密度、最高的 I/O 数和最小的封装外形。FCB 的引线可以做得最短，电抗最小，可以获得最高的工作频率和最小的噪声。

倒装芯片的互连技术，由于焊点可分布在裸芯片全表面，并直接与基板焊盘连接，更适应微组装技术的发展趋势，是目前研究和发展最为活跃的一种裸芯片组装技术。

8.1.6 塑封

封装是用绝缘的塑料或陶瓷材料将芯片包装起来，具有密封和提高芯片电热性能的作用。制造各种各样的 IC 封装时用到的材料十分重要。它们的物理性质、电学性质和化学性质构成了封装的基础，会最终影响到封装性能的极限。

最早制作的晶体管、分立器件等常常采用金属材料进行封装。金属散热性能好，抗机械损伤强，电磁屏蔽效果好，但成本高，笨重，主要应用于分立器件、小规模集成电路，不适合大规模集成电路。

陶瓷具有耐高温、致密好、密封性好、电气性能好等优点，适合高密度型封装。一般选择 FeNi42 合金或 Iconel 合金（铬镍铁合金）作为引线框架材料，因为这些合金与陶瓷材料基板的热膨胀系数（CTE）相匹配。陶瓷封装主要应用于大功率器件，以及高性能的集成电路。

塑料因其质量轻、成本低、适于模铸、可塑性强、自动化机械化水平高，成为目前集成电路主要的封装材料，约占 90%的市场。因此塑封成型成为封装技术中一道非常重要的工序。塑封成型技术包括：转移成型技术、喷射成型技术、预成型技术。

1．转移成型技术

转移成型工艺是指熔体腔室中保持一定的温度，在外加压力作用下使塑封料进入芯片模具型腔内，获得一定形状的芯片外形。封装材料转移成型过程如下。

（1）将芯片及完成互连的框架置于模具中。

（2）将塑封料预加热后放入转移成型机转移罐中。

（3）在一定温度和转移成型活塞压力作用下，塑封料注射进入浇道，通过浇口进入模具型腔。

（4）塑封料在模具内降温固化，保压后顶出模具进一步固化。

2．喷射成型技术

喷射成型工艺是将混有引发剂和促进剂的两种聚酯分别从喷枪两侧喷出，同时将塑封料树脂由喷枪中心喷出，使其与引发剂和促进剂均匀混合，沉积到模具型腔内，当沉积到一定厚度时，用辊轮压实，使纤维浸透树脂，排除气泡，固化后成型。

3．预成型技术

预成型工艺是将封装材料预先做成封装芯片外形对应的形状，如陶瓷封装，先做好上下陶瓷封盖后，在两封盖间高温下采用硼硅酸玻璃等材料进行密封接合。

8.1.7　去飞边毛刺

毛刺飞边是指封装过程中，塑封料树脂溢出、贴带毛边、引线毛刺等飞边毛刺现象。封装成型过程中，塑封料可能从模具合缝处渗出来，流到外面的引线框架上。毛刺不去除会影响后续工艺。常见的毛刺飞边去除工艺有两种：

1．介质去毛刺飞边

通过研磨料和高压空气一起冲洗模块，研磨料在去除毛刺的同时，可将引脚表面擦毛，有助于后续上锡操作。

2．溶剂去飞边毛刺和水去飞边毛刺

利用高压液体流冲击模块，利用溶剂的溶解性去除毛刺飞边，常用于很薄毛刺的去除。随着成型模具设计和技术的改进，毛刺和飞边现象越来越少。

8.1.8　电镀

电镀主要是指采用电镀的方式在引脚上镀上一层保护性薄膜（焊锡），以增加引脚抗蚀性和可焊性。电镀之前要先将引脚清洗，然后将芯片引脚放入电镀槽进行电镀（焊锡），最后烘干即可。

上焊锡方法除了电镀工艺外，还可以采用浸锡工艺。浸锡工艺流程为：去飞边、去油和氧化物、浸助焊剂、加热浸锡、清洗、烘干。

8.1.9　切筋成型

切筋成型其实是两道工序：切筋和打弯，通常同时完成（如图 8-3 所示）。切筋工艺

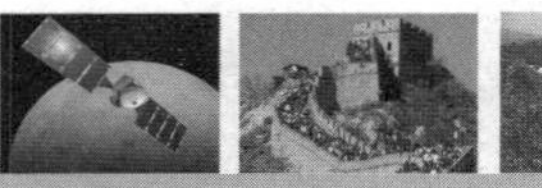

是指切除框架外引脚之间的堤坝（dam bar）及框架带上连在一起的地方；打弯工艺则是将引脚弯成一定的形状，以适合装配的需要。

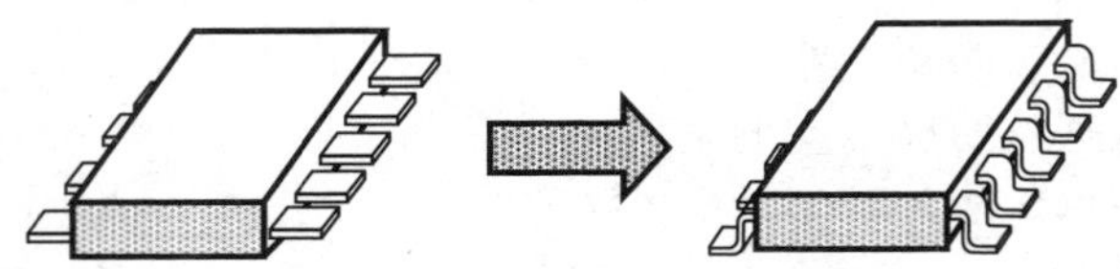

图 8-3 切筋和打弯

对于打弯工艺，最主要的问题是引脚变形，特别是对于高引脚数量的芯片。这主要是由工艺过程处理不恰当或者成型后降温过程引起的框架翘曲造成的。

8.1.10 打码

打码是在封装模块顶部印上去不掉的、字迹清楚的字母和标志，包括制造商信息、国家、器件代码等，主要是为了便于识别和可跟踪（如图 8-4 所示）。打码方法有多种，其中最常用的是印码（Print）方法，包括油墨印码和激光印码两种。

图 8-4 打码实例

8.1.11 测试和包装

在完成打码工序后，所有器件都要 100%进行测试。这些测试包括一般的目检、老化试验和最终的产品测试。测试之后，进行包装。对于连续生产流程，元件的包装形式应该方便拾取，且不需做调整就能够应用到自动贴片机上。

8.2 引线键合技术

8.2.1 引线键合的要求

引线键合是一种十分精密且细致的固相焊接技术，不论采用何种焊接方式，键合的引线都必须具备下列要求：

（1）必须牢固，经得起各种例行检验；

（2）焊接后不应对管芯的参数有任何影响；

（3）电极引线必须有较高的熔点，能保证在一定的高温和大电流下正常工作；

（4）引线的电阻要小，并且尽量短和软，适合各种变形。

金丝键合在封装上具有电导率大、耐腐蚀、韧性好等优点，在半导体封装上得到广泛应用。大部分使用在球形键合上的引线是 99.99%纯度的金丝，这个通常指 4 N 金丝。为了满足一些特殊的应用要求（例如高强度），有时候也使用合金材料（99.9%或者更低的纯度）。

金丝主要分为两种：掺杂金丝和合金化金丝。掺杂金丝比 4N 金丝具有更好的机械性能；合金化金丝具有更好的强度，但是会损失一定的电性能。需要特别考虑的是焊线工艺的热影响区域（HAZ）的长度，这个和打火成球（EFO）时产生的热量导致的金属再结晶过程有关。这个 HAZ 区域通常会使丝变得脆弱。通常具有长 HAZ 的金丝会使用在高的线弧中。一些低线弧应用，要求使用高强度和低 HAZ 的金丝。低 HAZ 的金丝能提高拱丝能力，能满足更低线弧要求。

半导体封装行业为了降低成本、提高可靠性，必将寻求共赢性能好、价格低廉的金属材料来代替价格昂贵的金丝，因此出现了铝丝、铜丝等键合材料。

铜丝具有价格低、力学性能和电学性能好的优点，相对金丝具有更高的球剪切力，线弧拉力值。铜丝键合球剪切力比金丝高 15%～25%，拉力值比金丝高 10%～20%。铜丝在塑封时线弧抗冲弯率更强。铜丝的导热及散热性能均优于金丝。在满足相同焊接强度的情况下，可采用更小直径的铜丝来代替金丝，从而缩小焊接间距，提高芯片频率和可靠性。

铜丝的缺点就是很容易被氧化，硬度大，这使得在键合点容易发生裂痕，因此需要对键合设备进行一些改进。改进措施有：设置一种气体环境，防止铜在空气中形成焊球的时候被氧化；选择合适的条件，例如通常在 150～240 ℃温度的条件下进行热压超声波键合。铜丝球焊接技术是目前国际上正在进行开发研究的一种新技术，受到业界的欢迎、推广应用和发展。在今后的微电子封装发展中，铜丝键合将会成为主流技术。

铝丝也是一种常见的键合材料，标准铝丝材是铝与 1%硅的合金，常应用于楔形键合中。铝丝键合可以在室温下进行键合，不会产生金铝扩散层。引线直径的大小对焊点的可靠性和线弧有着很密切的关系。目前生产上使用的线径在 20～75 μm 之间。一般来说，线径越小，弧高和间距理论上也就能控制的越小。但是线径小了，容易造成线弧歪斜，严重时会导致短路。

铝丝也有很多缺点，例如成球性不好，拉伸强度和耐热度不如金丝，容易发生引线下垂和塌丝等问题。它主要应用在功率器件、微波器件和光电器件封装上。

8.2.2　引线键合的分类

1．根据键合时采用的加热方式分类

引线键合工艺分为 3 种：热压键合（Thermo-compression Bonding），超声波键合（Ultrasonic Bonding）与热压超声波键合（Thermo-sonic Bonding）。

1）热压键合

热压键合是将底座加热到 300 ℃左右，并将键合引线放在电极焊接处，用压刀在键合引线和金属化电极之间施加一定的压力，使引线的一端与管芯的铝层压焊在一起，引线的另一端与管座上的外引线相连接（见图 8-5）。热压焊接的作用原理是将引线金属和管芯上的铝层同时加热和加压，使两者接触面产生塑性变形，并破坏其表面的氧化膜，当两接触

面间几乎接近到原子间距时，引线金属表面原子和铝层表面原子之间就产生吸引力。另外，引线金属和铝层表面总存在不平整，加压后高低不平处相互填充而产生弹性嵌合作用，使两者紧密结合。它是低温扩散和塑性流动的结合，使原子发生接触，导致固体扩散键合，主要应用于金丝键合。

根据压焊压刀形状和引线切断方法不同，热压焊可分为楔焊法，球焊法和针焊法。其中金丝球焊是通过空心压刀送丝，用火焰或激光将引线金丝熔断成球，然后加热到管芯电极上，由于接触面积较大，焊接强度较高。

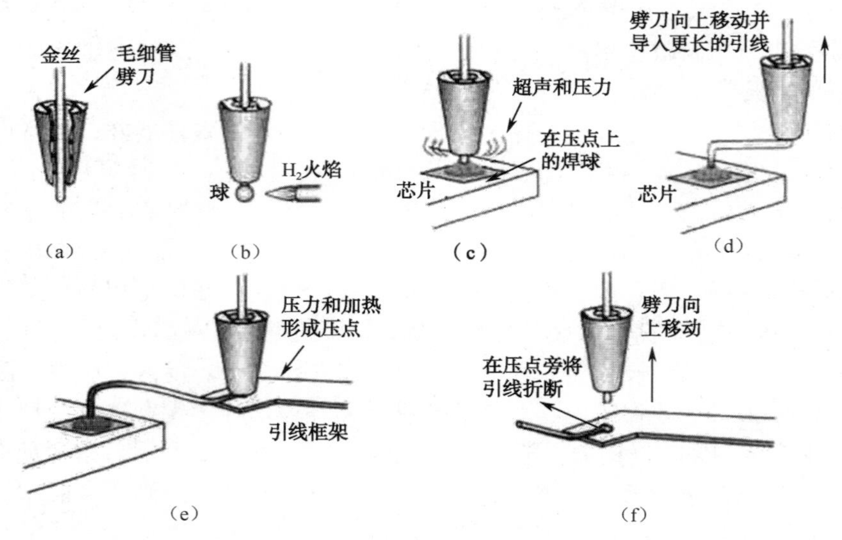

图 8-5　热压键合

2）超声键合

超声键合是利用超声波能量在铝丝和铝电极不加热的情况下直接键合的一种方法（见图 8-6）。在超声波键合机中，由超声波发生器产生的几十千赫兹的电振荡，通过磁致伸缩换能器，使振动头产生机械振动，由它带动压刀，使引线铝丝产生交变剪切应力，同时在压刀上端施加一定的垂直压力。在这两种力的共同作用下，一方面铝丝蠕动，使引线铝丝和电极铝层之间表面的氧化膜遭到破坏；另一方面由于摩擦产生一定的热量，使焊接处的铝丝发生变形，从而使两个铝金属表面紧密地接触，形成牢固的键合连接。

超声键合是塑性流动与摩擦的结合。通过石英晶体或磁力控制，把摩擦的动作传送到一个金属传感器上。当石英晶体上通电时，金属传感器就会伸延；当断开电压时，传感器就会相应收缩。这些动作通过超声发生器发生，振幅一般在 4～5 μm。在传感器的末端装上焊具，当焊具随着传感器伸缩前后振动时，焊丝就在键合点上摩擦，通过由上而下的压力发生塑性变形。大部分塑性变形在键合点承受超声能后发生，压力所致的塑变只是极小的一部分，这是因为超声波在键合点上产生作用时，键合点的硬度就会变弱，使同样的压力产生较大的塑变。该键合方法可用金丝或铝丝键合。

与热压键合相比，超声波键合时底座不需加热，不需加电流、焊剂和焊料，对被焊件的物理化学性能无影响，也不会形成任何化合物而影响焊接强度，且具有焊接参数调节灵活，操作简单，可靠性高，焊接效率高等优点，在平面器件中得到广泛采用。

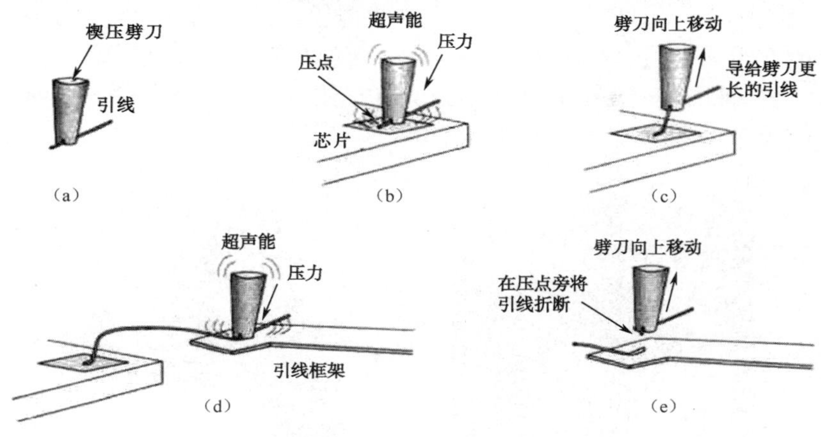

图 8-6　超声键合

3）热压超声键合

热压超声键合工艺是热压键合与超声键合两种形式的组合，是在超声波键合的基础上，采用对加热台和劈刀同时加热的方式，加热温度较低（约 150 ℃），可以实现引线的高质量焊接，主要应用于金丝键合。热压超声键合因其可降低加热温度、提高键合强度、有利于器件可靠性而取代热压键合和超声波键合成为引线键合的主流。

2. 根据焊点的位置分类

根据焊点的位置，可以分为正焊键合和反焊键合。正焊键合是指第一点键合在芯片上，第二点键合在封装外壳上；反焊键合是指第一点键合在外壳上，第二点键合在芯片上。

采用正焊键合时，芯片上键合点一般有尾丝；采用反焊键合时，芯片上一般是无尾丝的。究竟采用何种键合方式键合电路，要根据具体情况确定。

8.2.3　引线键合工具

键合工具的作用是将纵向振动转化为横向振动，通过与引线的接触传递超声能，并在静态压力、温度的配合下，实现引线和焊盘的键合。按形状和适用工艺的不同分为毛细管劈刀和楔形劈刀两种。毛细管劈刀材料可以是陶瓷、钨或红宝石，但最常用的是具有精细尺寸晶粒的氧化铝陶瓷，因为它有很好的抗腐蚀性、抗氧化性，易于清洁。楔形劈刀材料取决于所采用的金属丝：铝丝键合时，通常采用碳化钨或陶瓷材料；金丝键合时，采用化碳钛材料。

键合工具会直接影响键合质量，因此必须选择合适的键合工具。

1. 键合工具的几何参数

键合工具的几何参数直接影响着焊点的形状及键合质量，对于同直径、同材质的金属丝，不同的焊盘形状、大小及焊盘的间距直接影响着键合工具的选择。以毛细管劈刀（如图 8-7 所示）为例来说明。

图 8-7 中：①为内孔（H），其直径由引线直径决定，引线直径由焊盘的直径决定。内孔的直径越小，线弧越接近理想形状，如果内孔直径过小则会增大引线与劈刀间的摩擦导

致线弧形状的不稳定；②为壁厚，影响超声波的传导，过薄的壁厚会对振幅产生影响；③为端面角（FA）和外半径（OR）（见图 8-8），影响第二焊点的形状、键合强度以及线弧形状；④为斜面（Chamfer）和斜面角（CA）（见图 8-9），影响第一焊点的形状、键合强度以及线弧形状（注，MBD 为截面球直径）。

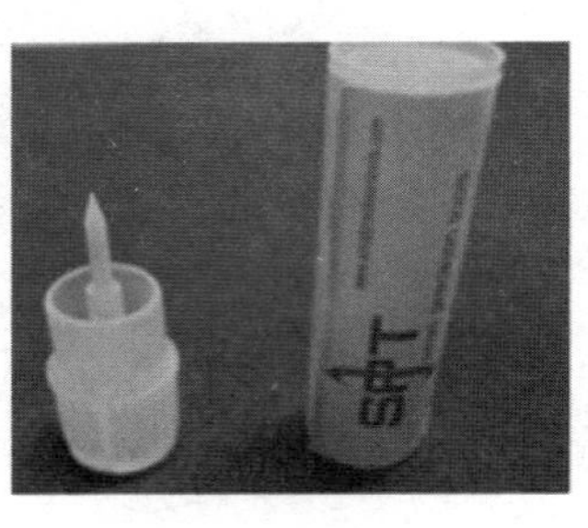

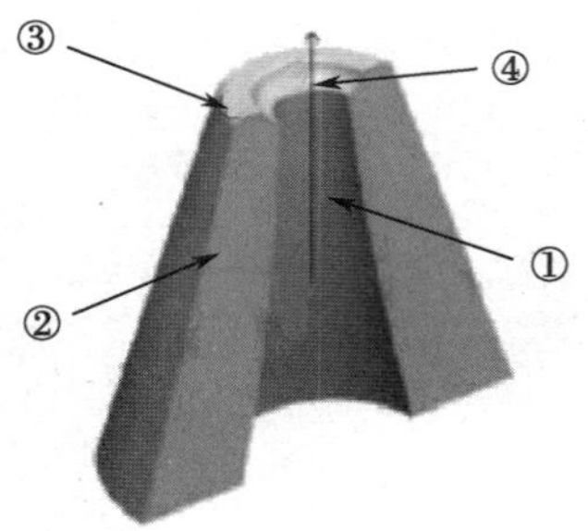

图 8-7　毛细管劈刀

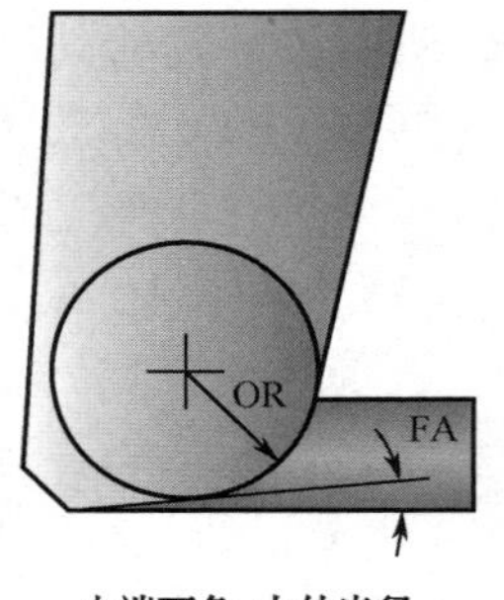

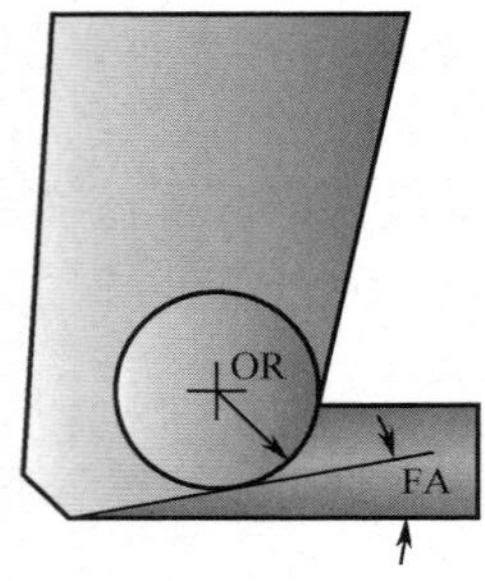

图 8-8　端面角和外半径的影响

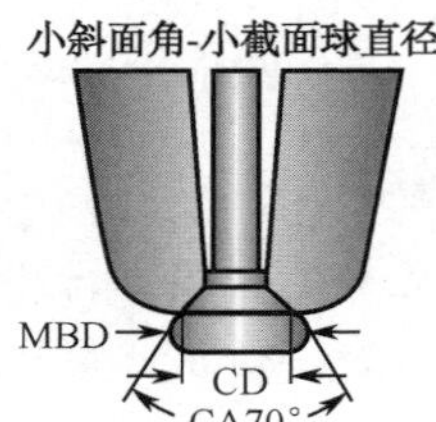

大斜面角-大截面球直径
MBD
CD
CA120°

图 8-9　斜面和斜面角的影响

在楔形键合中，引线直径决定楔形劈刀斜孔直径，焊点形状主要由楔形劈刀的前端尺寸决定。焊点沿长轴方向有长椭圆形、圆形和窄椭圆形，还有单点双点之分，主要取决于楔焊劈刀外形。

2．键合工具的安装

劈刀安装的高度影响劈刀尖部超声波的谐振，影响键合质量。应用适当的力矩来固定键合工具，过大会使换能器的末端变形，过小则造成键合点的位置偏移及超声能的传递效率降低。

8.2.4　引线键合的基本形式

引线键合有两种基本形式：球形键合与楔形键合。这两种引线键合技术主要包括：形成第一焊点（通常在芯片表面），形成线弧，最后形成第二焊点（通常在引线框架/基板上）。两种键合形式的不同之处在于：球形键合中在每次焊接循环的开始会形成一个焊球，然后把这个球焊接到焊盘上形成第一焊点，而楔形键合则是将引线在加热加压和超声能量下直接焊接到芯片的焊盘上。

1. 球形键合

球形键合是将金属线穿过键合机毛细管劈刀，到达顶部。利用氢氧焰或电气放电系统产生电火花熔化金属线在劈刀外的伸出部分，在表面张力作用下熔融金属凝固形成标准的球形（Free Air Ball，FAB）。球直径一般是线径的 2～3 倍。紧接着降下劈刀，在适当的压力和定好的时间内将金属球压在电极或芯片上。键合过程中，通过劈刀向金属球施加压力，同时促进引线金属和下面芯片电极金属发生塑性变形及原子间相互扩散，完成第一焊点。然后劈刀运动到第二点位置。第二点焊接包括楔形键合、扯线和送线。通过劈刀外壁对金属线施加压力以楔形键合方式完成第二焊点，之后扯线使金属线断裂，劈刀升高到合适的高度送线达到要求尾线长度，然后劈刀上升到成球的高度。球形键合过程如图 8-10 所示。成球的过程是通过离子化空气间隙的打火成球（Electronic Flame-off，EFO）过程实现的。

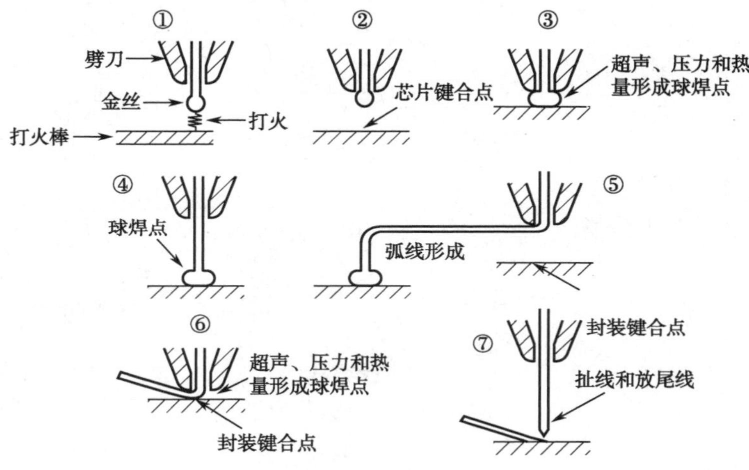

图 8-10 球形键合

球形键合是一种全方位的工艺（即第二焊点可相对第一焊点 360° 任意角度）。球形键合一般采用直径 75 μm 以下的细金丝，因为它在高温受压状态下容易变形、抗氧化性能好、成球性好，一般用于焊盘间距大于 100 μm 的情况。

球形键合工艺设计具有以下几个原则：

（1）焊球的初始直径为金属线直径的 2～3 倍。应用于精细间距时为 1.5 倍，焊盘较大时为 3～4 倍。

（2）最终成球尺寸不超过焊盘尺寸的 3/4，是金属线直径的 2.5～5 倍。

（3）线弧高度一般为 150 μm，取决于金属线直径及具体应用。

（4）线弧长度不应超过金属线直径的 100 倍。

（5）线弧不允许有垂直方向的下垂和水平方向的摇摆。

2. 楔形键合

楔形键合是用楔形劈刀（wedge）将热、压力、超声传给金属线在一定时间形成焊接，焊接过程中不出现焊球。楔形键合工艺中，金属线穿过劈刀背面的通孔，与水平的被键合表面成 30° ～ 60° 。在劈刀的压力和超声波能量的作用下，金属线和焊盘金属的纯净表面接触并最终形成连接。楔形键合是一种单一方向焊接工艺（即第二焊点必须对准第一焊点的

方向）。传统的楔形键合仅仅能在线的平行方向上形成焊点。旋转的楔形劈刀能使楔形键合机适合不同角度的焊线，在完成引线操作后移动到第二焊点之前劈刀旋转到程序规定的角度。在使用金丝的情况下，稳定的楔形键合能实现角度小于 35° 的引线键合。

楔形键合主要优点是适用于精细间距（如 50 μm 以下的焊盘间距），低线弧形状，可控制引线长度，工艺温度低。常见楔形键合工艺是室温下的铝丝超声波键合，其成本和键合温度较低。而金丝采用 150 ℃下的热压超声波键合，优点是键合后不需要密闭封装。由于楔形键合形成的焊点小于球形键合，特别适用于微波器件、尤其是大功率器件的封装。但由于键合工具的旋转运动，其总体速度低于热压超声波球形键合，其工艺流程如图 8-11 所示。

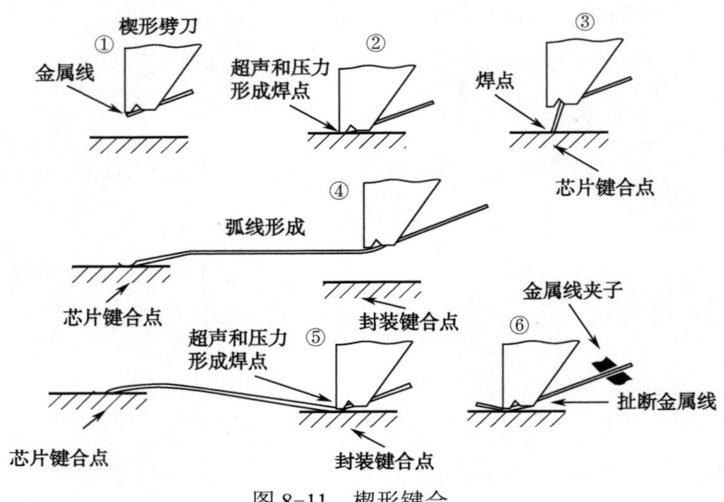

图 8-11 楔形键合

楔形键合工艺设计原则：

（1）即使键合点只比金属线直径大 2～3 μm 也可能获得高强度连接。

（2）焊盘长度要大于键合点的尾丝长度。

（3）焊盘的长轴与引线键合路径一致。

（4）焊盘间距的设计应保持金属线之间距离的一致性。

（5）线弧不允许有垂直方向的下垂和水平方向的摇摆。

8.2.5 引线键合设备及工艺过程

键合机是封装环节最关键的设备，它的作用是将芯片固定在引线框架上，对其进行外引线焊接的设备。键合的过程是机械电气软件全面配合的过程：光学和图像系统完成自动定位，x、y、z 工作台和精密定位驱动完成复杂空间拉弧运动，物料系统（MHS）完成自动上下料，EFO 电子打火形成球，在超声波和热台以及键合压力的作用下完成焊点焊线过程。各个部分的校正组成了整个设备的校正系统。键合机系统结构如图 8-12 所示。

引线键合的工艺过程包括：焊盘和外壳清洁、引线键合机的调整、引线键合检查。

1. 焊盘和外壳清洁

焊盘和外壳常用的清洁方法有等离子体清洁和紫外线臭氧清洁。

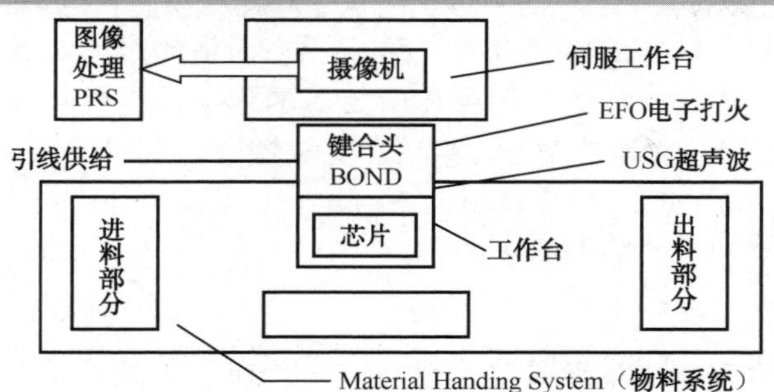

图 8-12　键合机系统结构图

等离子体清洁是采用大功率 RF 源将气体转变为等离子体，高速等离子体轰击键合区表面，通过与污染物分子结合或使其物理分裂而将污染物溅射除去。所采用的气体一般为 O_2、Ar、N_2、80%Ar+20%O_2（或 80%O_2+20%Ar）。O_2/N_2 等离子体可以有效去除环氧树脂。

紫外线臭氧清洁是通过发射 184.9 nm 和 253.7 nm 波长的辐射线进行清洁。

尽管上述两种方法可以去除焊盘表面的有机物污染，但其有效性强烈取决于特定的污染物。例如，O_2 等离子清洁不能提高 Au 厚膜的可焊性，可采用 O_2+Ar 等离子或溶液清洗。另外某些污染物，如 C 离子和 F 离子不能用上述方法去除，因为可形成化学束缚。因此在某些情况还需要采用溶液清洗，如气相碳氟化合物、去离子水等。

2. 引线键合机的调整

调整引线键合机的参数，使其在正常状态下运行。

3. 引线键合检查

焊点的外观是评价键合质量最简单的方法，通过显微镜观察焊点外形，可初步判定键合质量的优劣。

8.2.6　引线键合的工艺参数

1. 键合温度

键合温度指的是外部提供的温度。键合工艺对温度有较高的控制要求。键合温度的变化影响键合的强度。过高的温度，不仅会产生过多的氧化物影响键合质量，并且由于热应力应变的影响，键合零部件和器件的可靠性也随之下降。温度过低，将无法去除金属表面氧化膜层等杂质，无法促进金属原子间的密切接触。

2. 键合时间

通常的键合时间都在几十毫秒。键合点不同，键合时间也不一样。一般来说，键合时间越长，金属球吸收的能量越多，键合点的直径就越大，界面强度增加而颈部强度降低。但是过长的时间，会使键合点尺寸过大，超出焊盘边界，空洞生成概率增大。

3. 超声功率与键合压力

超声功率对键合质量和外观影响最大，因为它对金属球的变形起主导作用。过小的功率会导致焊点过小、未成形或尾丝翘起；过大的功率导致根部断裂、键合塌陷或焊盘破裂。有研究发现超声波的水平振动是导致焊盘破裂的最大原因。超声功率和键合压力是相

互关联的参数。增大超声功率通常需要增大键合压力，使超声能量通过键合工具更多的传递到键合点处，但过大的键合压力会阻碍键合工具的运动，抑制超声能量的传导，导致污染物和氧化物被推到了键合区域的中心，形成中心未键合。

8.2.7 引线键合质量分析

1. 外观镜检

焊点的外观是评价键合质量最简单的定性方法，通过显微镜观测焊点外形，可初步判断键合质量的优劣。

1）球形键合

第一焊点要求（如图 8-13 所示）：焊球直径一般为金丝直径的 2.5～5 倍，不超过焊盘尺寸的 3/4，厚度适中，焊球与线弧过渡平滑；第二焊点要求（如图 8-14 所示）：外形对称、厚度为金丝直径的 3～4 倍，焊接面与线弧过渡平滑，线弧不允许有垂直方向的下垂和水平方向的摇摆，点型及线弧一致性要好。

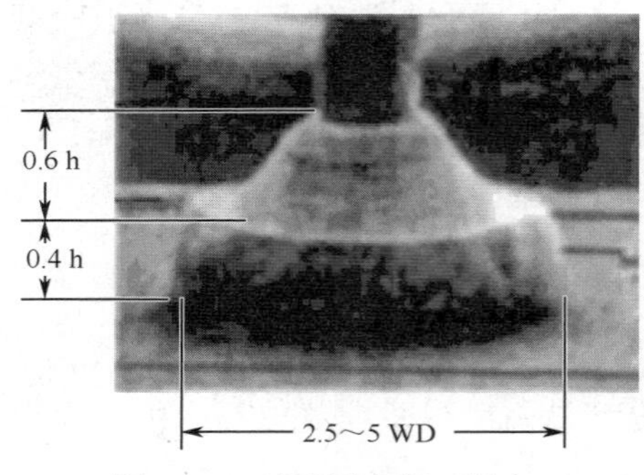

图 8-13　球形键合第一焊点

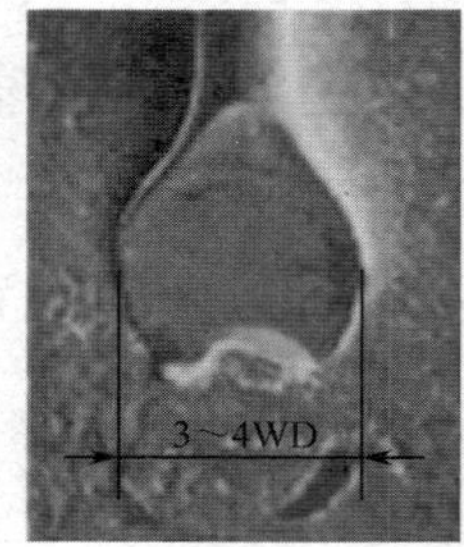

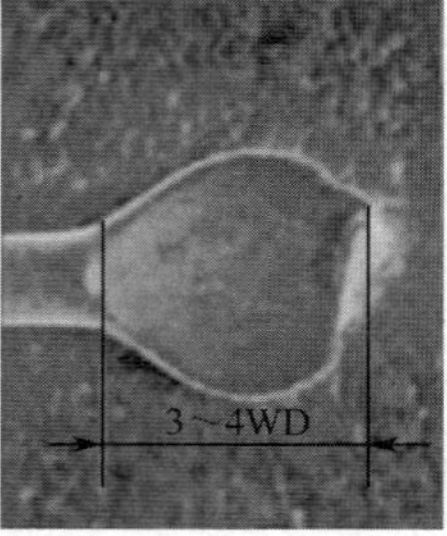

图 8-14　球形键合第二焊点

2）楔形键合

一般情况下，焊点沿长轴方向为椭圆形或圆形，键合区宽度一般为金属线直径的 1.2～3 倍，键合区长度一般为金属线直径的 1.5～5 倍，键合区厚度一般为金属线直径的 1/3 左右，焊接面与线弧过渡平滑，第一焊点线尾一致要好，线弧不允许有垂直方向的下垂和水平方向的摇摆，点型及线弧一致性要好。

3）镜检中常见的键合质量问题

由于键合完成后，不可能对每根引线都进行拉推力破坏试验，这就使得镜检工作非常重要。键合中很多质量问题都可以通过镜检检测出来。

（1）漏键。漏键通常是键合机第一焊点没有打上，可能的原因有：铜丝被氧化，预留的线尾太短，烧球后直接打飞，劈刀损坏，机器的温度过低，吹气系统的压缩空气流量过大，工艺参数设置不合理。因此可以通过查看吹气系统，检查铜丝是否氧化，调整烧球，找出导致线尾过短的原因，更换劈刀，增加工艺温度，优化工艺参数，调小压缩空气的气流量等方式进行解决。

（2）拉力不够。做镜检时用拉力计数器测得拉力不够，可能是因为机器工艺参数设置过小，因此需要通过优化参数设置，特别是增加管脚压力，即第二焊点压力来解决。

（3）第一焊点的剥离值不够。在镜检时用剥离计数器测得第一焊点的剥离值不够，如果无弹坑，则需要增大功率增大压力；如果有弹坑，则需要减小功率。

（4）高尔夫球。镜检中发现高尔夫球，即偏心球，也就是在压焊时，没有从球心下压。出现高尔夫球的原因有很多：打火系统、参数不满足工艺条件；吹气系统的混合气流量过大；劈刀损坏；打火杆老化等都可能导致压焊偏离。可以通过检查打火系统，优化打火参数，调小混合气的流量，更换劈刀，更换打火杆来解决。

（5）塌丝。键合后出现塌丝，这时需要优化焊线参数，降低弧高，调小 LH，更换弧形。

2. 拉推力试验

键合质量的好坏往往通过破坏性实验判定。通常使用键合拉力测试（BPT）（如图 8-15 所示）、键合剪切力测试（BST）（如图 8-16 所示）。

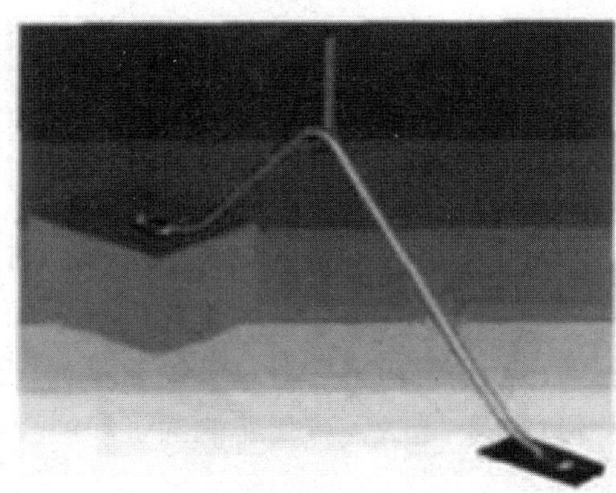

图 8-15　键合拉力试验

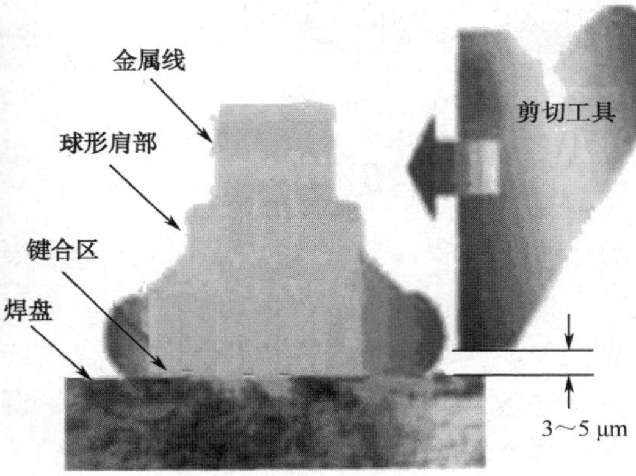

图 8-16　键合推力试验

影响 BPT 结果的因素除了工艺参数以外，还有键合材料（材质、直径、强度和刚度）、焊盘材质、吊钩位置、弧线高度等。除了确认 BPT 的拉力值外，还需确认引线断裂的位置，它们是第一焊点界面、第一焊点颈部、线弧中间、第二焊点颈部、第二焊点界面。其中要求断点不能在第一焊点界面和第二焊点界面两个位置。

BST 是通过水平推键合点的引线，测得引线和焊盘分离的最小推力，一般应用在球形键合第一焊点中。键合剪切力公式为

$$F_{BSS}=R_{BSR}/2(\pi D_{BCD}/4)$$

式中，F_{BSS} 为剪切力（Ball Shear Stress，BSS）；R_{BSR} 为剪切读数（Ball Shear Reading，BSR）；D_{BCD} 为截面球直径（Ball Contact Diameter，BCD），如图 8-17 所示。

剪切力测试可能会因为测试环境不同或人为原因出现偏差，Liang 等人介绍了一种简化判断球剪切力的方法，提出简化键合参数（R_{BP}）的概念，即 R_{BP}=功率 A×压力 B×时间 C，其中 A，B，C 为调整参数，一般取 0.80，0.40，0.20。

3. 结合面表观判断

推拉力试验可能会因为焊接器件中芯片不同、试验环境不同或人为原因出现偏差。对于球形键合，芯片焊盘与焊球间是否出现金属间原子扩散形成的化合物，是键合质量的最

根本判据。在高质量键合的情况下，采用镊子或专用工具水平去除键合点焊球，在高倍显微镜下观察：焊球与芯片电极焊盘结合表面存在“残金”（如图 8-18 所示），并且刮不干净。这说明电极与焊球融合的情况良好，电极与焊球结合为一体，抗外力破坏能力强。

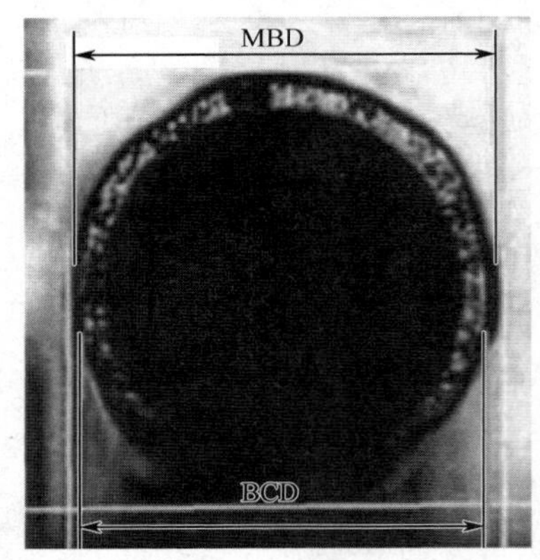

图 8-17 D_{BCD}为截面球直径

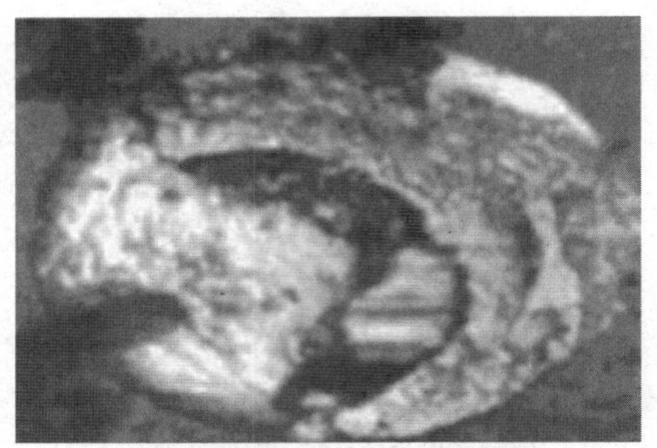

图 8-18 残金现象

8.2.8 引线键合的可靠性

引线键合作为半导体后道工序中的关键技术，在未来相当长一段时间内仍将是封装内部连接的主流方式。随着封装尺寸的减小，新材料、新封装形式的应用，对于引线键合工艺的可靠性及稳定性提出了更高的要求。在引线键合中，影响键合可靠性的因素很多，解决方法主要通过选择合适的键合方式及设备，调整最优工艺参数，应用正确的引线键合质量评价方式及合理的提高引线键合可靠性措施。

1. 影响引线键合可靠性的因素

在自动引线键合技术中，键合点脱落是最常见的失效模式。这种失效模式用常规筛选和测试很难剔除，只有在强烈振动下才可能暴露出来，因此对芯片的可靠性危害极大。应力变化、芯片粘贴材料与线材的反应、腐蚀、金属间化合物形成与晶粒成长等都会影响到引线键合的可靠性。

1）界面上绝缘层的形成

在芯片上键合区，光刻胶或钝化层未去除干净，可形成绝缘层；管壳镀金层质量低劣，会造成表面疏松、发红、鼓泡、起皮等；金属间键合接触时，在有氧、氯、硫、水汽的环境下，金属与这些气体反应生成氧化物、硫化物等绝缘夹层或受氯的腐蚀，导致接触电阻增加，这些都会降低键合可靠性。

2）金属化层缺陷

金属化层缺陷主要有：芯片金属化层过薄，使得键合时无缓冲作用，芯片金属化层出现合金点，在键合处形成缺陷；芯片金属化层黏附不牢，最易掉压焊点。

3）表面沾污，原子不能互扩散

芯片、管壳、劈刀、金丝、镊子、钨针，各个环节均可能造成沾污。外界环境净化度

不够，可造成灰尘沾污；人体净化不良，可造成有机物沾污及钠沾污等；芯片、管壳等未及时处理干净，残留镀金液，可造成 K^+沾污等（这种沾污属于批次性问题，可造成一批管壳报废，或引起键合点腐蚀，造成失效）；金丝、管壳存放过久，不但易沾污、易老化，金丝硬度和延展率也会发生变化。

4）材料间的接触应力不当

键合应力包括热应力、机械应力和超声应力。键合应力过小会造成键合不牢，但键合应力过大同样会影响键合点的机械性能。应力大不仅会造成键合点根部损伤，引起键合点根部断裂失效，而且还会损伤键合点下的芯片材料，甚至出现裂缝。

5）环境不良

超声键合时外界振动、机件振动或管座固定松动或位于通风口，均可造成键合缺陷。

6）键合引线与电源金属条之间放电引起失效（静电损伤）

当键合引线与芯片水平面夹角太小时，在 ESD（静电放电）应力作用下，键合引线与环绕芯片的电源线（或地线）之间距离太近易发生电弧放电而造成失效。

2．提高可靠性措施

1）球形键合

对于球形键合，要提高键合可靠性需要先控制第一焊点可靠性。影响第一键合点可靠性的因素有很多，其中焊球与金属丝的直径比对第一焊点的键合质量影响最大、最为直观，起决定性作用。通过调整键合工艺参数（超声波功率、压力、时间、温度等），满足焊球与金属线直径比为 2.5～5 倍的要求，使焊球与芯片电极达到共融的理想结果，其键合点侧向截面如图 8-19 所示。金属线直径的选择须考虑芯片电极的大小，例如直径为 100 μm 的电极，最好是选用直径为 25 μm 的金属线。图 8-20 为较粗金属线与较小芯片电极键合的失配情况。为提高键合质量可采用加粗金属丝，但因焊球与金属线的直径比不能达到要求，可靠性反而不如一般未加粗情况的键合状态。

图 8-19　球形键合焊球截面

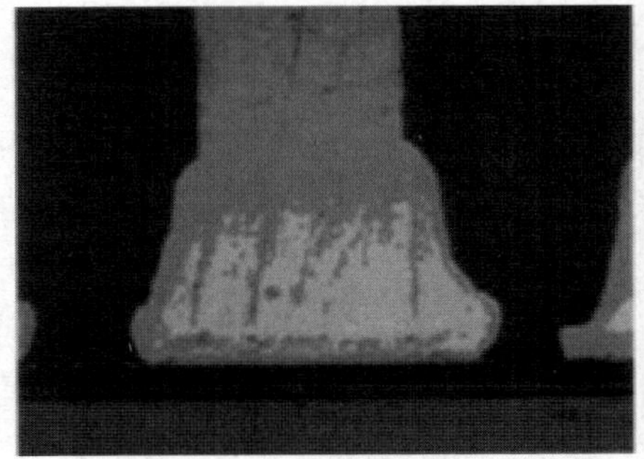

图 8-20　较粗金属线与较小芯片电极键合的失配

其次还需要提高控制第二焊点。球形键合第二焊点为楔形键合，其可靠性一般较第一焊点的球形键合低。在封装应力的作用下，更容易出现开焊、脱键现象。为了提高器件的可靠性，工艺中经常采用加固的方法。加固采用自动机台进行；也有用手工进行银浆加固的方法。这两种方法都可以提高第二焊点的可靠性，尤其经过金属球加固的第二焊点，其

可靠性将有很大提升，在要求高质量引线键合的生产线中应用普遍。图 8-21 为未做加固处理的第二焊点；图 8-22 为经过金属球加固的第二焊点。

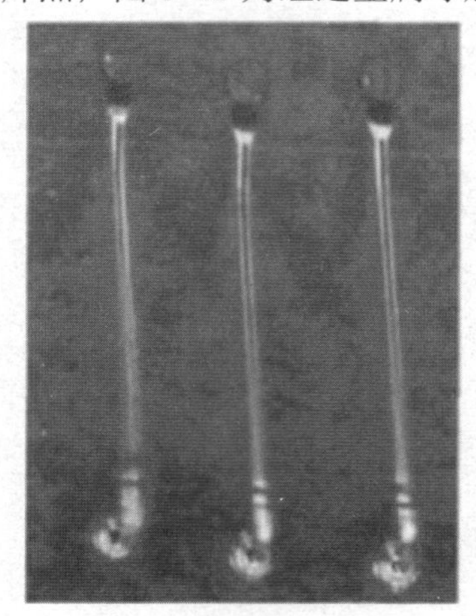

图 8-21　未做加固处理的第二焊点

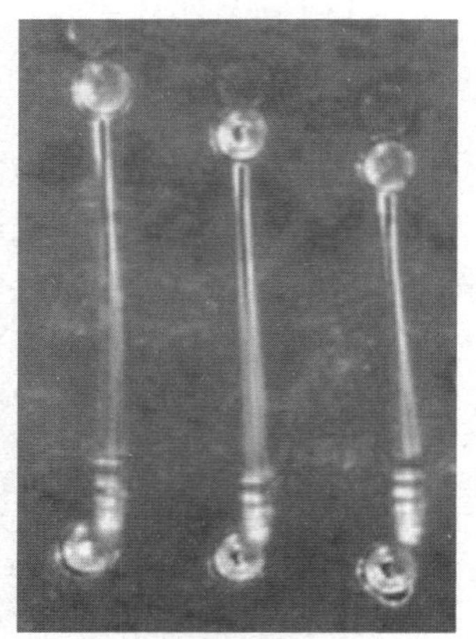

图 8-22　经过金属球加固的第二焊点

2）楔形键合

楔形键合两个焊点原理基本相同，加固方法也一样，都可以用银浆加固方法。不过楔形键合一般都是利用调整工艺参数，即超声波功率和压力、时间、温度等，改善键合材料及焊盘材质，使电极与焊点共融，达到要求焊点形状。

8.3　封装技术

8.3.1　封装的要求

封装是指安装半导体集成电路芯片用的外壳，它不仅起着安放、固定、密封、保护芯片作用，而且还是沟通芯片内部电路与外部电路的桥梁——芯片上的接点用导线连接到封装外壳的引脚上，这些引脚又通过印制板上的导线与其他器件建立连接。封装对于芯片来说是必须的，也是至关重要的。

封装后的芯片必须与外界隔离，以防止空气中的杂质对芯片电路的腐蚀而造成电气性能下降，还要便于安装和运输。因此封装必须具有良好的气密性、电气性、可焊性，足够的机械强度，加工简单、成本低廉、适合大生产。封装的要求如下：

（1）芯片面积与封装面积之比为提高封装效率，尽量接近 1∶1。

（2）引脚要尽量短以减少延迟，引脚间的距离尽量远，以保证互不干扰，提高性能。

（3）基于散热的要求，封装越薄越好。

8.3.2　封装的分类

芯片封装根据所采用的材料，可分为金属封装、塑料封装、陶瓷封装；根据器件使用时的组装方式可分为通孔插装式（PTH）和表面安装式（SMT），目前表面安装式封装已占 IC 封装总量的 80%以上；根据器件的不同可分为分立器件封装（如图 8-23 所

图 8-23　分立器件

示）和集成电路封装（如图 8-24 所示），前者主要采用晶体管外壳封装（TOP），后者封装形式有双列直插式封装（DIP）、芯片载体封装（LCC）、扁平封装（FP）、栅格阵列封装等（PGA/BGA）、小外形封装（SOP）、芯片尺寸封装（CSP）、晶圆级封装（WLP）等。

双列直插式封装 DIP　　带引线芯片载体 PLCC 和 CLCC

方形扁平封装 QFP　　针栅阵列封装 PGA　　球栅阵列封装 BGA

图 8-24　集成电路封装形式

8.3.3　常见的封装形式

1．直插式封装

直插式封装是最常见的一种封装技术，它包括单列直插式封装（SIP）、双列直插式封装（DIP）。

SIP 是指引脚从封装一个侧面引出，排列成一条直线（如图 8-25 所示）。通常，它们是通孔式的，管脚插入印刷电路板的金属孔内。当装配到印刷基板上时封装呈侧立状。这种形式的一种变化是锯齿型单列式封装（ZIP），它的管脚仍是从封装体的一边伸出，但排列成锯齿型。这样，在一个给定的长度范围内，提高了管脚密度。引脚中心距通常为 2.54 mm，引脚数从 2～23，多数为定制产品。封装的形状各异。也有的把形状与 ZIP 相同的封装称为 SIP。

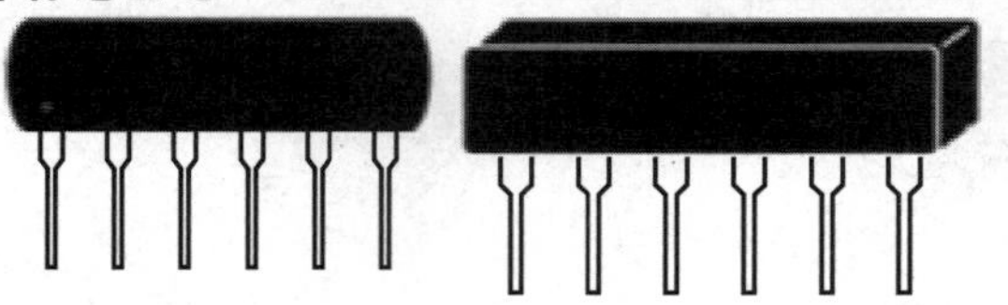

图 8-25　SIP 封装

DIP，双列直插形式封装，如图 8-26 所示。绝大多数中小规模集成电路均采用这种封装形式，其引脚数一般不超过 100 个。采用 DIP 封装的 CPU 芯片有两排引脚，需要插入到具有 DIP 结构的芯片插座上。当然，也可以直接插在有相同焊孔数和几何排列的电路板上进行焊接。DIP 封装的芯片在从芯片插座上插拔时应特别小心，以免损坏引脚。

DIP 封装适合在 PCB（印刷电路板）上穿孔焊接，操作方便；芯片面积与封装面积之间的比值较大，故体积也较大；比 TO 型封装易于对 PCB 布线；操作方便。Intel 系列 CPU 中 8088 就采用这种封装形式，缓存（Cache）和早期的内存芯片也是这种封装形式。

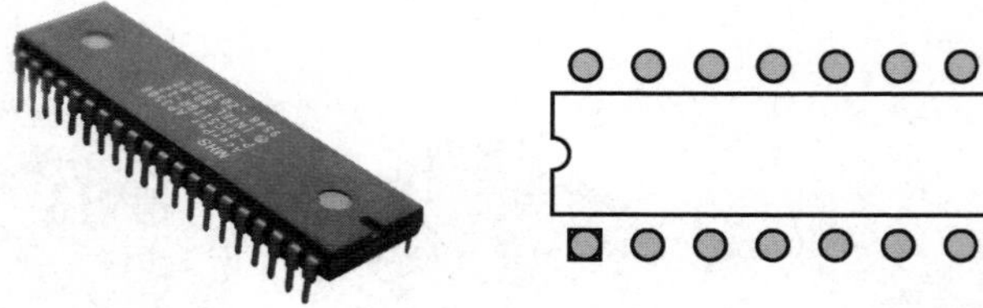

图 8-26　DIP 封装

2. 扁平封装

扁平封装（FP）封装主要采用 SMT 贴片，主要有：方形扁平式封装（QFP）和塑料扁平封装（PFP）两种形式。

QFP 封装的芯片引脚之间距离很小，管脚很细，一般大规模或超大型集成电路都采用这种封装形式，其引脚数一般在 100 个以上（如图 8-27 所示）。用这种形式封装的芯片必须采用 SMT（表面安装技术）将芯片与主板焊接起来。采用 SMT 封装的芯片不必在主板上打孔，一般在主板表面上有设计好的相应管脚的焊点。将芯片各脚对准相应的焊点，即可实现与主板的焊接。用这种方法焊上去的芯片，如果不用专用工具是很难拆卸下来的。

图 8-27　方形扁平式封装元件外观与常用封装

PFP 封装的芯片与 QFP 方式基本相同，唯一的区别是 QFP 一般为正方形，而 PFP 既可以是正方形，也可以是长方形。

QFP/PFP 具有操作方便，可靠性高；芯片面积与封装面积之间的比值较小的特点，适用于 PCB 板封装布线，特别适合高频器件。

3．芯片载体封装（LCC）

20 世纪 80 年代出现了芯片载体封装，其中有陶瓷无引线芯片载体（LCCC）、塑料有引线芯片载体（PLCC）等，是一种贴片式封装。这种封装的芯片的引脚在芯片的底部向内弯曲，紧贴于芯片体，从芯片顶部看下去，几乎看不到引脚（如图 8-28 所示）。它节省了很多制板空间，但焊接困难，需要采用回流焊工艺，要使用专用设备。

图 8-28　PLCC 封装

4．小外形封装 SOP

小外形封装（SOP）是一种贴片的双列封装形式，引脚从封装两侧引出。SOP 技术由 1968—1969 年菲利浦公司开发成功，以后逐渐派生出 SOJ（J 型引脚小外形封装）、TSOP（薄小外形封装）、VSOP（甚小外形封装）、SSOP（缩小型 SOP）、TSSOP（薄的缩小型 SOP）及 SOT（小外形晶体管）、SOIC（小外形集成电路）等。与 DIP 封装相比，SOP 封装的芯片体积大大减少，如图 8-29 所示为 SOP 元件外观与封装图。

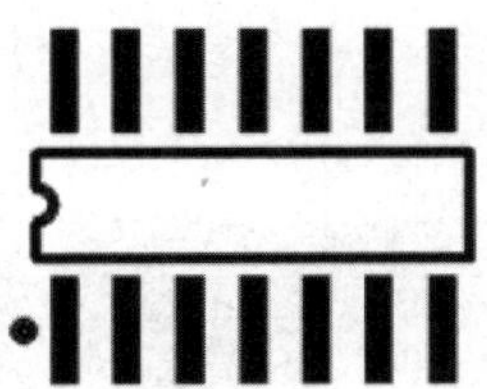

图 8-29　SOP 封装

5．栅格阵列封装

栅格阵列封装主要包括针栅阵列封装（PGA）、球栅阵列封装（BGA）两种形式。

1）针栅阵列封装

针栅阵列封装（PGA）形式在芯片的内外有多个方阵形的插针，每个方阵形插针沿芯片的四周间隔一定距离排列。根据引脚数目的多少，可以围成 2～5 圈。封装时，将芯片插入专门的 PGA 插座。

PGA 是一种传统的封装形式，其引脚从芯片底部垂直引出，且整齐地分布在芯片四周。早期的 80X86CPU 就是这种封装形式。SPGA（错列引脚栅格阵列封装）与 PGA 封装相似，区别在于其引脚排列方式为错开排列，利于引脚出线，如图 8-30 所示为 PGA 元件外观及 PGA、SPGA 封装图。

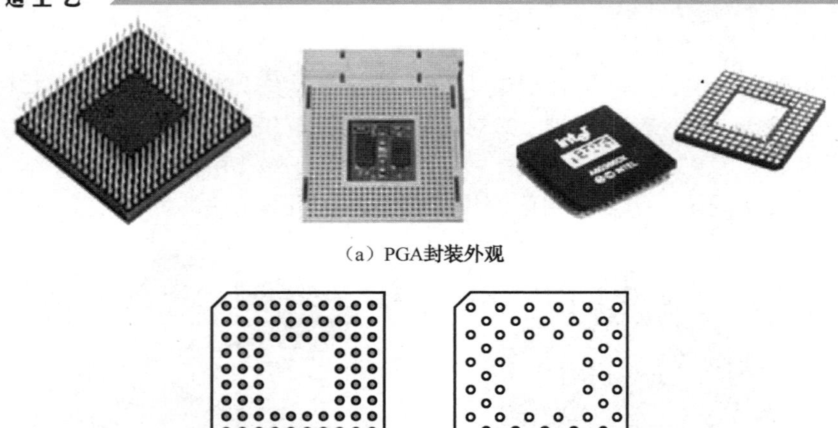

（a）PGA封装外观

（b）PGA、SPGA封装图

图 8-30　PGA 封装外观及 PGA、SPGA 封装图

PGA 封装具有几个特点：插拔操作更方便，可靠性高；可适应更高的频率；如采用导热性良好的陶瓷基板，还可适应高速度、大功率器件要求。由于此封装具有向外伸出的引脚，一般采用插入式安装而不宜采用表面安装；如用陶瓷基板，价格又相对较高，因此多用于较为特殊的用途。Intel 系列 CPU 中，80486 和 Pentium、Pentium Pro 均采用这种封装形式。

2）球栅阵列封装

球栅阵列封装（BGA）出现于 90 年代初期，与 PGA 类似，主要区别在于这种封装中的引脚只是一个焊锡球状，焊接时熔化在焊盘上，无须打孔，如图 8-31 所示。同类型封装还有 SBGA，与 BGA 的区别在于其引脚排列方式为错开排列，利于引脚出线。

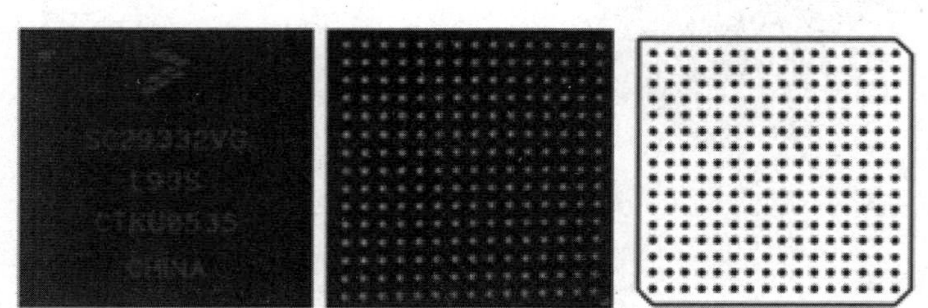

图 8-31　BGA 封装

BGA 是一种比较先进的封装形式，主要适用于 PC 芯片组、微处理器/控制器、ASIC、门阵、存储器、DSP、PDA、PLD 等器件的封装。主要特点如下。

（1）I/O 数较多。BGA 封装器件的 I/O 数主要由封装体的尺寸和焊球节距决定。由于 BGA 封装的焊料球是以阵列形式排布在封装基片下面，因而可极大地提高器件的 I/O 数，缩小封装体尺寸，节省组装占有的空间。通常，在引线数相同的情况下，封装体尺寸可减小 30%以上。例如：CBGA-49、BGA-320（节距 1.27 mm）分别与 PLCC-44（节距为 1.27 mm）和 MOFP-304（节距为 0.8 mm）相比，封装体尺寸分别缩小了 84%和 47%。

（2）提高了贴装成品率，潜在地降低了成本。传统的 QFP、PLCC 器件的引线脚均匀地

分布在封装体的四周，其引线脚的节距为 1.27 mm、1.0 mm、0.8 mm、0.65 mm、0.5 mm。当 I/O 数越来越多时，其节距就必须越来越小。而当节距<0.4mm 时，SMT 设备的精度就难以满足要求。加之引脚极易变形，从而导致贴装失效率增加。BGA 器件的焊料球是以阵列形式分布在基板的底部的，可排布较多的 I/O 数，其标准的焊球节距为 1.5 mm、1.27 mm、1.0 mm，细节距 BGA 也称为 CSP-BGA。当焊料球的节距<1.0 mm 时，可将其归为 CSP 封装，与现有的 SMT 工艺设备兼容，其贴装失效率<10 ppm。

（3）BGA 的阵列焊球与基板的接触面大、短，有利于散热。

（4）BGA 阵列焊球的引脚很短，缩短了信号的传输路径，减小了引线电感、电阻，因而可改善电路的性能。

（5）明显地改善了 I/O 端的共面性，极大地减小了组装过程中因共面性差而引起的损耗。

（6）BGA 适用于 MCM 封装，能够实现 MCM 的高密度、高性能。

（7）BGA 和～BGA 都比细节距的脚形封装的 IC 牢固可靠。

6. 芯片尺寸封装

1994 年 9 月，日本三菱电气公司研究出一种芯片面积/封装面积=1 : 1.1 的封装结构，其封装外形尺寸只比裸芯片大一点点。也就是说，单个 IC 芯片有多大，封装尺寸就有多大，从而诞生了一种新的封装形式，命名为芯片尺寸封装，简称 CSP。CSP 是整机小型化、便携化的结果。它定义为封装后尺寸不超过原芯片的 1.2 倍或封装后面积不超过裸片面积的 1.5 倍。FCB 和引线键合（WB）技术都可以用来对 CSP 封装器件进行引线键合。它是由现有的多种封装形式派生的、外形尺寸相当于或稍大于芯片的、各种小型封装的总称，而不是以结构形式来定义的封装。各类 μBGA、MiniBGA、FBGA（节距≤0.5 mm）都可属于 CSP。外引脚都在封装体的下面，可为焊球、焊凸点、焊盘、框架引线，品种形式已有 50 种以上。它具有更突出的优点，具体如下。

1）近似芯片尺寸的超小型封装

CSP 技术的出现确保 VLSI 在高性能、高可靠性的前提下实现芯片的最小尺寸封装（接近裸芯片的尺寸），而相对成本却更低，因此符合电子产品小型化的发展潮流，是极具市场竞争力的高密度封装形式。CSP 是目前体积最小的 VLSI 封装之一。一般，CSP 封装面积不到 0.5 mm，而间距是 QFP 的 1/10，BGA 的 1/3～l/10。

2）可容纳引脚的数最多，便于焊接、安装和修整更换

在各种相同尺寸的芯片封装中，CSP 可容纳的引脚数最多，适宜进行多引脚数封装，甚至可以应用在 I/O 数超过 2 000 的高性能芯片上。例如，引脚间距为 0.5 mm，封装尺寸为 40 mm×40 mm 的 QFP，引脚数最多为 304 根，若要增加引脚数，只能减小引脚间距，但在传统工艺条件下，QFP 难以突破 0.3 mm 的技术极限。与 CSP 相提并论的是 BGA 封装，它的引脚数可达 600～1 000 根，但值得重视的是，在引脚数相同的情况下，CSP 的组装远比 BGA 容易。

3）电、热性能优良

CSP 的内部引线长度（仅为 0.8～1.0 mm）比 QFP 或 BGA 的引线长度短得多，寄生引

线电容、引线电阻及引线电感均很小，从而使信号传输延迟大为缩短。CSP 的存取时间比 QFP 或 BGA 短 1/5～1/6 左右，同时 CSP 的抗噪能力强，开关噪声只有 DIP（双列直插式封装）的 1/2。这些主要电学性能指标已经接近裸芯片的水平。

4）测试、筛选、老化操作容易实现

CSP 可进行全面老化、筛选、测试，并且操作、修整方便，能获得真正的 KGD 芯片，在目前情况下用 CSP 替代裸芯片安装势在必行。

5）散热性能优良

CSP 封装通过焊球与 PCB 连接，由于接触面积大，所以芯片在运行时所产生的热量可以很容易地传导到 PCB 上并散发出去；而传统的 TSOP（薄型小外形封装）方式中，芯片是通过引脚焊在 PCB 上，焊点和 PCB 板的接触面积小，使芯片向 PCB 板散热相对困难。

测试结果表明，通过传导方式的散热量可占到 80%以上。同时，CSP 芯片正面向下安装，可以从背面散热，且散热效果良好。例如松下电子开发的 10 mm×10 mm CSP 的热阻为 35 ℃/W，而 TSOP、QFP 的热阻则可达 40 ℃/W。若通过散热片强制冷却，CSP 的热阻可降低到 4.2 ℃/W，而 QFP 的则为 11.8 ℃/W。

6）封装内无须填料

大多数 CSP 封装中凸点和热塑性粘合剂的弹性很好，不会因晶片与基底热膨胀系数不同而造成应力，因此也就不必在底部填料，省去了填料时间和填料费用，这在传统的 SMT 封装中是不可能的。

7）制造工艺、设备的兼容性好

CSP 与现有的 SMT 工艺和基础设备的兼容性好，而且它的引脚间距完全符合当前使用的 SMT 标准（0.5～1 mm），无须对 PCB 进行专门设计，而且组装容易，因此完全可以利用现有的半导体工艺设备、组装技术组织生产。

7. 多芯片模块组装

多芯片模块组装（MCM）是一种由两个或两个以上裸芯片或者芯片尺寸封装（CSP）的 IC 组装在一个基板上的模块，模块组成一个电子系统或子系统。基板可以是 PCB、厚/薄膜陶瓷或带有互连图形的硅片。整个 MCM 可以封装在基板上，基板也可以封装在封装体内。MCM 封装可以是一个包含了电子功能便于安装在电路板上的标准化的封装，也可以就是一个具备电子功能的模块。它们都可直接安装到电子系统中去（PC，仪器，机械设备等等）。MCM 封装具有如下特点。

1）尺寸小

在使用表面贴装集成电路的 PCB 上，芯片面积约占 PCB 面积的 15%。而在使用 MCM 的 PCB 上芯片面积占 30%～60%甚至更高。

2）技术集成

在 MCM 中，数字和模拟功能可以混合在一起；一个专用集成电路可以和标准处理器/存储器封装在一起；Si，GaAs 也可以封装在一起。在一些 MCM 中多种元件被封装在一起

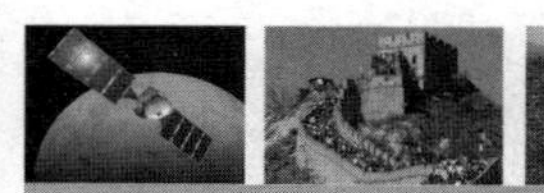

以消除相互间的干扰。MCM 的 I/O 也可有更灵活地选择。

3）数据速度和信号质量好

高速元器件可更紧密地相互靠近安装，IC 信号传输特性更好。与标准 PCB 相比，系统总电容和电感负载低且更易于控制。MCM 的抗电磁干扰能力也比 PCB 好。

4）可靠性高/使用环境不受限制

与大的电子系统相比，小的系统能更好地防止电磁，水汽，气体等的危害。

5）成本高

在普通产品的 PCB 上使用 MCM 的总成本要高于使用单芯片 IC。在 MCM 开始使用的二十多年中，MCM 的优点虽已得到公认，但因其高昂的费用使得它仅在高端产品领域少有应用。MCM 之所以没取得广泛的成功，主要是因为 KGD（Known Good Die）、基板费用高和封装费用高、合格率低。在国际上 MCM 因此被戏称为 MCMS（Must Cost Millions）——必须花费几百万。

近几年来，由于市场巨大的推动力和新技术的开发，尤其是封装技术的发展，包括低成本 FCB、BGA、MCM 在内的多种 MCM 封装技术已被一些国外公司掌握，MCM 集成电路，尤其是低成本的消费类 MCM 集成电路已大批量进入市场。现在，能否使用标准化的外形来封装 MCM 成了能否降低成本的关键之一。

8. 圆片级封装

圆片级封装（WLP）是指管芯的外引出端制作及包封全在完成前工序后的硅圆片上完成，然后再分割成独立的器件（见图 8-32）。这是最新一代的封装技术，它是以圆片为加工对象，直接在圆片上同时对众多芯片进行封装、老化、测试，其封装的全过程都在圆片生产厂内运用芯片的制造设备完成，使芯片的封装、老化、测试完全融合在圆片生产流程之中。封装好的圆片经切割所得到的单个 IC 芯片，可直接贴装到基板或印制电路板上。

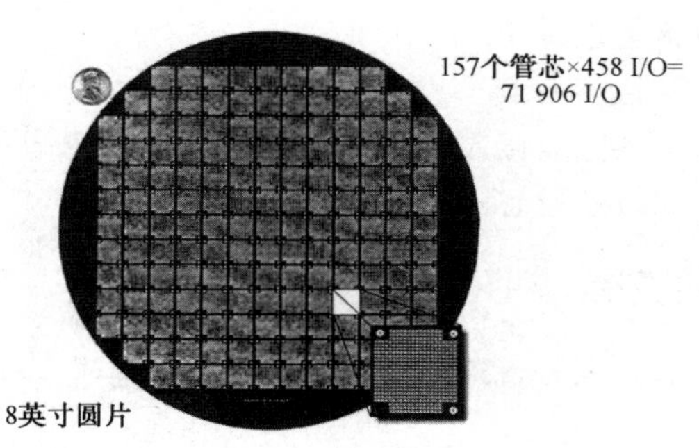

图 8-32　圆片级封装

WLP 引出端材料成分有：PbSn、AuSn、Au、In。引出端形状有：球、凸点、焊柱、焊盘。因为引出端只能在芯片内扩展，因此主要是用于低到中等引出端数器件。采用窄节距凸点时，引出端数也可多达 500 以上。因为圆片级封装的芯片面积和封装面积之比接近 1 所以也称为圆片级 CSP（WL-CSP），工艺流程如图 8-33 所示。

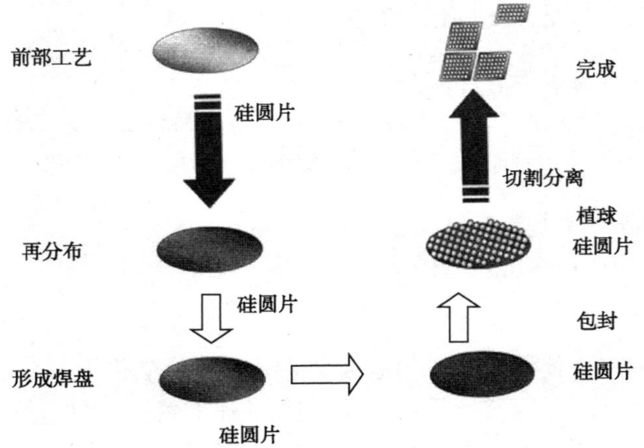

图 8-33　WL-CSP 工艺流程

WLP 将封装与芯片的制造融为一体，将彻底改变芯片制造业与芯片封装业分离的局面。它的加工成本高，因为设备贵，现在正在开发低成本的 WLP。

采用圆片级封装技术的 IC 器件相当广泛，包括闪速存储器、EEPROM、高速 DRAM、SRAM、LCD 驱动器、射频器件、逻辑器件、电源/电池管理器件和模拟器件（稳压器、温度传感器、控制器、运算放大器、功率放大器等）。此外，集成无源元件也在采用圆片级封装技术。据报道，Ericsson 公司的蓝牙耳机中使用了多个圆片级封装的集成无源元件。目前，圆片级封装器件的 I/O 数还较少。不过，圆片级封装技术正在迅速发展，将很快就能满足高 I/O 数器件封装的需要。

9．表面安装技术

表面安装技术（SMT）是将电子元器件直接安装在印制电路板的表面，它的主要特征是元器件是无引线或短引线，元器件主体与焊点均处在印制电路板的同一侧面。它的特点如下。

（1）减少了印制电路板面积（可节省面积 60%～70%）。

（2）减轻了重量（可减轻重量 70%～80%）。

（3）安装容易实现自动化。

（4）由于采用了膏状焊料的焊接技术，提高了产品的焊接质量和可靠性。

（5）减小了寄生电容和寄生电感。

8.3.4　封装技术的发展

数十年来，微电子封装技术一直追随着 IC 的发展而前进，有一代 IC 就有一代微电子封装技术相配合。

20 世纪六七十年代，中小规模 IC 曾大量采用数十个 I/O 引脚的 TO 封装，后来发展成为这个时期的主导封装产品——DIP；20 世纪 80 年代出现了 SMT，相应的 IC 封装形式发展成为适合表面贴装的短引线或无引线（SMC/SMD）结构，用以封装 I/O 数十个引脚的中规模集成电路（SMIC）或较低 I/O 的 LSI；在此基础上，经十多年研制开发出的 QFP、塑料四列扁平封装（PQFP），不但解决了较高 I/O LSI 的封装问题，而且适于 SMT 在印制电路板（PCB）或其他基板上进行表面贴装，使 QFP、PQFP 成为 SMT 的主导微电子封装形

式。20 世纪 90 年代初，QFP 在不断缩小引脚间距达 0.3 um 工艺技术极限时，在封装、贴装、焊接更高 I/O 引脚的 VLSI 和某些 ASIC 时遇到了难以克服的困难。这时，以面阵排列、球形排列、球形凸点为 I/O 的 BGA 应运而生。直到近几年，又发展成为 uBGA，使封装达到不超过芯片尺寸 20%的所谓芯片尺寸封装（CSP）。这类封装结构，不但具有封装器件的全部优点，还具有裸芯片的所有长处，使微电子封装达到 IC 最终封装的境界。这就促使综合体现各类先进微电子封装技术的 MCM 得以迅速发展。特别是 CSP 的出现使 MCM 的成品率大为提高，成本也随之降低，可望使 MCM 走上工业化规模生产的道路。

粗略地归纳一下封装技术的发展进程，如图 8-34 所示。

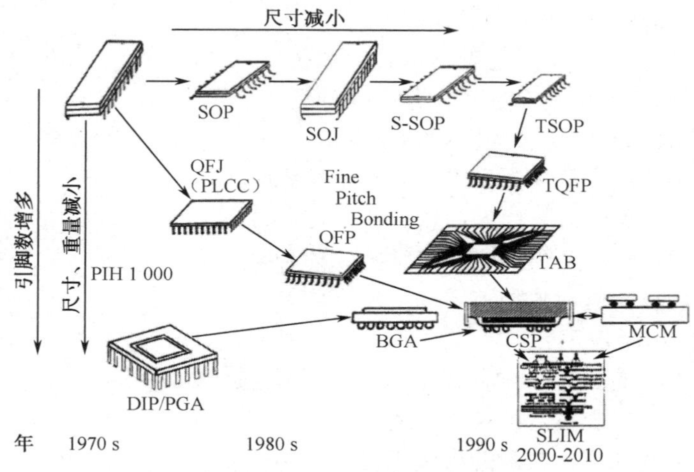

图 8-34　集成电路封装技术发展趋势

（1）结构方面是 TO→DIP→LCC→QFP→PGA→BGA→CSP。

（2）材料方面是金属、陶瓷→陶瓷、塑料→塑料。

（3）引脚形状是长引线直插→短引线或无引线贴装→球状凸点。

（4）装配方式是通孔插装→表面组装→直接安装。

为进一步提高微电子封装密度，增加更多的功能，提高电子产品的性能、可靠性及进一步降低成本等，正在各类先进封装的基础上，进一步向三维封装技术发展。特别是微电子封装专家设想并正在实施的集成化 MCM，将由以往的三极封装层次（芯片封装-PCB 上封装-母板上封装）变为单一的封装层次，即所谓单极集成模块（SLIM），其中包含基板中内埋的各种介质层、导体、电阻、电容、光电器件（如波导管等），基板表面用 SMT 倒装焊接各类 FC，成为高度集成化的 3D-MCM。

本章小结

本章主要介绍了组装工艺的流程及每一步的作用，特别是引线键合和封装工序，包括引线键合的要求、引线键合的分类、引线键合采用的工具、引线键合的工艺过程和质量分析，以及封装的几种形式和特点，封装的发展趋势。通过本章的学习，使学生了解组装工艺的步骤，掌握键合和封装的原理及方法。

思考与习题 8

1．组装工艺在器件和集成电路制造中有哪些作用？
2．简述组装工艺的流程。
3．硅片为何要进行减薄？如何减薄？
4．简述划片的方法和工艺流程。
5．贴片有哪些方法，各有什么特点？
6．简要说明去飞边、电镀和切筋成型工艺。
7．什么叫键合？生产中常见的键合形式有哪些？
8．生产中键合常用的引线有哪些？各有何特点？
9．简述热压键合和超声键合的原理和特点。
10．说明引线键合的工艺参数及对工艺质量的影响。
11．简述生产中常见的键合质量问题。
12．封装的作用有哪些？目前有哪三种封装的种类？
13．简述金属各种封装材料的特点和应用。
14．简述 FCB 和 TAB 工艺。
15．目前比较先进的封装技术有哪些？各有何特点。
16．简述集成电路封装技术的发展趋势。
17．通过其他途径介绍一些新的组装工艺。

第9章 洁净技术

本章要点

（1）洁净技术等级标准；　　　　（2）操作人员进出洁净室的要求；
（3）硅片表面常见的杂质沾污和清洗的要求；
（4）RCA、超声波清洗等几种湿法清洗的原理和特点；
（5）等离子体清洗和气相清洗等干法清洗的原理和特点；
（6）束流清洗技术的原理；　　　　（7）清洗技术的改进方法；
（8）纯水制备原理和方法。

在硅晶体管和集成电路生产中，几乎每道工序都有硅片清洗的问题。目前湿法清洗主要依靠物理和化学溶剂的作用，如在化学活性剂吸附、浸透、溶解、离散作用下辅以超声波、喷淋、旋转、沸腾、蒸气、摇动等物理作用去除污渍。干法清洗特别是等离子清洗技术，主要依靠处于“等离子态”的物质的“活化作用”达到祛除物体表面污渍的目的。这些方法的清洗作用和应用范围各有不同，清洗效果也有差别。

硅片清洗的好坏对器件性能有严重的影响，处理不当，可能使全部硅片报废，做不出管子来，或者制造出来的器件性能低劣，稳定性和可靠性很差。这不仅对半导体器件加工技术提出高、精、尖的更高要求，而且对加工环境也要求更高了。因此，集成电路的加工环境必须是超净化的，洁净技术成为集成电路制造中的重要技术。

9.1 洁净技术等级

9.1.1 什么是洁净技术

洁净技术又称为生产环境和污染控制技术，是近二三十年来随着高新技术发展起来的一门综合性的新兴科学技术，专门研究并提供洁净的生产工艺环境和生产过程中使用的各种高纯介质，有效地控制微量杂质，以保证高科技产品的成品率和可靠性。

洁净技术通常包括空气净化技术、空调技术、水纯化技术、气体纯化技术、微量杂质控制技术、洁净环境的监测技术及相关的环境质量的控制技术，应用非常广泛。

9.1.2 洁净技术等级标准

每个国家每种洁净技术等级都会有一个统一的标准。国际上，洁净度等级标准（ISO14644—1）是根据悬浮粒子浓度这个唯一指标来划分洁净室（区）及相关受控环境中空气洁净度等级的，如表 9-1 所示。2001 年，我国也颁布了洁净室及洁净区空气中悬浮粒子洁净度等级标准 GB50073—2001，如表 9-2 所示。

表 9-1 空气洁净度分级标准 ISO14644—1（国际标准）

空气洁净度等级（N）	大于或等于表中的最大浓度限值（pc/m^3）					
	0.1 μm	0.2 μm	0.3 μm	0.5 μm	1 μm	5 μm
ISO Class1	10	2				
ISO Class 2	100	24	10	4		
ISO Class 3	1 000	237	102	35	8	
ISO Class 4	10 000	2 370	1 020	352	83	
ISO Class 5	100 000	23 700	10 200	3 520	832	29
ISO Class 6	1 000 000	237 000	102 000	35 200	8 320	293
ISO Class 7				352 000	83 200	2 930
ISO Class 8				3 520 000	832 000	29 300
ISO Class 9				35 200 000	8 320 000	293 000
注：由于涉及测量过程的不确定性，故要求不超过三个有效的浓度数字来确定等级水平						

表 9-2 洁净室及洁净区空气中悬浮粒子洁净度等级标准 GB50073—2001（中国标准）

空气洁净度等级（N）	大于或等于所标粒径的粒子最大浓度限值（pc/m^3）					
	0.1 μm	0.2 μm	0.3 μm	0.5 μm	1 μm	5 μm
1	10	2				
2	100	24	10	4		
3	1 000	237	102	35	8	
4（十级）	10 000	2 370	1 020	352	83	
5（百级）	100 000	23 700	10 200	3 520	832	29

续表

空气洁净度等级（N）	大于或等于所标粒径的粒子最大浓度限值（pc/m^3）					
	0.1 μm	0.2 μm	0.3 μm	0.5 μm	1 μm	5 μm
6（千级）	1 000 000	237 000	102 000	35 200	8 320	293
7（万级）				352 000	83 200	2 930
8（十万级）				3 520 000	832 000	29 300
9（一百万级）				35 200 000	8 320 000	293 000

目前在半导体行业中比较通用的洁净度等级采用的是美国联邦标准，它也是根据国际标准制定的（如表 9-3 所示）。洁净度等级以每立方英尺（ft^3）中所含的直径大于 0.5 μm 的颗粒数量来衡量，即 100 级为每立方英尺（$1ft^3$=0.0283168 m^3）中所含的直径大于 0.5 μm 的颗粒数量不超过 100 颗。

表 9-3　美国联邦标准

ISO14644-1	FED STD 209E		CLASS	大于或等于所标粒径的粒子最大浓度限值					
ISO Class	English	Metric		0.1 μm	0.2 μm	0.3 μm	0.5 μm	0.5 μm	5 μm
				m^3	m^3	m^3	ft^3	m^3	
1			ISO1	10	2				
2			ISO2	100	26	10		4	
3	1	M1.5	ISO3	1 000	265	106		35	
4	10	M2.5	ISO4	10 000	2 650	1 060	10	353	
5（百级）	100	M3.5	ISO5	100 000	26 500	10 600	100	3 530	29
6（千级）	1 000	M4.5	ISO6	1 000 000	265 000	106 000	1 000	35 300	293
7（万级）	10 000	M5.5	ISO7				10 000	353 000	2 930
8（十万级）	100 000	M6.5	ISO8				100 000	3 530 000	29 300
9			ISO9				1 000 000	35 300 000	293 000

集成电路芯片尺寸非常小，已进入纳米级，微小的颗粒都会影响到器件的性能，因此必须在超净环境中进行生产制造，这就需要空气净化设备。

9.2　净化设备

9.2.1　过滤器

净化系统是洁净技术中的核心部分，一般流程如图 9-1 所示。

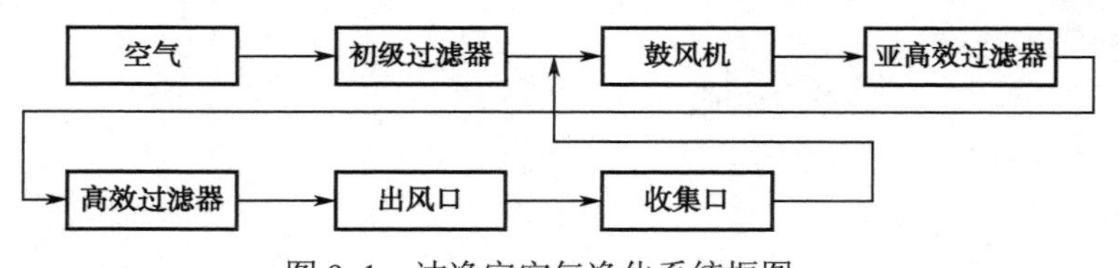

图 9-1　洁净室空气净化系统框图

根据以上过程，依次循环，直到达到洁净度要求，最后通过排放口排出。

从该过程可以看出，净化系统的主要部件是过滤器。没有高效的过滤器，很难达到净化要求。过滤器通常安装在减压阀、泄压阀、定水位阀或其他设备的进口端，用来消除介质中的杂质，以保护阀门及设备的正常使用。当流体进入置有一定规格滤网的滤筒后，其杂质被阻挡，而清洁的后的空气由过滤器出口排出。当需要清洗时，只要将可拆卸的滤筒取出，处理后重新装入即可，因此，使用维护极为方便。

过滤器一般根据过滤效率可分为粗过滤器、中效过滤器、亚高效过滤器和高效过滤器。一般粗过滤器采用中孔泡沫塑料、无纺布等化学纤维材料制成，主要过滤直径大于10 μm 的颗粒；中效过滤器一般采用细孔泡沫塑料、玻璃纤维等制成，可以过滤直径为 1～10 μm 的颗粒；亚高效过滤器主要采用玻璃纤维和棉短纤维制成，可以过滤直径为 5 μm 的颗粒；高效过滤器主要采用超细玻璃纤维和超细棉纤维，主要用来过滤直径小于 1 μm 的颗粒。过滤器都要定期进行清洗。

在净化系统中，往往是将几种效率不同的过滤器串联起来使用，从而使过滤效率更好，如图 9-2 所示。

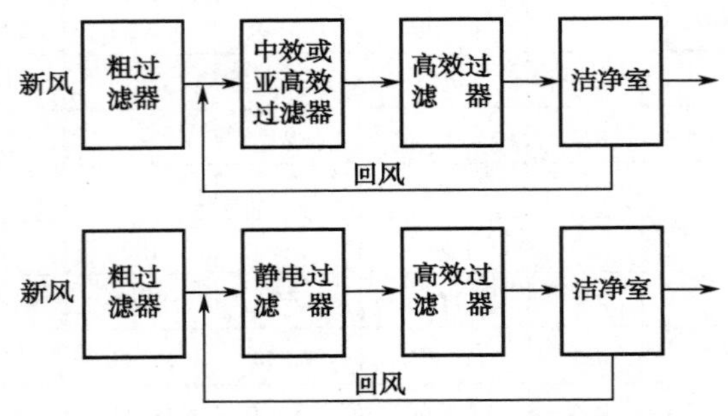

图 9-2　空气洁净系统中的过滤器组接示意图

9.2.2　洁净工作室

利用洁净技术将一定空间范围内空气中的微尘粒子、细菌等污染物排除，并将室内温度控制在一定范围内而特别设计的房间称为洁净工作室，又称为无尘室或者超净间。工作室通常经过三级过滤后可获得所需的洁净等级。一般洁净室设计与使用之洁净度等级为：一楼 30 万级，实际控制为 10 万级别；二楼设计为 10 万级别，实际控制为 1 万级。洁净室内洁净度要求也不一样，例如氧化和扩散处，洁净度一般要求 1 000 级；刻蚀处室 500 级；而光刻和制版区，要求 10 级至 100 级。

洁净室的洁净度往往受到气流的影响，一般选择在 0.25～0.5 m/s 之间，属于微风，风速过大过小都不可以。生产过程中，也还会存在一些污染源，会影响到洁净度，例如空气、人、厂房、水、工艺用化学品、工艺气体和生产设备。经过检测，洁净室中影响洁净度的主观因素和所占比例如下。

（1）纤维：包括纸箱，头发，衣服（占 60%）。

（2）粉尘：包括灰尘，鞋底的泥土（占 20%）。

（3）工装夹具：粘有灰尘（10%）。

（4）化学品挥发或泄漏：到空气中产生反应或使空气不洁净（占 10%）。

由此可见最主要的污染源主要来源于纸箱、头发、衣服等，因此进出洁净时必须注意以下几点。

（1）工作服、工作帽和工作鞋不允许穿到更衣室的外面（包括钢头鞋）。

（2）进入车间前必须穿好工作服、工作帽和工作鞋。

（3）必须进行风淋 20 秒，如果风淋无反应，请按风淋按钮。

（4）进入车间后戴好口罩。

（5）头发必须放在帽子里，男孩不允许留长发。

（6）自己的衣服、帽子不要露在工作服的外面。

（7）进入扩散间必须穿洁净服，并且再次进行风淋。

9.2.3 洁净室内的除尘设备

为保证洁净室内保持较高的洁净度，常会用到一些除尘设备，主要有风淋、静电自净器、真空除尘器等。

1．风淋室

为保证进入洁净室人员的人身洁净和防止室外空气侵入，在进入洁净室时，必须经过风淋通道，即风淋室。风淋室主要分为停留式和通道式两种，主要由风机、过滤器和喷嘴组成。门上有自锁器，通道内进门和出门不能同时开。当人开门进入风淋通道时，自动感应开启风淋，到达设定的时间，风淋关闭，进入洁净室。

2．静电自净器

由于送风方式的局限性，有些地方可能会存在漏流区死角，静电自净器可以消除死角。

自净器的工作原理：极板金属丝外加直流电压，不均匀电场造成空气电晕放电，产生的正离子吸附尘埃后向阳极集中被吸收，达到集尘效果。

3．真空除尘器

真空除尘器是通过一定方法在收尘器内部形成一定负压（真空），室内空气在压力作用下通过吸尘管进入收尘器内部，经三级过滤后排回室内空间。

9.2.4 洁净工作台

在洁净室内还要有一种装置，能满足局部需要的洁净度，它就是净化工作台。

洁净工作台的种类很多。按系统区分有循环式或直流式两种。直流式完全采用新风，而循环式则是空气重复过滤。对于工艺不产生灰尘的情形，循环式洁净效果好于直流式。操作区空气大部分只在工作台内部循环，相同构造情形下，循环式结构阻力大于直流式，通风机功率要求大振动和大噪声。按照气流可分为垂直式、由内向外式、侧向式。从操作质量和对环境的影响来看，垂直式比较好。由空气供气滤板提供的洁净空气以特定的速度下降通过操作区，大约在操作区的中间分开，由前端空气吸入孔和后吸气窗吸走，在操作区的下部吸入的空气混合在一起，并由鼓风机泵入后正压区，30%的空气通过排气滤板从顶部排出，大约 70%的气体通过供氧滤板重新进入操作区。

洁净工作台在使用时应注意以下几点。

（1）在使用前应做好准备工作。首先每天必须打扫环境卫生，最好使用吸尘器将工作台表面的灰尘清除掉，在使用前 10～20 min 启动通风机，将脏物或灰尘吹走，使洁净工作台内保持一定的洁净度。

（2）操作区为层流区，为了保证气流顺利流动，在出风面和加工面之间的台面板上最好不放或少放物品，以免影响气流正常流动。

（3）装在洁净工作台上的防尘帘要轻拉轻放，而且要经常清洗。

（4）操作者一定穿戴好净化工作服，防止由操作者个人卫生不好而影响洁净度。

（5）使用一定时间要检修，清洗初级过滤装置，并进行风速泄漏检查。

洁净室的工作状态分为空态、静态和动态 3 种，测试方式取决于洁净室设计的类型和洁净室所处的工作状态。常用的测试方法有重量法、过滤法和计数法。重量法主要是采用精密天平（感量 0.1 mg）测量一定体积空气中的尘埃重量；过滤法是将过滤器连接在真空泵上，被测空气经过滤器被抽入后流经流量计，达到设定体积后停止吸气，取出过滤板，通过显微镜观测收集到的尘埃，然后计算粒度分布和单位体积浓度；计数法以一定速度连续抽取被测空气，当空气微粒通过测量部位时，使得从点光源聚焦投射出的强光束产生散射进行测量。当然，测量时要在不同区域进行取样。

9.3 清洗技术

9.3.1 硅片表面杂质沾污

在制作过程中除了排除外界的污染源之外，在很多集成电路制造工艺中还需要进行硅片的清洗，清洗用水为高纯去离子水，清洗要求必须保证在去除晶圆表面全部污染物的同时不会刻蚀或损害晶圆表面。常见的沾污主要有：颗粒、有机残余物、金属离子、自然氧化层和静电释放。硅片表面常见的沾污如表 9-4 所示。

表 9-4 硅片表面常见的沾污

沾污	可能来源	影响
颗粒	设备、环境、气体、去离子水、化学试剂	氧化层低击穿，成品率低，图形有缺陷
有机残余物	室内空气、光刻胶、容器、化学试剂	栅极氧化物耐压不良，氧化速率改变，CVD 膜和氧化膜产生偏差
金属离子	设备、化学试剂、反应离子刻蚀、人	栅极氧化膜耐压劣化，造成氧化层击穿、PN 结反向漏电增大、少数载流子寿命缩短、阈值电压偏移
自然氧化层	环境湿气、去离子水冲洗	栅氧化层耐压劣化、外延层质量变差、接触电阻增大、硅化物质量差

1．颗粒

颗粒源主要包括：硅晶尘埃，石英尘埃，灰尘，从净化间外带来的颗粒，工艺设备，净化服中的纤维丝，以及硅片表面掉下来的胶块，去离子水中的细菌等，随特征尺寸的缩小，颗粒的大小会使缺陷上升，从而影响电路的成品率。

颗粒是黏附在硅片表面的微小粒子，主要是一些灰尘、刻蚀杂质、残留的光刻胶、聚

合物等等。它们有一部分来自净化间外带来的颗粒及净化服中的纤维，但大部分是在制造工艺中引入的，例如所采用的工艺设备、原材料未清洗或者清洗不干净、环境中有较多的尘埃，操作过程会落到硅片表面。这些颗粒会直接影响到硅片表面的图形，使其结构产生缺陷，无法实现正确的电学性能（例如氧化膜很容易被击穿），良率降低。颗粒与硅片表面主要是静电作用或范德华力的吸引，可以通过物理或者化学作用（例如溶解、氧化、腐蚀、电排斥等）将颗粒减小，直至去除。

2．有机残余物

有机残余物主要是指一些含碳的物质，通常来源于环境中的有机蒸气，存储容器和光刻胶的残留。硅片表面的有机残余物会使硅片表面无法得到彻底清洗，使得金属等杂质在清洗之后仍保留在硅片表面。这会影响到后面的工艺，比如在以后的反应离子刻蚀工艺中会有微掩膜作用。残留的光刻胶会降低栅氧化层的致密性，使其耐压能力降低。

在目前工艺中光刻胶一般是用 O_3 干法去除，然后在 SPM 中处理，大部分的胶在干法时已被去除，湿法会使去除更彻底。但由于 SPM 的温度较高，会降低 H_2O_2 的浓度，工艺较难控制，最近有人提出用 O_3 注入纯水中或采用紫外光和过滤系统去除有机沾污的方法。

3．金属离子

金属离子沾污主要包括碱性离子（Na^+、K^+）和重金属离子（Fe^{2+}、Cu^{2+}等），它们主要来源于化学试剂、传输管道和容器和金属互连工艺等。另外，操作人员携带的金属离子也会产生离子沾污。碱性离子的危害更大，它不仅会使 MOS 场效应管栅极结构遭到破坏，栅氧耐压能力降低、改变 ，还会增大 PN 结漏电流，缩短少数载流子寿命，降低器件的成品率。

4．自然氧化层

当硅暴露在潮湿空气中或者氧化性气氛中，表面会产生一层薄薄的二氧化硅，就如铁会产生铁锈一般。这层薄膜的二氧化硅就是自然氧化层。该氧化层往往不是我们所需要的，它是一种绝缘体，会阻止硅片表面发生其他正常的反应（例如单晶硅薄膜的生长），阻止硅片表面与金属良好的接触，使接触电阻增大，减少甚至阻止电流通过，产生断路。去除氧化层最有效的方法就是利用氢氟酸和二氧化硅发生化学反应，产生可溶的络合物 $H_2[SiF_6]$。

5．静电释放

静电释放是指静电荷从一个物体向另一个物体流动，它通常不受控制，主要是由摩擦产生，或者由两个不同电势的物体接触产生。静电释放会在瞬间产生很高的电压和较大的电流，诱使栅氧产生击穿。同时电荷还会吸引一些颗粒杂质，产生颗粒沾污。因此集成电路芯片制造必须选择合适的环境条件进行。

9.3.2　硅片表面清洗的要求

随着集成电路的集成度不断增大，线条尺寸不断缩小，一个微小的颗粒甚至是尘埃就可能将硅片覆盖，破坏芯片的结构，因此清洗工艺十分重要，清洗工艺的技术要求也不断提高，具体如表 9-5 所示。

表 9-5　Si 晶圆表面各种沾污的管理要求级别（据国际半导体技术指南 2003 年版）

制造年代	2003	2004	2005	2006	2007	2008	2009	2010	2012	2013	2015
技术要点		hp90			hp65			hp45		hp32	
DRAM1/2	100	90	80	70	65	57	50	45	35	32	25
晶圆直径/mm	300								450		
颗粒直径/nm	50	45	40	35	32．5	28.5	25	22.5	17.5	16	12.5
颗粒数/个	59	75	97	64	80	54	68	86	155	195	155
GOl 表面金属	5.0×10^{9}（原子/cm^2）										
其他表面金属	1.0×10^{10}（原子/cm^2）										
表面碳素（原子）/cm^2	1.8×10^{13}	1.6×10^{13}	1.4×10^{13}	1.3×10^{13}	1.2×10^{13}	1.0×10^{13}	0.9×10^{13}				

硅片清洗的一般原则：首先去除表面的有机沾污；然后溶解氧化层（因为氧化层是“沾污陷阱”，也会引入外延缺陷）；最后再去除颗粒、金属沾污。

清洗硅片的清洗溶液必须具备以下两种功能。

（1）去除硅片表面的污染物。溶液应具有高氧化能力，可将金属氧化后溶解于清洗液中，同时将有机物氧化为 CO_2 和 H_2O 等物质。

（2）防止被除去的污染物再向硅片表面吸附。这就要求硅片表面和颗粒之间存在相斥作用。

9.3.3　典型的清洗顺序

根据硅片清洗的原则和生产中硅片的清洗过程，总结出比较典型的硅片清洗顺序，如表 9-6 所示。

表 9-6　硅片的典型清洗顺序

序　号	清 洗 液	去 除 物 质	温 度 条 件	化学试剂浓度
1	SC-3	去除光刻胶、有机物（和金属）	125 ℃	NH_4OH：29% H_2O_2：30% HCl：37% H_2SO_4：98% HF：49% NH_4F：40% HNO_3：67%～70%
2	去离子水	洗去 SC-3 溶液	室温	
3	SC-1	去除颗粒	80～90 ℃	
4	去离子水	洗去 SC-1 溶液	室温	
5	SC-2	去除金属	80～90 ℃	
6	去离子水	洗去 SC-2 溶液	室温	
7	DHF	漂去自然氧化物	室温	
8	去离子水	洗去 HF 溶液	室温	
9	甩干	保持硅片表面无残留溶液残渣和水痕	室温	

9.3.4　湿法清洗

清洗的方法有很多，根据运行方式可分为湿法清洗和干法清洗。湿法清洗主要是采用

化学清洗液和沾污的杂质之间发生物理或者化学作用来去除污染物。干法清洗一般不采用化学溶液来进行清洗，它主要是利用气体或者等离子体与杂质发生化学反应或者利用等离子轰击杂质使其去除的过程。

1. RCA 清洗

RCA 标准清洗法是 1965 年由 Kern 和 Puotinen 等人在 N. J. Princeton 的 RCA 实验室首创的，并由此而得名。在清洗技术中，RCA 技术是一种典型的、至今仍然最普遍使用的湿式化学清洗法。该清洗法主要包括以下几种清洗液，如表 9-7 所示。

表 9-7　常见化学清洗液

清洗液	化学成分	分子结构	清洗温度/℃	清除的对象
SC-1（APM）	氨水、过氧化氢、纯水	$NH_4OH/H_2O_2/H_2O$	20～80	颗粒、有机物
SC-2（HPM）	盐酸、过氧化氢、纯水	$HCl/H_2O_2/H_2O$	20～80	金属
SC-3（SPM）	硫酸、过氧化氢	H_2SO_4/ H_2O_2	80～150	金属、有机物
DHF	氢氟酸 纯水	HF/ H_2O	20～25	氧化膜

1）SC-1

SC-1 又称一号清洗液，缩写为 APM（全称为 Ammonia Peroxide Mixture），主要成分是 $NH_4OH/H_2O_2/H_2O$。通常是将 NH_4OH、H_2O_2 和 H_2O 按照体积比（1∶1∶5）～（1∶2∶7）进行配比，主要用来去除颗粒、部分有机物及部分金属。

H_2O_2 是强氧化剂，能够氧化硅片表面和表面的颗粒，破坏颗粒和硅片表面之间的附着力。NH_4OH 将自然氧化层和硅片表面的 Si 腐蚀，附着在硅片表面的颗粒便落入清洗液中，从而去除颗粒。

SC-1 溶液会增加硅片表面的粗糙度。Fe、Zn、Ni 等金属会以离子性和非离子性的金属氢氧化物的形式附着在硅片表面，能降低硅片表面的 Cu 的附着。通过加热、加水稀释（如把水所占的比例由 1∶5 增至 1∶50）并配合超声清洗，可在较短时间内达到更好的清洗效果。

利用 SC-1 清洗液去除颗粒，需要注意以下几点。

（1）自然氧化膜的清洗与 NH_4OH、H_2O_2 浓度及清洗液温度无关。

（2）SiO_2 的腐蚀速度随 NH_4OH 的浓度升高而增大，与 H_2O_2 的浓度无关。

（3）Si 的腐蚀速度随 NH_4OH 的浓度升高而增大，到达某一浓度后为一定值，H_2O_2 浓度越高腐蚀速度越小。

（4）NH_4OH 促进腐蚀，H_2O_2 阻碍腐蚀。

（5）若 H_2O_2 的浓度一定，NH_4OH 浓度越低，颗粒去除率也越低，如果同时降低 H_2O_2 浓度可抑制颗粒的去除率的下降。

（6）随着清洗液温度的升高，颗粒去除率也提高，在一定温度下可达最大值。

（7）颗粒去除率与硅片表面腐蚀量有关，为确保颗粒的去除要有一定量以上的腐蚀。

（8）超声波清洗时由于空化现象只能去除粒径大于等于 0.4 μm 的颗粒。兆声清洗时由于 0.8 MHz 的加速度作用能去除粒径大于等于 0.2 μm 的颗粒，即使液温下降到 40 ℃也能得到与 80 ℃超声清洗去除颗粒相同的效果，又可避免超声清洗对晶片产生损伤。

（9）在清洗液中硅表面为负电位，有些颗粒也为负电位，由于两者的电的排斥力作用可防止粒子向晶片表面吸附，但也有部分粒子表面是正电位，由于两者电的吸引力作用，粒子易向晶片表面吸附。

利用 SC-1 清洗液去除金属离子也有需要注意的地方，具体如下。

（1）由于硅表面氧化和腐蚀，硅片表面的金属杂质会随腐蚀层进入清洗液中。

（2）由于清洗液中存在氧化膜或清洗时发生氧化反应，有些金属容易附着在氧化膜上，如 Al、Fe、Zn 等。Ni、Cu 则不易附着。

（3）清洗后，硅表面的金属浓度取决于清洗液中的金属浓度。

（4）选用化学试剂时按要求特别要选用金属浓度低的超纯化学试剂。

（5）清洗液温度越高，硅片表面的金属浓度就越高。若使用兆声波清洗，可使温度下降，有利于去除金属沾污。

2）SC-2

SC-2，又称二号清洗液，英文缩写为 HPM（全称 Hydrochloric Preoxide Mixture），主要成分为 HCl、H_2O_2 和 H_2O。通常溶液是将 HCl、H_2O_2 和 H_2O 按照体积比（1∶1∶6）～（1∶2∶8）进行配比，用于去除硅片表面的钠、铁、镁等金属沾污。

对含有可见残渣的严重沾污的硅片，可用热 $H_2SO_4:H_2O=2:1$ 混合物进行预清洗。H_2O_2 的作用同 SC-1。HCl 使 H_2O_2 的氧化性能大大加强，和硅片表面杂质中的活泼金属（Al、Zn）、多数金属氧化物、氢氧化物、硫化物、碳酸盐等相互作用，使其变成可溶物质。另外，盐酸还兼有络合剂的作用，盐酸中的氯离子与 Au^{3+}、Pt^{2+}、Cu^{2+}、Ag^{+} 、Hg^{2+}、Fe^{3+}等金属离子形成溶于水的络合物。

利用 SC-2，清洗金属离子需要注意以下几点。

（1）清洗液中的金属附着现象在酸性溶液中不易发生，因此具有较强的去除表面金属的能力。

（2）硅片表面经 SC-2 清洗后，表面硅与氧原子形成 Si-O 键，产成一层自然氧化膜，呈亲水性。

（3）由于晶片表面的 SiO_2 和 Si 不能被腐蚀，因此不能达到去除颗粒的效果。如在 SC-1 和 SC-2 的前、中、后加入 98%的 H_2SO_4、30%的 H_2O_2 和 HF，可得到高纯化表面，阻止离子的重新沾污。在稀 HCl 溶液中加氯乙酸，也可除去金属沾污。

3）SC-3

SC-3 又称三号清洗液，英文缩写为 SPM（全称 Sulfuric Peroxide Mixture），主要成分是 H_2SO_4、H_2O_2，通常是将 H_2SO_4、H_2O_2 按照体积比 7∶3 进行配比。

SC-3 具有很高的氧化能力，它可将金属氧化溶于清洗液中，也可将有机物氧化生成 CO_2 和 H_2O。用 SC-3 清洗硅片可去除硅片表面的重有机沾污和部分金属，但是当有机物沾污特别严重时会使有机物碳化而难以去除。经 SC-3 清洗后，硅片表面会残留有硫化物，这些硫化物很难用去粒子水冲洗掉。

4）DHF

DHF 又称稀释的氢氟酸，英文全称为 Diluted HF，主要成分是 HF 和 H_2O，配比为

HF : H_2O=1 : 10，用于去除表面氧化层和金属沾污。去除表面氧化层时，连同表面附着的金属一起落入清洗液中。它可以很容易地去除硅片表面的 Al、Fe、Zn、Ni 等金属，但不能充分地去除 Cu。

DHF 可以将 SC-1 清洗时表面生成的自然氧化层腐蚀掉，Si 却几乎不被腐蚀，这是因为：HF 清洗去除表面的自然氧化膜的同时，部分金属（Al、Fe、Zn、Ni 等）随自然氧化膜溶解到清洗液中，但还有一部分金属（如 Cu 等）会附着在硅表面。从硅片表面析出的金属 Cu 形成 Cu 粒子的核。这个 Cu 粒子核比 Si 的负电性大，从 Si 吸引电子而带负电位，后来 Cu^{2+}离子从带负电位的 Cu 粒子核得到电子析出金属 Cu，Cu 粒子就这样生长起来。在硅片表面形成的 SiO_2，在 DHF 清洗后被腐蚀成小坑，其腐蚀小坑数量与去除 Cu 粒子前的 Cu 粒子量相当，腐蚀小坑直径为 0.01～0.1 cm，与 Cu 粒子大小也相当，由此可知这是由结晶引起的粒子，常称为 Mip（金属粒子）。DHF 清洗还能够去除附在自然氧化膜上的金属氢氧化物。

RCA 清洗的基本步骤最初只包括碱性氧化和酸性氧化两步，但目前使用的 RCA 清洗大多包括四步，即先用含硫酸的酸性过氧化氢进行酸性氧化清洗，再用含氨的弱碱性过氧化氢进行碱性氧化清洗，接着用稀的氢氟酸溶液进行清洗，最后用含盐酸的酸性过氧化氢进行酸性氧化清洗，在每次清洗中都要用超纯水（DI 水）进行漂洗，最后再用低沸点有机溶剂进行干燥。具体清洗过程如下。

第一步，利用 SC-3 清洗液在 120～150 ℃清洗 10 min 左右，去除有机物和部分金属。

先利用 SC-3 清洗硅片可去除硅片表面的重有机沾污和部分金属。再利用 DHF 溶液在 20～25 ℃条件下清洗 30 s，去除表面氧化层和部分金属（Al、Fe、Zn、Ni 等）。经 SPM 清洗后，硅片表面会残留有硫化物，这些硫化物很难用去粒子水冲洗掉。

由 Ohnishi 提出的 SPFM（$H_2SO_4/H_2O_2/HF$）溶液，可使表面的硫化物转化为氟化物而有效地冲洗掉。由于臭氧的氧化性比 H_2O_2 的氧化性强，可用臭氧来取代 H_2O_2（$H_2SO_4/O_3/H_2O$ 称为 SOM 溶液），以降低 H_2SO_4 的用量和反应温度。H_2SO_4（98%）: H_2O_2（30%）=4 : 1。

第二步，利用 SC-1 清洗液去除颗粒，同时去除部分有机物和金属。温度一般为 65～80℃，清洗时间约为 10 min。温度控制在 80 ℃以下是为减少因氨和过氧化氢挥发造成的损失。

SC-1 清洗后，可以用很稀的酸，去除金属杂质和颗粒，避免表面粗糙，降低产品成本，以及减少对环境的影响。还可以用稀释的 HF 溶液短时间浸渍，去除在 SC-1 形成的水合氧化物膜。

第三步，利用氢氟酸（HF）或稀氢氟酸（DHF）清洗，HF : H_2O 的体积比为 1：（2～10），温度为 20～25 ℃。

利用氢氟酸能够溶解二氧化硅的特性，把在前面清洗过程中生成的硅片表面氧化层去除，同时将吸附在氧化层上的微粒及金属去除。去除氧化层的同时，硅晶圆表面形成硅氢键，使硅表面呈疏水性的作用。

第四步，使用 SC-2 清洗液去除硅片表面的钠、铁、镁等金属沾污，清洗时的温度控制在 65～80 ℃，清洗时间约为 10 min。它的主要作用是酸性氧化，能溶解多种不被氨络合的金属离子，以及不溶解于氨水、但可溶解在盐酸中的 $Al(OH)_3$、$Fe(OH)_3$、$Mg(OH)_2$ 和 $Zn(OH)_2$ 等物质，所以对 Al^{3+}、Fe^{3+}、Mg^{2+}、Zn^{2+}等离子的去除有较好效果。温度控制在

80 ℃以下，可减少因盐酸和过氧化氢挥发造成的损失。

特别说明的是：在室温下 SC-2 清洗液就能除去 Fe 和 Zn。H_2O_2，会使硅片表面氧化，但是 HCl 不会腐蚀硅片表面，所以不会使硅片表面的微粗糙度发生变化。（1∶1∶6）～（2∶1∶8）的 H_2O_2（30%）、HCl（37%）和水组成的热混合溶液，对含有可见残渣的严重沾污的晶片清洗效果比较好，这时可用热 H_2SO_4–H_2O（2∶1）混合物进行预清洗。

RCA 对除去硅片表面上的大部分沾污是行之有效的，但该清洗方法也存在诸多弊端：硅片表面清洗涉及许多化学试剂；处理均在高温过程中进行；消耗大量的液体化学品和超纯水；消耗大量的空气来抑制化学品蒸发，使之不扩散到洁净室；由于化学试剂的作用，加大了硅片的粗糙度。因此，该清洗方法仍需进一步改进，使 SC-1 和 SC-2 在较低温度下工作，以减少微粗糙。

2．超声波清洗

超声波清洗是半导体工业中广泛应用的一种清洗方法，该方法的优点是：清洗效果好，操作简单，对于复杂的器件和容器也能清除，但该法也具有噪音较大、换能器易坏的缺点。

超声波是一种声波，即机械振动在弹性介质中的传播过程。通常人耳听到的声波频率为 20～20 000 Hz，频率超过 20 kHz 以上的声波称为超声波。

超声波清洗时，在强烈的超声波作用下，机械振动传到清洗槽内的清洗中，使清洗液内交替出现疏密相间的振动，疏部产生近乎真空的空腔泡，在空腔泡消失的瞬间，其附近便产生强大的局部压力，使分子内的化学键断裂，从而使硅片表面的杂质解吸。当超声波的频率和空腔泡的振动频率共振时，机械作用力达到最大，泡内积聚的大量热能使温度升高，促进了化学反应的发生。整个清洗过程，液体不断受到拉伸和压缩，使微气泡不断产生并不断破裂，清洗件上的污垢逐渐脱落。清洗常用的超声波为 20 kHz～40 kHz。

超声波清洗的效果与超声条件（如温度、压力、超声频率、功率等）有关，而且提高超声波功率往往有利于清洗效果的提高，但对于小于 1 μm 的颗粒的去除效果并不太好。随着颗粒尺寸的减小，清洗效果下降。为了增加超声清洗效果，有时在清洗液中加入表面活性剂。但表面活性剂和其他化学试剂一样，也是脏的有机物。无机物被除去后，化学试剂本身的粒子却留下了，同时由于声能的作用会对硅片造成损伤。

3．兆声波清洗

兆声波清洗也是利用声能进行清洗，但其振动频率更高，约为 850 kHz，输出能量密度为 2～5 W/cm^2，仅为超声波清洗能量密度的 1/50。

兆声波清洗是由高能频振效应并结合化学清洗剂的化学反应对硅片进行清洗的。在清洗时，由换能器发出波长为 1 μm 频率为 0.8 MHz 的高能声波。溶液分子在这种声波的推动下作加速运动，最大瞬时速度可达到 30 cm/s。因此，形成不了超声波清洗那样的气泡，而只能以高速的流体波连续冲击晶片表面，使硅片表面附着的污染物的细小微粒被强制去除并进入到清洗液中，因此增加了去除粒子的均匀性。兆声波清洗不但保存了超声波清洗的优点，而且克服了它的不足，它不会损伤硅片，清洗过程中由于无机械移动部件，还可减少在清洗过程本身所造成的沾污。兆声波清洗抛光片可去掉晶片表面上粒径小于 0.2 μm 的粒子，已成为抛光片清洗的一种有效方法。

4．旋转喷淋法

旋转喷淋法是利用机械方法将硅片以较高的速度旋转起来，在旋转过程中通过不断向硅片表面喷液体（高纯去离子水或其他清洗液）进行清洗硅片的方法。该方法利用所喷液体的溶解（或化学反应）作用来溶解硅片表面的沾污，同时利用高速旋转的离心作用，使溶有杂质的液体及时脱离硅片表面，这样硅片表面的液体总保持非常高的纯度。同时由于所喷液体与旋转的硅片有较高的相对速度，所以会产生较大的冲击力达到清除吸附杂质的目的。

旋转喷淋法既有化学清洗、流体力学清洗的优点，又有高压擦洗的优点，还可以与硅片的甩干工序结合在一起进行。例如，先采用去离子水喷淋清洗一段时间后，停止喷水，而采用喷惰性气体。这时还可以通过提高旋转速度，增大离心力，使硅片表面很快脱水。

9.3.5　干法清洗

干法清洗一般指不采用溶液的清洗技术。根据是否彻底不采用溶液工艺，又可分为“全干法”清洗和“半干法”清洗。目前常采用的干法清洗技术有等离子体清洗技术、气相清洗等。等离子清洗属于全干法清洗，而气相清洗属于半干法清洗。

1．等离子体清洗

等离子体清洗技术比较成熟的应用是等离子体去胶。等离子体去胶工艺简单、操作方便、没有废料处理和环境污染等问题，但不能去除碳和其他非挥发性金属或金属氧化物。

等离子体去胶是指在反应系统中通入少量的氧气，在强电场作用下，使低气压的氧气产生等离子体，等离子体活性很强，可以迅速地使光刻胶氧化成为可挥发性气体状态被机械泵抽走，就可以把硅片上的光刻胶膜去掉。

采用等离子去胶操作方便、效率高、表面干净、无划伤、硅片温度低，有利于确保产品的质量。另外，它不用酸、碱及有机溶剂等，成本低，不会造成公害，因此受到人们重视。

2．气相清洗

气相清洗是指利用液体工艺中对应物质的气相等效物与硅片表面的沾污物质作用而去除杂质的一种清洗方法。

HF 气相干洗技术成功地用于去除氧化膜、氯化膜和金属后腐蚀残余，并可减少清洗后自然生长的氧化膜量。

一种方法是在常压下使用 HF 气体控制系统的湿度。先低速旋转硅片，再高速使它干燥，HF 蒸气对由清洗引起的化学氧化膜的存在的工艺过程是主要的清洗方法，有广泛的应用前景。另一种方法是在低压下使 HF 挥发成雾。低压对清洗作用控制良好，可挥发反应的副产品，清洗效果比常压好。若采用两次低压过程的挥发，可用于清洗较深的结构图形，如对沟槽的清洗。

通常，为提高清洗效果，液态 HF 工艺必须附加一个颗粒清除过程，如可用 1 号液超声清洗。但在 MMST 实验中，用气相 HF/水汽代替液态 HF 工艺去除氧化物却不需要随后的颗粒清除过程。

气相干洗可去除硅片表面颗粒并减少在清洗过程中的沾污，它是“粒子中性”的。在

HF 干洗工艺之后不需要用去离子水浸。无水 HF 气相清洗已在生产中广泛用于工艺线后端溶剂清洗，可去除自然氧化层，不能去除金属沾污和掺杂的二氧化硅。

3．UV/O_3 清洗

紫外线/臭氧（简写为 UV/O_3）清洗是指在氧存在的情况下，使用来自水银石英灯的短波紫外线照射硅片表面，这是一种强有力的去除多种沾污的清洗方法。水银石英灯灯管为蛇形状，管互相平行组成面形。输出波长分别为 185 nm 和 254 nm 的两种光，所占的比例分别为 5%和 95%。波长为 185 nm 的光能被空气中的氧所吸收，其中的一部分转换成臭氧。臭氧具有非常强的氧化性，可氧化有机沾污，如含碳的分子。波长为 254 nm 的光能被有机沾污所吸收，产生 CO、CO_2 和 H_2O。此法对除去大数的有机物沾污有效，但对去除无机沾污和金属沾污效果不佳。报道指出，此方法用于 SC-I/SC-2/HF-H_2O_2 之后，氧化工艺之前，可改善氧化层质量。UV/O_3 清洗效果明显，不用化学品，无机械损伤，之后无须干燥。它是一种远比等离子体温和得多的清洗工艺。

9.3.6 束流清洗技术

束流清洗技术是指利用含有较高能量的呈束流状的物质流（能量流）与硅片表面的沾污杂质发生作用而清除硅片表面杂质的一种清洗技术。常用的束流清洗技术有微集射束流清洗技术、激光束技术、冷凝喷雾技术等。

微集射束流清洗技术是一种新型的在线硅片表面清洗技术。该技术采用流体力学喷射原理，将毛细管中喷射出的清洗液作用于硅片表面，清除硅片表面的颗粒和有机薄膜沾污。微集射束流的产生是在强电场作用下，将毛细管中喷射出的导电清洗液雾化。其去污原理如下：喷射而出的微束流所具有的冲击力作用到沾污颗粒上，克服颗粒与硅片之间的范德瓦尔斯力，使沾污颗粒升起，脱离硅片表面，达到清洗目的。当清洗液速度极高时，会在硅片表面物质中产生微冲击波，这种冲击波可以除去硅片表面的膜层。为防止清洗时对硅片表面二氧化硅层的损伤，清洗束流的最大速度大约选在 5 m/s。

微集射束流表面清洗技术用在半导体硅片清洗中是清洗技术上的一种突破，具有很大的潜力。它的突出优点：一是清洗液消耗量很少，清洗一个硅片可能只需要几十微升的洗液；二是减少了二次污染的发生。更为重要的是，清洗液束流尺寸与亚微米器件图形的几何尺寸以及沾污颗粒的尺寸处于同一数量级，这使管芯上缝隙里的沾污也能被清除掉。

9.3.7 硅片清洗案例

对于不同工序中的硅片，由于所受沾污情况不同，因此清洗的目的和要求也就各不相同，采用的清洗方案也就不同，就以硅片衬底的常规清洗过程为例来说明，具体如下。

（1）用三氯乙烯在 80 ℃清洗 15 分钟。

（2）用丙酮、甲醇在 20 ℃，依次清洗 2 分钟。

（3）去离子水流洗 2 分钟。

（4）用 2 号液（配比：$HCl:H_2O_2:H_2O=1:1:4$）在 90 ℃，清洗 10 分钟。

（5）去离子水流洗 2 分钟。

（6）用擦片机擦片。

（7）去离子水冲 5 分钟。

（8）用 1 号液（NH_4OH : H_2O_2 : H_2O 为 1 : 1 : 4）在 90～95 ℃，清洗 1 分钟。

（9）去离子水流洗 5 分钟。

（10）用稀盐酸（50 : 1），清洗 215 分钟。

（11）去离子水流洗 5 分钟。

（12）甩干硅片。

该方案的清洗步骤为：先去油，再去杂质，其中的 10 步用于进一步去除残余（主要是碱金属离子）。

9.4　清洗技术的改进

9.4.1　SC-1 液的改进

（1）为抑制 SC-1 时表面粗糙度变大，应降低 NH_4OH 的比例，即 NH_4OH : H_2O_2 : H_2O=0.05 : 1 : 1。Ra（粗糙度）=0.2 nm 的硅片清洗后其值不变。SC-1 洗后的去离子水漂洗应在低温下进行。

（2）可使用兆声波清洗去除超微粒子，同时可降低清洗液温度，减少金属附着。

（3）SC-1 液中添加表面活性剂，可使清洗液的表面张力从 6.3 dyn/cm 下降到 1.9 dyn/cm。选用低表面张力的清洗液可使颗粒去除率稳定，维持较高的去除效率。还可以抑制 Ra 的增大，如使用 SC-1 液洗，Ra 约是清洗前的 2 倍，而用低表面张力的清洗液，Ra 变化不大。

（4）SC-1 液中加入 HF，控制 pH 值，可控制清洗液中金属络合离子的状态，抑制金属的再附着，也可抑制 Ra 的增大。

（5）SC-1 加入络合剂，可使洗液中的金属不断形成络合物，有利于抑制金属的表面附着。

9.4.2　DHF 的改进

1．HF+H_2O_2 清洗

（1）HF（0.5%）+H_2O_2（10%）在室温下清洗可防止 DHF 清洗中的 Cu 等金属附着。

（2）由于 H_2O_2 氧化作用可在硅表面形成自然氧化膜，同时又因 HF 的作用将自然氧化层腐蚀掉，附着在氧化膜上的金属被溶解到清洗液中。在 SC-1 清洗时附着在晶片表面的金属氢氧化物也可被去除，晶片表面的自然氧化膜不会再生长。

（3）Al、Fe、Ni 等金属同 DHF 清洗一样，不会附着在晶片表面。

（4）对 N^+、P^+型硅表面的腐蚀速度比 N、P 型硅表面大得多，可导致表面粗糙，因而不能用于 N^+、P^+型硅片清洗。

（5）添加强氧化剂 H_2O_2，一方面使硅表面附着的金属 Cu 被氧化，以 Cu^{2+}离子状态溶解于清洗液中，另一方面硅表面被氧化形成一层自然氧化膜。

2．DHF+表面活性剂清洗

在 HF（0.5%）的 DHF 液中加入表面活性剂，其清洗效果与 HF+ H_2O_2 清洗相同。

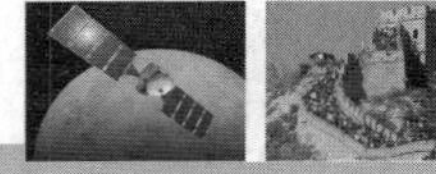

3．DHF+阴离子表面活性剂清洗

在 DHF 液中，硅表面为负电位，粒子表面为正电位，若加入阴离子表面活性剂，可使得硅表面和粒子表面的电位为同符号。即粒子表面电位由正变为负，与硅片表面负电位同符号，硅片表面和粒子表面之间产生电的排斥力，可以防止粒子的再附着。

9.4.3 ACD 清洗

1．AC 清洗

在标准的 AC 清洗中，将同时使用纯水、HF，O_3，表面活性剂与兆声波。由于 O_3 具有非常强的氧化性，可以将硅片表面的有机沾污氧化为 CO_2 和 H_2O，达到去除表面有机物的目的，同时可以迅速在硅片表面形成一层致密的氧化膜；HF 可以有效地去除硅片表面的金属沾污，同时将 O_3 氧化形成的氧化膜腐蚀掉，在腐蚀掉氧化膜的同时，可以将附着在氧化膜上的颗粒去除掉，兆声波的使用将使颗粒去除的效率更高，而表面活性剂的使用，可以防止已经清洗掉的颗粒重新吸附在硅片表面。

2．AD 干燥

AD 干燥工艺过程分为液体中反应与气相处理两部分。首先将硅片放入充满 HF/O_3 的干燥槽中，经过一定时间的反应后，硅片将被慢慢地抬出液面；由于 HF 酸的作用，硅片表面将呈疏水性，因此，在硅片被抬出液面的同时，将自动达到干燥的效果。在干燥槽的上方安装一组 O_3 的喷嘴，使硅片被抬出水面后就与高浓度的 O_3 直接接触，进而在硅片表面形成一层致密的氧化膜。

采用 AD 干燥可以有效地去除金属沾污，还可以配合其他清洗工艺来共同使用，增强清洗效果，而且不会带来颗粒沾污。

9.4.4 酸系统溶液

1．SE 清洗液

SE 清洗液成分为：HNO_3（60%）：HF（0.025%～0.1%），SE 能使硅片表面的铁沾污降至常规清洗工艺的十分之一，各种金属沾污均小于 10^{10} cm^2 个原子，不增加微粗糙度。这种清洗液对硅的腐蚀速率比对二氧化硅快 10 倍，且与 HF 含量成正比，清洗后硅片表面有 1 nm 的自然氧化层。

2．CSE 清洗液

CSE 清洗液成分为：HNO_3 : HF : H_2O_2=50 :（0.5～0.9):（49.5～49.1），温度为 35 ℃，时间为 3～5 min。用 CSE 清洗的硅片表面没有自然氧化层，微粗糙度较 SE 清洗的降低；对硅的腐蚀速率不依赖于 HF 的浓度，这样有利于工艺控制。当 HF 浓度控制在 0.1%时效果较好。

9.4.5 单片式处理

半导体器件制造商多年来一直使用多槽浸渍式清洗，该方法虽然可以实现批量处理，但同时也消耗了大量的药液与纯水，而且排出大量的废液和废气，所以从降低制造成本和环保的观点来看，人们开始关注单片式装置。替代多槽的单槽浴缸方式也登台亮相，但由于需用大量的水把使用完的药液稀释并置换掉，所以尽管装置的占地面积变小了，但纯水的使用量却增加了。因此开发多品种小批量生产清洗系统关键在于如何加快循环时间，因此出现了旋转喷淋式清洗工艺。采用单片方式很容易变换药液和清洗顺序，提高了工程的自由度，并能实施对每片晶圆的精细管理，也称单片管理。单片式使湿气腐蚀的均匀性提高，干燥后不需要放置，可直接进行成膜处理，这种连续处理可以防止气体中有机物等沾污附着和自身氧化膜的形成。

9.4.6　局部清洗

目前所说的清洗技术是把晶圆整个进行清洗的方式，但这种方式会造成再沾污，而且这种沾污不易完全去除。为适应将来对清洁度的更高要求，正在探索对颗粒上照射极度短脉冲激光的清洗技术。为了适应多品种少量生产化，晶圆的大口径化，电路图形的微细化，配线的多层化等，正在探求新的化学溶液和清洗方式。清洗时必须严格抑制装置间的交叉沾污，还要环保安全。如果清洗技术进一步发展，能把一个个的颗粒捏住清洗的技术可能会实现。

清洗之后需要检查清洗是否符合要求，常用的方法有：硅片表面的平行光束检查；400 倍暗场显微镜检查；出水电阻率检查；MOS 结构的高频 C−V 测试检查；CVD 二氧化硅膜检查。

9.5　纯水制备

半导体器件和集成电路在制造过程中需要清洗，所用的水都不是普通的水，而是去离子水。

去离子水，又称纯水，就是将水中的离子（Na^+、K^+、Ca^{2+}、Mg^{2+}、Cl^-、SO_4^{2-}等）去除，使水的电导率降低，电阻率升高。在集成电路制造中，对去离子水有很高的要求（如表 9−8 所示）。在生产中，采用的去离子水电阻率多为 18 MΩ · cm（温度为 25 ℃时），又称 18 兆欧水。

表 9−8　去离子水中杂质及有机物标准

项目	电　阻　率	尘　埃　量	最大尘埃颗粒	总 电 解 度	有　机　物
要求	≥18 MΩ · cm（25 ℃）	≤100−150 个/ml	≤0.5μm	NaCl：≤35×10^{-9}	≤1×10^{-6}
项目	溶存气体	SiO_2	氧化物	硝酸根	磷酸根
要求	≤200×10^{-6}	≤2×10^{-9}	≤0.2×10^{-9}	≤0.5×10^{-9}	≤0.5×10^{-9}
项目	Cu	Al	K	Na	Fe
要求	≤0.1×10^{-9}	≤0.5×10^{-9}	≤0.5×10^{-9}	≤1×10^{-9}	≤0.1×10^{-9}
项目	Cr	Mg	Zn	硫酸根	微生物
要求	≤0.1×10^{-9}	≤0.5×10^{-9}	≤0.1×10^{-9}	≤1×10^{-9}	10 个/ml

去离子水的制备需要根据不同的水源状况，采用预先处理掉影响即将采用的去除离子

的主要部件运行的物质，再使用离子交换树脂、电渗析、电除盐等不同的工艺，达到去除水中离子的目的。各种不同的工艺在使用中都拥有各自的优缺点，如离子交换除盐虽然看起来已达到较好的水质要求，但是交换树脂必须定期再生，再生时产生了酸碱损耗，并且产生污染，增加水耗。树脂还一直存在再生时分层不清的技术困难，虽然有很多方法可以解决，但是效果都不佳。电渗析操作复杂，而且设备极易损坏。在两个极水室里容易形成垢，所以必须每隔一段时间进行一次倒极。电除盐技术则是将这两种方法相结合。在电渗析的每隔一个室里装上离子交换树脂，这样，在电除盐的同时也进行离子交换，并且还有离子交换树脂边交换边再生的优势，无须酸碱再生，大大减少了污染。因此电除盐技术在未来的几年里有巨大的发展优势。

9.5.1 离子交换原技术

水处理工艺中，离子交换树脂的用途十分广泛。在给水处理中，可用于水质软化和脱盐，制取软化水、纯水和超纯水；在废水处理中，可除去废水中的某些有害物质，回收有价值化学品、重金属和稀有元素；在化工、生物制药等方面，能有效地进行分离、浓缩、提纯等。离子交换工艺具有可深度净化、效率高及可综合回收等优点。

含有离子的水，经过离子交换树脂，水中的离子被树脂吸收，而树脂上的可交换离子（H^+或 OH^-）被解吸，交换到水中，形成去离子水（含有杂质离子已经被除去），称为 DI。

交换树脂的工作原理：

$$Na^+ + R\text{-}SO_3^-H^+ \leftrightarrow R\text{-}SO_3^-Na^+ + H^+$$

$$Cl^- + R{\equiv}Na^+OH^- \leftrightarrow R{\equiv}Na^+Cl^- + OH^-$$

式中，Na^+代表水中所有的金属离子；Cl^-代表水中所有的非金属离子；R 为树脂的本体部分；$-SO_3^-H^+$为阳树脂，是交换基团；$\equiv Na^+OH^-$为阴树脂，是交换基团；$R\text{-}SO_3^-Na^+$是阳树脂吸附阳离子（或金属离子）；$R{\equiv}Na^+Cl^-$是阴树脂吸附阴离子（或非金属离子）；H^+和 OH^-是被树脂交换以后的解吸物质。

$$H^+ + OH^- \rightarrow H_2O$$

上式的 H_2O 就是去离子水。

离子交换树脂由固体的树脂本体和交换基团两部分组成。两交换基团中最主要部分可以提供为游离交换的离子（H^+和 OH^-），还能与本体固体连接（$-SO_3^-$或$\equiv Na^+$）。其实离子交换原理就是可游离离子和水中同性离子之间的交换而除去杂质离子，解吸出来的 H^+和 OH^-结合成为水。

采用离子交换树脂其优点在于初次投资少，占用的地方少，但缺点就是需要经常进行离子再生，耗费大量酸碱，而且对环境有一定的破坏。

9.5.2 反渗透技术

渗透是一种物理现象。两种含有盐质的溶液，如果用一种半透膜分隔开来，较淡的溶液会透过薄膜渗透到较浓的溶液中，如图 9-3（a）所示。

反渗透是在浓溶液一边加一定的压力（1.0～1.5 MPa），使渗透方向反过来，即把浓溶液压到淡溶液那边去。水中盐类离子（金属离子或非金属离子）被膜吸附（截流），到达另一边的水就是去离子水，如图 9-3（b）所示。

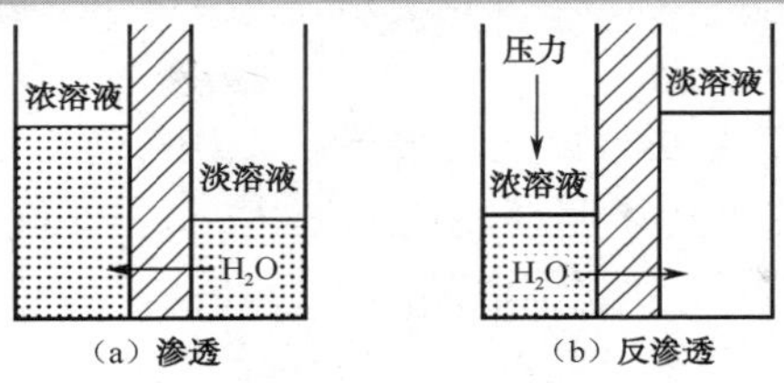

图 9-3　反渗透示意图

反渗透技术可将原水中的无机离子、细菌、病毒、有机物及胶体等杂质去除，以获得高质量的纯净水。目前应用最广泛的是卷式聚酰胺复合膜，其水通量和脱除率会受压力、温度、回收率、进水含盐量和 pH 值等的影响。

采用反渗透作为预处理再配上离子交换设备，初次投资比采用离子交换树脂方式要高，但离子设备再生周期相对要长，耗费的酸碱比单纯采用离子树脂的方式要少很多，但对环境还是有一定的破坏性。

9.5.3　电渗析技术

“渗析”是利用半透膜对游离电解质的离子的可渗透性，借离子的反扩散将其除去，速度较慢。

“电渗析”是利用渗析原理，借助离子交换膜进行水处理的方法。离子交换膜是一种功能性膜，分为阴离子交换膜和阳离子交换膜（简称阴膜和阳膜）。阳膜只允许阳离子通过，阴膜只允许阴离子通过，这就是离子交换膜的选择透过性。在外加电场的作用下，水溶液中的阴、阳离子会分别向阳极和阴极移动，如果中间再加上一种交换膜，就可能达到分离浓缩的目的，如图 9-4 所示。

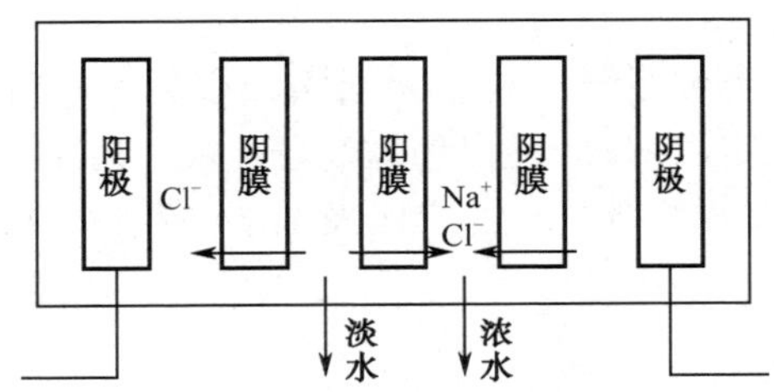

图 9-4　电渗析示意图

9.5.4　电去离子技术

电去离子技术（Electrodeionization，简称 EDI）就是一种将离子交换技术、离子交换膜技术和离子电迁移技术相结合的纯水制造技术。它巧妙地将电渗析和离子交换技术相结合，利用两端电极高压使水中带电离子移动，并配合离子交换树脂及选择性树脂膜以加速离子移动去除，从而达到水纯化的目的。

在 EDI 除盐过程中，离子在电场作用下通过离子交换膜被清除。同时，水分子在电场作用下产生氢离子和氢氧根离子，这些离子对离子交换树脂进行连续再生，以使离子交换树脂保持最佳状态。

要使 EDI 处于最佳工作状态、不出故障的基本要求就是对 EDI 进水要求进行适当的预

处理。

EDI 设施的除盐率可以高达 99%以上，如果在 EDI 之前使用反渗透设备对水进行初步除盐，再经 EDI 除盐就可以生产出电阻率高达成 15 M•cm 以上的超纯水。

采用 EDI 设备制备纯水，是目前制取超纯水最经济，最环保用来制取超纯水的工艺，不需要用酸碱进行再生便可连续制取超纯水，对环境没什么破坏性，缺点是初次投资相对以上两种方式过于昂贵。

9.5.5 去离子水制备流程

目前制备电子工业用超纯水的工艺主要是以上几种，其余的工艺流程大都是在此基础上进行不同组合搭配衍生而来的。在整个工艺流程中用到多种设备，它们的作用各不相同。常见的流程如图 9-5 所示。

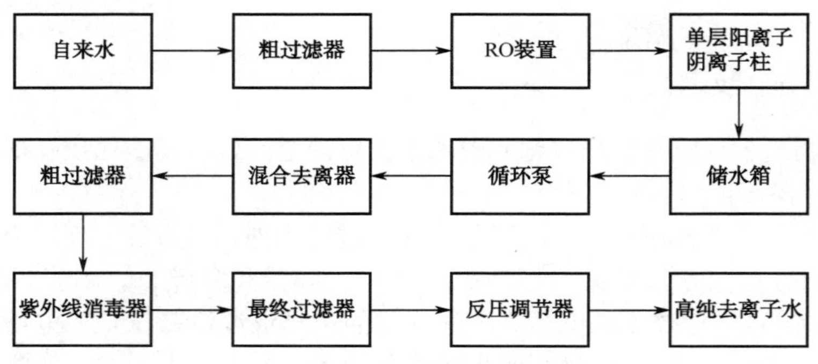

图 9-5　高纯去离子水的制备流程

1．粗过滤器

粗过滤器一般都是多介质过滤器，利用无烟煤、石英砂滤料的吸附和机械筛网作用，截留水中的悬浮杂质，降低水的浊度。经过粗过滤器之后，SDI<5（SDI，是 Silting Density Index 的简称，水质指标的重要参数之一。它代表了水中颗粒、胶体和其他能阻塞各种水净化设备的物体含量）。

2．最终过滤器

最终过滤器的过滤芯通常采用 PP 折叠式微孔滤膜（用整张滤膜在折叠机上折叠后放置在塑料外壳中）。因细菌一般都大于 0.2 μm，故 0.1 μm 的过滤器可去除水中细菌。因为紫外装置并不能杀死所有细菌，所以滤膜上会有截留微生物生长。

一般每年对滤膜和管道系统进行杀菌清洗一次，采用 1%高纯双氧水循环 2 小时后洗净。

3．RO 装置

RO 装置即反渗透装置，可把浓水（包括大部分原来溶解在水中的固体微粒）排进废水管，把淡水（渗过水）送入单层阳离子和阴离子柱中，经离子交换成为去离子水（DI）。

4．紫外线消毒器

利用 254 nm 紫外线的波长进行杀菌消毒，要注意避免频繁开停紫外装置，否则会减短灯管寿命。紫外灯管运行 8 000 小时后，光强减弱约 50%，需要更换。由于紫外线会产生热量，避免水不流动的情况下开启。

5. 混合去离器

混合去离器，又称混床，是指阴、阳树脂按一定比例混合装填于同一交换柱内的离子交换装置）。阳树脂用于去除水中的阳离子，阴树脂用于去除水中的阴离子。均匀混合的树脂层阳树脂与阴树脂紧密地交错排列，每一对阳树脂与阴树脂颗粒类似于一组复床，故可以把混床视作无数组复床串联的离子交换设备。

6. 反压调节器

反压调节器是将剩余的去离子水送回储水箱，以节约用水。

对于去离子水的制备，每一家集成电路制造厂家都有自己的独特的生产过程。因此，在此只能提供以上过程作为参考之用。

9.5.6 制备去离子水的注意事项

制备去离子水时，要认真负责，必须做好以下几点。

（1）工作时要严密监视纯水运行状态，每 2 h 连续监视 TOC、颗粒、SiO_2、出水电阻率、用水量以及各压力表的读数。

（2）认真做好值班记录，每 2 h 把各个参数记录在纯水值班记录表上，每 8 h 记录出水量和回水量。

（3）监视水泵、紫外线杀菌灯运行状态以及过滤器、反渗透混度、超过滤器的压差变化。

（4）定期加“药”并做好对粗、精混床的清洗及再生工作，保持完好状态。

（5）如遇突发事故（如停电、停水、停气）应完全按照应急状态的措施去处理。

（6）不擅离工作岗位，严格交换班制度。

（7）定期打扫卫生，保持工作环境清洁。

去离子水在生产过程中，我们经常会遇到一些突发事故。如遇到停电（或压缩空气突然停止），需要将纯水开关全部关闭，马上汇报水站（气站）情况，待电源恢复正常后，逐一开启水站（气站）开关，检查各项指标参数，做好记录，直到完全恢复正常后，才能通知车间继续正常运行。若突然停止自来水的供应（或减压），要注意进水箱的水位高低和纯水箱的水位高低，并将纯水箱中的储水量通知车间，进水以后，若发现水质不好，要停止进水，再与车间联系，直到供水正常后，通知车间恢复进水。不管何种突发状况，都要做好记录，写出事故报告，以供以后查验。

在整个集成电路制造工艺中需要大量的超纯水，一旦出现问题将直接影响到硅片的清洗工艺，直至整个集成电路制造工艺。随着集成电路制造工艺的发展，对纯水的要求也越来越高，因此纯水制备技术也需要不断地发展。

本章小结

本章主要介绍了集成电路制造车间对洁净度的要求，进出洁净室的注意事项，硅片表面常见的杂质沾污、RCA 清洗、超声波清洗、兆声波清洗、等离子体清洗、气相清洗等几

种清洗方法的原理和应用，纯水制备的方法。通过本章的学习，使学生了解洁净度的基本概念，掌握湿法和干法清洗的方法和特点。

思考与习题 9

1．简要说明洁净等级的概念。
2．简述几种空气过滤器及其特点。
3．进出洁净室需要注意哪些事项？
4．简述硅片表面常见的杂质沾污及其特点。
5．简述几种常见的硅片清洗液和对应的清洗对象。
6．简述常见的几种硅片清洗方法及其原理。
7．集成电路制造时对于去离子水的要求有哪些？
8．去离子水的制备方法有哪些几种？各自的原理是什么？

第10章 CMOS集成电路制造工艺

本章要点

（1）CMOS 反相器结构；
（2）CMOS 集成电路制造工艺流程；
（3）CMOS 集成电路制造工艺中的电极引出、硅栅的自对准、LOCOS 工艺；
（4）CMOS 先进工艺中的 STI、LDD、SOI、Bi-CMOS 技术的原理。

根据组成集成电路的器件来划分，可分为双极型和 CMOS 两大类。CMOS 集成电路因为具有功耗低、输入阻抗高、噪声容限高、电源电压范围宽、输出电压幅度与电源电压接近、对称的传输延迟和跃迁时间等优点，所以发展极为迅速。CMOS 工艺已成为 VLSI 的主流技术。

CMOS 是互补金属氧化物半导体的缩写，由 PMOS 和 NMOS 构成，主要作为反相器，还可以和其他器件一起构成各种功能的集成电路。

10.1 CMOS 反相器的工作原理及结构

10.1.1 CMOS 反相器的工作原理

CMOS 反相器电路中（如图 10-1 所示）通常将 PMOS 场效应晶体管作为负载器件，NMOS 场效应晶体管作为驱动器件。当输入 V_i 为“1”（高电平）时，NMOS 管导通，PMOS 管截止，输出 V_o 为“0”（低电平）；但输入 V_i 为“0”（低电平）时，NMOS 管截止，PMOS 管导通，输出 V_o 为“1”（高电平）。在处于正常工作状态时，NMOS 管和 PMOS 管两个管子中，一个导通，一个截止，这就是所谓的“互补”状态。

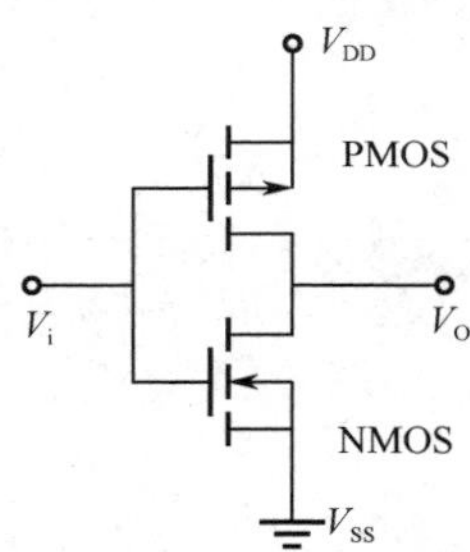

图 10-1　CMOS 反相器电路

10.1.2 CMOS 反相器的结构

从 CMOS 反相器电路中可以看出，它是由 PMOS 管和 NMOS 管构成的，PMOS 管和 NMOS 管的栅极连接到一起，作为输入端。它们的漏极也连接到一起，作为输出端，PMOS 管的源极接高电位 V_{DD}，NMOS 管的源极接地。在 CMOS 工艺中，PMOS 管和 NMOS 管结构对称。如图 10-2 所示为 P 阱和双阱硅栅 CMOS 反相器的结构图。

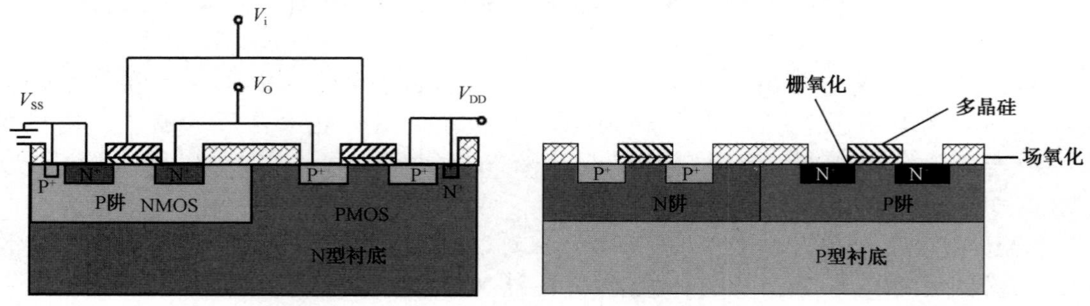

图 10-2　P 阱和双阱硅栅 CMOS 反相器结构

CMOS 集成电路要把 NMOS 管和 PMOS 管一起制作在同一个芯片上，这就要解决 NMOS 和 PMOS 需要两种不同类型衬底的问题，因此 CMOS 工艺最大的特点是要采用阱工艺。

根据阱的导电类型，CMOS 电路可分为 P 阱 CMOS、N 阱 CMOS 和双阱 CMOS 电路。

P 阱工艺所用衬底材料是高阻 N 型硅，在衬底上形成 P 阱，PMOS 管做在高阻 N 型硅衬底上，NMOS 管做在 P 阱上。对于 N 阱工艺，所用衬底材料是高阻 P 型硅，在衬底上形

成 N 阱，NMOS 管做在高阻 P 型衬底上，PMOS 管做在 N 阱上。双阱工艺是在高阻的硅衬底上，同时形成具有较高杂质浓度的 P 阱和 N 阱，NMOS 管和 PMOS 管分别做在这两个阱中，双阱工艺 CMOS 电路特性好，集成度高，但工艺比较复杂。

10.2　CMOS 集成电路的工艺流程及制造工艺

CMOS 集成电路通常选用（100）晶面的硅材料，因为（100）晶面界面态密度小，载流子迁移率大，现在以 N 阱硅栅 CMOS 反相器为例介绍 CMOS 集成电路的主要工艺流程。

10.2.1　CMOS 集成电路的工艺流程

1．衬底硅材料选择，阱区形成

MOS 集成电路选用（100）晶向的硅材料，N 阱工艺选用 P 型硅衬底材料（如图 10-3（a）所示），掺杂浓度通常都比较低，而阱区的掺杂浓度一般要比衬底高几个数量级。衬底材料清洗好以后进行一次氧化，采用热氧化方法生成约 1 000 Å 氧化层（如图 10-3（b）所示），接着进行阱区光刻，刻出阱区窗口后（如图 10-3（c）所示），进行 N 阱注入（如图 10-3（d）所示），去除光刻胶，然后在 1 000～1 100 ℃的高温氧化炉中阱区推进（如图 10-3（e）所示）。在 N 阱窗口生成氧化层过程中会消耗掉一部分硅，当氧化层去除后，N 阱窗口就会呈现出一个凹坑（如图 10-3（f）所示），用作下一次光刻的基准。阱区的杂质分布对 PMOS 管的阈值电压等参数有很大影响，必须控制适当的 N 阱杂质浓度和 N 阱的深度。（注：图片没有严格按比例画出，为了便于说明，示意图中比例选择比较自由。）

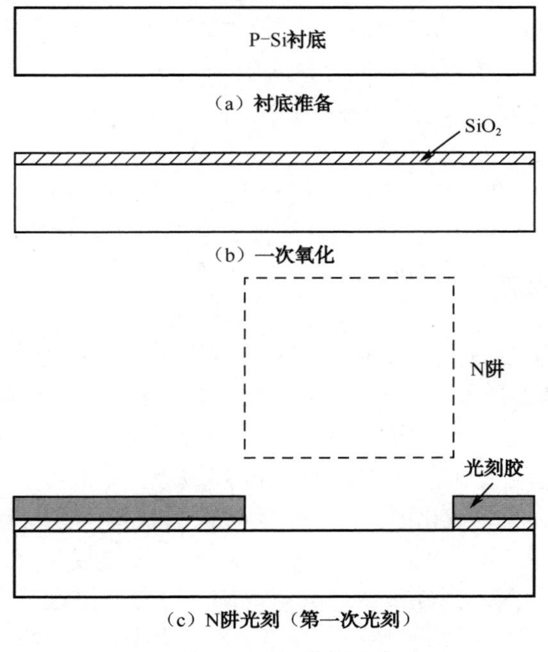

图 10-3　N 阱的形成

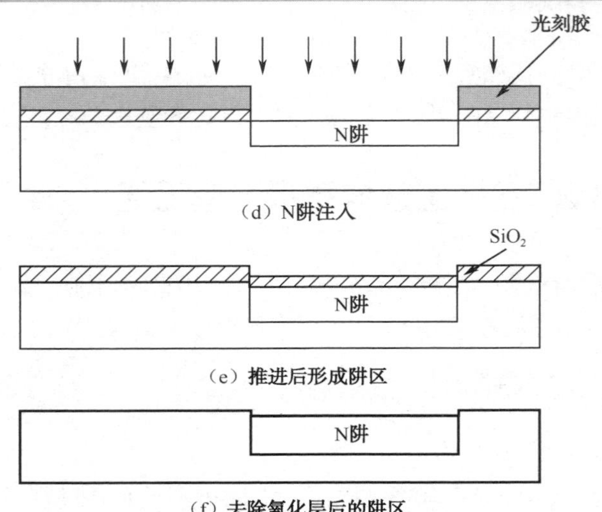

（d）N阱注入

（e）推进后形成阱区

（f）去除氧化层后的阱区

图 10-3　N 阱的形成（续）

2. 有源区形成

MOS 晶体管的源区、漏区及源、漏区之间的沟道区统称为 MOS 晶体管的有源区，它是 MOS 晶体管的有效工作区。芯片上有源区以外的区域称为场区，相邻 MOS 晶体管是靠场区的厚氧化层隔离。由于场区氧化层厚度和栅氧化层的厚度相差很多，为了防止过大的氧化层台阶造成硅片表面不平整影响金属连线的性能，采取了局部硅氧化工艺（Local Oxidation Silicon，LOCOS）生长厚的场氧化层。

首先在硅片上用热氧化法生长一层薄的二氧化硅层，然后在上面淀积一层氮化硅（如图 10-4（a）所示）。薄二氧化硅层作为氮化硅与硅片之间的缓冲层。如果氮化硅直接淀积在硅片表面，氮化硅层中的应力会导致硅衬底上产生很多缺陷，在硅和氮化硅之间加了一薄层二氧化硅以后，二氧化硅和氮化硅这两层材料中的应力有一部分就会相互补偿，从而减小对硅衬底产生的应力。

用低压化学气相淀积（LPCVD）方法淀积氮化硅，其特点是均匀性好，生产效率高。工作压力低于一个大气压，一般用真空泵来降低反应室的应力。反应气体为氨气（NH_3）和硅烷（SiH_4），反应室的工作温度为 800 ℃，化学反应如下

$$3SiH_4+4NH_3 \rightarrow Si_3N_4+12H_2 \tag{10-1}$$

通过有源区光刻，去除场区的氮化硅和二氧化硅，只有在有源区上的氮化硅和二氧化硅保留下来（如图 10-4（b）所示）。一般使用干法刻蚀工艺去除氮化硅层，化学反应如下

$$Si_3N_4+12F \rightarrow 3SiF_4+2N_2 \tag{10-2}$$

场区窗口形成后，进行热氧化，在场区生长一层较厚的氧化层，而有源区上有氮化硅层覆盖，不会形成氧化层，因为氮化硅是一种非常致密的材料，可以阻止水汽（H_2O）或氧气（O_2）向发生氧化反应的硅表面扩散。硅和氧反应生成二氧化硅时要“吃掉”一部分硅，使二氧化硅层有一部分深入到硅片内，只有一部分二氧化硅层（约 54%）向上延伸，从而减小了二氧化硅层的台阶（如图 10-4（c）所示）。场区局部氧化时，场氧化层通过氮化硅的边缘向有源区侵蚀，在边缘处形成鸟嘴，使实际有源区面积减小，在版图设计时应

考虑到这一点。

局部硅氧化工艺完成之后，就可以去除有源区上的氮化硅层和二氧化硅层了（如图 10-4（d）所示）。

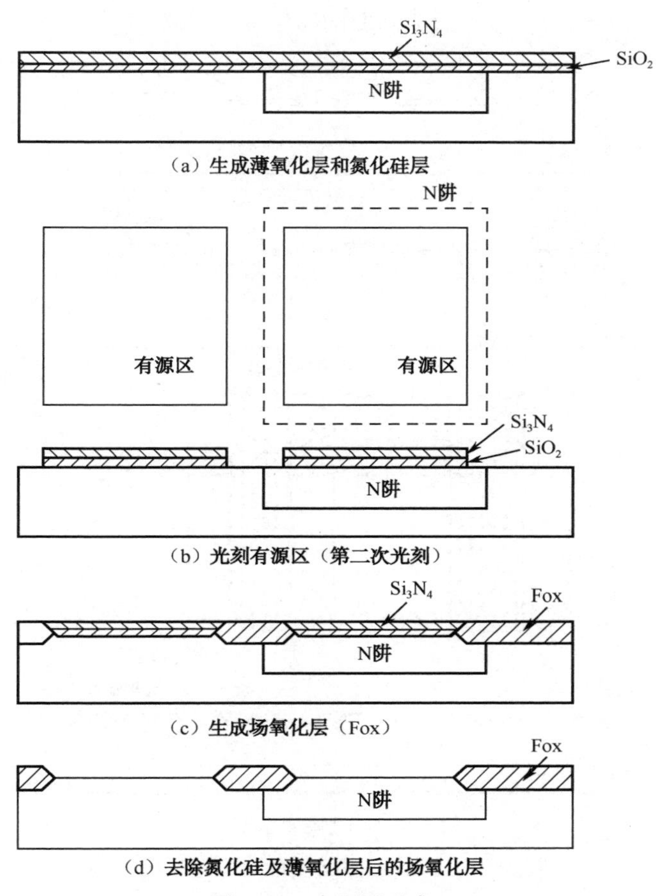

图 10-4　有源区形成

3．多晶硅栅形成

场氧化层形成后硅片上就分成场区和有源区两部分，有源区就是制作 MOS 晶体管的区域。硅栅工艺是先做栅极再做源、漏区，在进行源、漏区掺杂时栅极下方受多晶硅保护不会被掺杂，在多晶硅栅两侧形成高掺杂的源、漏区，实现了源-栅-漏自动对准。硅栅工艺也叫做自对准工艺，它有利于减小栅-源和栅-漏覆盖电容。

首先在硅片上用热氧化法生长高质量的栅氧化层（如图 10-5（a）所示）。栅氧化层的厚度和质量对 MOS 晶体管的性能影响很大。栅氧化工序中很关键的是减小氧化层中的电荷及 Si-SiO_2 界面态密度。栅氧化后采用 LPCVD 方法在栅氧化层上淀积一层多晶硅（如图 10-5（b）所示）。这个淀积过程与氮化硅的淀积过程类似。在 600 ℃左右的温度下，硅烷经过热分解形成硅原子（Si）的淀积，以及副产物氢气（H_2），化学反应如下

$$SiH_4 \rightarrow Si+2H_2 \tag{10-3}$$

多晶硅栅作为电极应是导体，但多晶硅本身导电性不是很好，需通过离子注入对多晶硅

进行掺杂，一般对多晶硅掺磷。经过注入和退火后使多晶硅的方块电阻降到 40 Ω/□以下。在某些淀积多晶硅的系统中，可以在淀积多晶硅的同时对其进行掺杂，这样形成的多晶硅层通常称为原位掺杂的多晶硅。在这种情况下，就没有必要再采用离子掺杂工艺了。经过光刻，将不需要的多晶硅和栅氧化层去除，形成需要的栅电极图形（如图 10-5（c）所示）。

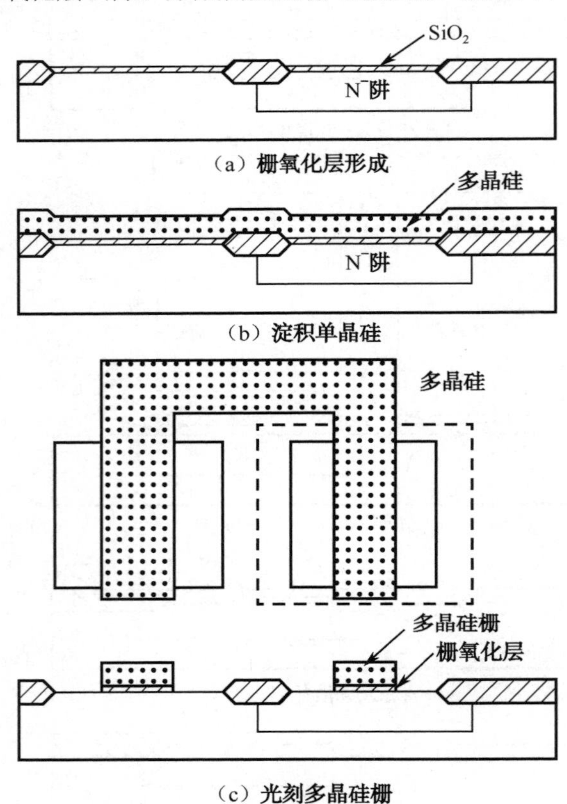

图 10-5　多晶硅栅的形成

4．NMOS 管源、漏区的形成

首先通过光刻形成 NMOS 管源、漏区注入窗口（如图 10-6（a）所示），然后进行 N^+注入，NMOS 的沟道区有硅栅保护，栅极下方的沟道区不会有杂质进入，因此源、漏区注入就是对这个有源区注入，依靠硅栅自对准，在栅极两侧形成源、漏区。而其余区域有光刻胶或场氧化层阻挡杂质进入（如图 10-6（b）所示）。

5．PMOS 管源、漏区的形成

PMOS 管源、漏区的形成方法与 NMOS 管源、漏区的形成方法类似，不同之处是注入硼形成 P^+注区（如图 10-7 所示）。

6．接触孔的形成

在形成金属层之前，先用化学气相淀积（CVD）工艺在整个硅片上淀积一层二氧化硅，这层二氧化硅常常是掺磷的，有时还掺有硼，分别称为磷硅玻璃（PSG）和硼磷硅玻璃

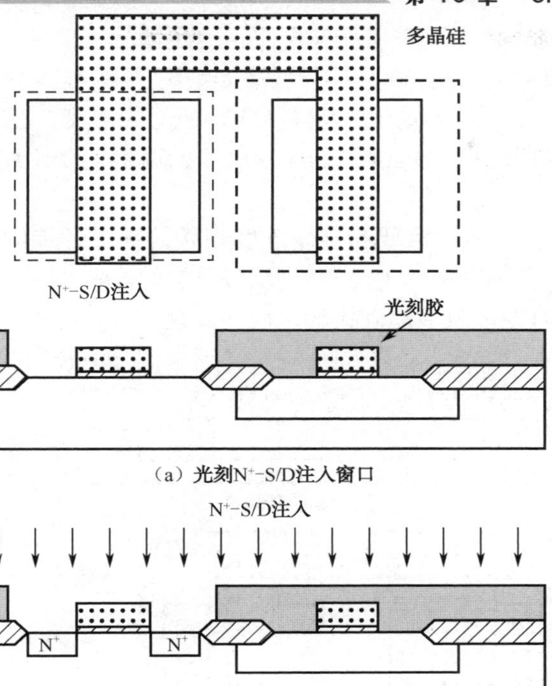

（a）光刻N⁺-S/D注入窗口

（b）N⁺-S/D注入

图 10-6 NMOS 管源、漏区的形成

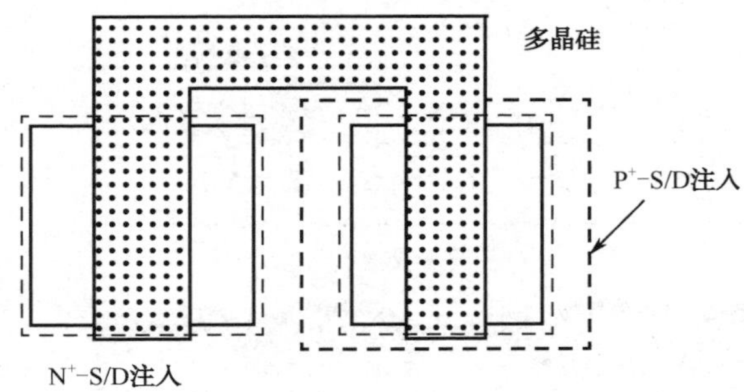

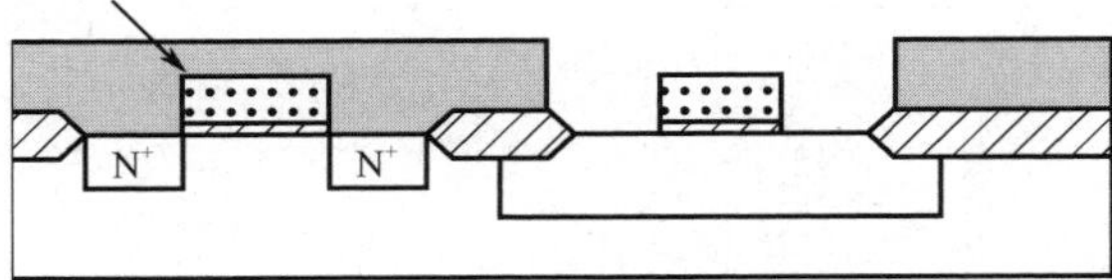

（a）光刻P⁺-S/D注入窗口

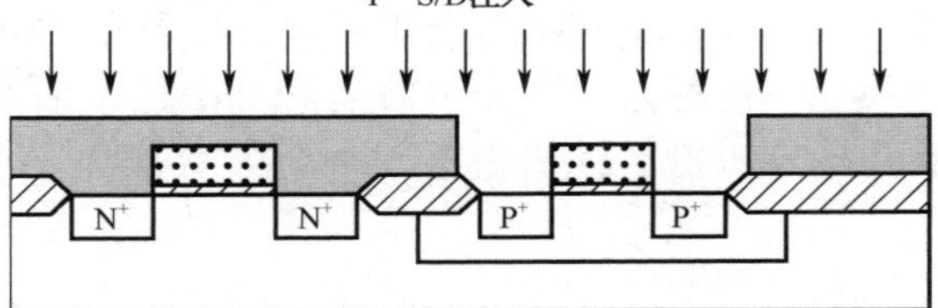

（b）P⁺-S/D注入

图 10-7 PMOS 管源、漏区的形成

（BPSG）（如图 10-8（a）所示）。在某些情况下，这层磷硅玻璃或硼磷硅玻璃的上面还会再淀积一层不掺杂的二氧化硅层。掺磷可以降低诸如钠离子（Na^+）等可动离子的影响，提高器件稳定性。而掺硼可以降低淀积的玻璃材料开始流动的温度，因为淀积了这层玻璃态的材料之后，往往需要将硅片再次加热到 800～900 ℃的温度，以便使这层玻璃态材料开始流动，从而使得硅片呈现平坦化趋势。

通过光刻，在 MOS 晶体管需要和金属连线相接的地方开接触孔（如图 10-8（b）所示），刻好接触孔以后，在整个硅片上淀积一层金属层（如图 10-8（c）所示）。这样在有接触孔处，金属就直接与有源区或多晶硅接触，而在其余区域，金属下面有 BPSG 隔绝。

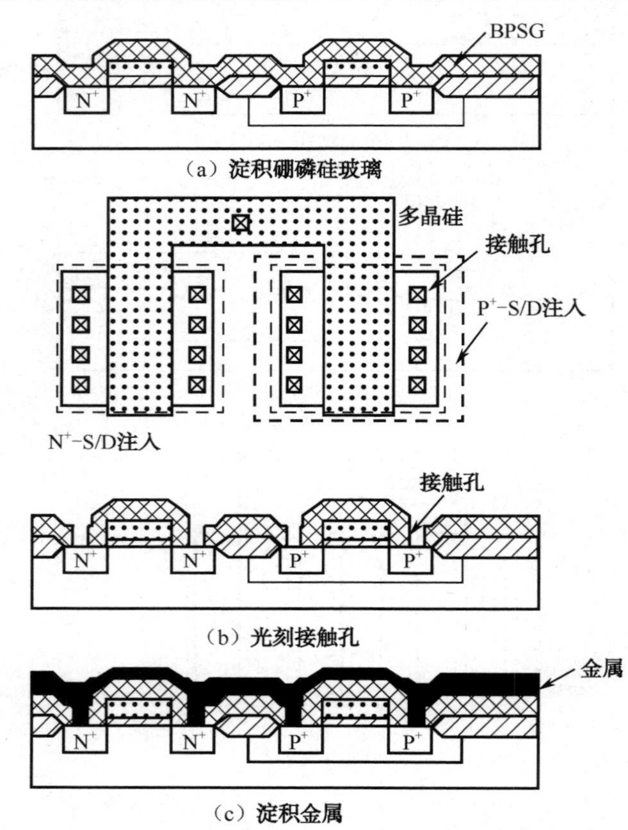

图 10-8　接触孔的形成

7．金属互连线的形成

通过光刻，去除不需要金属层，形成金属连线图形（如图 10-9 所示）。V_{DD} 通过四个接触孔与 PMOS 管源极连接。NMOS 管和 PMOS 管的栅极通过多晶硅相连，通过多晶硅上的接触孔再与 V_{in} 相连接。金属通过接触孔先把 NMOS 管和 PMOS 管的漏极相连，然后与 V_{out} 相连。GND 通过四个接触孔与 NMOS 管源极相连。

8．钝化层的形成

钝化层就是在晶圆表面覆盖一层保护介质膜，以防止表面污染的工艺。常用的钝化层是淀积一层二氧化硅或者氮化硅薄膜，如图 10-10 所示。

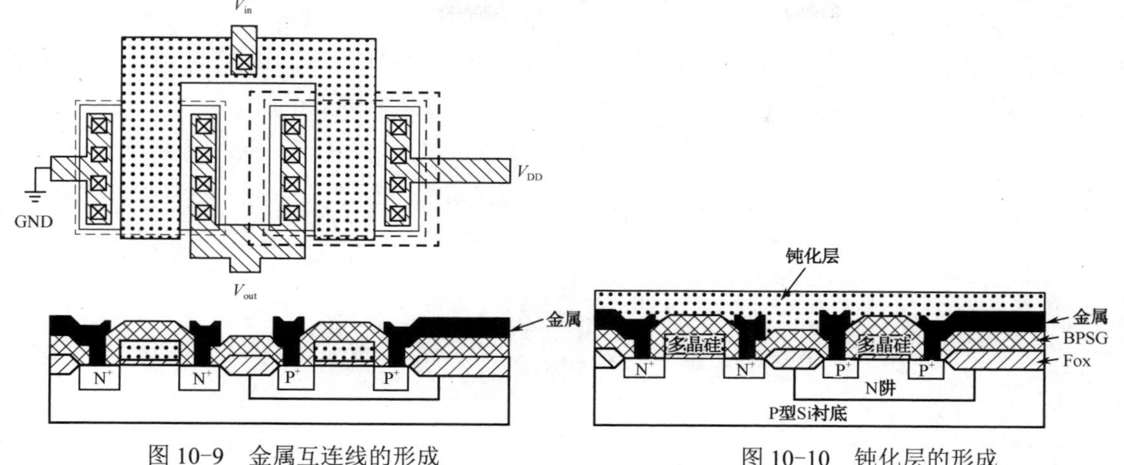

图 10-9　金属互连线的形成　　　　图 10-10　钝化层的形成

10.2.2　CMOS 集成电路的制造工艺

CMOS 反相器的制作过程中，有一些不同于双极集成电路的制造工艺，例如电极的引出、隔离技术、自对准等。

1．CMOS 电路衬底电极的引出

NMOS 管和 PMOS 管的衬底电极都从上表面引出，由于 P 型衬底和 N 阱的掺杂浓度都较低，为了避免整流接触，电极引出处必须有浓掺杂区。

在 CMOS 电路中，NMOS 管和 PMOS 管性能要求对称，即 NMOS 和 PMOS 的阈值电压绝对值相同，沟道长度、沟道掺杂上保持对称。常常采用的方法是在同一芯片上分别使用 N^+和 P^+多晶硅栅电极，如图 10-11（圆圈标出位置）所示。

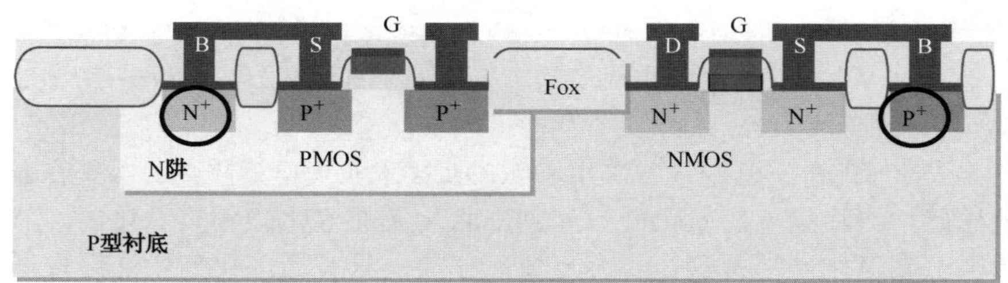

图 10-11　CMOS 衬底电极的引出

在同样的条件下，如果 NMOS 管和 PMOS 管都选用 N^+硅栅，则 PMOS 管的阈值电压绝对值要比 NMOS 管阈值电压大很多。如果 PMOS 管采用 P^+硅栅，可以减小阈值电压的绝对值，从而获得和 NMOS 选用 N^+硅栅相同的阈值电压绝对值。

通常驱动电压为 5 V，阈值电压典型值为±0.8 V 左右。但这样 P^+多晶硅栅中的硼很容易通过很薄的栅氧化层扩散进入 PMOS 的沟道中，而且不同掺杂区中的杂质也容易出现互扩散问题。

2．硅栅的自对准

自对准技术是利用单一掩模版在硅片上形成多层自对准结构的技术，它可以简化工

艺，消除多块掩模版之间的对准容差。最常见的是多晶硅栅自对准进行漏源杂质注入，同时完成多晶硅栅的杂质注入（如图 10-12 所示）。即在硅栅形成后，利用硅栅的遮蔽作用来形成 MOS 管的沟道区，使 MOS 管的沟道尺寸更精确，寄生电容更小。

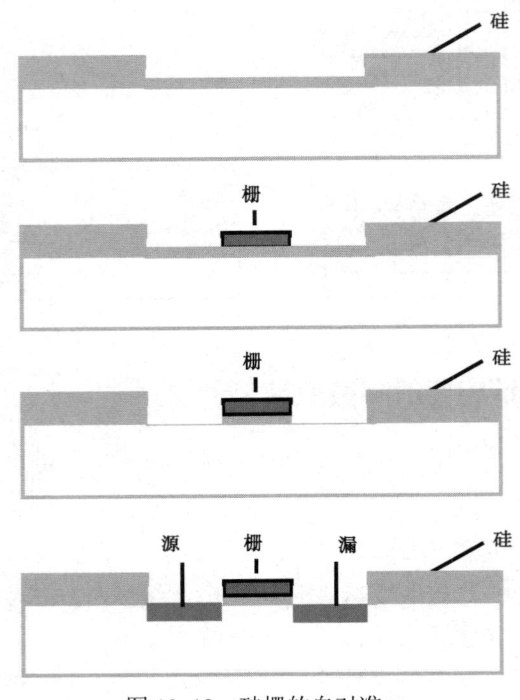

图 10-12　硅栅的自对准

3. LOCOS 工艺

集成电路制造过程中，有很多隔离技术。双极集成电路常采用 PN 结隔离技术（前面已经介绍过）、深槽隔离技术。MOS 集成电路可采用局部硅氧化（LOCOS）隔离、侧墙掩蔽的隔离技术、浅槽隔离（STI）技术。

在 N 阱硅栅 CMOS 工艺中，常采用 LOCOS 技术实现电学隔离。首先在硅片上生长一薄层二氧化硅，再淀积一层氮化硅，光刻去除场区的氮化硅和二氧化硅，然后进行热氧化，有源区上有氮化硅层覆盖，不会形成氧化层，只有场区得到了一层较厚的氧化薄膜，实现局部氧化。

LOCOS 不但可以实现隔离，还可以获得近乎平坦的表面，避免过高的氧化层台阶影响硅片的平整度，进而影响金属连线的可能，可以减小表面漏电流，提高场区阈值电压。LOCOS 工艺相对简单，便宜，高产率。但也有很大的缺点，例如，表面依然有较大的不平整度；产生的鸟嘴效应（如图 10-13 所示）使实际有源区面积减小，器件的有效宽度也随之减小，从而减小了 MOS 管的电流；场区杂质会扩散进有源区的边缘，提高器件的阈值电压，减小器件的驱动电流；高温氧化热应力还会对硅片造成损伤和变形，因此不适合深亚微米器件。

后来出现了一些改进的 LOCOS 技术，主要有回刻 LOCOS 工艺、多晶硅缓冲层的 LOCOS、界面保护的局部氧化工艺（SILO）。

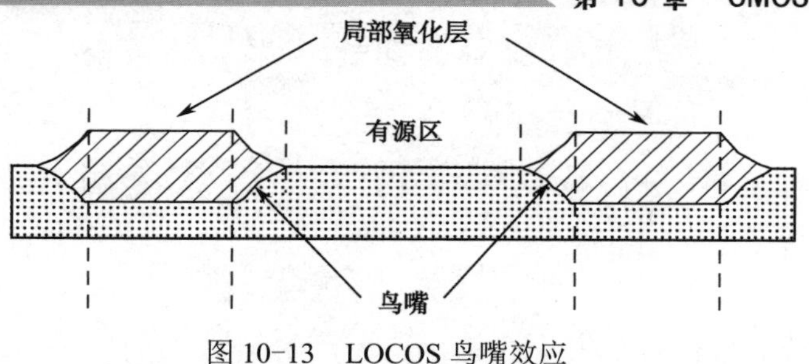

图 10-13　LOCOS 鸟嘴效应

10.3　CMOS 先进工艺

随着集成电路要求越来越高，特别是线条尺寸越来越小，出现了 CMOS 深亚微米的结构，如图 10-14 所示，因此 CMOS 工艺必须加以改进。例如，隔离部分采用浅沟槽隔离 STI 取代原来的 LOCOS 工艺，还可以采用外延双阱工艺代替单阱工艺、逆向掺杂和环绕掺杂代替均匀的沟道掺杂、利用轻掺杂漏技术（LDD）在沟道两端形成很浅的源漏延伸区、铜互连代替铝互连等。

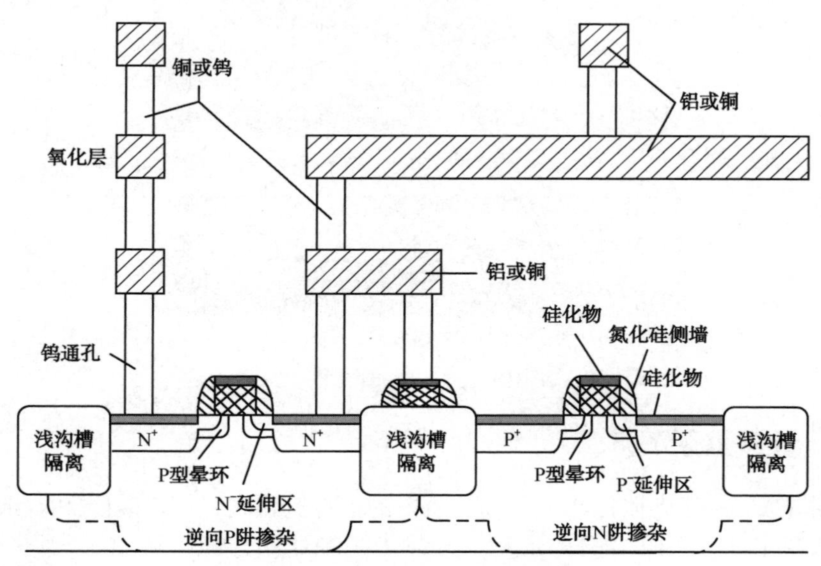

图 10-14　深亚微米 CMOS 结构

10.3.1　浅沟槽隔离（STI）

STI 已经成为一种新兴的隔离技术，日益成熟，应用越来越广泛，很多领域已经取代了 LOCOS 隔离技术。STI 是利用各向异性干法刻蚀工艺在隔离区刻蚀出深度较浅的沟槽，再用 CVD 方法进行氧化物的填充，最后用 CMP 去除多余的氧化层，达到在硅片上选择性地保留厚氧化层的目的。STI 的主要特点是：占用的面积小，不会形成鸟嘴，用 CVD 淀积绝缘层减少高温过程，更平坦的表面，更多的工艺步骤。它的工艺流程如图 10-15 所示。

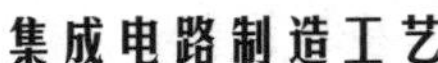

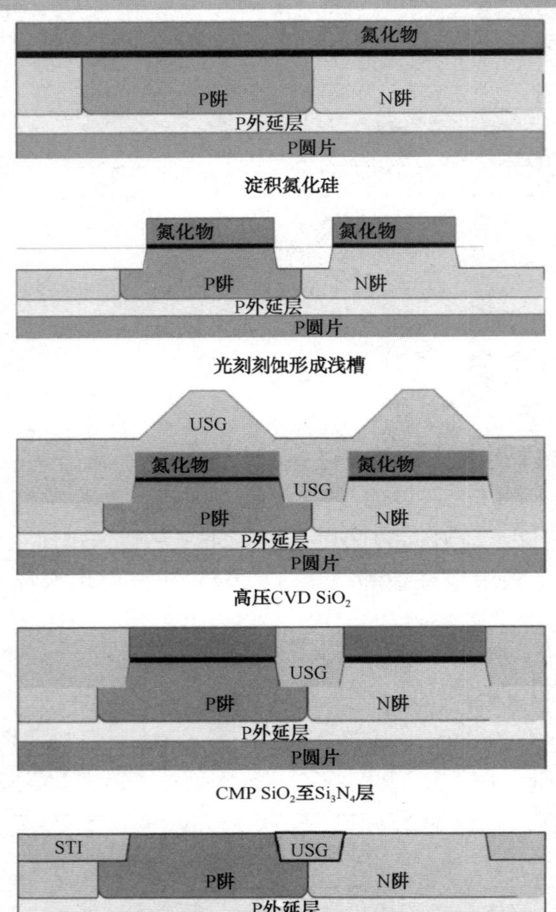

图 10-15　浅沟槽隔离

10.3.2　外延双阱工艺

常规单阱 CMOS 工艺阱区浓度较高，阱内的器件有较大的源、漏区 PN 结电容，因此常采用外延双阱工艺（如图 10-16 所示）。双阱工艺需要两块掩模版。

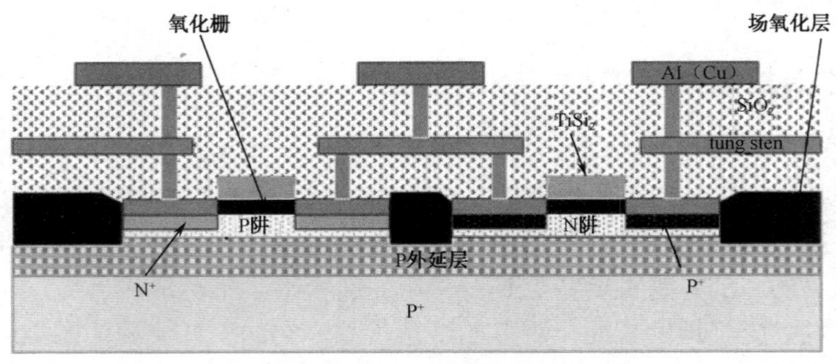

图 10-16　外延双阱 CMOS 工艺

外延双阱工艺具有很多优点，具体如下。

（1）由于外延层电阻率很高，若在极轻掺杂的外延层中分别注入不同类型的杂质，形成 N 阱和 P 阱，可以对每个阱区的杂质分别独立地控制，分别根据 NMOS 和 PMOS 性能优化要求选择适当的 N 阱和 P 阱浓度，优化 NMOS 和 PMOS 的器件性能。

（2）得到更平坦的表面。

（3）做在阱内的器件可以减少受到 α 粒子辐射的影响。

（4）外延衬底有助于抑制体硅 CMOS 中的寄生闩锁效应。

（注：闩锁效应——由 NMOS 的有源区、P 衬底、N 阱、PMOS 的有源区构成的 N-P-N-P 结构产生的，当其中一个三极管正偏时，就会构成正反馈形成闩锁。它的存在会使 V_{DD} 和 GND 之间形成一低阻抗通路，产生大电流，可以通过减小衬底和 N 阱的寄生电阻来解决。）

10.3.3　逆向掺杂和环绕掺杂

沟道掺杂原子数的随机涨落会引起器件阈值电压参数的起伏，因此希望沟道表面低掺杂，体内需要高掺杂来抑制穿通电流。

逆向掺杂技术就是利用纵向非均匀衬底掺杂，抑制短沟穿通电流，降低阈值电压。以 0.25 μm 工艺 100 个 NMOS 器件阈值电压统计结果为例说明，如图 10-17 所示。

环绕掺杂技术就是利用横向非均匀衬底掺杂，在源漏区形成局部高掺杂区，可以进一步降低短沟效应，降低源漏区横向扩散，提高杂质分布梯度以降低源漏串联电阻。Halo（晕环掺杂）是一种常见的环绕掺杂结构，可以抑制源漏 PN 结耗尽区向沟道内的扩展。Halo 可以利用大角度注入实现，如图 10-18 所示。

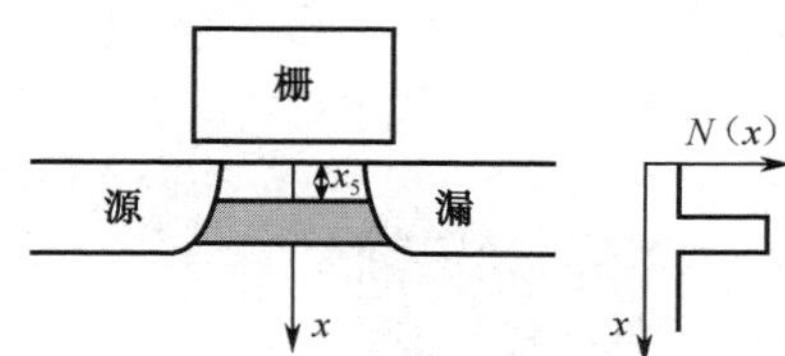

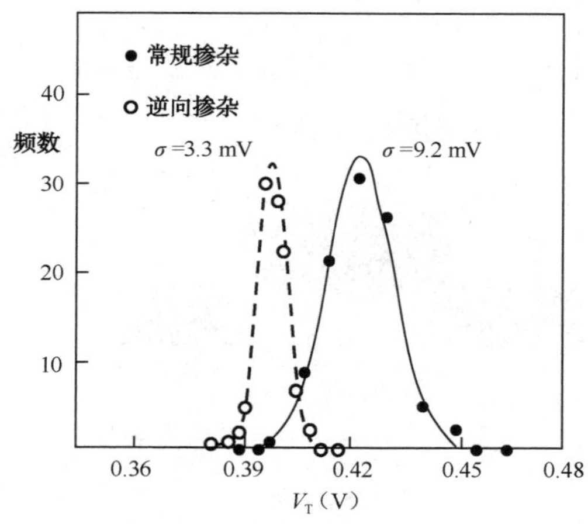

图 10-17　逆向掺杂杂质分布与阈值电压变化

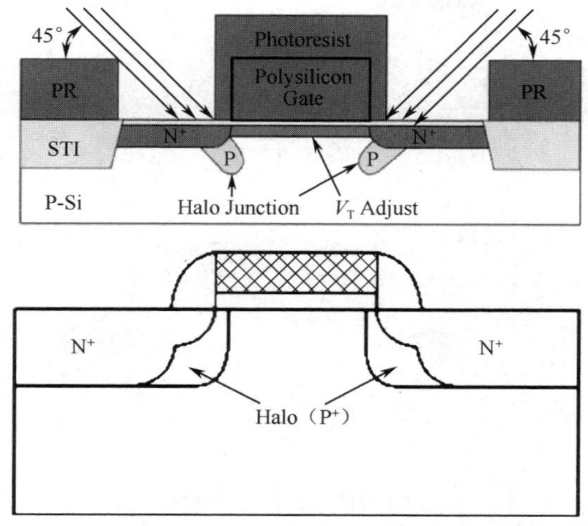

图 10-18　横向沟道工程 Halo 掺杂结构

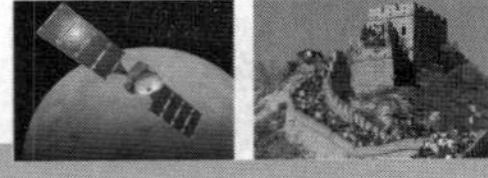

10.3.4 轻掺杂漏技术（LDD）

随着栅的宽度不断缩小，栅结构下的沟道长度也不断缩小，从而增加了源漏间电荷穿通的可能性，并引起不希望的漏电流。每个晶体管经过两次注入：第一次为轻掺杂漏（LDD）注入的浅注入，第二次是中等或高剂量的源/漏注入。轻掺杂部分，掺杂剂量一般为（1～5）×10^{13}/cm^2；重掺杂部分，掺杂剂量一般为（1～5）×10^{15}/cm^2。

LDD 是指在源漏扩展区进行轻掺杂的一种技术。超浅的扩展区形成浅结，抑制短沟道效应；较深的源漏区形成良好的欧姆接触。由于在栅极边缘附近的杂质浓度比用常规工艺低，所以这个区域的电场强度能够降低，从而能够提高击穿电压。LDD 可实现更浅的结深、更高的掺杂浓度。

采用 LDD 技术常常采用 As 和 BF_2 的注入。注入时，能量、剂量和结深都明显低于普通的 N 阱和 P 阱注入。选择 As 和 BF_2 的原因主要是它们的质量比较大，有利于硅表面非晶化，大质量材料和表面非晶态的结合有助于维持浅结，在注入中能够得到更加均匀的掺杂浓度，也有助于减少漏源间的沟道漏电流。

LDD 工艺过程如图 10-19 所示，其中袋状结构形成反型的掺杂区，可以进一步降低短沟道效应、降低源漏扩展区的横扩、降低源漏的串联电阻。

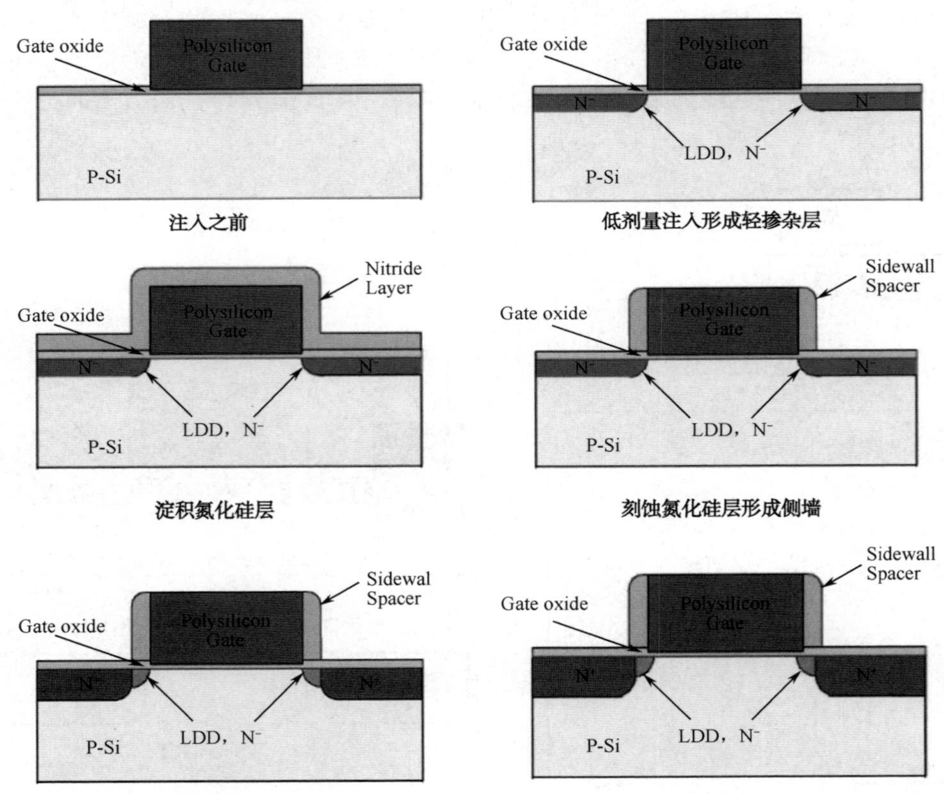

图 10-19 LDD 工艺过程

以上这些是 CMOS 工艺中的先进技术，以先进的深亚微米 CMOS 工艺过程为例说明它们的应用，如图 10-20 所示。

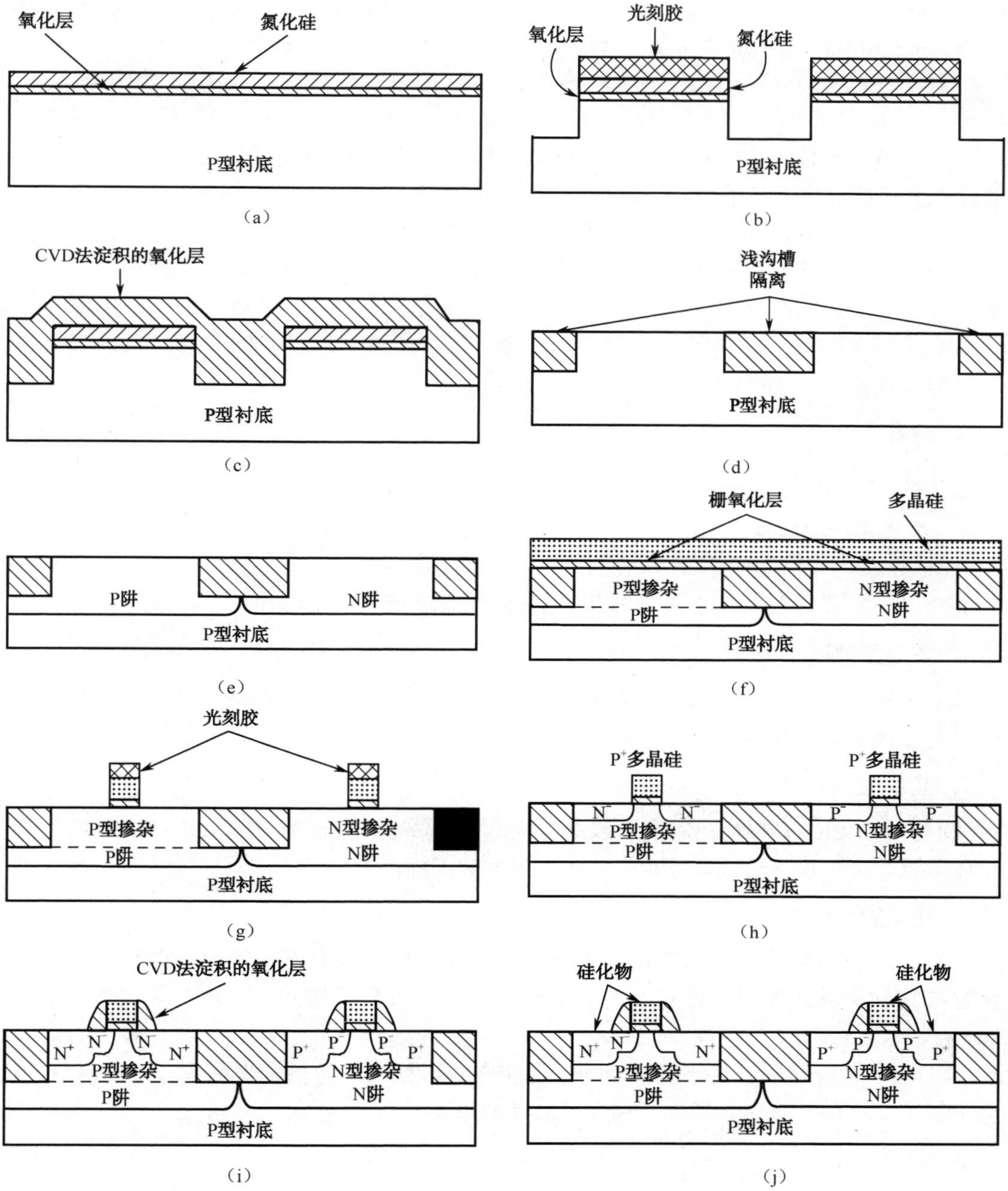

图 10-20　先进的深亚微米 CMOS 工艺过程

10.3.5　绝缘衬底硅（SOI）

绝缘衬底上的硅（Silicon on Insulator，SOI）是降低晶体管漏电流的有效工艺技术，也

是推动 IC 向纳米尺度发展的有效技术。

SOI 的工艺过程是：先在硅片上埋入 SiO_2 绝缘层，然后以此绝缘层作为基底，在表面硅层制作晶体管，主要利用离子注入等制造工艺实现。目前制造 SOI 晶圆的方法主要是注氧隔离法 （SIMOX）和智能剥离法（Smartcut）。

注氧隔离法是采用大束流专用氧离子注入机把氧离子注入硅片中，注入剂量约为 $10^{18}/cm^2$，然后在惰性气体中进行 $T\geqslant 1\,300$℃高温退火 5 h，从而在硅片顶部形成厚度均匀的极薄表面硅层和 SiO_2 埋层。它的优点是硅薄层和 SiO_2 埋层的厚度可精确控制。缺点则是由于氧注入会引起对硅晶格的破坏，导致硅薄层缺陷密度较高。

智能剥离法是利用中等剂量氢离子注入，在硅片中形成气流层，然后在低温下与另一个硅片（SiO_2/Si）键合，再进行热处理使注氢的硅片从气流层剥离来，最后经 CMP 使硅表面层光滑。

SOI 结构有效克服了体硅技术的不足，充分发挥了硅集成技术的潜力，它具有很多优点，特别适合于小尺寸器件和低压低功耗电路，具体优点如下。

1．速度高

全耗尽 SOI 器件具有迁移率高、跨导大、寄生电容小等优点，使 SOI CMOS 具有极高的速度特性。

2．功耗低

全耗尽 SOI 器件漏电流小，静态功耗小；结电容与连线电容均很小，动态功耗小。

3．集成密度高

SOI 采用介质隔离，不需要制备体硅 CMOS 电路的阱等复杂隔离工艺，器件最小间隔仅取决于光刻和刻蚀技术的限制。

4．成本低

SOI 技术除了衬底材料成本高于硅材料外，其他成本均低于体硅。SOI CMOS 的制造工艺比体硅至少少 3 块掩模板，减少了 13%～20%的工序。

5．抗辐射特性好

全介质隔离结构，彻底消除体硅电路中的闩锁效应，且具有极小的结面积，因此具有非常好的抗软失效、抗瞬时辐射和单粒子翻转能力。世界顶级的 IC 公司将该技术应用到 65 nm/45 nm 工艺中。

SOI 器件应用领域已从宇航军事和工业转向数字处理，通信、光电子、MEMS 和消费类电子等，广泛用于高速、低功耗和高可靠性电路。

10.3.6 Bi-CMOS 技术

双极集成电路具有高速、驱动能力强的特点，适合于高精度模拟电路，但功耗高，集成度低；而 CMOS 集成电路则具有低功耗、高集成度的特点，但速度低，驱动能力差。为充分发挥两者的优势，开发了 Bi-CMOS 工艺，它主要利用 CMOS 器件制作高集成度、低功耗的部分，用双极器件制作输入和输出部分或者高速部分。

Bi-CMOS 工艺分为两类，一类是以 CMOS 工艺为基础的 Bi-CMOS 工艺（如图 10-21 所示），有利于保障 CMOS 器件的性能。另一类是以标准双极工艺为基础的 Bi-CMOS 工艺（如图 10-22 所示），有利于保障双极晶体管的性能。

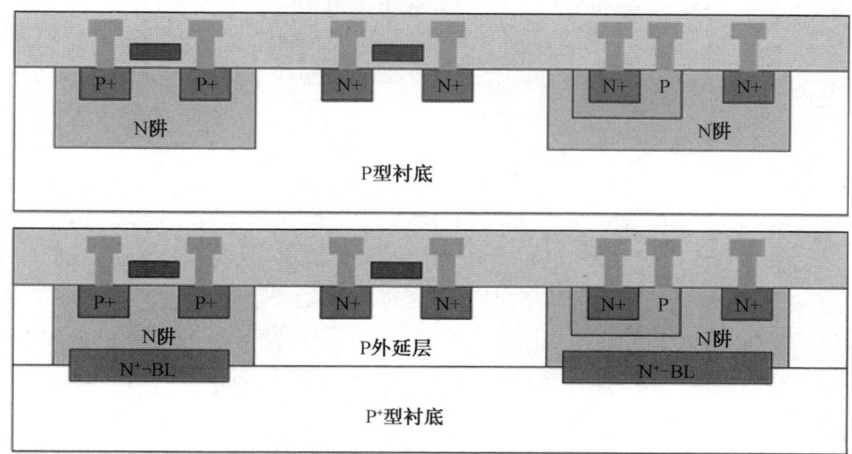

图 10-21　以 MOS 为主的 Bi-CMOS 工艺

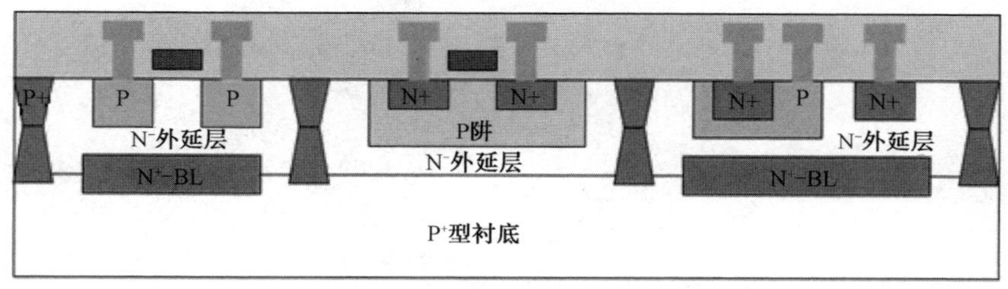

图 10-22　以双极为主的 Bi-CMOS 工艺

随着集成电路的高集成化，微细化程度不断提高，CMOS 器件从最早的金属栅到多晶硅栅，由单层的铝互连到多层金属互连，再由最早的 NMOS 到现在普遍应用的 CMOS 工艺，然后从单纯的 CMOS 工艺发展到现在的 Bi-CMOS 集成工艺，CMOS 工艺有了很大的发展。现在已进入集成电路制造已进入纳米级，对各项工艺提出了更高的要求。

本章小结

本章主要介绍了 CMOS 反相器的结构，CMOS 集成电路的制造工艺流程，特别介绍了电极引出、硅栅的自对准、LOCOS 工艺、STI、HALO、LDD、SOI、Bi-CMOS 工艺技术的原理和特点。通过本章的学习，使学生能够掌握 CMOS 集成电路的制造工艺流程。

思考与习题 10

1．简述 CMOS 工艺的流程。
2．CMOS 集成电路中的阱技术有哪几种？各有何特点？

3．什么是 LDD 技术？它有何作用？

4．画出 CMOS 反相器的电路图及芯片剖面图，并说明其工作原理。

5．什么是 MOS 电路中的 LOCOS 隔离工艺？它有何特点？会产生什么问题？

6．简述什么是浅沟槽隔离？

7．什么是硅栅的自对准？

8．什么是 SOI 技术？

第11章 集成电路测试与可靠性分析

本章要点

（1）集成电路测试内容;
（2）晶圆测试和成品测试的原理和测试内容;
（3）集成电路可靠性试验;
（4）集成电路失效分析的机理分析。

测试是通过测量或者比较来确定或者评估产品性能的过程，是检验该产品设计、工艺制造分析失效和推广应用的重要手段，它在集成电路研制、生产和使用过程中都具有重要的意义。

测试一般在测试仪器上进行，主要测量集成电路的电学性能是否符合规定指标。如果测得的数据在规定指标内，就合格；否则就不合格。通过分析测试数据可以确定问题的来源并进行修正，从而达到减少缺陷的目的。

11.1 集成电路测试

11.1.1 集成电路测试及分类

集成电路需要经过设计、晶圆制造、晶圆测试、封装、成品测试过程、最后经可靠性试验验证，合格的产品才可以入库并出售。整个过程中测试的内容很多，如图 11-1 所示。

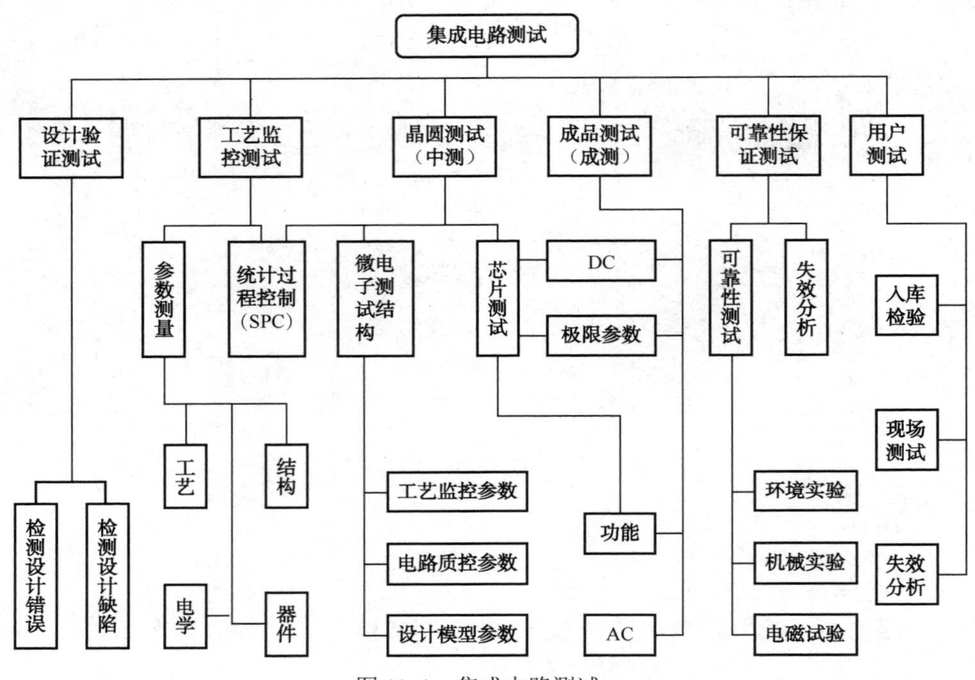

图 11-1 集成电路测试

1. 根据芯片开发和制造阶段进行的测试分类

根据集成电路芯片开发和制造阶段的不同，测试分为设计验证测试、工艺监控测试、晶圆测试、成品测试和可靠性试验。

1）设计验证测试

设计验证测试是生产前对集成电路进行逻辑设计和物理版图的检验。主要包括：特征分析，保证设计的正确性，决定芯片的性能参数；产品测试，在确保芯片的规格和功能正确的前提下减少测试时间提高成本效率；可靠性测试，保证芯片能在规定的年限之内能正确工作；来料检查，保证在系统生产过程中所有使用的芯片都能满足它本身规格书要求，并能正确工作。

2）工艺监控测试

工艺监控测试，又称在线参数测试，主要是对硅片上的测试结构（如表 11-1 所示）进行电学测试（电流、电压、电阻、电容等），表 11-2 列举了常见的一些测试参数。通过在线测试可以鉴别工艺问题，依据通过/失效标准决定硅片是否继续后面的制造程序，收集数据，评估工艺倾向，改进工艺，或者进行一些特殊测试。在线参数的测试是在完成部分前端工艺后进行，典型的是在第一层金属淀积并刻蚀后进行，或在制造完成后再进行。

表 11-1　测试结构实例

测试结构	故障测量
分立晶体管	漏电流、击穿电压、阈值电压和有效沟道长度
各种线宽	关键尺寸
框套框	关键尺寸和套刻对准
氧化台阶上的蜿蜒结构	连续性和桥接能力
电阻率结构	薄膜厚度
电容阵列结构	绝缘材料和氧化层完整性
接触孔或通孔链	接触电阻和连线

表 11-2　常见的在线测试参数

测试参数	描　　述	典型测量值
Open/shorts	检查信号通路完整性的开路/短路测试。开路/短路测试能迅速筛选不合格芯片，所以通常首先进行	Go/No-go
Gshorts	栅结构短路测试	Go/No-go
Gate leak	测量栅氧化层漏电流	1 pA
BV_{ox}	栅氧化层击穿电压。这是检查栅氧化层质量和击穿强度的快速方法	10 V
I_{dsat}	从漏到源的饱和电流	20 mA
V_t	测量 MOS 晶体管的阈值电压	0.2～1 V
I_{doff}	截止状态下的漏源漏电流	5～100 PA
R_{ds}	规定漏电流（I_{ds}）和漏电压（V_{ds}）下的 V_{ds}/I_{ds} 值	25～1 000 Ω
BV_{dss}	漏源击穿电压，测量值必须大于器件具有功能的最小工作电压	10 V
$I_{solation}$	测试绝缘结构的漏电流特性	100 nA
Diode fvmi	测量二极管的伏安特性	10 nA
Diodebv	二极管击穿电压	3～10 V
Reset	用四探针法确定电阻	2～1 kΩ

参数测试并不是在单独的硅片器件上，而是在安放在硅片特殊位置的特殊测试结构中进行的，一般测试结构是在芯片之间的划片区，划片道宽度一般有 100～150 μm，从而可以尽可能避免测试结构对实际产品带来损伤，还可以提高硅片的利用率。测试结构和硅片是在相同工艺条件下同时制作的，能突出反映硅片管芯上的问题。

在线参数测试不可接受的数据倾向有四点。

（1）一个硅片上相同芯片是合格的。

（2）同一参数在不同硅片上总是不合格。

（3）不同硅片之间测试数据的差别过大。

（4）同一参数成批不合格，暗示有很严重的工艺问题。

3）晶圆测试

晶圆测试主要是在完成硅片制造完成之后，封装之前检验硅片上每个芯片是否符合产品规格。测试时，要让测试仪管脚与芯片尽可能靠近，保证电缆、测试仪和芯片之间的阻抗匹配，以便于及时调整和矫正。

4）成品测试

有时又称为封装测试，它是在封装完成后对芯片各项电学参数的检测，主要是看键合和封装是否良好，芯片插座和测试头之间的电线引起的电感是芯片载体及封装测试的一个首要的考虑因素。成品测试和晶圆测试是集成电路制造企业中最重要的测试。

5）可靠性测试

可靠性测试主要是对集成电路的使用寿命进行试验。通过生产测试的每一颗芯片并不完全相同，最典型的例子就是同一型号产品的使用寿命却不尽相同。老化测试就是要保证产品的可靠性，通过调高供电电压、延长测试时间、提高温度等方式，将不合格的产品（如会很快失效的产品）淘汰。

6）用户接受测试

当芯片送到用户手中时，用户将进行再一次的测试。如系统集成商在组装系统之前，会对买回的各个部件进行此项测试。

2．根据项目进行的测试分类

根据集成电路测试项目可分为：功能测试、直流参数测试、交流参数测试。

（1）功能测试：主要测试输入和输出之间的关系，列出真值表，看是否符合产品功能要求。

（2）直流参数测试：开路/短路测试，漏电流测试，输出驱动电流测试，电源电流测试，转换电平测试等。

交流参数测试：传输延迟测试，建立保持时间测试，功能速度测试，存取时间测试，刷新/等待时间测试，上升/下降时间测试。

11.1.2 晶圆测试

晶圆测试（晶片测试、圆片测试），又称中测，是针对晶圆上的芯片进行电性以及功能方面的测试，以确保在进入后段封装前及早地将那些功能不良的晶圆或芯片加以过滤，以避免由于不良率的偏高因而增加后续的封装测试成本，同时还可以针对新产品良率和前道工艺的异常问题进行分析。通常在前道工艺开发阶段或在产品程序修改后，产品可能会良率下滑。为了验证新工艺的开发以及让产品尽快上市，就需要晶圆测试部门在有限的时间内结合工程实验分析工艺间的差异并在最短的时间内找到真正的根本原因来解决问题。

在晶圆测试中，主要测试的产品有四大类：内存 IC、微件 IC、逻辑 IC 及模拟 IC。根

据不同的产品特性选择不同种类的测试机来做晶圆测试。

1．晶圆测试原理

晶圆测试是利用测试机台（Tester）、探针台（Prober）与探针卡（Probe Card）之间的搭配组合来测试晶圆（Wafer）上每一个芯片（Die）。测试时，晶圆经测试机定位后，测试机产生待测产品所需要的电源及输入信号透过探针卡上的探针传送到每颗芯片上的焊垫上，就可完成晶圆测试。如果出现不良品，则打上墨点作为记号（如图 11-2（a）所示）。图 11-2（b）则是在 UF200 上测试的圆片，所看到的下部颜色较深的区域是未测试区域，以上浅绿色部分是测试出 PASS（良好管芯），其余小点则为 FILL（失效管芯），图 11-2（c）是一片已经测试完成的圆片所导出来的 MAPPING 图，在图示中可以清晰地看出失效的管芯数目。

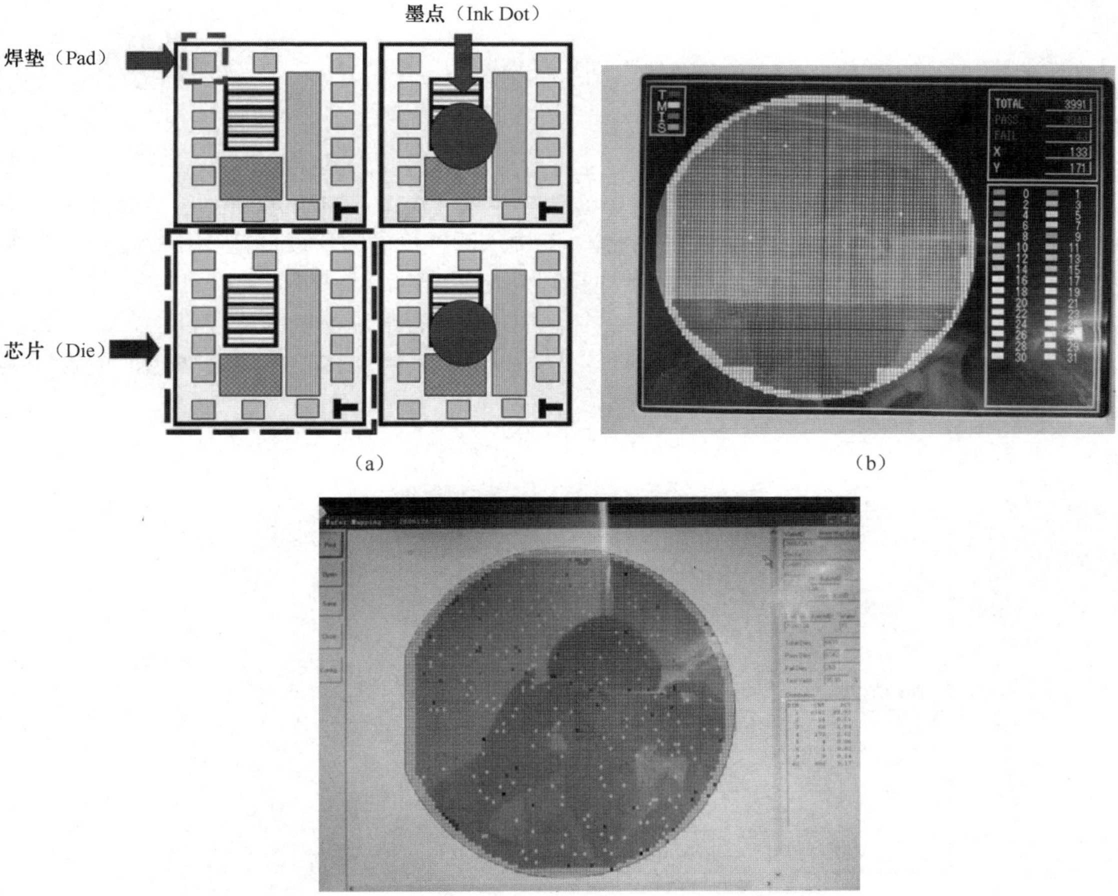

墨点（Ink Dot）

焊垫（Pad）

芯片（Die）

（a）　（b）

（c）

图 11-2　晶圆测试打点

2．晶圆测试设备

晶圆测试设备的设型号多种多样（如图 11-3 所示），但结构却很相似。它们都是由测试机（IC Tester）、探针卡（Probe Card）、探针台（Prober）及测试机与探针卡之间的接口

（Mechanical Interface）四个部分构成的。测试机、探针台、探针卡需要搭配组合。

UF200A 型

PT301 型

图 11-3　晶圆测试设备

1）晶圆测试机

晶圆测试机（又称针测机）主要作用是将前道工序制成的晶圆经由机械手臂载入到承载台（Chuck）上，先经过机台内的晶圆影像调准定位（Wafer Alignment）后，再与探针卡上的针位进行调准定位（Needle Alignment），其中，测试机内的承载台把一片片晶圆精准地移动到探针卡的相对位置，以确保探针卡上的针能够精准地与每颗芯片（Die）上的焊垫（Pad）做接触，而测试机则将产品所需要的电源及相关的讯号透过探针卡传送到每颗芯片上，并从芯片上读取输出讯号后经由探针卡送回测试机上判断比较芯片的功能、参数与特性是否达到标准，运行过程如图 11-4 所示。

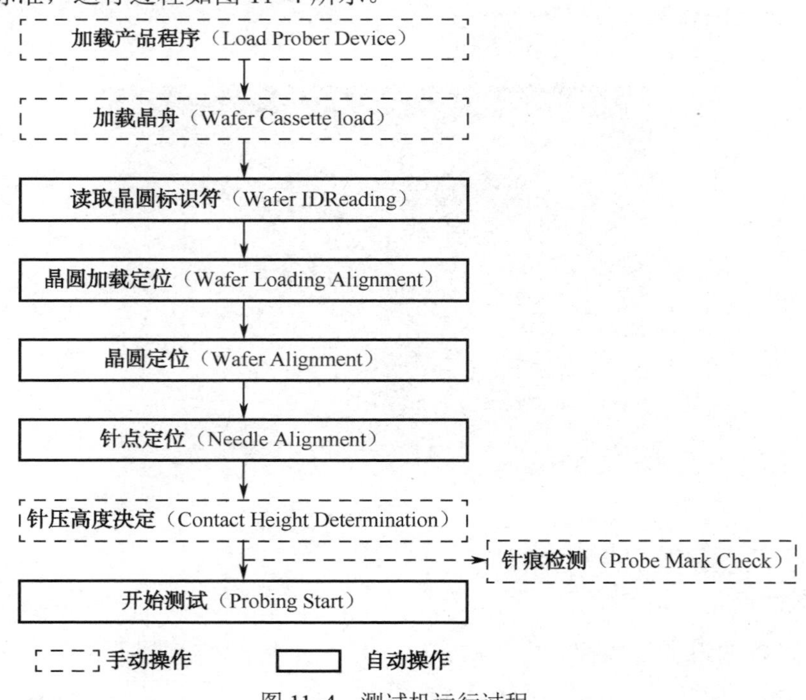

图 11-4　测试机运行过程

（1）加载产品程序（Load Prober Device）。根据生产排线，加载测试机上产品的程序档案，内容包括产品的芯片大小（Die Size）、晶圆加载角度（Notch angle）、晶圆影像及探针卡相关设定。

（2）加载晶舟（Wafer Cassette load）。由于一个晶舟最多可装 25 片待测晶圆，所以晶舟内共有 25 个槽位，线上操作员会根据生产排线将装着待测晶圆的晶舟放到晶圆测试机内，按下测试机的“NewCassette”键后，机台将自动感应晶舟内待测晶圆的所在槽位，依序将晶圆加载。

（3）读取晶圆标识符（Wafer ID Reading）。晶圆经由机械手臂加载后会先用光学字符辨识机（Optical Character Reader）来读取晶圆上的标识符，通常标识符在刚开始测试时会透过 GPIB 接口传送至测试机端，用以作为辨别测试资料的依据。

（4）晶圆加载定位（Wafer Loading Alignment）。晶圆加载承载台（Chuck）前会先在测试机的次承载台（sub-chuck）上做预先定位的动作（Pre-Alignment），此时会依产品信息将晶圆或芯片刻槽（Notch）转到设定的角度后，机械手臂将晶圆送到承载台上。

（5）晶圆定位（Wafer Alignment）。晶圆加载到承载台（Chuck）后会先用传感器（Profile Sensor）量测晶圆的厚度并确定晶圆在承载台的位置，再用机台上的低/高倍率摄像机（E1 Camera）对晶圆上的图像（Wafer Pattern）进行定位，用以确定晶圆内芯片的位置。

（6）针点定位（Needle Alignment）。在晶圆定位完后，测试机会开始执行针点定位的步骤。它是利用承载台旁边的低/高倍率摄像机（E2 Camera）对探针卡的针点进行定位，用以确定探针的高度及位置，最后测试机会将探针的位置与芯片上焊垫的位置进行比对计算，对承载台进行 X、Y、Z、θ 轴的调整，使得探针能够准确地与芯片上焊垫接触。

（7）针压高度决定（Contact Height Determination）。在晶圆与针点定位完后，测试机会停在做针压（OD：Over driver）的画面，此时，机台会发出警报提醒操作员定位已完成，准备开始做针压设定。首先，操作员会透过改变测试机的针压高度来控制承载台的上升与下降，同时执行测试机上的接触程序（Contact Program），用以确定探针是否正确无误地接触在测试芯片的焊垫上，等到探针全部接触后即开始检查针痕（Probe Mark），若针痕不在标准范围内时，则透过修改机台上的参数来调整针痕，使针痕在标准范围内，当上述动作完成后，再加上测试所需要的针压，以保证探针与焊垫能够接触良好，在一切就绪后即可准备开始测试。

（8）开始测试。在针压高度决定完后，操作员会开启测试机上的测试程序，在按下测试机上的开始键后，承载台会将晶圆上第一颗待测芯片移至探针下方并上升到测试高度，此时，测试机将开始测试并判断测试结果，等待第一颗芯片测完后承载台会下降到原始高度并依续测试，等待测试全部完成后，测试机上会产生此晶圆相对应的测试资料，机械手臂会退出此晶圆并开始加载下一片晶圆，当下一片的加载流程完成后进行测试。

2）探针卡及探针

探针卡是测试机台与晶圆之间的接口（如图 11-5 所示），每一种不同的产品至少需一片与之对应的探针卡，探针卡的好坏对产品的良率有相当大的影响。在探针卡上拥有许多微小如发大小的细针，探针卡上的探针与芯片上的焊垫做直接接触，并输出及输入芯片信号，再通过测试机台与测试软件的控制来达到自动化量测的目的。

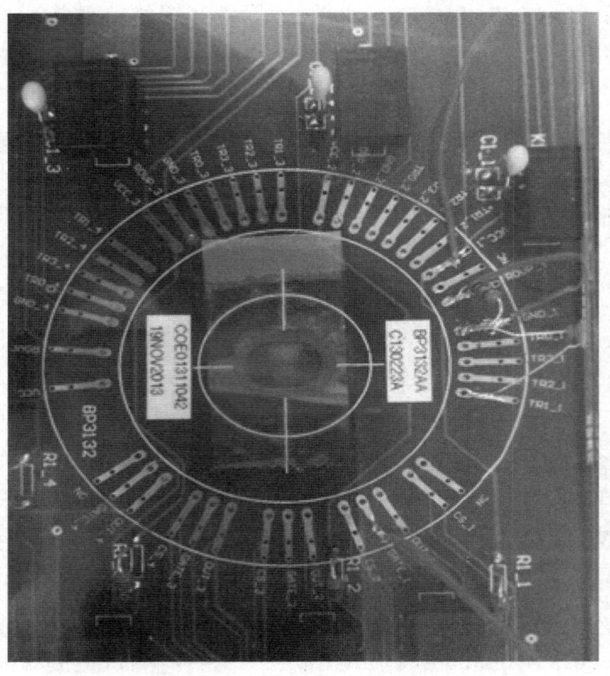

图 11-5　探针卡

根据探针卡的架构型可分为悬臂梁式（Cantilever）、刀片式（Blade）、垂直式（Vertical）、薄膜式（Membrane）与微机电式（MicroElectromechanical System，MEMS）等。悬臂梁式与刀片式发展最早，微机电式探针卡则是未来的发展趋势。

悬臂梁式的探针卡，又称环氧树脂卡，焊垫呈四周方式排列，把数十根至数百根的探针以手工的方式且须依据测试的芯片焊垫的位置，将探针一根一根地摆放在悬臂梁上，并利用环氧树脂环来加以固定。具有价格低廉、制造时间较短及维修方便优点，缺点是由于结构性的原因只适用于中低针数的产品，主要应用于 1 000 针以下、频率低于 50 MHz 的晶圆测试。

刀式卡制作周期也比较短，应用于 70 针以下，频率低于 25 MHz，垂直探针卡（Vertical Type）则可用于 1000 针以上或者高频的情况，其制作成本高，周期长。

探针卡是可以更换的，一个探针卡可能包含数百个探针，它们正确排列并保持在同一个水平面内。探针必须与探针卡相匹配。探针多为钨丝或者铼钨丝。

3. 晶圆测试常见的问题

晶圆测试中常常会出现很多问题，例如测试中出现探针卡问题、测试点损坏、测试设备出现故障等。针对根据这些问题要找出解决的办法，具体如表 11-3 所示。

表 11-3　晶圆测试常见的问题及解决方法

问　　题	可能的原因	纠 正 措 施
1．在线测试中探针卡的问题	A．源于探针卡	检查探针卡的排列和平面化
	所有测量数据为开路	检验测试压焊点上的探针痕迹

续表

问　　题	可能的原因	纠 正 措 施
1．在线测试中探针卡的问题	个别测量数据为开路	检查探针是否干净，有无断针
	同一电学参数在每个芯片都不合格	检查硅片在托盘上是否平坦、是否对准
2．测试点或压焊点损坏	探针损坏	探针压到焊点时压力过大
		压焊点被探针划伤
		设置和传送错误
3．测试过程中测试仪器工作不正常	A．硬件错误	
	探针卡损坏	正确的产品测试状态
	磁盘驱动错误	运行样片以确保测试设置正确
	测试台使用错误	硅片位置
	B．软件错误	运行测试仪自动校准
	系统未校准	运行诊断或自测试软件
	波形信号衰减	用示波器检验信号完整性
	C．测试算法错误	使用设计检查工具检验算法
	测试算法设计错误	对比两个不同软件模拟情况以记录不同点

4．测试成品率的影响因素

集成电路芯片测试结果主要用成品率来表示。成品率，又称良率，是合格品占产品总数的比值，表达式为：成品率=好的芯片数 / 总芯片数。影响成品率的因素有很多，例如以下几种。

（1）硅片的直径大小：硅片直径越大，硅片上不完整的零片的比例更小，测试成品率更高；

（2）芯片的尺寸的增加：在相同直径的硅片上，芯片尺寸越大，完整芯片的比例越小，测试成品率越低；

（3）工艺步骤的增加：更多的工艺步数意味着由于传送和工艺失误使污染或损坏硅片的机会增大，使成品率下降；

（4）特征尺寸的减小：减小特征尺寸可以提高芯片但使图形加工更加困难，光刻缺陷的引入将影响测试的成品率；

（5）工艺的成熟性：新产品连续进入生产会导致工艺不稳定，降低测试成品率；

（6）晶体缺陷：晶体缺陷将严重降低成品率。

11.1.3　成品测试

成品测试是将封装过程中的不良品挑选出来，作为最后的把关，以确保出厂后产品的品质能够达到标准。

1．成品测试内容

成品测试主要有集成电路功能测试、直流测试和交流测试。

功能测试主要测试输入和输出信号，列出真值表，看是否符合要求。

直流参数测试是基于欧姆定律的用来确定器件电参数的稳态测试方法。比如，漏电流测试就是在输入管脚施加电压，这使输入管脚与电源或地之间的电阻上有电流通过，然后测量其该管脚电流的测试。输出驱动电流测试就是在输出管脚上施加一定的电流，然后测量该管脚与地或电源之间的电压差。

交流参数测试主要是测量器件晶体管转换状态时的时序关系。交流测试的目的是保证器件在正确的时间发生状态转换。输入端输入指定的输入边沿，特定时间后在输出端检测预期的状态转换。常用的交流测试有传输延迟测试，建立和保持时间测试，以及频率测试等。

2．成品测试过程

在芯片成品测试过程中，主要依靠测试机和自动分选机挑出不合格的芯片。测试机（Tester）可以利用所设置的测试程序控制测试分选机（Handler）。根据测试流程要求设置测试条件，不同的芯片所要求的测试程序和测试条件不同。测试机（Tester）负责被测器件各个管脚所需要的输入信号和处理从各个管脚引出来的输出信号，自动分选机控制物料的传送及良品、次品的分拣。自动分选机自动传送待测物料至测试轨道，发出开始测试信号，并根据测试机（Tester）的测试结果自动分拣物料，区分良品与不良来完成测试，从而提高产品效益。

3．成品测试设备

1）测试机（Tester）

TR6800 是一款专门测试 IC 的半导体测试系统（如图 11-6 所示），它采用 WIN2000 作业环境，提供图形用户接口（Graphic User Interface，GUI）及指令式（Language-Based）两种测试程序开发方式。同时，该系统采用了模块化设计，提供多种不同功能的测试模块，使用者可依照测试 IC 的需求，整合不同测试模块进行专属功能的测试。它提供 20MHz 测试速率、高功率和高准确参数测量单元和浮动接地高精确参数测量单元。由于在软件和硬件里有点站（Site）的支援能力，使得高产量测试和多点站待测元件的除错变得非常容易。这种测试系统测试成品时，与集成电路分选机（如 YKH-SSD400 集成电路分选机，如图 11-7 所示）连用，能够更好地测试产品，从而更好地筛选出产品的好与坏。

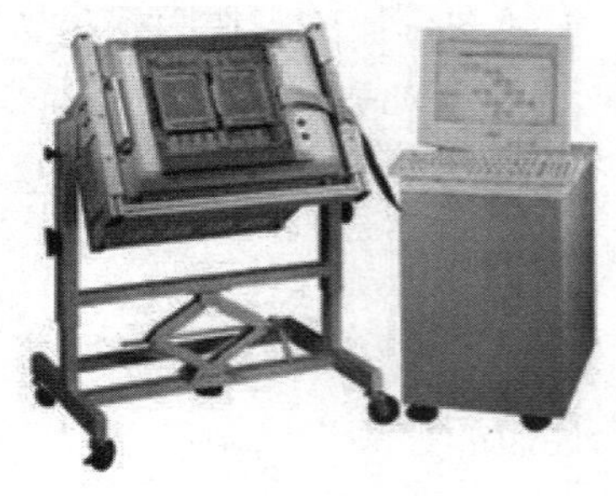

图 11-6　TR6800 测试系统

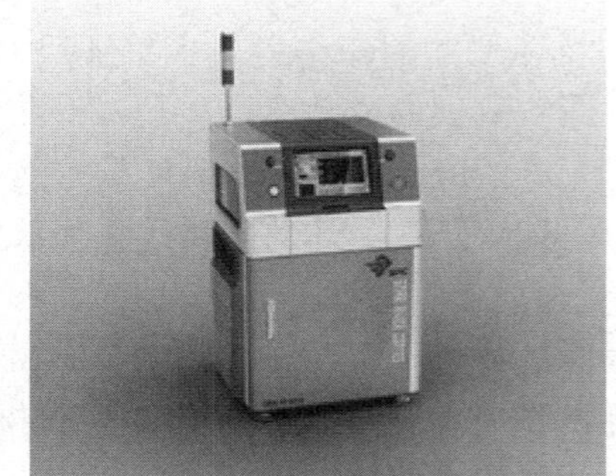

图 11-7　YKH-SSD400 集成电路分选机

TR6800 测试系统的操作过程如下。

（1）打开程序，单击桌面上的图标 tr6800-V7.0。

（2）调测试程序，单击菜单“project”下的子菜单“open project”。

（3）看 summary 数据，单击菜单“tool”下的子菜单“mass production”，跳出“production information”窗口，在左上角的下拉菜单中选“bin summary”。

（4）保存数据，每批测试完后单击“view”菜单，选中“datalog”，然后单击“save”按钮保存数据，保存完后单击“clear”按钮，然后单击“否”按钮。

（5）summary 数据记好后，单击右上角的“clear”按钮，然后重新测试。

2）自动分选机

YKH-SSD400 分选机采用料管自动上料，2 轨下料，2 测试位，手动卸料，进行不良品的分选。

（1）自动进料系统：一次可放 30 根料管；自动将空料管送至接料盒，无料管时自动提醒。

（2）送料轨：将芯片逐个送入测试位。

（3）测试位：由气缸驱动运行机构带动金手指测试；能精确控制金手指的测试位置，使金手指寿命更长，测试效率更高。

（4）分选梭：由步进电机驱动，按测试结果分类将各芯片送入接料管。

（5）下料系统：分 12 根下料管，可按要求设定各料管口的 BIN 信号。

（6）控制方式：由单片机控制，触控屏显示，人机界面，系统运行参数动态显示，可设定机台运行参数，可选择自动、手动、空跑等模式下运行，可设置料管接料数，自动显示故障位置、原因、解决方法等功能，操作简单、维护方便。

（7）产量：7～9 K/h（含 80 ms 测试时间）。

（8）适用封装：DIP、SOP、SSOP、TO-220 等。

（9）外形尺寸：长×宽×高=700 mm×630 mm×1530 mm 结构简洁，易于维护，实用性价比最高。适合用于测试时间较短的情况。

当然在成测中还要进行多次目检和镜检，观察集成电路芯片的外观是否正常。芯片外观可能出现的问题有：裂缝、缺角破损、气孔、气泡、表面刮伤等封装材料缺陷，也可能出现引脚不良，例如断脚、连筋、弯角、长短脚、切筋偏移、引脚不共面、引脚脚尖有溢胶和毛刺、引脚漏铜等，还有可能出现各种打码不良的问题。

11.2　集成电路可靠性分析

集成电路的高速发展对成品率、性能稳定性、长期可靠性的要求越来越高。通过可靠性研究可以在研制阶段暴露试制产品各方面的缺陷，评价产品可靠性达到预定指标的情况；生产阶段为监控生产制造过程提供信息；对定型产品进行可靠性鉴定或验收；暴露和分析产品在不同环境和应力条件下的失效规律及有关的失效模式和失效机理；为改进产品可靠性，制定和改进可靠性试验方案，为用户选用产品提供依据。

11.2.1　可靠性的基本概念

1．可靠性

所谓集成电路可靠性，就是指在一定时间内，该电路在规定条件下，完成规定功能的

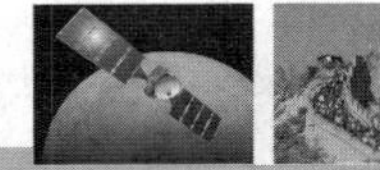

能力，简单来说就是集成电路能正常使用多长时间。

可靠度则是指器件在规定的条件下和规定的时间内，完成规定功能的概率。用 $R(t)$表示。可靠度越大，表明产品越可靠；反之，产品就不可靠。在实际数据计算中，$R(t)$表示为

$$R(t)=n(t)/N$$

式中，$n(t)$为在 t 时刻仍未失效的器件；N 为参与试验的总器件数。

2．失效率

失效率用于定量表示集成电路可靠性，其定义为单位时间内失效的电路数同该段时间内正常工作的电路总数之比，即

$$\lambda=\frac{n_i}{(N_0-n_{i-1}(t))\Delta t}=\frac{n_i}{T_n}$$

式中，λ 表示失效率，单位为 h^{-1}，或用菲特（Fit）作单位（$10^{-9}h^{-1}$），但更常用的则为%/1 000 h（即 $10^{-5}h^{-1}$）；n_i 为时间由 t 到 $t+\Delta t$ 这段时间内失效的电路数；n_{i-1} 为在时间 t 时已失效的电路总数；N_0 为起始受试电路总数（在试验过程中失效电路不予调换，且 $N_0>>n_i$）。菲特这一单位的数量概念是

$$1\text{Fit}=10^{-9}/\text{h}=10^{-6}/1\,000\ \text{h}$$

实际上，1 菲特表示 10 亿个产品中，在 1 h 内只允许有一个产品失效。或者说在每千小时内，只允许有百万分之一的失效概率。

例 11-1 设 100 000 块集成电路，在第 100 h 内的失效数为 5 块，在 100～105 h 内失效 1 块，求该电路在 100～105 h 内的失效率 λ 为多少？

解： $\lambda=\frac{n_i}{(N_0-n_{i-1})\Delta t}=\frac{1}{(10\,000-5)\times 5\ \text{h}}=0.00\,002\,00\,1\ \text{h}^{-1}=2.001\%/1\,000\ \text{h}=20\,010\ \text{Fit}$

3．浴盆曲线

经过大量的试验验证，集成电路的失效率是与时间具有一定的关系。失效率随时间变化的关系曲线如图 11-8 所示。曲线的形状好似浴盆，故通常称为浴盆曲线。从浴盆曲线中可以看出按失效率的变化规律，它把产品的全部工作时间分为三个时期：早期失效期、偶尔失效期和损耗失效期。

1）早期失效期

产品刚使用时失效率较高，随着工作时间的增加而迅速下降。早期失效的主要是由于产品本身存在的缺陷所造成的。

2）偶然失效期

产品工作一段时间后，失效率就会变得很低，且可近似为常数，即与时间无关。这时期是产品最佳的工作阶段。

3）耗损失效期

这时期失效率变化情况与早期失效期的变化情况相反，失效率随着工作时间的增加而迅速上升。耗损失效是由于磨损、老化、疲劳等原因引起产品性能恶化造成的。

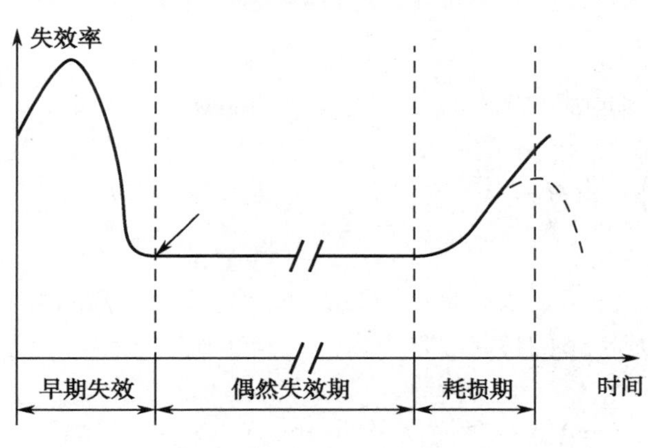

图 11-8　浴盆曲线

4．平均寿命

器件的寿命表示一个器件能正常工作的时间。我们把每一个器件的寿命的随机变量的平均值定义为平均寿命。记作 m，或者用 MTTF 表示。它是一个标志器件平均能工作多长时间的量。

11.2.2　集成电路可靠性试验

为评价分析产品的可靠性而进行的试验称为可靠性试验。它就是对受试验样品施加一定的应力，诸如电气应力、气候应力、机械应力或其综合，在这些应力的作用下，受试样品反映出其性能是否稳定，其结构状态是否完整或是否有所变形，从而判别其产品是否失效。

1．环境试验

环境试验是指产品在存储、运输和工作过程中可能遇到的一切外界影响因素。环境试验可分为现场试验、人工模拟试验和天然暴露试验三大类。

1）现场试验

为评价分析产品的可靠性，在使用现场进行的试验称为现场试验或现场使用试验。通过现场试验可以真实地反映产品在实际使用条件下的可靠性。但是现场试验的试验周期较长，试验成本较高。

2）人工模拟试验

人工模拟试验是在专用试验设备中进行的。模拟试验可以是单项模拟（如高温、低温、温度循环、电负荷等），也可以是综合模拟（如湿热、低温低气压振动等），也可以进行加速模拟试验。

3）天然暴露试验

天然暴露试验是将样品长期暴露在天然气候环境中（包括室内、室外、棚下），定期测试样品参数、检查表面特性，从而鉴定产品在该环境下的可靠性。

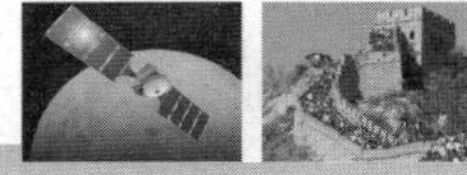

2. 特殊试验

1）盐雾试验

盐雾试验是先把非工作状态的样品在盐雾箱中放置一段时间，然后再用去离子水把样品清洗干净后，进行外观检查和参数测试。该试验是用来检验产品适应盐雾环境的能力。

2）低气压试验和超高真空试验

从大气结构看，大气压力和大气密度随高度的增加而下降。一个标准大气压为 1.013×10^5 Pa，海拔 3 658 m 的拉萨，气压降至 6.344×10^4 Pa，在 150 公里高空处，气压为 1.33×10^{-4} Pa。

低气压试验就是在试验室中模拟高空的大气状态，检查样品在低气压工作时的适应性。用机械泵将钟罩内气压降低至 133 Pa，同时测试样品的电参数（如耗散功率）与气压变化的关系。超高真空试验在一套能够模拟宇宙空间环境的综合试验设备内进行。

当气压降低时，产品在工作时散热效果会变差，导致产品的电参数变差。在超高真空环境条件下，某些金属和高分子材料会发生蒸发、升华和分解现象，从而影响到产品的可靠性。

3）辐射试验

辐射试验是把样品置于辐射环境中，以考核产品抵抗辐射环境的能力。一般可以分为核辐射试验和电磁辐射试验两种，通过辐射试验，可以得到产品的致命损伤剂量和失效规律。

3. 寿命试验

寿命试验的目的是了解器件寿命的规律性，掌握失效率及平均寿命的特征量，为制定筛选条件、可靠性预测等提供依据。寿命试验通常分为存储寿命试验和工作寿命试验。

存储寿命试验的方法是只要将样品存放在一定的环境中，定期进行测试，一般在高温下存储寿命较短，在低温条件下则更长一些。

工作寿命试验，又称老化试验，分为静态寿命试验和动态寿命试验。前者可以在器件上加最大直流额定负载。后者则处于平时工作状态即可，即集成电路在室温下加上额定电流电压额定负载条件下测试。

4. 可靠性筛选

可靠性筛选就是将不符合规范要求的早期失效产品剔除，选择具有一定特性的产品而进行的试验。它必须是非破坏性试验，经过筛选后，对批产品的失效机理和失效分布不会产生影响。可靠性筛选把潜在的早期失效的产品及时从整批产品中淘汰、剔除，从而提高批产品的可靠性。

为了有效地进行筛选，应该科学地确定筛选项目、筛选应力、筛选试验时间以及容易变化的产品参数，制定出恰当的失效标准。理想的筛选应力与条件，应使筛选后集成电路批产品失效率达到或接近失效率特性曲线上早期失效结束、偶然失效期刚开始的拐点处。

常用的筛选方法主要有显微镜检查、红外线筛选、X 射线筛选、密封性筛选、高温存储筛选、功率老化筛选、温度循环筛选和热冲击筛选八种。

1）显微镜检查

镜检筛选是由工艺线上的人员进行的，一些重要的流程都要实施镜检。用来观察封装缺陷、芯片焊接、键合内引线、内涂胶开裂等可用 40～100 倍的显微镜；检查集成电路金属化层、芯片裂纹、导电异物、氧化层质量、光刻后芯片、掩模版、扩散缺陷（合金点等）可用 100～400 倍的显微镜。

2）红外线筛选

通过红外探测或照相技术可以分析集成电路的热分布特性，从而可以剔除体内或表面热缺陷严重的集成电路。红外线检验是非破坏性筛选方法。它能用来观察硅片内部位错网络、PN 结不均匀击穿点、金属膜内部的小孔与键合处的裂纹以及由于针孔、尖端扩散或二氧化硅台阶处的局部热点等。

3）X 射线筛选

X 射线筛选用于检验集成电路封装后内部有无外来物和装片、键合或封装工序中的潜在缺陷以及芯片有无裂纹等。X 射线筛选可以用于剔除有关失效产品，也常用作失效分析。

4）密封性筛选

对于半导体器件来说，为了保证其长的使用寿命和高的可靠性，必须确保器件具有较好的密封性，以抵御恶劣环境中各种气体的侵入。密封性筛选主要用于剔除封装工艺中所存在的一些潜在的缺陷，如裂纹、微小漏孔、气孔等。

通常，根据器件漏气率的不同可用以下几种方法加以检验。

（1）液浸检漏筛选。液浸检漏筛选是一种粗检漏方法。把样品放入一定温度浸液中，看它的表面有无气泡逸出来检漏。浸液一般选用变压器油或氟碳化合物等。这种方法又叫气泡检漏。它能检出大于 10^{-6} 大气压·立方厘米/秒的漏气。使用这种方法要严格控制浸液的温度，使它保持在 150℃以上，否则会造成大量漏检。

（2）氦质谱仪检漏筛选。把待检查的产品放在具有几个大气压的氦气环境中一段时间后，再移放到氦质谱仪真空室中测试，换算出漏气速率。这种检漏方法可以检出大于 10^{-7}～10^{-8} 大气压·立方厘米/秒的漏气。

（3）放射性示踪检漏筛选。先将待检查产品放在具有几个大气压的放射性示踪气体（如氪-85）中几分钟到几小时，取出后吹去残留气体，再移放在辐射探测器中检验，得出产品的漏气率。这是一种高灵敏度的检漏方法。

5）高温存储筛选

高温存储筛选是一种加速性质的存储寿命的筛选。优点是操作简单易行，可以大批量进行，而且投资少，效果较好。它使具有表面污染、金-铝间互化物的形成、水汽和离子的腐蚀作用等潜在缺陷的产品提前失效。存储温度根据产品的结构、组装、封装工艺而定。

6）功率老化筛选

功率老化又称为电老化，其目的是通过电应力把一些产品所具有的潜在的缺陷提前暴露出来，以便早期剔除。电老化分常温电老化及高温电老化两种。常温电老化是在室温下

对受试样品加以一倍至数倍的额定负荷进行试验。高温电老化是在较高的温度下进行加负荷试验，如产品在 125 ℃下加电试验。

7）温度循环筛选

温度循环筛选用来判断材料之间的热匹配特性是否良好，对封装、芯片组装、键合等潜在缺陷的加速失效是很有效的，还能发现硅或氧化层台阶上薄金属化层以及多层布线中金属化台阶上的显微裂缝一类的潜在缺陷。

温度循环筛选是环境筛选中比较常用和比较有效的一种筛选方法。常用试验条件是：−55～+155 ℃或−65～+200 ℃，进行 3～5 次，每次循环在相应的极端温度下各保持 30 min，转换时间为 15 min。试验后进行电参数测试。

8）热冲击筛选

热冲击筛选的目的和方法与温度循环筛选的基本相同，不同之处主要是转换时间更短，一般要求小于 10 s。一般采用 0～+100 ℃高低温冲击，进行 3～5 次。

11.2.3 集成电路的失效分析

可靠性试验研究的目的，不仅在于确定现有产品的可靠性，而且更重要的在于进一步改进和提高电路的可靠性。为此必须对失效电路进行失效机理分析，找出产生失效的原因，提出提高产品可靠性的方法。

1．集成电路失效分析的方法

在失效分析的过程中需要用到多种仪器和技术，例如显微镜（光学显微技术、红外显微技术、声学显微技术、光辐射显微技术）、X 射线透射技术、反应离子腐蚀技术、电性测量、化学腐蚀、离子刻蚀等，针对不同问题采用的分析方法也不同。

（1）采用光学显微镜用来观察器件的外观及失效部位的表现形状、分布、尺寸、组织、结构、缺陷、应力等，如观察器件在过电应力下的各种烧毁和击穿现象，芯片的裂缝、沾污、划伤、焊锡覆盖状况等。

（2）利用电测技术进行质量检验，采用标准化的测试方法，判定该器件是否合格，目的是确定器件是否满足预期的技术要求。

（3）利用芯片测试（DECAP 后的测试）缩小失效分析的范围，省去一些分析步骤。例如，做过 PCT 的失效器件在去黑胶后测试电性恢复，后续的去铜可以不做，可以初步判定失效机理为水汽进入封装本体引起，导致失效。

（4）采用 DE-CAP 技术，即利用强酸将器件的封装去除，展示材料的内部结构，是一个破坏性的分析技术，不可逆转，因此在进行此步分析时请确认所有非破坏性的分析已经完成。

2．失效分析的内容

一个完整的失效分析，应包括以下几个方面。

1）失效现象的原始记录

失效现象的原始记录包括：失效时的环境条件，应力状况，工作状况，失效现象，失

效时间，失效前后的原始记录能。例如，在进行电性能测试时，所见到的开路、短路、参数退化等异常现象。

2）失效模式鉴定

根据失效现象，确定失效与产品的哪一部分有关。例如，开路这一现象可能和键合丝或薄金属化层断裂有关。

3）失效特征描述

根据效应失效部分的形状、大小、位置、颜色以及化学组成、物理结构、物理性质等因素，科学地表征与阐明失效现象。

4）失效机理假设

根据失效特征、结合材料特性、制造工艺的理论和经验，提出可能导致失效的原因。例如，金属化薄膜断裂所造成的开路，可能由于机械划伤、金属膜太薄或太窄造成局部过载发热而烧断，也可能由于电迁移造成，或者由于氧化层台阶太高造成金属化层断裂。

5）证实

通过有关实验证实上述失效机理是否属实，如一次证实不了，则可以检查、重复上述工作，直至证实为止。

6）改进措施

根据上述分析判断，提出提高产品可靠性的建议，及时反馈到设计、工艺、使用等单位的相关部门，以便及时提高产品质量。

7）新的失效因子

采取了改进措施后，产品的性能、成品率和可靠性都得到了提高。但是也可能带来一些新的失效因子，这就需要进一步分析。

3．集成电路失效模式

失效模式是指观察到的失效现象、失效形式就是失效的外在表现形式，不需要深入说明其物理原因，易于记录和报告。例如，开路是一种失效模式，它的产生原因有很多，静电击穿、金属电迁移、金属的化学腐蚀、压焊点脱落、闩锁效应等。参数漂移也是一种失效模式，它的产生原因有封装内水汽凝结、介质的离子沾污、欧姆接触退化、金属电迁移、辐射损伤等。

失效模式多种多样，根据失效的持续性可分为：致命性失效、间歇失效、缓慢退化；根据失效时间可分为早期失效、随机失效、磨损失效；根据发生的起因阶段可分为：制造（工艺）失效、设计上失效、误用失效、系统性失效；根据起源可分为自然失效和人为失效。根据电测结果，失效分为开路、短路或漏电、参数漂移、功能失效。

4．集成电路失效机理

集成电路失效通常是因为它所经受的应力条件超过其最大额定值所造成的。器件失效的方式被称为失效机理。一般来说，电应力、热应力、化学应力、辐射应力和机械应力以及其他因素可导致器件失效，如表 11-4 所示。

表 11-4　应力类型与器件失效模式的关系

应力类型	试验方法	可能出现的主要失效模式
电应力	静电，过电，噪声	MOS 器件的栅击穿，双极型器件的 PN 结击穿，功率晶体管的二次击穿
热应力	高温存储	金属-半导体接触的 Ai-Si 互溶，欧姆接触退化，PN 结漏电
低温应力	低温存储	芯片断裂
低温电应力	低温工作	热载流子注入
高低温应力	高低温循环	芯片断裂，芯片粘接失效
热电应力	高温工作	金属电迁移，欧姆接触退化
机械应力	振动，冲击，加速度	芯片断裂，引线断裂
辐射应力	X 射线辐射	电参数变化，软错误
气候应力	高温，盐雾	外引线腐蚀，金属化腐蚀，电参数漂移

5. 集成电路失效原因

集成电路失效的原因有很多，主要包括硅片自身的缺陷、工艺带来的影响等。

1）硅片缺陷

硅片的切割、划片、压焊时，因应力过大可能产生裂缝。若裂缝不在芯片的工作区，往往不易发现，而只有在器件投入使用过程中，因受到热的冲击和机械振动，裂缝逐渐扩大到芯片的工作区，使铝膜开路、短路或破坏 PN 结，从而造成失效，这种失效是早期性的。另外，硅片本身在制造过程中出现的位错、层错、微缺陷等晶格缺陷，会引起尖端增强扩散和产生管道，使电流在这些地方比较集中，引起局部发热，在使用工作过程中容易恶性循环，使结构特性逐步退化，以致失效。

2）金属化工艺

大规模集成电路一般多采用（100）晶面、较细的图形线条，工艺和图形结构都较复杂，且多半要采用多层布线技术。

图形线条和间距的缩小增加失效产生的可能性。例如，金属互连线更容易由于电迁移、划伤以及光刻问题导致开路失效，间距减小会加强表面离子的迁移效应，并更易引起金属互连线的电解腐蚀，以及由于金属损伤和外来质点微引起的短路失效。

和（111）晶面相比，（100）晶面的采用虽然一方面给出了低的阈值电压和低表面电荷密度，但也增加了对表面反型层、沟道以及离子沾污问题的敏感性；使用较大面积的硅片，还会使无序的晶格缺陷和表面缺陷的概率增加；电路的复杂性增加后将使每个封装需要更多的管脚和键合压点。多层布线所需的附加工艺，一方面本身会带来缺陷，另一方面也给以前的工艺带来影响，从而也会增加一些失效模式。金属化工艺常常引起的失效有台阶断铝、铝腐蚀、金属膜划伤等造成开路失效模式。

3）键合

键合引起的失效主要是指压焊丝端头或压焊头处沾污腐蚀造成压焊点脱落或腐蚀开

路；外压焊点下的金属附着不牢或发生金铝合金，造成压焊点脱落；压焊点过压焊，使压焊丝颈部断开造成开路；压焊丝弧度不够，与芯片表面夹角太小，与硅片棱或键合丝下的金属化铝线相碰，造成器件失效。芯片键合问题常见是芯片粘贴的焊料太小，焊料氧化，烧结温度过低等引起的开路现象。

4）封装

封装过程中经常出现贴片失效、打线失效、电镀失效、塑封失效、芯片划痕或刮伤、芯片断裂等。例如，在贴片工艺中的高温、氧化、配方不当等作用下，银浆结合面可能产生分层、空洞氧化等现象，使得黏合面导热性变差，形成接触势垒，机械性能不稳定，这些都影响芯片的正常特性。塑封过程由于工艺或者材料的缺陷导致塑封与框架，塑封与芯片之间产生分层或者空洞。这些空洞分层可以吸收外部的水分子，水分子很可能渗透到电路当中引起失效。当温度升高时这些分层或空洞就会膨胀，导致内部应力不均匀，产生芯片裂隙、键合点脱落等问题。另外，在芯片的存储或者运输过程中也会吸收一定水分，当芯片被焊接到电路板上时，高温也会导致封装分层。芯片分层，内部水蒸气膨胀，以及芯片使用过程中的外部机械力都可能造成芯片内部断裂。

封装常常引起的失效有：封装不好，管壳漏气，使水汽或腐蚀性物质进入管壳内部，引起压焊丝和金属化腐蚀；管壳存在缺陷，使管脚开路、短路失效；内涂料龟裂、拉断键合铝丝，造成器件开路或瞬时开路失效。

5）可移动离子沾污

从可靠性方面考虑，对器件影响最大的是二氧化硅层内的可移动离子沾污。它会使器件的击穿电压下降，漏电流增大，且随着加电时间的增加使器件性能逐渐劣化。这种缺陷的器件，用常规筛选方法不能剔除，对可靠性危害很大。SiO_2 中的可移动带电荷的离子主要有 Na^+和 H^+，它们在高温或加压条件下，可在二氧化硅层内移动，从而改变表面电荷的分布，造成器件不稳定甚至失效。因此在生产中应尽可能减少钠离子和氢离子的沾污。

6）工作条件

除了生产制造会有可能带给器件失效外，而在器件的使用过程中，工作条件也会影响可靠性。例如，过量电流会使电极金属损伤或内部布线出现熔断。如果电流脉冲持续时间很短，虽然金属不一定会熔化，但会出现微合金点，这些微合金点也有可能造成器件失效。浪涌电流是 TTL 与非门电路固有的一种现象，在动态电平转换过程中（输出由 0 变到 1 的过程），由电流涌出一股大电流，其大小取决于和它相关的电阻值，因此这个电阻不能太小（一般是 100～200 Ω），否则，浪涌电流是很大的。这样大的电流会首先使得发射极受到损伤，从而导致管子发热而烧毁，最后造成整个电路烧毁。

PN 结上较长时间加载较大的反向电压（超过瞬时额定电压），会使得器件失效。如晶体管发射极加反向电压，出现击穿并流过一定的击穿电流时，会引起放大系数大幅度下降。这种下降速度很快，在数秒钟之内可导致器件失效。原因是反向击穿电流引起材料内部的复合中心大幅度增加，因而放大系数很快降下来。

造成集成电路失效的原因很多，现将重要因素和失效模式做一个总结，如表 11-5 所示。

表 11-5 集成电路失效因素、失效模式和失效机理的关系

失效部位	失效因素	失效模式	失效机理
芯片体内表面钝化层	晶体缺陷、表面氧化膜布线间绝缘层	耐压退化，漏电流增大，短路，电流增益退化，噪声退化，阈值电压变化	二次击穿，可控硅效应，辐射损伤，瞬间功率过载，介质击穿，表面反型，沟道漏电，沾污物，针孔，裂纹，开裂，厚度不均
金属化系统	芯片布线接点、针孔	开路，短路，电阻增大，漏电断路	金铝合金，铝电迁移，铝再结构，电过应力，铝腐蚀，沾污，铝划伤，空隙，缺损，台阶断铝，非欧姆接触，接触不良，厚度不均
电连接部分	引线焊接	开路，短路，电阻增大	焊点脱落，金属间化合物，焊点移位，焊接损伤
引线	内引线	开路，短路	断线，引线松弛，引线碰接
键合系统	芯片键合，管壳键合	断开，短路，工作点不稳定，退化，热阻增大	沾污，金属间化合物，键合不良，接触面积不够，脱键，裂纹，破裂
封装系统	封装、密封、引线镀层、封入气体、混入多余物（有机物、无机物、金属）	短路，漏电流增大，断裂，腐蚀断线，焊接性差，瞬时工作不良，绝缘电阻下降	密封不良，受潮，沾污，引线生锈，腐蚀，断裂，多余物，表面退化，封入气体不纯
输入/输出端	静电、过压、浪涌电压	短路，开路，熔断，烧毁	电击穿，烧毁，栅穿，栅损坏

6．集成电路芯片失效分析过程

（1）拿到失效样品以后，首先给这项任务确立一个编号，以区别于其他任务。同时将失效样品和用来参照的良品分别标记，最好用刻刀标记在背后，如果用记号笔的话，在开盖或者丙酮清洗的过程中很可能被溶解掉。如果不止一颗失效样品，应该将他们标记区分。

（2）确认样品的失效历史，包括样品的封装标识码，晶圆标识码确认样品属于哪种器件的什么型号，以及晶圆和封装的厂家、测试的厂家。同时了解样品失效前的状态，是在何种情况下失效的。

（3）样品外观检查，确定有无外观上的污损。

（4）用 ATE 测试芯片，得到初步测试结果。确认实验样品属于哪种失效。

（5）根据上面掌握的信息确定分析方案。

（6）进行 SAM 扫描或者 X-Ray 扫描，检查内引线是否正常、封装是否有分层或空洞并且确认晶片的位置和大小。

（7）进行电性测试，利用曲线追踪器测量芯片管脚电性是否正常，有无短路、开路或者漏电现象。利用迷你测试机或者调试器验证 ATE 的测试结果，分析失效模块和可能失效原因。必须得到详细的测试数据，对失效进行反复的分析，这一步对失效分析的成功非常重要。

（8）如果样品是在特定的条件下失效，这时需要在相应条件下验证失效，例如有的芯片在常温下不失效在低温下失效。有的在高气压的环境中失效。最好将芯片置于 150 ℃的炉中烘烤 24 h 后再测试，避免离子沾污失效的干扰。

（9）开盖。开盖之前确认塑封的类型，选择最佳的开盖方式，开盖结束后测试芯片，看是否与开盖前一致。

（10）内部观察。先用低倍显微镜观察芯片表面、芯片粘贴、内引线、第二键合点、外部管脚等是否正常。然后用高倍显微镜仔细观察有无异常部分，并且与良品比较。将异常部分拍照记录下来，作为下一步分析的证据和参考。分析测试失效和异常部分有无关联，有无因果关系。

（11）热点捕捉。运行芯片失效程序，用 light-emission 或者液晶捕捉表面热点。如果有热点，对比版图和原理图，找到热点位置的电路，分析热点与失效的关联性。

（12）去除芯片表面钝化层。根据芯片工艺，选用合适的配比，用 RIE 刻蚀表面钝化层。

（13）微探针分析。去除钝化层后再次测试，看失效是否改变，才可以进行微探针分析。分析对照版图和原理图，结合热点位置，找到可疑电路的引线作为探测点。测试时加载测试程序，观察芯片失效时的信号，与同样情况下良品的信号对比。必要情况下可以用激光切割分离电路，便于测量。

（14）剥层分析。按照芯片的工艺确定剥层方案，逐层剥下，每次剥完都要进行高倍显微镜或者 SEM 的观察，避免过度剥层，毁坏失效位置。找到失效位置后拍照记录。如遇到异物等失效时可做 EDX 分析，确认成分。剥层开始后就不可能对芯片进行电性测量了，所以一定要确认前期工作无误才可以决定剥层。

（15）总结分析数据，写出失效分析报告。

上面的步骤不是每次失效分析都一定要全部进行，根据具体失效情况不同，可省去一些不必要的步骤，最终目的是找到失效位置，确认失效机理。

7．集成电路芯片失效分析实例

现有 SN75196N 及 SN75185N 两块集成电路芯片在主板调试、整机装配检、老化检、总检相隔四道质控点处均有多片失效，总的失效率均为 2%左右。因该产品之前使用该两种芯片极少坏，在排除其他电路设计变更等因素外，初步断定为该芯片存在材料和制造缺陷等原因引起早期失效。如表 11-6 所示分别为两种失效器件曾经做过的部分实验测量和仪器分析的结果。

表 11-6　两种半导体芯片失效分析

分析对象	SN75196N	SN75185N
对象数量	5PCS（以下分别编号为①②③④⑤	4PCS （以下分别编号为 ①②③④）
分析结果概述	失效模式：导通性及 DC 特性不正常。 失效机理：在受损区域可见短路引起的闪光络及熔断开的金属层面。 结论：器件失效直接原因为电流过应力损伤造成	失效模式：导通性能不正常（表现为短路和开路状态）。 失效机理：在受损区域可见短路引起的闪光络及褪化塑质混合物。 结论：器件失效直接原因为电流过应力损伤造成
仪测分析项目&结果参考		
分析方法&技术	S N75196N 仪测结果 &意见	S N75185N 仪测结果 &意见
电性能参数测量（ATE）	①DC 特性不正常。②④⑤功能特性不正常。③导通性不正常	①②③④导通性均不正常，DC 特性及功能特性均不正常

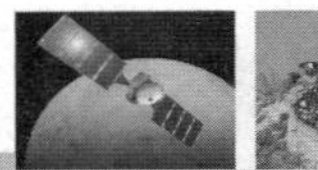

续表

分析对象	SN75196N	SN75185N
目视	器件表面及外延均无损伤	器件表面及外延均无损伤
X-射线透视	③内引线断开	均未发现内部异常
扫描超声显微镜（SAM）	未做	发现 ①②③④ 均有局部出现断层或错层
图谱分析（CTA）	①②④⑤的第 10 脚（Gnd）与第 11 脚（Vss）呈低阻抗性。③的第 1～3 脚和 18～20 脚与其他脚开路	①②③④ 表现为短路或开路失效状态
化学腐蚀金相法	①②③④⑤均采用硝酸腐蚀液脱模	①②③ 均采用硝酸腐蚀液脱模
内观检验	①②④⑤的第 10 脚与第 11 脚之间有电流过应力损伤痕迹。③的第 1～3 脚和第 18～20 脚之间分别都有电流过应力损伤痕迹	①的第 20 脚 Vcc 有电流过应力损伤痕迹。②的第 10 脚 Vss 和第 11 脚 Gnd 分别都有电流过应力损伤痕迹。③的 Gnd 脚有电流过应力损伤痕迹
说明：本表数据来源于德州仪器半导体公司保罗・伍德斯和克雷格・汉密尔顿分别所做的分析报告		

首先通过各种方法，分析失效芯片的失效模式，然后根据失效模式造成分析失效的机理，最后找出产生失效的原因。最后失效器件从实验检测分析结果均为 EOS（电流过应力损伤）造成。

工业生产总结出的各种有效的应对措施，最常用的就是加长老化时间、重复上下电次数、热电循环检测和振动试验检测等等环境测试，以便让有带缺陷的半导体器件加剧其内部物理和化学变化，尽可能多地在出厂前的各道检测中暴露失效故障，从而最大化地筛选出有可能因该器件失效造成故障的预出厂机器。

8．集成电路失效分析过程的注意事项

在失效分析过程中应该注意如下事项。

（1）为了完成任务而急于进行破坏性分析可能失去找到关键因素的机会也可能得到错误结论。

（2）仔细观察，对每一步骤样品必须做全面的观察并对任何异常记录并放大取照。

（3）避免带入可能会影响结论的因素：酸温不宜过高、避免骤冷骤热、芯片尽量避免超声清洗、加电压时要缓慢、避免材料被打死、拿取材料不宜直接用手。

（4）注意安全，严格按照用酸规定，穿戴好防护用品，使用材料时应有人员在场监督、相关物品按规定标志存放。

通过对集成电路失效机理的分析，可以通过选用优质的硅片；尽量采用先进的设备，优化工艺参数和工艺条件，加强工艺参数监测，加强环境洁净度控制等等，提高集成电路的可靠性。

本章小结

本章主要介绍了集成电路测试的内容，晶圆测试和成品测试的原理、设备，可靠性的基本概念，常见的可靠性试验，集成电路失效分析方法、失效模式、失效原因，并以实例

说明失效分析的过程。通过本章的学习，使学生掌握晶圆测试和成品测试的内容和方法，了解集成电路失效分析过程。

思考与习题 11

1．什么叫硅片测试？它有何目的？
2．什么叫硅片在线参数测试？它有何作用？
3．简述晶圆测试与成品测试的不同。
4．简述晶圆测试的原理。
5．什么叫可靠性？半导体可靠性工作包括哪些内容？
6．可靠性的主要特征参数有哪些？写出各自的含义。
7．画出浴盆曲线，并说明浴盆曲线的各段有何特征。
8．可靠性试验有哪几种？
9．什么叫环境试验？环境试验有哪些项目？
10．寿命试验有哪几种？
11．为什么要进行失效分析?失效分析的一般程序有哪些？
12．集成电路失效的原因有哪些？

参考文献

[1] 王蔚，田丽，任明远．集成电路制造技术——原理与工艺[M]．北京：电子工业出版社，2010．

[2] 林明祥．集成电路制造工艺[M]．北京：机械工业出版社，2005．

[3] Hong Xiao．半导体制造技术导论（第 2 版）[M]．杨银堂，段宝兴，译．北京：电子工业出版社，2013．

[4] 张渊．半导体制造工艺[M]．北京：机械工业出版社，2011．

[5] 卢静．集成电路芯片制造实用技术[M]．北京：机械工业出版社，2011．

[6] 杜中一．半导体芯片制造技术[M]．北京：电子工业出版社，2012．

[7] 吴元伟，韩传余，赵玲利．超低 k 介质材料低损伤等离子体去胶工艺进展[J]．微纳电子技术，2011，48（11）：734-738．

[8] 孙守振，王林勇，奚西峰．碳化硅粒径分布对单晶硅线切割的影响[J]．2011，17（1）：52-54，58．

[9] 李可为．集成电路芯片制造工艺技术[M]．北京：高等教育出版社，2011．

[10] Stephen A. Campbell．微电子制造科学原理与工程技术（第 2 版）[M]．曾莹，严利人，等译．北京：电子工业出版社，2003．

[11] 闻黎，王建华．新型集成电路隔离技术—STI 隔离[J]．微纳电子技术，2002，（9）：40-42．

[12] 鲜飞．QFN 封装元件组装工艺技术的研究[J]．中国集成电路，2006，84（4）：47-49．

[13] 胡强．BGA 组装技术与工艺[J]．电子元件与材料，2006，25（6）：10-11．

[14] 张安康．半导体器件可靠性与失效分析[M]．南京：江苏科学技术出版社，1984．

[15] 李秀娟，金洙吉，等．铜布线化学机械抛光技术分析[J]．中国机械工程，2005，16（10）：897-899．

[16] 谭刚．硅晶圆 CM P 抛光速率影响因素分析[J]．微纳电子技术，2007，7/8：1-2．

[17] 杜鸣，郝跃．超深亚微米集成电路的铜互连技术布线工艺与可靠性[J]．西安电子科技大学学报（自然科学版），2005.32（1）：57-59．

[18] 朱超．半导体器件失效典型案例分析[J]．引进与咨询，2006，1：71-72．

[19] 王胜林，李斌，吴鹏．半导体器件失效分析研究[J]．陕西师范大学学报（自然科学版），2006，34：36-37．

[20] 杨虹．微电子工艺可靠性研究[J]．重庆邮电学院学报，2003，15（1）：85-87．

[21] 张晓文．微电子工业技术可靠性[J]．电子质量，2003，09：11-13．

[22] 杨培根．微电子工业中的清洗方法[J]．半导体技术，1997，4：46-48．

[23] 刘传军，赵权，刘春香．硅片清洗原理与方法综述[J]．半导体情报，2000，37（2）：30-36．

[24] 郭运德．硅片清洗方法探讨[J]．上海有色金属，1999，20（4）：162-164．

[25] 关弘，孙杨．浅谈洁净室检测与运行管理中的几个问题[J]．化学工程与装备，2009（6）：58-59．

[26] 陶鲤．洁净室的标准与管理[J]．绿色质量工程，2008，3：67．

[27] 孙宏伟．叠层芯片封装技术与工艺探讨[J]．电子工业专用设备，2006，136：65-73．

[28] 林成鲁．SOI 技术的新进展[J]．功能材料与器件学报，2001.7（1）：1-4．

[29] 翁寿松．SOI 技术及其设备[J]．晶圆制备，2006，134：43-46．